中国科学院研究生教学丛书

测度论讲义

（第三版）

严加安　著

科　学　出　版　社

北　京

内 容 简 介

本书系统完整地介绍了测度论和概率论的基础知识. 前 5 章介绍一般可测空间和 Hausdorff 空间上的测度与积分, 包括局部紧拓扑群上的 Haar 测度. 第6章介绍距离空间上测度的弱收敛和局部紧Hausdorff空间上测度的淡收敛, 第 7 章介绍与测度论有关的概率论基础, 第 8 章介绍离散时间鞅的基本理论, 第 9 章介绍 Hilbert 空间和 Banach 空间上的测度, 第 10 章内容包括容度的 Choquet 积分, 离散集函数的 Möbius 反转, Shapley 值和 Shannon 熵. 书中还收录了作者在测度论和概率论基础方面的一些研究成果.

本书适合作为概率统计专业和其他数学专业的研究生教材, 也可作为科研人员和高等院校教师的参考书.

图书在版编目(CIP)数据

测度论讲义/严加安著. —3 版. —北京: 科学出版社, 2021.3
(中国科学院研究生教学丛书)
ISBN 978-7-03-067803-4

Ⅰ. ①测… Ⅱ. ①严… Ⅲ.①测度论-研究生-教材 Ⅳ. ①O174.12

中国版本图书馆 CIP 数据核字 (2021) 第 006096 号

责任编辑: 王 静 / 责任校对: 杨聪敏
责任印制: 吴兆东 / 封面设计: 陈 敬

科学出版社 出版
北京东黄城根北街 16 号
邮政编码: 100717
http://www.sciencep.com
保定市中画美凯印刷有限公司印刷
科学出版社发行 各地新华书店经销
*
1998 年 10 月第 一 版 开本: 720 × 1000 1/16
2004 年 8 月第 二 版 印张: 16 3/4
2021 年 3 月第 三 版 字数: 338 000
2024 年 7 月第二十四次印刷

定价: 58.00 元

第三版前言

本版是对第二版的扩充. 第 5 章增加了“Haar 测度”一节, 取材于 Cohn 的 *Measure Theory*(第二版, 2013); 第 7 章增加了“平稳序列和遍历定理”一节, 取材于 Shiryayev 的 *Probability*(第二版, 1996). 此外, 增加了第 10 章“Choquet 积分与离散集函数”, 内容包括容度的 Choquet 积分, 离散集函数的 Möbius 反转, Shapley 值和 Shannon 熵, 其中有关 Choquet 积分的内容取材于 Denneberg 的*Non-Additive Measure and Integral* (1994).

严加安

2021 年 1 月于北京

第三版前言

[illegible]

第二版前言

本版改正了第一版中的排印错误, 并在内容上进行了调整和扩充. 将第一版第 7 章中的 "Kolmogorov 相容性定理及 Tulcea 定理的推广" 一节移到了第 4 章; 在第 3 章增加了 "空间 $L^\infty(\Omega, \mathcal{F})$ 和 $L^\infty(\Omega, \mathcal{F}, m)$ 的对偶" 一节; 在第 4 章增加了 "概率测度序列的投影极限" 和 "随机 Daniell 积分及其核表示" 两节. 此外, 还新加了第 8 章和第 9 章. 第 8 章是将第一版第 7 章 "经典鞅论" 一节加以扩充形成的, 部分内容取材于 Hall-Heyde 所著*Martingale Limit Theory and Its Application* 一书. 第 9 章主要取材于黄志远和严加安所著《无穷维随机分析引论》第 1 章的部分内容. 在本版的部分章节中还收入了 Dudley 所著*Real Analysis and Probability* 和 Kallenberg 所著*Foundations of Modern Probability* 书中的某些结果和作者在测度论方面的一些研究成果.

在准备新版期间, 作者得到了国家科技部 973 项目 "核心数学的若干前沿问题" 的资助, 特此感谢.

严加安

2004 年 3 月于北京

第一版前言

测度论是现代数学的一个重要分支, 它的主要奠基人是法国数学家 Lebesgue (1875—1941). 受他的老师 Borel 关于容量研究的深刻影响, 他在 1902 年的论文《积分、长度与面积》中, 首次把 $\mathbb{R}^2$ 中的长度和面积概念推广为一般 Borel 集的 Lebesgue 测度, 并定义了可测函数关于 Lebesgue 测度的积分. 他用累次积分计算重积分的结果后被 Fubini(1907) 完善为一般的定理. Radon (1913) 又进一步研究了 $\mathbb{R}^d$ 中在紧集上为有穷的一般 Borel 测度 (Radon 测度). 抽象可测空间上的测度和符号测度概念是 Fréchet (1915) 最先提出的. Radon-Nikodym(1930) 给出了符号测度为一不定积分的充要条件 (Radon-Nikodym 定理). 在早期的测度论发展史中, 积分概念的两个推广值得一提. 其一是 Daniell(1918) 从一类函数上的正线性泛函出发研究了测度和积分; 其二是 Bochner (1933) 和 Pettis(1938) 定义了 Banach 空间值函数关于测度的积分. 到 20 世纪 30 年代, 测度与积分理论已趋于成熟, 并在概率论、泛函分析和调和分析中得到广泛应用. 例如, Kolmogorov(1933) 从测度论观点出发创立了概率公理化体系, 为现代概率论奠定了数学基础. 其中非常重要的条件数学期望概念就源于测度论中的 Radon-Nikodym 定理. 随着时间的推移, 测度论在数学中的基础性地位愈来愈显示出来. 50 年代以后发展起来的无穷维空间中的测度和泛函积分成了研究量子物理的重要手段和工具.

本书是为概率统计专业和其他数学专业的研究生编写的一部测度论教材, 它的前身是作者的《测度与积分》(陕西师大出版社,1988). 这里改正了原书中出现的错误, 并对原书的第五章作了较大修改, 还在第三章、第六章及第七章中增加了若干新的内容. 全书内容分为三个部分: (1) 一至四章介绍一般可测空间中的测度与积分. 这一部分内容与通常测度论教材大体相当, 但第三章中的 Daniell 积分、Bochner 积分和 Pettis 积分以及第四章中的 Tulcea 定理在通常测度论教材中是不易找到的. (2) 第五章系统完整地介绍了 Hausdorff 空间中的测度和积分. 这一部分内容对初学者有一定难度, 教师在讲授时可以跳过它. (3) 第六章介绍有关测度的弱收敛和淡收敛的主要结果; 第七章介绍与测度论有关的概率论基础知识, 如条件数学期望, 正则条件概率, 一致可积性, 本性上确界, 解析集及经典鞅论等. 这一部分内容是专门为概率统计专业的研究生设计的, 在对其他数学专业的研究生讲授时可以略去.

本书几乎每一节都附有一定数量的习题, 其中不少是对正文的补充, 有些习题还在一些定理的证明中被引用.

本书的写作和出版分别得到了国家自然科学基金 (项目编号 79790130) 和中国科学院研究生教材出版基金的资助, 特此表示感谢.

严加安

1997 年 8 月于北京

目　　录

第 1 章　集类与测度

1.1　集合运算与集类

集合是现代数学的最基本的概念之一. 任何一组彼此可以区别的事物便构成一个集合. 在测度论中, 通常在某一(或某些)给定的集合(称为**空间**)中讨论问题.

1.1.1　令Ω为一给定非空集合, 其元素用ω记之. 设A为Ω的一子集, 用$\omega \in A$和$\omega \notin A$分别表示ω属于A和不属于A. 不含任何元素的集合称为**空集**, 以$\varnothing$记之. 用$A \supset B$或$B \subset A$表示B是A的子集, 用

$$A \cap B,\ A \cup B,\ A \setminus B,\ A \triangle B$$

分别表示A与B的**交**、**并**、**差**和**对称差**, 即

$$A \cap B = \{\omega \mid \omega \in A\text{且}\,\omega \in B\},\ A \cup B = \{\omega \mid \omega \in A\text{或}\,\omega \in B\},$$
$$A \setminus B = \{\omega \mid \omega \in A\text{且}\,\omega \notin B\},\ A \triangle B = (A \setminus B) \cup (B \setminus A).$$

用A^c表示$\Omega \setminus A$, 并称A^c为A(在Ω中)的**余集**, 于是有$A \setminus B = A \cap B^c$. 若$A \cap B = \varnothing$, 称$A$与$B$ **互不相交**. 显然有$A \cap A^c = \varnothing$, $A \cup A^c = \Omega$.

1.1.2　集合交和并运算满足如下的**交换律**、**分配律**及**结合律**:

$$A \cap B = B \cap A,\ A \cup B = B \cup A;$$
$$(A \cup B) \cap C = (A \cap C) \cup (B \cap C),$$
$$(A \cap B) \cup C = (A \cup C) \cap (B \cup C);$$
$$(A \cap B) \cap C = A \cap (B \cap C),$$
$$(A \cup B) \cup C = A \cup (B \cup C).$$

此外, 它们关于余集运算有如下的**de Morgan公式**:

$$(A \cap B)^c = A^c \cup B^c,\ (A \cup B)^c = A^c \cap B^c,\ (A^c)^c = A.$$

1.1.3　以Ω的某些子集为元素的集合称为(Ω上的)**集类**. 今后, 如无特别说明, 总假定集类是非空的, 即至少含一个元素(可以是空集). 设$\{A_i,\ i \in I\}$为一集类, 其

中I为**指标集**, 它用以给集类元素"编号", 则可如下定义集类中元素的交与并:

$$\bigcap_{i \in I} A_i = \{\omega \mid \omega \in A_i, \text{对一切}\, i \in I\},$$
$$\bigcup_{i \in I} A_i = \{\omega \mid \omega \in A_i, \text{对某一}\, i \in I\}.$$

我们有相应的交换律、分配律、结合律及de Morgan公式.

1.1.4　设$\{A_n,\ n \geqslant 1\}$为一集合序列. 若对每个n, 有$A_n \subset A_{n+1}$ (相应地, $A_n \supset A_{n+1}$), 则称(A_n)为**单调增** (相应地, **单调降**). 二者统称为**单调列**. 对单调增或单调降序列(A_n), 我们分别令$A = \bigcup_n A_n$ 或 $A = \bigcap_n A_n$, 称A为(A_n)的**极限**, 通常记为$A_n \uparrow A$或$A_n \downarrow A$. 一般地, 对任一集列(A_n), 令

$$\limsup_{n\to\infty} A_n = \bigcap_{n=1}^{\infty} \bigcup_{k=n}^{\infty} A_k, \quad \liminf_{n\to\infty} A_n = \bigcup_{n=1}^{\infty} \bigcap_{k=n}^{\infty} A_k,$$

分别称其为(A_n)的**上极限**和**下极限**. 显然有

$$\limsup_{n\to\infty} A_n = \{\omega \mid \omega\text{属于无穷多个}A_n\},$$
$$\liminf_{n\to\infty} A_n = \{\omega \mid \omega\text{至多不属于有限多个}A_n\},$$

从而恒有$\liminf_{n\to\infty} A_n \subset \limsup_{n\to\infty} A_n$. 若$\liminf_{n\to\infty} A_n = \limsup_{n\to\infty} A_n$, 称$(A_n)$的极限存在, 并用$\lim_{n\to\infty} A_n$表示$(A_n)$的**极限** (即令$\lim_{n\to\infty} A_n = \liminf_{n\to\infty} A_n = \limsup_{n\to\infty} A_n$).

1.1.5　设$\{A_n, n \geqslant 1\}$为一集列. 若(A_n)两两不相交(即$n \neq m \Rightarrow A_n \cap A_m = \varnothing$), 则常用$\sum_n A_n$表示$\bigcup_n A_n$. 若有$\sum_n A_n = \Omega$, 称$\{A_n, n \geqslant 1\}$为$\Omega$的一个**划分**.

对任一集列(A_n), 令

$$B_1 = A_1,\ B_n = A_n A_1^c \cdots A_{n-1}^c,\ n \geqslant 2,$$

则$\{B_n, n \geqslant 1\}$中集合两两不相交, 且有$\sum_n B_n = \bigcup_n A_n$. 这一将可列并表示为可列不交并的技巧是很有用的.

1.1.6　设$\mathcal{C}$为一集类(约定是非空的). 如果$A, B \in \mathcal{C} \Rightarrow A \cap B \in \mathcal{C}$ (从而$A_1, A_2, \cdots, A_n \in \mathcal{C} \Rightarrow \bigcap_{i=1}^n A_i \in \mathcal{C}$), 称$\mathcal{C}$**对有限交封闭**. 如果$A_n \in \mathcal{C}, n \geqslant 1 \Rightarrow \bigcap_n A_n \in \mathcal{C}$, 称$\mathcal{C}$**对可列交封闭**. 类似定义"对有限并封闭"及"对单调极限封闭"等概念. 令

$$\mathcal{C}_{\cap f} = \left\{ A \,\middle|\, A = \bigcap_{i=1}^{n} A_i, A_i \in \mathcal{C}, i = 1, \cdots, n,\ n \geqslant 1 \right\},$$

则$\mathcal{C}_{\cap f}$对有限交封闭, 我们称$\mathcal{C}_{\cap f}$为用有限交运算封闭$\mathcal{C}$所得的集类. 类似地, 我们用

$$\mathcal{C}_{\cup f},\ \mathcal{C}_{\Sigma f},\ \mathcal{C}_{\delta},\ \mathcal{C}_{\sigma},\ \mathcal{C}_{\Sigma\sigma}$$

分别表示用有限并、有限不交并、可列交、可列并及可列不交并封闭$\mathcal{C}$所得的集类. 此外, 我们用$\mathcal{C}_{\cap f,\cup f}$表示$(\mathcal{C}_{\cap f})_{\cup f}$, 用$\mathcal{C}_{\sigma\delta}$表示$(\mathcal{C}_\sigma)_\delta$. 今后常用这些记号, 读者应熟悉并牢记它们.

命题1.1.7 设$\mathcal{C}$为一集类, 则有如下结论:

(1) $\mathcal{C}_{\cap f,\cup f}=\mathcal{C}_{\cup f,\cap f}$;

(2) 若$\mathcal{C}$对有限交封闭, 则$\mathcal{C}_{\cup f},\mathcal{C}_{\Sigma f},\mathcal{C}_\sigma$ 及$\mathcal{C}_{\Sigma\sigma}$亦然;

(3) 若$\mathcal{C}$对有限并封闭, 则$\mathcal{C}_{\cap f}$及$\mathcal{C}_\delta$亦然.

证 直接从集合的交和并的分配律推得. □

现在我们用对集合运算的封闭性来划分不同类型的集类. 下面是测度论中常用的一些集类的定义.

定义1.1.8 设$\mathcal{C}$为一集类.

(1) 称$\mathcal{C}$为**π类**, 如果它对有限交封闭.

(2) 称$\mathcal{C}$为**半环**, 如果$\varnothing\in\mathcal{C}$, 且有

$$A,\,B\in\mathcal{C}\Rightarrow A\cap B\in\mathcal{C},\,A\setminus B\in\mathcal{C}_{\Sigma f}.$$

(3) 称$\mathcal{C}$为**半代数**, 如果它是半环, 且$\Omega\in\mathcal{C}$.

(4) 称$\mathcal{C}$为**代数**(**或域**), 如果它对有限交及取余集运算封闭, 且有$\Omega\in\mathcal{C}$, $\varnothing\in\mathcal{C}$ (由此推知它对有限并及差运算也封闭).

(5) 称$\mathcal{C}$为**σ代数**, 如果它对可列交及取余集运算封闭, 且有$\Omega\in\mathcal{C},\varnothing\in\mathcal{C}$ (由此推知它对可列并及差运算也封闭).

(6) 称$\mathcal{C}$为**单调类**, 如果它对单调序列极限封闭(即$A_n\in\mathcal{C},n\geqslant 1,A_n\uparrow A$或$A_n\downarrow A\Rightarrow A\in\mathcal{C}$).

(7) 称$\mathcal{C}$为**λ类**, 如果它满足下列条件:

(i) $\Omega\in\mathcal{C}$;

(ii) $A,B\in\mathcal{C},\ B\subset A\Rightarrow A\setminus B\in\mathcal{C}$;

(iii) $A_n\in\mathcal{C},n\geqslant 1,\ A_n\uparrow A\Rightarrow A\in\mathcal{C}$.

易知: σ代数为λ类, λ类为单调类.

例子1.1.9 设$\mathbb{R}$为实直线(即$\mathbb{R}=(-\infty,\infty)$), 令

$$\begin{aligned}&\mathcal{C}_1=\{(-\infty,a]\,|\,a\in\mathbb{R}\},\ \mathcal{C}_2=\{(a,\infty)\,|\,a\in\mathbb{R}\},\\&\mathcal{C}_3=\{(a,b]\,|\,a\leqslant b,a,b\in\mathbb{R}\},\end{aligned}$$

则$\mathcal{C}_1,\mathcal{C}_2$及$\mathcal{C}_3$为$\pi$类, $\mathcal{C}_1\cup\mathcal{C}_2\cup\mathcal{C}_3$ 为半环, $\mathcal{C}_1\cup\mathcal{C}_2\cup\mathcal{C}_3\cup\{\mathbb{R}\}$为半代数.

习 题

1.1.1 证明:

(1) $(A\triangle B)\triangle C = A\triangle(B\triangle C)$;

(2) $(A\triangle B)\cap C = (A\cap C)\triangle(B\cap C)$;

(3) $(A_1\cup A_2)\triangle(B_1\cup B_2)\subset(A_1\triangle B_1)\cup(A_2\triangle B_2)$.

1.1.2 证明:

$$(\liminf_{n\to\infty} A_n)\cap(\limsup_{n\to\infty} B_n)\subset\limsup_{n\to\infty}(A_n\cap B_n).$$

1.1.3 证明对可列不交并封闭的代数为σ代数.

1.1.4 若$\mathcal{C}$同时为代数和单调类或同时为π类和λ类, 则$\mathcal{C}$为σ代数.

1.1.5 设$\mathcal{C}$为半代数, 则$\mathcal{C}_{\Sigma f}$为代数.

1.1.6 λ类定义中的条件(i)及(ii)等价于如下两条件:

(i)′ $A\in\mathcal{C}\Rightarrow A^c\in\mathcal{C}$;

(ii)′ $A,B\in\mathcal{C},\ A\cap B=\varnothing\Rightarrow A\cup B\in\mathcal{C}$.

1.1.7 设$\mathcal{C}$为一集类, 且$\varnothing\in\mathcal{C}$, 令

$$\mathcal{G}=\left\{A\,\middle|\,A=\left(\bigcap_{i=1}^{n}A_i\right)\cap\left(\bigcap_{j=1}^{m}B_j^c\right),\ A_i,B_j\in\mathcal{C},\right.$$
$$\left.1\leqslant i\leqslant n,\ 1\leqslant j\leqslant m,\ n,m\geqslant 1\right\},$$

则$\mathcal{G}\supset\mathcal{C}$, 且$\mathcal{G}$为半环. 特别若$\mathcal{C}$对有限并及有限交封闭, 则$\{A\cap B^c\,|\,A,B\in\mathcal{C}\}$为半环.

1.2 单调类定理(集合形式)

设$\{\mathcal{C}_i\mid i\in I\}$为$\Omega$上一族集类, 若每个集类$\mathcal{C}_i$对某种集合运算封闭, 则其交$\bigcap_i\mathcal{C}_i$亦然. 于是对$\Omega$上的任一非空集类$\mathcal{C}$, 存在包含$\mathcal{C}$的最小$\sigma$代数、最小$\lambda$类和最小单调类, 我们分别称之为**由$\mathcal{C}$ 生成的 σ 代数、λ 类和单调类**, 并分别用$\sigma(\mathcal{C}),\lambda(\mathcal{C})$和$m(\mathcal{C})$记之. 我们恒有$m(\mathcal{C})\subset\lambda(\mathcal{C})\subset\sigma(\mathcal{C})$. 本节主要研究在什么条件下有$m(\mathcal{C})=\sigma(\mathcal{C})$或$\lambda(\mathcal{C})=\sigma(\mathcal{C})$.

定理1.2.1 设$\mathcal{C}$为一集类.

(1) 若$\mathcal{C}$为代数, 则$m(\mathcal{C})=\sigma(\mathcal{C})$.

(2) 若$\mathcal{C}$为一π类, 则$\lambda(\mathcal{C})=\sigma(\mathcal{C})$.

证 (1) 令

$$\mathcal{G}_1=\{A\,|\,A\in m(\mathcal{C}),\ A^c\in m(\mathcal{C}),\ A\cap B\in m(\mathcal{C}),\forall B\in\mathcal{C}\},$$

则$\mathcal{C}\subset\mathcal{G}_1$, 且$\mathcal{G}_1$为单调类, 故$\mathcal{G}_1=m(\mathcal{C})$.令

$$\mathcal{G}_2=\{A\,|\,A\in m(\mathcal{C}),\ A\cap B\in m(\mathcal{C}),\forall B\in m(\mathcal{C})\},$$

则由上所证$\mathcal{G}_1 = m(\mathcal{C})$知, $\mathcal{C} \subset \mathcal{G}_2$. 但$\mathcal{G}_2$为单调类, 故$\mathcal{G}_2 = m(\mathcal{C})$. 综上所证, 我们有

$$A \in m(\mathcal{C}) \Rightarrow A^c \in m(\mathcal{C});\ A, B \in m(\mathcal{C}) \Rightarrow A \cap B \in m(\mathcal{C}),$$

即$m(\mathcal{C})$为一代数, 从而$m(\mathcal{C})$为σ代数(习题1.1.4), 因此有$m(\mathcal{C}) \supset \sigma(\mathcal{C})$. 但相反的包含关系恒成立, 故最终有$m(\mathcal{C}) = \sigma(\mathcal{C})$.

(2) 令

$$\mathcal{G}_1 = \{A \,|\, A \in \lambda(\mathcal{C}),\ A \cap B \in \lambda(\mathcal{C}),\ \forall B \in \mathcal{C}\},$$

则$\mathcal{C} \subset \mathcal{G}_1$, 且$\mathcal{G}_1$为$\lambda$类, 故$\mathcal{G}_1 = \lambda(\mathcal{C})$. 令

$$\mathcal{G}_2 = \{A \,|\, A \in \lambda(\mathcal{C}),\ A \cap B \in \lambda(\mathcal{C}),\ \forall B \in \lambda(\mathcal{C})\},$$

则由上所证$\mathcal{G}_1 = \lambda(\mathcal{C})$知, $\mathcal{C} \subset \mathcal{G}_2$. 但$\mathcal{G}_2$为$\lambda$类, 故$\mathcal{G}_2 = \lambda(\mathcal{C})$. 于是$\lambda(\mathcal{C})$为$\pi$类, 从而$\lambda(\mathcal{C})$为$\sigma$代数(习题1.1.4), 因此有$\lambda(\mathcal{C}) \supset \sigma(\mathcal{C})$. 但相反的包含关系恒成立, 故最终有$\lambda(\mathcal{C}) = \sigma(\mathcal{C})$. □

此定理称为**单调类定理**. 它表明: 为验证某σ代数$\mathcal{F}$中元素有某种性质, 只需验证: (1)有一生成$\mathcal{F}$的代数(π类)$\mathcal{C}$, 其元素有该性质; (2)有该性质的集合全体构成一单调类(相应地, λ类). 而这后二者的验证往往比较容易. 单调类定理是测度论中的一个重要的证明工具. 今后我们将陆续给出它的应用.

作为定理1.2.1的一个简单推论, 我们有单调类定理的如下更有用的形式.

定理1.2.2 设$\mathcal{C}, \mathcal{F}$为两个集类, 且$\mathcal{C} \subset \mathcal{F}$.

(1) 若$\mathcal{C}$为代数, 且$\mathcal{F}$为单调类, 则$\sigma(\mathcal{C}) \subset \mathcal{F}$;

(2) 若$\mathcal{C}$为π类且$\mathcal{F}$为λ类, 则$\sigma(\mathcal{C}) \subset \mathcal{F}$.

从定理1.2.1的证明看出, 我们可以给出使$m(\mathcal{C}) = \sigma(\mathcal{C})$或$\lambda(\mathcal{C}) = \sigma(\mathcal{C})$成立的充要条件.

定理1.2.3 设$\mathcal{C}$为一集类.

(1) 为要$m(\mathcal{C}) = \sigma(\mathcal{C})$, 必须且只需:

$$A \in \mathcal{C} \Rightarrow A^c \in m(\mathcal{C});\ A, B \in \mathcal{C} \Rightarrow A \cap B \in m(\mathcal{C}).$$

(2) 为要$\lambda(\mathcal{C}) = \sigma(\mathcal{C})$, 必须且只需:

$$A,\ B \in \mathcal{C} \Rightarrow A \cap B \in \lambda(\mathcal{C}).$$

由此定理, 我们还可推得如下定理.

定理1.2.4 设$\mathcal{C}$为一集类.

(1) 为要$m(\mathcal{C}) = \sigma(\mathcal{C})$, 必须且只需:

$$A \in \mathcal{C} \Rightarrow A^c \in m(\mathcal{C});\ A, B \in \mathcal{C} \Rightarrow A \cup B \in m(\mathcal{C}).$$

(2) 为要$\lambda(\mathcal{C}) = \sigma(\mathcal{C})$, 必须且只需:

$$A, B \in \mathcal{C} \Rightarrow A \cup B \in \lambda(\mathcal{C}).$$

证 (1) 条件的必要性显然, 往证条件的充分性. 设条件成立. 令$\mathcal{D} = \{A^c \mid A \in \mathcal{C}\}$, $\mathcal{G} = \{A \mid A^c \in m(\mathcal{C})\}$. 则$\mathcal{G}$为单调类, 且$\mathcal{D} \subset \mathcal{G}$, 故$m(\mathcal{D}) \subset \mathcal{G}$. 这表明$A \in m(\mathcal{D}) \Rightarrow A^c \in m(\mathcal{C})$. 同理有$A \in m(\mathcal{C}) \Rightarrow A^c \in m(\mathcal{D})$. 于是有$m(\mathcal{D}) = \{A \mid A^c \in m(\mathcal{C})\}$. 故由定理1.2.3(1)推得$m(\mathcal{D}) = \sigma(\mathcal{D})$. 但依假定, $\mathcal{D} \subset m(\mathcal{C}), \mathcal{C} \subset m(\mathcal{D})$. 于是有$m(\mathcal{C}) = m(\mathcal{D})$, 从而最终有$m(\mathcal{C}) = \sigma(\mathcal{D}) = \sigma(\mathcal{C})$. (2)的证明类似. □

上述两个定理过于一般, 实际难以应用, 但它们的下述推论是有用的(例如见下面的例子1.2.6及定理1.6.3). 需要指出: 如果不首先建立定理1.2.3及定理1.2.4, 那么是不易发现定理1.2.5的.

定理1.2.5 设$\mathcal{C}$为一集类. 若它满足下列条件之一, 则有$m(\mathcal{C}) = \sigma(\mathcal{C})$:

(1) $A, B \in \mathcal{C} \Rightarrow A \cap B \in \mathcal{C},\ A \in \mathcal{C} \Rightarrow A^c \in \mathcal{C}_\delta$;

(2) $A, B \in \mathcal{C} \Rightarrow A \cup B \in \mathcal{C},\ A \in \mathcal{C} \Rightarrow A^c \in \mathcal{C}_\sigma$.

(关于记号$\mathcal{C}_\delta$及$\mathcal{C}_\sigma$见1.1.6.)

证 若$\mathcal{C}$对有限交封闭, 则$\mathcal{C}_\delta \subset m(\mathcal{C})$; 若$\mathcal{C}$ 对有限并封闭, 则$\mathcal{C}_\sigma \subset m(\mathcal{C})$. 因此条件(1)及(2)分别蕴含定理1.2.3及1.2.4的(1)中条件, 定理得证. □

例子1.2.6 设X为一距离空间, $\mathcal{F}$表示X中闭集全体, $\mathcal{G}$表示X中开集全体. 显然有$\sigma(\mathcal{F}) = \sigma(\mathcal{G})$, 我们称它为$X$的**Borel $\boldsymbol{\sigma}$代数**, 记为$\mathcal{B}(X)$. 显然$\mathcal{G}$及$\mathcal{F}$分别满足定理1.2.5的条件(1)及(2), 于是我们有$m(\mathcal{F}) = m(\mathcal{G}) = \mathcal{B}(X)$. 但这一结果并不能从定理1.2.1推得. 由此可见, 我们将经典的单调类定理进行推广是有意义的.

下面引进可测空间、可分σ代数及原子集合概念.

定义1.2.7 设$\mathcal{F}$为Ω上的一σ代数, 称序偶$(\Omega, \mathcal{F})$为一**可测空间**, $\mathcal{F}$中的元称为**$\mathcal{F}$可测集**. 称σ代数$\mathcal{F}$为**可分的**(或**可数生成的**), 如果存在$\mathcal{F}$的一可数子类$\mathcal{C}$, 使得$\sigma(\mathcal{C}) = \mathcal{F}$. 若$\mathcal{F}$可分, 称$(\Omega, \mathcal{F})$为**可分可测空间**.

注意: 可分σ代数的元素未必是可数多个.

由习题1.1.7及1.1.5易知: 若$\mathcal{F}$可分, 则存在一代数$\mathcal{C}$, 其元素个数至多可数, 使得$\sigma(\mathcal{C}) = \mathcal{F}$.

定义1.2.8 设$(\Omega, \mathcal{F})$为可测空间, 对任一$\omega \in \Omega$, 令

$$\mathcal{F}_\omega = \{B \in \mathcal{F} \mid \omega \in B\},\ A(\omega) = \bigcap_{B \in \mathcal{F}_\omega} B,$$

称$A(\omega)$为含ω的**$\mathcal{F}$原子**.

请读者证明下述结论:

(1) 设$\omega, \omega' \in \Omega$, 则或者$A(\omega) = A(\omega')$, 或者$A(\omega) \cap A(\omega') = \varnothing$;

(2) 设$\mathcal{C}$为生成$\mathcal{F}$的代数. 对任何$\omega \in \Omega$, 令$\mathcal{C}_\omega = \{B \in \mathcal{C} \mid \omega \in B\}$, 则有

$$A(\omega) = \bigcap_{B \in \mathcal{C}_\omega} B.$$

特别, 若$\mathcal{F}$可分, 则每个$\mathcal{F}$原子属于$\mathcal{F}$.

定义1.2.9 一可测空间$(E, \mathcal{E})$称为**可离的**, 如果它的每个原子都是单点集. 两个可测空间称为**同构**, 如果在两者之间存在一双方单值双方可测的满射(这样的映射称为**可测同构**). 关于可测映射的定义见第2章定义2.1.1.

下一引理表明: 任一可分且可离的可测空间同构于$(\mathbb{R}, \mathcal{B}(\mathbb{R}))$ 的某可测子空间.

引理1.2.10 设$(E, \mathcal{E})$为一可分且可离的可测空间, 则$(E, \mathcal{E})$ 同构于$(\mathbb{R}, \mathcal{B}(\mathbb{R}))$的某可测子空间. 更确切地说, 设$\{A_n, n \geqslant 1\}$为$E$上生成$\mathcal{E}$的代数, 令

$$f(x) = \sum_{n=1}^{\infty} 3^{-n} I_{A_n}(x),$$

则f为$(E, \mathcal{E})$到$(f(E), \mathcal{B}(f(E)))$上的可测同构. 这里, $\mathcal{B}(f(E)) = f(E) \cap \mathcal{B}(\mathbb{R})$(见下面的习题1.2.1).

证 显然f为$(E, \mathcal{E})$到$(f(E), \mathcal{B}(f(E)))$上的双方单值可测映射. 为证$f^{-1}$可测, 只需证$f^{-1}(\mathcal{B}(f(E))) = \mathcal{E}$. 由于$(A_n)$在$E$上生成$\mathcal{E}$, 只需证每个$A_n$属于$f^{-1}(\mathcal{B}(f(E)))$. 令$G_n$表示$[0, \frac{1}{2}]$ 中三进位展开中第n项为1的实数全体, 即$G_1 = [\frac{1}{3}, \frac{1}{2}]$,

$$\begin{aligned} G_n = & \left[\frac{1}{3^n}, \frac{1}{2 \cdot 3^{n-1}}\right] \bigcup \left[\frac{1}{3^n} + \frac{1}{3^{n-1}}, \frac{1}{2 \cdot 3^{n-1}} + \frac{1}{3^{n-1}}\right] \\ & \bigcup \cdots \bigcup \left[\frac{1}{3^n} + \cdots + \frac{1}{3}, \frac{1}{2 \cdot 3^{n-1}} + \cdots + \frac{1}{3}\right], \quad n \geqslant 2, \end{aligned}$$

则$G_n \in \mathcal{B}(\mathbb{R})$, 从而$G_n \cap f(E) \in \mathcal{B}(f(E))$. 我们有$A_n = f^{-1}(G_n) = f^{-1}(G_n \cap f(E))$, 由此推得引理的结论. □

习 题

1.2.1 设$\mathcal{C}$为Ω上的一集类, $A \subset \Omega$. 令

$$A \cap \mathcal{C} = \{A \cap B \mid B \in \mathcal{C}\}$$

(这一记号以后常用到), 并用$\sigma_A(A \cap \mathcal{C})$表示$A \cap \mathcal{C}$(视为$A$上集类)在$A$上生成的$\sigma$代数, 则有

$$\sigma_A(A \cap \mathcal{C}) = A \cap \sigma(\mathcal{C}).$$

对$m(\mathcal{C})$和$\lambda(\mathcal{C})$亦有类似结果.

1.2.2 设$\mathcal{F}$为Ω上的一σ代数, $\mathcal{C} = \{A_1, A_2, \cdots\}$为$\Omega$的一个可数划分(即$A_n \cap A_m = \varnothing$, $n \neq m, \sum_n A_n = \Omega$), 则对任何$B \in \sigma(\mathcal{F} \cup \mathcal{C})$, 存在$B_n \in \mathcal{F}, n = 1, 2, \cdots$,使得

$$B = \sum_{n=1}^{\infty} (B_n \cap A_n).$$

1.2.3 设$\mathcal{C}$为一集类. 则对任何$A \in \sigma(\mathcal{C})$, 存在$\mathcal{C}$的可数子类$\mathcal{D}$, 使得$A \in \sigma(\mathcal{D})$.

1.2.4 设$\mathcal{C}$为一集类, 则对任何$A \in m(\mathcal{C})$, 存在$B \in \mathcal{C}_\sigma$, 使得$B \supset A$ (提示: 令$\mathcal{G}$表示具有所说性质的集合A全体, 证明$\mathcal{G}$为单调类).

1.2.5 设$\mathcal{C}$为一集类. 如果

$$A,\ B \in \mathcal{C} \Rightarrow A \cup B \in \mathcal{C}_{\Sigma\sigma},$$

则有$\lambda(\mathcal{C}) = \sigma(\mathcal{C})$ (提示: 利用习题1.1.6).

1.3　测度与非负集函数

学过实分析的人都知道: Lebesgue测度是线段长度概念的延伸(或更一般地, 是欧氏空间中面积或体积概念的延伸). 下面我们将要引入的测度概念则是Lebesgue测度的抽象化.

定义1.3.1　设$(\Omega, \mathcal{F})$为一可测空间, μ为定义于$\mathcal{F}$取值于$\overline{\mathbb{R}}_+ = [0, \infty]$的函数. 如果$\mu(\varnothing) = 0$且$\mu$有**可数可加性**或**$\boldsymbol{\sigma}$可加性**, 即

$$A_n \in \mathcal{F},\ n \geqslant 1,\ A_n \cap A_m = \varnothing,\ n \neq m\ \Rightarrow$$
$$\mu\Big(\sum_{n=1}^{\infty} A_n\Big) = \sum_{n=1}^{\infty} \mu(A_n),$$

则称μ为Ω上的(或$(\Omega, \mathcal{F})$上的)**测度**.

设μ为可测空间$(\Omega, \mathcal{F})$上的测度, 称三元组$(\Omega, \mathcal{F}, \mu)$ 为**测度空间**. 若$\mu(\Omega) < \infty$, 则称μ为**有限测度**, 并称$(\Omega, \mathcal{F}, \mu)$为**有限测度空间**. 若$\mu(\Omega) = 1$, 则称$\mu$为**概率测度**, 并称$(\Omega, \mathcal{F}, \mu)$ 为**概率空间**. 若存在$A_n \in \mathcal{F}$, $n \geqslant 1$, 使得$\bigcup_n A_n = \Omega$, 且使$\mu(A_n) < \infty$对一切$n \geqslant 1$成立(由1.5知, 可取(A_n)为Ω的一个划分), 则称μ为**$\boldsymbol{\sigma}$有限测度**, 并称$(\Omega, \mathcal{F}, \mu)$ 为**$\boldsymbol{\sigma}$有限测度空间**.

设$(\Omega, \mathcal{F}, \mu)$为一测度空间. 若$A \in \mathcal{F}$, 且$\mu(A) = 0$, 称$A$为**$\boldsymbol{\mu}$零测集**. 如果任何$\mu$零测集的子集皆属于$\mathcal{F}$, 称$\mathcal{F}$关于$\mu$是**完备的**, 称$(\Omega, \mathcal{F}, \mu)$为**完备测度空间**.

为了下节研究测度的扩张的需要, 我们引进一般的非负集函数的概念. 设$\mathcal{C}$为任一集类. 定义于$\mathcal{C}$取值于$\overline{\mathbb{R}}_+$的函数称为$\mathcal{C}$上的**非负集函数**. 在下面的定义叙述中, 我们总约定$\varnothing \in \mathcal{C}$, 且非负集函数$\mu$满足 $\mu(\varnothing) = 0$及**单调性** :

$$A,\ B \in \mathcal{C}, A \subset B \Rightarrow \mu(A) \leqslant \mu(B).$$

定义1.3.2　设μ为$\mathcal{C}$上非负集函数.

(1) 称μ为**有限可加的**, 如果对一切$n \geqslant 2$,

$$A_i \in \mathcal{C},\ 1 \leqslant i \leqslant n,\ \sum_{i=1}^{n} A_i \in \mathcal{C} \Rightarrow \mu\Big(\sum_{i=1}^{n} A_i\Big) = \sum_{i=1}^{n} \mu(A_i).$$

(2) 称μ为$\boldsymbol{\sigma}$ **可加的**, 如果

$$A_i \in \mathcal{C},\ i \geqslant 1,\ \sum_{i=1}^{\infty} A_i \in \mathcal{C} \Rightarrow \mu\Big(\sum_{i=1}^{\infty} A_i\Big) = \sum_{i=1}^{\infty} \mu(A_i).$$

(3) 称μ为**半$\boldsymbol{\sigma}$可加的**, 如果

$$A \in \mathcal{C}; A_i \in \mathcal{C}, i \geqslant 1, \text{且}\, A \subset \bigcup_{i=1}^{\infty} A_i \Rightarrow \mu(A) \leqslant \sum_{i=1}^{\infty} \mu(A_i).$$

(4) 称μ **从下连续**, 如果

$$A_n \in \mathcal{C}, A_n \uparrow A \in \mathcal{C} \Rightarrow \mu(A) = \lim_{n\to\infty} \mu(A_n).$$

(5) 称μ **从上连续**, 如果

$$A_n \in \mathcal{C}, A_n \downarrow A \in \mathcal{C},\ \text{且}\, \mu(A_1) < \infty \Rightarrow \mu(A) = \lim_{n\to\infty} \mu(A_n).$$

(6) 称μ **在空集处连续**, 如果

$$A_n \in \mathcal{C}, A_n \downarrow \varnothing, \text{且}\, \mu(A_1) < \infty \Rightarrow \lim_{n\to\infty} \mu(A_n) = 0.$$

(7) 称μ **在$\mathcal{C}$上有限**, 如果对一切$A \in \mathcal{C}$, 有$\mu(A) < \infty$.

(8) 称μ **在$\mathcal{C}$上$\boldsymbol{\sigma}$有限**, 如果对任一$A \in \mathcal{C}$, 存在$A_n \in \mathcal{C}, n \geqslant 1$, 使得$A \subset \bigcup_n A_n$, 且$\mu(A_n) < \infty$对一切$n$成立.

这些概念都是可以“顾名思义”的, 读者很容易记住它们.

下一定理概括了测度的最基本性质.

定理1.3.3　设μ为可测空间$(\Omega, \mathcal{F})$上一测度, 则μ 从下连续且从上连续(从而也在$\varnothing$处连续). 此外, μ有单调性及如下的**可减性**:

$$A, B \in \mathcal{F}, A \subset B, \text{且}\, \mu(B) < \infty \Rightarrow \mu(B \setminus A) = \mu(B) - \mu(A).$$

证　单调性及可减性是显然的. 由可减性及从下连续性立刻推得从上连续性, 只需证μ的从下连续性. 设$A_n \in \mathcal{F}, n \geqslant 1, A_n \uparrow A$. 为证$\lim\limits_{n\to\infty} \mu(A_n) = \mu(A)$, 不妨设$\forall n \geqslant 1$, 有$\mu(A_n) < \infty$, 则有

$$\mu(A_{n+1} \setminus A_n) = \mu(A_{n+1}) - \mu(A_n).$$

由于$A=\bigcup_n A_n = A_1\cup\sum_{n=1}^\infty(A_{n+1}\setminus A_n)$, 故有

$$\mu(A)=\mu(A_1)+\sum_{n=1}^\infty[\mu(A_{n+1})-\mu(A_n)]=\lim_{n\to\infty}\mu(A_n).$$

□

下一定理推广了定理1.3.3的结论.

定理1.3.4　设$\mathcal{C}$为一代数, μ为$\mathcal{C}$上的有限可加非负集函数, 则μ有单调性及可减性. 此外, μ为σ可加$\Leftrightarrow$ μ从下连续$\Rightarrow$ μ从上连续$\Rightarrow$ μ在$\varnothing$处连续. 若进一步$\mu(\Omega)<\infty$, 则上述诸条件等价.

证　设μ从下连续, 往证μ为σ可加的. 令$A_n\in\mathcal{C}, n\geqslant 1$, 且$\sum_{n=1}^\infty A_n\in\mathcal{C}$, 则$B_m=\sum_{n=1}^m A_n\in\mathcal{C}$, 且$B_m\uparrow\sum_{n=1}^\infty A_n$. 于是由$\mu$的有限可加性及从下连续性得

$$\mu\Big(\sum_{n=1}^\infty A_n\Big)=\lim_{m\to\infty}\mu\Big(\sum_{n=1}^m A_n\Big)=\lim_{m\to\infty}\sum_{n=1}^m\mu(A_n)=\sum_{n=1}^\infty\mu(A_n).$$

这表明μ有σ可加性. 其余结论显然(参见上一定理的证明). □

下一引理将使我们在许多场合把与σ有限测度有关的问题归结为与概率测度有关的问题.

引理1.3.5　设μ为可测空间$(\Omega,\mathcal{F})$上的σ有限测度. 若$\mu(\Omega)>0$, 令$\{A_n, n\geqslant 1\}$为Ω的一个可数划分, 使得$\forall n, A_n\in\mathcal{F}$, 且$0<\mu(A_n)<\infty$. 又令

$$\nu(A)=\sum_{n=1}^\infty\frac{\mu(A\cap A_n)}{2^n\mu(A_n)},\quad A\in\mathcal{F}, \tag{1.3.1}$$

则ν为$(\Omega,\mathcal{F})$上的一概率测度, 此外有$\nu(A)=0\Leftrightarrow\mu(A)=0$, 并且对任何$A\in\mathcal{F}$, 有

$$\mu(A)=\sum_{n=1}^\infty 2^n\nu(A\cap A_n)\mu(A_n). \tag{1.3.2}$$

证　只需证(1.3.2)式, 其余结论显然. 在(1.3.1)式中令$A\cap A_m$代替A, 得

$$\nu(A\cap A_m)=\frac{\mu(A\cap A_m)}{2^m\mu(A_m)}.$$

由此立得(1.3.2)式. □

习　题

1.3.1　设μ为半环$\mathcal{C}$上的一有限可加非负函数, 则μ有单调性及可减性. 此外, 设$A_n\in\mathcal{C}$, $n\geqslant 1, A\in\mathcal{C}$, 且$\sum_n A_n\subset A$, 则有$\sum_{n=1}^\infty\mu(A_n)\leqslant\mu(A)$.

1.3.2 设$(I,\prec)$为一定向集, $(\mu_i,i\in I)$为σ代数$\mathcal{F}$上的一族测度, 满足$i\prec j\Rightarrow \mu_i\leqslant\mu_j$.令

$$\mu(A)=\sup_i \mu_i(A),\quad A\in\mathcal{F},$$

则μ为$\mathcal{F}$上的测度.

1.3.3 设$(\Omega,\mathcal{F},\mu)$为一测度空间, $\mu(\Omega)<\infty$, $\mathcal{C}$为生成$\mathcal{F}$的一个代数, 则对任何$A\in\mathcal{F}$, 我们有

$$\mu(A)=\sup\{\mu(B)\,|\,B\in\mathcal{C}_\delta,B\subset A\}=\inf\{\mu(B)\,|B\in\mathcal{C}_\sigma,B\supset A\}.$$

(提示: 令$\mathcal{G}$表示$\mathcal{F}$中使上式成立的集A全体, 证明$\mathcal{G}$为单调类, 再利用单调类定理.)

1.3.4 设$(\Omega,\mathcal{F},\mu)$为一有限测度空间, $\mathcal{C}$为生成$\mathcal{F}$的一个代数. 若$A\in\mathcal{F}$, 则$\forall\varepsilon>0$, 存在$B\in\mathcal{C}$, 使得$\mu(A\triangle B)<\varepsilon$ (提示: 利用习题1.3.3).

1.4 外测度与测度的扩张

本节研究如何把一半环$\mathcal{C}$上的一σ可加非负集函数扩张成为σ代数$\sigma(\mathcal{C})$上的测度, 通常采用的方法是外测度方法.

定义1.4.1 令$\mathcal{A}(\Omega)$表示Ω的所有子集(包括空集)所构成的集类, 设μ为$\mathcal{A}(\Omega)$上的一非负集函数(约定$\mu(\varnothing)=0$). 如果μ有单调性并满足如下的**次σ可加性**:

$$A_n\subset\Omega,n\geqslant 1\Rightarrow \mu\Big(\bigcup_n A_n\Big)\leqslant\sum_n\mu(A_n),$$

则称μ为Ω上的一**外测度**.

下一定理是测度扩张的基础.

定理1.4.2 设μ为Ω上的一外测度. 令

$$\mathcal{U}=\{A\subset\Omega\,|\,\forall D\subset\Omega,有\ \mu(D)=\mu(A\cap D)+\mu(A^c\cap D)\},\tag{1.4.1}$$

则$\mathcal{U}$为Ω上的一σ代数, 且μ限于$\mathcal{U}$为一测度. 我们称$\mathcal{U}$中的元素为**μ可测集**.

证 首先注意: 为要$A\in\mathcal{U}$, 当且仅当$\forall D\subset\Omega$,

$$\mu(D)\geqslant\mu(A\cap D)+\mu(A^c\cap D).\tag{1.4.2}$$

设$A,B\in\mathcal{U}$, 则由(1.4.1)式及μ的次可加性知: $\forall D\subset\Omega$,

$$\begin{aligned}\mu(D)&=\mu(A\cap D)+\mu(A^c\cap D)\\&=\mu(A\cap D)+\mu(B\cap A^c\cap D)+\mu(B^c\cap A^c\cap D)\\&\geqslant\mu((A\cup B)\cap D)+\mu((A\cup B)^c\cap D).\end{aligned}$$

这表明$A\cup B\in\mathcal{U}$. 此外, 由(1.4.1)式知, $A\in\mathcal{U}\Rightarrow A^c\in\mathcal{U}$, 故$\mathcal{U}$为一代数.

往证$\mathcal{U}$为σ代数, 且μ限于$\mathcal{U}$为一测度. 为此, 设$A_n \in \mathcal{U}$, $n \geqslant 1$, $A_n \cap A_m = \varnothing$, $n \neq m$, 则对任何$D \subset \Omega$, 我们有(注意$A_k \cap A_{k-1}^c \cap \cdots \cap A_1^c = A_k$)

$$
\begin{aligned}
\mu(D) &= \mu(A_1 \cap D) + \mu(A_1^c \cap D) \\
&= \mu(A_1 \cap D) + \mu(A_2 \cap D) + \mu(A_2^c \cap A_1^c \cap D) = \cdots \\
&= \sum_{k=1}^{n} \mu(A_k \cap D) + \mu\big((\sum_{k=1}^{n} A_k)^c \cap D\big) \\
&\geqslant \sum_{k=1}^{n} \mu(A_k \cap D) + \mu\big((\sum_{k=1}^{\infty} A_k)^c \cap D\big).
\end{aligned}
$$

在上式中令$n \to \infty$, 并由μ的次σ可加性立得

$$
\begin{aligned}
\mu(D) &\geqslant \sum_{k=1}^{\infty} \mu(A_k \cap D) + \mu\big((\sum_{k=1}^{\infty} A_k)^c \cap D\big) \\
&\geqslant \mu\big((\sum_{k=1}^{\infty} A_k) \cap D\big) + \mu\big((\sum_{k=1}^{\infty} A_k)^c \cap D\big).
\end{aligned}
$$

这表明$\sum_{k=1}^{\infty} A_k \in \mathcal{U}$. 此外, 在上式中令$D = \sum\limits_{k=1}^{\infty} A_k$得

$$
\mu(\sum_{k=1}^{\infty} A_k) = \sum_{k=1}^{\infty} \mu(A_k).
$$

因此, $\mathcal{U}$为一σ代数, 且μ限于$\mathcal{U}$为一测度. □

下一命题的证明是不足道的, 故从略.

命题1.4.3　设$\mathcal{C}$为Ω上一集类, 且$\varnothing \in \mathcal{C}$. 又设$\mu$为$\mathcal{C}$上的一半$\sigma$可加非负集函数, 且$\mu(\varnothing) = 0$. 令

$$
\mu^*(A) = \inf\Big\{\sum_{n=1}^{\infty} \mu(A_n) \,\Big|\, A_n \in \mathcal{C},\, A \subset \bigcup_{n=1}^{\infty} A_n\Big\},\quad A \subset \Omega \tag{1.4.3}
$$

(这里及今后, 约定$\inf \varnothing = +\infty$), 则$\mu^*$为$\Omega$上的外测度, 且$\mu^*$ 限于$\mathcal{C}$与μ一致, 我们称μ^*为由μ **引出的外测度**.

命题1.4.4　设μ为半环$\mathcal{C}$上的一非负集函数(约定$\mu(\varnothing) = 0$). 则为要μ是σ可加的, 必须且只需μ为有限可加且半σ可加的.

证　先证必要性. 设μ为σ可加, 显然μ为有限可加. 令$A \in \mathcal{C}, A_n \in \mathcal{C}$, $n \geqslant 1$, 且$A \subset \bigcup_n A_n$, 往证$\mu(A) \leqslant \sum_{n=1}^{\infty} \mu(A_n)$. 令

$$
B_1 = A_1,\ B_n = A_n A_1^c \cdots A_{n-1}^c,\quad n \geqslant 2,
$$

则由半环定义知$B_n \in \mathcal{C}_{\Sigma f}$(记号见1.1.6), 且有$\bigcup_n A_n = \sum_n B_n$, 从而$A = \sum_{n=1}^{\infty}(B_n \cap A)$. 由于$B_n \cap A \in \mathcal{C}_{\Sigma f}$, 故存在$C_{n,m} \in \mathcal{C}, 1 \leqslant m \leqslant k(n)$, 使得

$$B_n \cap A = \sum_{m=1}^{k(n)} C_{n,m}\ , \quad n \geqslant 1.$$

由μ的σ可加性推知

$$\mu(A) = \sum_{n=1}^{\infty}\sum_{m=1}^{k(n)} \mu(C_{n,m}).$$

但由于$A_n \supset \sum_m C_{n,m}, A_n \setminus \sum_m C_{n,m} = A_n \cap (\bigcap_m C_{n,m}^c) \in \mathcal{C}_{\Sigma f}$, 故由$\mu$的有限可加性易知

$$\mu(A_n) \geqslant \sum_{m=1}^{k(n)} \mu(C_{n,m}).$$

因此有$\mu(A) \leqslant \sum_{n=1}^{\infty} \mu(A_n)$, 此即$\mu$的半$\sigma$可加性.

现证充分性. 设μ有限可加且半σ可加. 设$A_n \in \mathcal{C}, n \geqslant 1, \sum_n A_n = A \in \mathcal{C}$, 我们要证$\mu(A) = \sum_n \mu(A_n)$. 由于对一切$k \geqslant 1$, $A \setminus \sum_{n=1}^{k} A_n \in \mathcal{C}_{\Sigma f}$, 故由$\mu$的有限可加性知$\mu(A) \geqslant \sum_{n=1}^{k} \mu(A_n)$. 但$k$是任意的, 故$\mu(A) \geqslant \sum_{n=1}^{\infty} \mu(A_n)$. 再由$\mu$的半$\sigma$可加性知$\mu(A) = \sum_{n=1}^{\infty} \mu(A_n)$. □

下一引理给出了μ^*可测集的一个刻画.

引理1.4.5 设$\mathcal{C}$为Ω上的一集类, 且$\varnothing \in \mathcal{C}$. 又设$\mu$为$\mathcal{C}$上的一半$\sigma$可加非负集函数, 且$\mu(\varnothing) = 0$, μ^*为μ引出的外测度. 则为要A为μ^*可测集, 必须且只需对一切$C \in \mathcal{C}$, 有

$$\mu(C) \geqslant \mu^*(C \cap A) + \mu^*(C \cap A^c)\ (\text{或者等价地, 等号成立}). \tag{1.4.4}$$

证 只需证充分性. 设$A \subset \Omega$, 且对一切$C \in \mathcal{C}$, (1.4.4)式成立. 任取$D \subset \Omega$. 若$\mu^*(D) = \infty$, 显然(1.4.2)式成立(μ^*代替μ). 若$\mu^*(D) < \infty$, 则由μ^*的定义, 对任给$\varepsilon > 0$, 可取$A_n \in \mathcal{C}, n \geqslant 1$, 使得$\bigcup_n A_n \supset D$, 且$\mu^*(D) \geqslant \sum_{n=1}^{\infty} \mu(A_n) - \varepsilon$. 于是由(1.4.4)式及$\mu^*$的次$\sigma$可加性有

$$\begin{aligned}
\mu^*(D) &\geqslant \sum_n \Big[\mu^*(A_n \cap A) + \mu^*(A_n \cap A^c)\Big] - \varepsilon \\
&\geqslant \mu^*\Big(\big(\bigcup_n A_n\big) \cap A\Big) + \mu^*\Big(\big(\bigcup_n A_n\big) \cap A^c\Big) - \varepsilon \\
&\geqslant \mu^*(D \cap A) + \mu^*(D \cap A^c) - \varepsilon.
\end{aligned}$$

由于$\varepsilon > 0$是任意的, 故有(1.4.2)式成立(以μ^*代替μ). 这表明A为μ^*可测集. □

下一引理是应用单调类定理的一个典型例子, 我们在讨论测度扩张的唯一性时将用到它.

引理1.4.6　设$\mathcal{C}$为Ω上的一π类, μ_1及μ_2为$\sigma(\mathcal{C})$上的两个有限测度. 若$\Omega \in \mathcal{C}$, 且μ_1与μ_2限于$\mathcal{C}$一致, 则μ_1与μ_2在$\sigma(\mathcal{C})$上一致.

证　令$\mathcal{G} = \{A \in \sigma(\mathcal{C}) \,|\, \mu_1(A) = \mu_2(A)\}$, 则由定理1.3.3知$\mathcal{G}$为 λ类. 但依假定, 有$\mathcal{G} \supset \mathcal{C}$, 故由单调类定理知$\mathcal{G} \supset \sigma(\mathcal{C})$, 从而$\mathcal{G} = \sigma(\mathcal{C})$. □

下一定理称为**Carathéodory 测度扩张定理**.

定理1.4.7　设$\mathcal{C}$为Ω上的一半环, μ为$\mathcal{C}$上的一σ可加非负集函数, 则μ可以扩张成为$\sigma(\mathcal{C})$上的一测度. 若进一步μ在$\mathcal{C}$上为σ有限, 且$\Omega \in \mathcal{C}_\sigma$, 则这一扩张是唯一的, 并且扩张所得的测度在$\sigma(\mathcal{C})$ 上也是σ有限的.

证　由命题1.4.4, μ在$\mathcal{C}$上有半σ可加性. 令μ^*为μ按(1.4.3)式引出的外测度, 令$\mathcal{U}$为μ^*可测集全体. 现设$A \in \mathcal{C}$, 往证$A \in \mathcal{U}$. 对任何$C \in \mathcal{C}$, 我们有$C \cap A^c = \sum_{j=1}^n B_j$, 其中$B_1, \cdots, B_n \in \mathcal{C}$, $B_i \cap B_j = \varnothing, i \neq j$, 于是有

$$\mu^*(C \cap A^c) \leqslant \sum_{i=1}^n \mu(B_i).$$

但我们有$C = (C \cap A) \cup \sum_{i=1}^n B_i$, 故由$\mu$的有限可加性得

$$\begin{aligned}\mu(C) &= \mu(C \cap A) + \sum_{i=1}^n \mu(B_i) \\ &\geqslant \mu^*(C \cap A) + \mu^*(C \cap A^c),\end{aligned}$$

由引理1.4.5便知$A \in \mathcal{U}$. 最终我们有$\sigma(\mathcal{C}) \subset \mathcal{U}$. 令$\widetilde{\mu}$为$\mu^*$在$\sigma(\mathcal{C})$上的限制, 则$\widetilde{\mu}$为$\sigma(\mathcal{C})$上的测度. 显然$\widetilde{\mu}$与$\mu$在$\mathcal{C}$上一致, 即$\widetilde{\mu}$为$\mu$到$\sigma(\mathcal{C})$ 上的扩张.

现假定μ在$\mathcal{C}$上σ有限, 且$\Omega \in \mathcal{C}_\sigma$. 由于$\mathcal{C}$是半环, 不难证明存在$\Omega$的一个可数划分$(A_n)$, 使得$A_n \in \mathcal{C}, \mu(A_n) < \infty, n \geqslant 1$, 且$\Omega = \sum_{n=1}^\infty A_n$. 设$\mu_1$与$\mu_2$为$\mu$到$\sigma(\mathcal{C})$上的两个测度扩张, 则由于$A_n \cap \mathcal{C}$为$\pi$类, 且$A_n \cap \mathcal{C} \subset \mathcal{C}$, 故由习题1.2.1和引理1.4.6知, μ_1与μ_2在$A_n \cap \sigma(\mathcal{C})$上一致, 从而$\mu_1$与$\mu_2$在$\sigma(\mathcal{C})$上一致. □

定理1.4.8　设$(\Omega, \mathcal{F}, \mu)$为一测度空间, $\mathcal{N}$为Ω上的一集类. 假定$\mathcal{N}$满足如下条件: (1) $A \in \mathcal{N}, B \subset A \Rightarrow B \in \mathcal{N}$; (2)$\mathcal{N}_\sigma = \mathcal{N}$; (3) $A \in \mathcal{N} \cap \mathcal{F} \Rightarrow \mu(A) = 0$. 令

$$\overline{\mathcal{F}} = \{A \subset \Omega \,|\, \exists B \in \mathcal{F}, \text{ 使 } A \triangle B \in \mathcal{N}\},$$
$$\overline{\mu}(A) = \mu(B),\ B \in \mathcal{F},\ A \triangle B \in \mathcal{N}, \quad A \in \overline{\mathcal{F}},$$

则$\overline{\mathcal{F}}$为σ代数, $\overline{\mu}$为$\overline{\mathcal{F}}$上的测度.

证　我们只证$\overline{\mu}$在$\overline{\mathcal{F}}$上的定义是唯一确定的, 其余结论容易证明. 为此, 设$A \in \overline{\mathcal{F}}$, $B_1, B_2 \in \mathcal{F}$, 使得$A \triangle B_1 \in \mathcal{N}, A \triangle B_2 \in \mathcal{N}$. 由于

$$(B_1 \triangle B_2) \cap A^c \subset (B_1 \cup B_2) \cap A^c \subset (A \triangle B_1) \cup (A \triangle B_2),$$

$$(B_1 \triangle B_2) \cap A \subset (B_1^c \cup B_2^c) \cap A \subset (A \triangle B_1) \cup (A \triangle B_2),$$

故有$(B_1 \triangle B_2) \in \mathcal{N}$. 但$(B_1 \triangle B_2) \in \mathcal{F}$, 于是$\mu(B_1 \triangle B_2) = 0$, 从而有$\mu(B_1) = \mu(B_2)$. □

定义1.4.9 设$(\Omega, \mathcal{F}, \mu)$为一测度空间. 令

$$\mathcal{N} = \{N \subset \Omega \mid \exists A \in \mathcal{F}, \mu(A) = 0, \text{ 使 } A \supset N\},$$

则$\mathcal{N}$满足定理1.4.8的条件. 于是$(\Omega, \overline{\mathcal{F}}, \overline{\mu})$为一测度空间, 它是包含$(\Omega, \mathcal{F}, \mu)$的最小完备测度空间. 我们称$(\Omega, \overline{\mathcal{F}}, \overline{\mu})$为$(\Omega, \mathcal{F}, \mu)$的**完备化**, 称$\overline{\mathcal{F}}$为$\mathcal{F}$的**$\mu$完备化**. 此外, 我们有

$$\overline{\mathcal{F}} = \{A \cup N \mid A \in \mathcal{F},\ N \in \mathcal{N}\},$$

$$\overline{\mu}(A \cup N) = \mu(A), \quad A \in \mathcal{F}, N \in \mathcal{N}.$$

习 题

1.4.1 (测度的限制) 设$(\Omega, \mathcal{F}, \mu)$为一有限测度空间, $\Omega_0 \subset \Omega$, $\mu^*(\Omega_0) = \mu(\Omega)$. 则$\forall A \in \mathcal{F}$有$\mu^*(A \cap \Omega_0) = \mu(A)$, 并且$\mu^*$限于$\Omega_0 \cap \mathcal{F}$ 为一测度. 称μ^*为μ到$(\Omega_0, \Omega_0 \cap \mathcal{F})$上的限制.

1.4.2 设$(\Omega, \mathcal{F}, \mu)$为一有限测度空间, $\Omega_0 \subset \Omega$. 令$\mathcal{F}_0 = \Omega_0 \cap \mathcal{F}$,

$$\nu(A) = \inf\{\mu(G) \mid G \in \mathcal{F}, G \cap \Omega_0 = A\}, \quad A \in \mathcal{F}_0,$$

则ν为$(\Omega_0, \mathcal{F}_0)$上一测度. 令

$$\tilde{\mu}(B) = \nu(B \cap \Omega_0), \quad \forall B \in \mathcal{F},$$

则$\tilde{\mu}$为$(\Omega, \mathcal{F})$上一测度, 且$\tilde{\mu} \leqslant \mu$.

1.4.3 设$(\Omega, \mathcal{F}, \mu)$为一有限测度空间, $\{A_n, n \geqslant 1\}$为$\mathcal{F}$ 中的极限存在的序列, 则

$$\lim_{n\to\infty} \mu(A_n) = \mu(\lim_{n\to\infty} A_n).$$

1.4.4 设$(\Omega, \mathcal{F}, \mu)$为一测度空间. 令

$$\mu^*(A) = \inf\{\mu(B) \mid B \supset A,\ B \in \mathcal{F}\},\ A \subset \Omega,$$

则μ^*为Ω上的外测度. 令$\mathcal{U}$为μ^*可测集全体, 则$(\Omega, \mathcal{U}, \mu^*)$为完备测度空间. 若$(\Omega, \mathcal{F}, \mu)$为一$\sigma$有限测度空间, 则$\mathcal{U}$为$\mathcal{F}$的$\mu$完备化.

1.4.5 设$(\Omega, \mathcal{F}, \mu)$为一完备测度空间, $\mathcal{N} = \{A \in \mathcal{F} \mid \mu(A) = 0\}$. 设$\mathcal{G}$为$\mathcal{F}$的子$\sigma$代数, 令

$$\widetilde{\mathcal{G}} = \{A \subset \Omega \mid \exists B \in \mathcal{G}, \text{ 使 } A \triangle B \in \mathcal{N}\},$$

$$\widetilde{\mu}(A) = \mu(B), B \in \mathcal{G}, A \triangle B \in \mathcal{N}, \quad A \in \widetilde{\mathcal{G}},$$

则$\widetilde{\mathcal{G}} = \sigma(\mathcal{G} \cup \mathcal{N})$, 且$\widetilde{\mu}$为$\widetilde{\mathcal{G}}$上的测度.

1.5　欧氏空间中的Lebesgue-Stieltjes测度

本节将利用上节的结果来建立$\mathbb{R}^n$上的Lebesgue-Stieltjes 测度. 为此, 我们先引进若干记号.

设$a=(a_1,\cdots,a_n)$与$b=(b_1,\cdots,b_n)$为$\mathbb{R}^n$中的两个点. 若对一切i有$a_i \leqslant b_i$ (相应地, $a_i<b_i$), 则记为$a \leqslant b$ (相应地, $a<b$). 设$a \leqslant b$, 我们令

$$\mathcal{C}=\{(a,b] \mid a \leqslant b,\ a,b \in \mathbb{R}^n\},$$
$$\mu((a,b])=\prod_{i=1}^{n}(b_i-a_i).$$

引理1.5.1　$\mathcal{C}$为$\mathbb{R}^n$上的半环, 且μ为$\mathcal{C}$上的σ可加非负集函数.

证　$\mathcal{C}$显然为半环. 由归纳法易证μ在$\mathcal{C}$上是有限可加的(直观上看, 体积具有有限可加性). 为证μ在$\mathcal{C}$上为σ可加的, 只需证μ 为半σ可加的(命题1.4.4). 为此, 设

$$I=(a,b],\ I_i=(a^{(i)},b^{(i)}],$$

其中$a<b, a^{(i)}<b^{(i)}$, 且$I \subset \bigcup_i I_i$. 对任给$\varepsilon>0$, 存在$\overline{a}$, $\overline{b}^{(i)}$, 满足$a<\overline{a}<b$及$\overline{b}^{(i)}>b^{(i)}, i \geqslant 1$, 使得

$$\mu((\overline{a},b]) \geqslant \mu((a,b])-\varepsilon,$$

$$\mu((a^{(i)},\overline{b}^{(i)}]) \leqslant \mu((a^{(i)},b^{(i)}])+2^{-i}\varepsilon, \quad i=1,2,\cdots.$$

由有限覆盖定理, 存在自然数$N \geqslant 1$, 使得$[\overline{a},b] \subset \bigcup_{i=1}^{N}(a^{(i)},\overline{b}^{(i)})$, 从而有$[\overline{a},b] \subset \bigcup_{i=1}^{N}(a^{(i)},\overline{b}^{(i)}]$, 故有

$$\begin{aligned}\mu((a,b])-\varepsilon \leqslant \mu((\overline{a},b]) &\leqslant \sum_{i=1}^{N}\mu((a^{(i)},\overline{b}^{(i)}]) \\ &\leqslant \sum_{i=1}^{\infty}\mu((a^{(i)},b^{(i)}])+\varepsilon.\end{aligned}$$

令$\varepsilon \downarrow 0$得$\mu(I) \leqslant \sum_{i=1}^{\infty}\mu(I_i)$,　μ的半σ可加性得证.　□

令$\mathcal{B}(\mathbb{R}^n)$为$\mathbb{R}^n$上的Borel σ代数. 易知: $\sigma(\mathcal{C})=\mathcal{B}(\mathbb{R}^n)$. 于是由测度扩张定理立得如下的定理.

定理1.5.2　μ可以唯一地扩张成为$\mathcal{B}(\mathbb{R}^n)$上的$\sigma$有限测度(称之为**Lebesgue测度**).

令$\overline{\mathcal{B}(\mathbb{R}^n)}$为$\mathcal{B}(\mathbb{R}^n)$的$\mu$完备化, 称$\overline{\mathcal{B}(\mathbb{R}^n)}$中元为**Lebesgue可测集**, 而$\mathcal{B}(\mathbb{R}^n)$中的元称为**Borel可测集**.

定义1.5.3 设F为$\mathbb{R}^n$上的一右连续实值函数, 对$a,b\in\mathbb{R}^n$, $a\leqslant b$, 令

$$\triangle_{b,a}F=\triangle_{b_1,a_1}\triangle_{b_2,a_2}\cdots\triangle_{b_n,a_n}F,$$

其中

$$\triangle_{b_i,a_i}G(\cdot)=G(\cdot,b_i)-G(\cdot,a_i),\quad 1\leqslant i\leqslant n.$$

如果对一切$a\leqslant b$, 有$\triangle_{b,a}F\geqslant 0$, 称$F$为**增函数**.

设μ为$\mathcal{B}(\mathbb{R}^n)$上一$\sigma$有限测度. 称$\mu$为**Lebesgue-Stieltjes测度** (简称为L-S测度), 如果对任何$C\in\mathcal{C}$, 有$\mu(C)<\infty$(即μ在$\mathcal{C}$上有限). 下一定理表明: $\mathbb{R}^n$上的L-S测度与$\mathbb{R}^n$上的右连续增函数之间有某种对应关系.

定理1.5.4 设F为$\mathbb{R}^n$上的一右连续增函数. 令

$$\mu_F(\varnothing)=0,\quad \mu_F((a,b])=\triangle_{b,a}F,\quad a\leqslant b,\ a,b\in\mathbb{R}^n,$$

则μ_F可以唯一地扩张成为$\mathbb{R}^n$上的Lebesgue-Stieltjes测度. 反之, 假设μ为$\mathbb{R}^n$上的一L-S测度, 则存在$\mathbb{R}^n$上的一右连续增函数F(但不唯一), 使得μ为μ_F从$\mathcal{C}$到$\mathcal{B}(\mathbb{R}^n)$上的唯一扩张.

证 设F为右连续增函数. 与引理1.5.1类似可证: μ_F为$\mathcal{C}$上的一σ可加集函数, 从而可以唯一地扩张成为$\mathcal{B}(\mathbb{R}^n)$上的测度. 定理后半部分证明比较复杂, 我们就省略了(如果μ比较特殊, 满足$\mu((-\infty,x])<\infty$, $\forall x\in\mathbb{R}^n$, 则令$F(x)=\mu((-\infty,x])$即得所要的增函数, 这至少对概率论来说是够用了). □

习 题

1.5.1 设μ为$\mathcal{B}(\mathbb{R}^n)$上一Lebesgue-Stieltjes测度, $\mathcal{K}$和$\mathcal{G}$分别为R^n的紧子集和开子集全体, 则有

$$\begin{aligned}\mu(B)&=\sup\{\mu(K)\,|\,K\subset B,K\in\mathcal{K}\}\\&=\inf\{\mu(G)\,|\,B\subset G,G\in\mathcal{G}\},\ \ B\in\mathcal{B}(X).\end{aligned}$$

1.6 测度的逼近

设$(\Omega,\mathcal{F},\mu)$为一测度空间. 本节研究在什么条件下, $\mathcal{F}$可测集的测度可以通过$\mathcal{F}$的一子类$\mathcal{C}$中的元素的测度来逼近. 我们将在第5章研究拓扑空间上测度的正则性时用到这一结果.

引理1.6.1　设$(\Omega,\mathcal{F},\mu)$为一测度空间, $\mathcal{C}$为$\mathcal{F}$的一子类. 令

$$\mathcal{H}=\{A\in\mathcal{F}\mid\mu(A)=\sup[\mu(B)\mid B\in\mathcal{C}_\delta,B\subset A]\},$$

则$\mathcal{H}\supset\mathcal{C}_\delta$, 且$\mathcal{H}$有如下性质:

(1) $A_n\in\mathcal{H},\ n\geqslant 1,\ A_n\uparrow A\Rightarrow A\in\mathcal{H}$;

(2) $A_n\in\mathcal{H},\ \mu(A_n)<\infty,\ n\geqslant 1\Rightarrow\bigcap\limits_n A_n\in\mathcal{H}$.

特别, 若μ为有限测度, 则$\mathcal{H}$为单调类, 且对可列交封闭.

证　(1) 设$A_n\in\mathcal{H},\ n\geqslant 1,\ A_n\uparrow A$. 若$\mu(A)=\infty$, 则$\mu(A_n)\uparrow\infty$, 于是易从$\mathcal{H}$的定义知$A\in\mathcal{H}$. 现设$\mu(A)<\infty$. 对任给$\varepsilon>0$, 先取$n_0$, 使得$\mu(A_{n_0})\geqslant\mu(A)-\dfrac{\varepsilon}{2}$. 再取$B\in\mathcal{C}_\delta,B\subset A_{n_0}$, 使得$\mu(B)\geqslant\mu(A_{n_0})-\dfrac{\varepsilon}{2}$. 则有$B\subset A$, 且$\mu(B)\geqslant\mu(A)-\varepsilon$, 这表明$A\in\mathcal{H}$.

(2) 设$A_n\in\mathcal{H},\quad\mu(A_n)<\infty,n\geqslant 1$. 对每个$n\geqslant 1$, 令$B_n\in\mathcal{C}_\delta,B_n\subset A_n$, 使得$\mu(B_n)\geqslant\mu(A_n)-2^{-n}\varepsilon$. 令$B=\bigcap\limits_n B_n$, 则$B\in\mathcal{C}_\delta,B\subset\bigcap\limits_n A_n$, 且有

$$\begin{aligned}\mu\Big(\bigcap_n A_n\Big)-\mu(B)&=\mu\Big(\bigcap_n A_n\setminus\bigcap_n B_n\Big)\leqslant\mu\Big(\bigcup_n(A_n\setminus B_n)\Big)\\&\leqslant\sum_n[\mu(A_n)-\mu(B_n)]\leqslant\varepsilon,\end{aligned}$$

这表明$\bigcap_n A_n\in\mathcal{H}$.　□

引理1.6.2　设$(\Omega,\mathcal{F},\mu)$为一有限测度空间, $\mathcal{D}$为$\mathcal{F}$的一子类. 令

$$\mathcal{G}=\Big\{A\in\mathcal{F}\,|\,\mu(A)=\inf\{\mu(B)\,|\,B\in\mathcal{D}_\sigma,\ B\supset A\}\Big\},$$

则$\mathcal{G}\supset\mathcal{D}_\sigma$, $\mathcal{G}$为单调类, 且对可列并封闭.

证　令$\mathcal{C}=\{D^c,\ D\in\mathcal{D}\}$, 并如引理1.6.1中定义$\mathcal{H}$, 则易见$A\in\mathcal{G}\Leftrightarrow A^c\in\mathcal{H}$. 故由引理1.6.1立得本引理结论.　□

下一定理是测度逼近定理, 它的证明依赖于推广了的单调类定理(定理1.2.5).

定理1.6.3　设$(\Omega,\mathcal{F},\mu)$为一测度空间, $\mathcal{C}$为$\mathcal{F}$ 的子类, 且$\sigma(\mathcal{C})=\mathcal{F}$. 此外设$\mathcal{C}$满足如下条件:

$$A,B\in\mathcal{C}\Rightarrow A\cup B\in\mathcal{C};\quad A\in\mathcal{C}\Rightarrow A^c\in(\mathcal{C}_\delta)_\sigma.$$

若$A\in\mathcal{F}$, 且μ在A上为σ有限, 则有

$$\mu(A)=\sup\{\mu(B)\,|\,B\subset A,\ B\in\mathcal{C}_\delta\}.\tag{1.6.1}$$

证　首先假定$\mu(A)<\infty$, 令

$$\nu(B)=\mu(A\cap B),\quad B\in\mathcal{F},$$

则ν为$(\Omega, \mathcal{F})$上的有限测度. 令

$$\mathcal{H} = \big\{C \in \mathcal{F} \,|\, \nu(C) = \sup\{\nu(B) \,|\, B \subset C, B \in \mathcal{C}\delta\}\big\},$$

由引理1.6.1知, $\mathcal{H}$为单调类, 且$\mathcal{H} \supset \mathcal{C}_\delta$. 由$\mathcal{C}$满足的条件推得

$$A,\, B \in \mathcal{C}_\delta \Rightarrow A \cup B \in \mathcal{C}_\delta;\; A \in \mathcal{C}_\delta \Rightarrow A^c \in (\mathcal{C}_\delta)_\sigma.$$

于是由定理1.2.5知, $\mathcal{H} \supset m(\mathcal{C}_\delta) = \sigma(\mathcal{C}_\delta) = \mathcal{F}$, 从而对$A \in \mathcal{F}$, 有

$$\nu(A) = \sup\{\nu(B) \,|\, B \subset A,\, B \in \mathcal{C}_\delta\},$$

此即(1.6.1)式.

现设$\mu(A) = \infty$. 令$A_n \in \mathcal{F}$, $\mu(A_n) < \infty, n \geqslant 1$, 使得$A_n \uparrow A$, 则由上所证得到

$$\sup\{\mu(B) \,|\, B \subset A, B \in \mathcal{C}_\delta\} \geqslant \sup\{\mu(B) \,|\, B \subset A_n, B \in \mathcal{C}_\delta\} = \mu(A_n).$$

但$\lim\limits_{n\to\infty} \mu(A_n) = \infty$, 故(1.6.1)式成立. □

作为定理的推论, 我们有如下命题, 它推广了习题1.3.8.

命题1.6.4 在定理1.6.3条件下, 假定μ为有限测度, 则对一切$A \in \mathcal{F}$, 有

$$\mu(A) = \sup\{\mu(B) \,|\, B \subset A, B \in \mathcal{C}_\delta\} = \inf\{\mu(C) \,|\, C \supset A,\, C \in \mathcal{D}_\sigma\},$$

其中$\mathcal{D} = \{C^c \,|\, C \in \mathcal{C}\}$.

习 题

1.6.1 设X为一距离空间, $\mathcal{B}(X)$为Borel σ-代数, $\mathcal{F}$和$\mathcal{G}$分别为X的闭子集和开子集全体, μ为$(X, \mathcal{B}(X))$上的σ-有限测度, 则有

$$\begin{aligned}\mu(B) &= \sup\{\mu(F) \,|\, F \subset B, F \in \mathcal{F}\}\\ &= \inf\{\mu(G) \,|\, B \subset G, G \in \mathcal{G}\},\ B \in \mathcal{B}(X).\end{aligned}$$

第2章　可测映射

2.1　定义及基本性质

定义2.1.1　设$(\Omega,\mathcal{F})$及$(E,\mathcal{E})$为两个可测空间, f 为Ω到E中的映射(简记为$f:\Omega\longrightarrow E$). 如果对一切$A\in\mathcal{E}$, 有$f^{-1}(A)\in\mathcal{F}$, 则称$f$为$\mathcal{F}$**可测映射**.

今后, 我们用$f^{-1}(\mathcal{E})$表示集类$\{f^{-1}(A)\,|\,A\in\mathcal{E}\}$. 于是, f为$\mathcal{F}$可测映射$\Leftrightarrow$ $f^{-1}(\mathcal{E})\subset\mathcal{F}$.

定义2.1.2　设$\mathbb{R}$为实数域, $\overline{\mathbb{R}}=\mathbb{R}\cup\{-\infty,\infty\}$. 分别用$\mathcal{B}(\mathbb{R})$及$\mathcal{B}(\overline{\mathbb{R}})$表示$\mathbb{R}$及 $\overline{\mathbb{R}}$上的Borel σ代数. 令$(\Omega,\mathcal{F})$ 为一可测空间, f 为Ω到$\overline{\mathbb{R}}$中的映射. 如果$f^{-1}(\mathcal{B}(\overline{\mathbb{R}}))\subset\mathcal{F}$, 称$f$为**Borel 可测函数**, 简称可测函数. 若进一步f只取实值, 则称f为**实值可测函数**. 设$\mathbb{C}$为复数域, $f:\Omega\longrightarrow\mathbb{C}$称为**复值可测函数**, 是指它的实部和虚部同时为实值可测函数.

容易看出: f为$(\Omega,\mathcal{F})$上的实值可测函数, 当且仅当f为$(\Omega,\mathcal{F})$到$(\mathbb{R},\mathcal{B}(\mathbb{R}))$中的可测映射.

下一命题给出了可测映射的一个有用刻画.

命题2.1.3　设$(\Omega,\mathcal{F})$及$(E,\mathcal{E})$为两个可测空间, $\mathcal{C}$为生成σ代数$\mathcal{E}$的一集类. 如果f为Ω到E中的一个映射, 使得$f^{-1}(\mathcal{C})\subset\mathcal{F}$, 则$f$为可测映射.

证　令$\mathcal{G}=\{A\subset E\,|\,f^{-1}(A)\in\mathcal{F}\}$, 则$\mathcal{G}$为$E$上的一$\sigma$代数. 由假定, $\mathcal{G}\supset\mathcal{C}$, 从而$\mathcal{G}\supset\sigma(\mathcal{C})=\mathcal{E}$, 这表明$f^{-1}(\mathcal{E})\subset\mathcal{F}$, 即$f$为可测映射. □

系2.1.4　设f为可测空间$(\Omega,\mathcal{F})$上的一数值函数(即取值于$\overline{\mathbb{R}}$), 则下列条件等价:

(1) f为可测函数;

(2) $\forall a\in\mathbb{R},[f<a]\in\mathcal{F}$;

(3) $\forall a\in\mathbb{R},[f\leqslant a]\in\mathcal{F}$;

(4) $\forall a\in\mathbb{R},[f>a]\in\mathcal{F}$;

(5) $\forall a\in\mathbb{R},[f\geqslant a]\in\mathcal{F}$.

这里及今后, $[f<a]$表示集合$\{\omega\,|\,f(\omega)<a\}$.

证　令$\mathcal{C}_1=\{[-\infty,a)\,|a\in\mathbb{R}\}$, 则易知$\sigma(\mathcal{C}_1)=\mathcal{B}(\overline{\mathbb{R}})$, 故由命题2.1.3知(2)$\Leftrightarrow$(1). 类似可证(3)$\Leftrightarrow$(1). 此外, 显然有(2)$\Leftrightarrow$(5)及(3) $\Leftrightarrow$(4). □

由于可测函数可取$+\infty$和$-\infty$, 我们在研究可测函数的算术运算(即加、减、乘、除)时, 作如下约定:

(1) $(\pm\infty)+x=x+(\pm\infty)=x-(\mp\infty)=\pm\infty,\ |x|<\infty$;

(2) $(\pm\infty)+(\pm\infty)=(\pm\infty)-(\mp\infty)=\pm\infty$;

(3) $x/\pm\infty=0,\ |x|<\infty$;

(4) $x\cdot(\pm\infty)=(\pm\infty)\cdot x=\begin{cases}\pm\infty, & x>0,\\ 0, & x=0,\\ \mp\infty, & x<0;\end{cases}$

(5) 下列运算被认为无意义:

$$(\pm\infty)-(\pm\infty),\ (\pm\infty)+(\mp\infty),\ \pm\infty/\pm\infty,\ \pm\infty/\mp\infty,\ x/0.$$

命题2.1.5　$(\Omega,\mathcal{F})$上实值(复值)可测函数全体构成实域(复域)上的一向量空间.

证　只需考虑实值可测函数情形. 令$\mathbb{Q}$表示$\mathbb{R}$中的有理数全体. 设f,g为实值可测函数, 则$\forall a\in\mathbb{R}$, 有

$$[f+g<a]=\bigcup_{r\in\mathbb{Q}}([f<r]\cap[g<a-r]),$$

从而$f+g$为实值可测函数. 此外, 对任何$a\in\mathbb{R}$, af显然为实值可测函数. □

命题2.1.6　设$f,\ g,\{f_n,n\geqslant 1\}$都为$(\Omega,\mathcal{F})$上的可测函数.

(1) fg为可测函数;

(2) 若$f+g$处处有意义, 则$f+g$为可测函数;

(3) 若f/g处处有意义, 则f/g为可测函数;

(4) $\inf\limits_n f_n,\ \sup\limits_n f_n, \liminf\limits_{n\to\infty} f_n$及$\limsup\limits_{n\to\infty} f_n$均为可测函数;

(5) $[f=g]$及$[f\leqslant g]$为可测集.

证　(1)首先假定f及g非负, 则$\forall a\in\mathbb{R},a>0$有

$$[fg<a]=[f=0]\cup[g=0]\cup\Big(\bigcup_{r\in\mathbb{Q}_+}[f<r]\cap[g<\frac{a}{r}]\in\mathcal{F}\Big),$$

故fg为可测函数. 对一般的可测函数f及g, 令

$$f^+=f\vee 0,\qquad f^-=(-f)\vee 0,$$

显然f^+及f^-为可测函数. 于是fg的可测性由下式及(2)推得

$$fg=(f^+-f^-)(g^+-g^-)=(f^+g^++f^-g^-)-(f^+g^-+f^-g^+).$$

(2) 由命题2.1.5的证明看出.

(3)设$|g|>0$处处成立, 则易知g^{-1}为可测函数. 若f/g处处有意义, 则$f/g=f\cdot g^{-1}$, 故f/g为可测函数.

(4) $\forall a \in \mathbb{R}$, 我们有

$$[\inf_n f_n < a] = \bigcup_n [f_n < a], \quad [\sup_n f_n \leqslant a] = \bigcap_n [f_n \leqslant a],$$

故由(1)和(3)推得(4).

(5) 令$f_n = (f \wedge n) \vee (-n)$, $g_n = (g \wedge n) \vee (-n)$, 则

$$[f = g] = \bigcap_n [f_n = g_n], \quad [f \leqslant g] = \bigcap_n [f_n \leqslant g_n].$$

由于$[f_n = g_n] = [f_n - g_n = 0]$, $[f_n \leqslant g_n] = [f_n - g_n \leqslant 0]$, 从而$[f = g]$及$[f \leqslant g]$为可测集. □

下面我们研究可测函数的构造.

定义2.1.7 设$A \subset \Omega$, 令

$$I_A = \begin{cases} 1, & \omega \in A, \\ 0, & \omega \notin A, \end{cases}$$

称I_A为集A的**示性函数**. 设f为Ω上的一实函数, 若f只取有限多个值, 则称f为**简单函数**.

设f为一简单函数, 其值域为$\{a_1, \cdots, a_n\}$. 令$A_i = f^{-1}(\{a_i\})$, $i = 1, \cdots, n$, 则$f = \sum_{i=1}^n a_i I_{A_i}$. 若$(\Omega, \mathcal{F})$为一可测空间, 则$f$为$\mathcal{F}$可测, 当且仅当每个$A_i$为$\mathcal{F}$可测集.

定理2.1.8 设$(\Omega, \mathcal{F})$为一可测空间, f为一可测函数.

(1) 存在一简单可测函数序列$(f_n, n \geqslant 1)$, 使得对一切$n \geqslant 1$, 有$|f_n| \leqslant |f|$, 且$\lim\limits_{n\to\infty} f_n = f$.

(2) 若f非负, 则存在非负简单可测函数的增序列(f_n), 使得$\lim\limits_{n\to\infty} f_n = f$.

证 将f表为$f^+ - f^-$, 易知(1)是(2)的推论. 往证(2). 对$n \geqslant 1$, 令

$$f_n = \sum_{k=0}^{n2^n - 1} \frac{k}{2^n} I_{[\frac{k}{2^n} \leqslant f < \frac{k+1}{2^n}]} + n I_{[f \geqslant n]},$$

则f_n为非负简单可测函数, 且$f_n \uparrow f$. □

下一定理是上一定理的简单推论, 今后常被引用.

定理2.1.9 设$(\Omega, \mathcal{F})$为一可测空间, $\mathcal{C}$为生成$\mathcal{F}$的一个代数. 令$\mathcal{H}$为Ω上的一族非负实值函数, 如果它满足下列条件:

(1) $f, g \in \mathcal{H}, \alpha, \beta \geqslant 0 \Rightarrow \alpha f + \beta g \in \mathcal{H}$;

(2) $f_n \in \mathcal{H}$, $n \geqslant 1$, $f_n \uparrow f$且f有限(相应地, 有界)或$f_n \downarrow f \Rightarrow f \in \mathcal{H}$;

(3) $\forall A \in \mathcal{C}$, $I_A \in \mathcal{H}$,

则$\mathcal{H}$包含Ω上的所有非负实值(相应地, 有界)$\mathcal{F}$可测函数.

证 令$\mathcal{T} = \{A \in \mathcal{F} \mid I_A \in \mathcal{H}\}$, 则由(3)知$\mathcal{T} \supset \mathcal{C}$, 且由(2)知$\mathcal{T}$为单调类, 故由单调类定理知$\mathcal{T} = \mathcal{F}$. 于是由(1)、(2)及定理2.1.8推得定理的结论. □

定义2.1.10 设$(E, \mathcal{E})$为一可测空间, $\mathcal{H}$为Ω到E 中的一族映射. 令

$$\mathcal{F} = \sigma\{\bigcup_{f \in \mathcal{H}} f^{-1}(\mathcal{E})\},$$

则$\mathcal{F}$为使$\mathcal{H}$中所有元素为可测的最小σ代数. 我们称$\mathcal{F}$为函数族$\mathcal{H}$ 在Ω上**生成的σ代数**. 特别, 若$(E, \mathcal{E}) = (\overline{\mathbb{R}}, \mathcal{B}(\overline{\mathbb{R}}))$, 我们常用$\sigma\{f,\ f \in \mathcal{H}\}$表示这一$\sigma$代数$\mathcal{F}$.

下一定理给出了$\sigma(f)$可测函数的一个刻画.

定理2.1.11 设f为Ω到一可测空间$(E, \mathcal{E})$中的映射, $\sigma(f)$为f 在Ω上生成的σ代数(即$\sigma(f) = f^{-1}(\mathcal{E})$), 则为要$\Omega$上的一数值函数$\varphi$为$\sigma(f)$可测, 必须且只需存在$E$上的一$\mathcal{E}$可测函数$h$, 使得$\varphi = h \circ f$(这里$h \circ f$表示$h$与$f$的复合, 即$h \circ f(\omega) = h(f(\omega)), \omega \in \Omega$). 如果$\varphi$为实值(相应地, 有界)$\sigma(f)$可测, 则$h$可取为实值(相应地, 有界)函数.

证 充分性显然(见习题2.1.2).下证必要性. 设$A \in \sigma(f)$, 则存在$B \in \mathcal{E}$, 使$A = f^{-1}(B)$, 即有$I_A = I_B \circ f$, 于是对任一$\sigma(f)$ 可测简单函数φ, 存在E上一$\mathcal{E}$可测函数h, 使得$\varphi = h \circ f$. 现设φ为一$\sigma(f)$可测函数, 由定理2.1.8, 存在一列$\sigma(f)$可测简单函数φ_n, 使$\lim\limits_{n \to \infty} \varphi_n = \varphi$. 由上所证, 存在一列$E$上$\mathcal{E}$可测实值函数$h_n$, 使$\varphi_n = h_n \circ f$. 令$h = \limsup\limits_{n \to \infty} h_n$, 则$\varphi = h \circ f$. 若进一步$\varphi$为实值(相应地, 存在一常数$c > 0$, 使得$|\varphi| \leqslant c$), 令$h' = hI_{|h| < \infty}$(相应地, 令$h' = h^+ \wedge c - h^- \wedge c$), 则$\varphi = h' \circ f$. □

习 题

2.1.1 设$(E, \mathcal{E})$为一可测空间, $\mathcal{C}$为生成$\mathcal{E}$的一集类. 设$\mathcal{H}$为Ω到E中的一族映射, $\mathcal{F}$为$\mathcal{H}$在Ω上诱导的σ代数, 则

$$\mathcal{F} = \sigma\{\bigcup_{f \in \mathcal{H}} f^{-1}(\mathcal{C})\}.$$

设φ为$\mathcal{F}$可测函数, 则存在$\mathcal{H}$的可数子族$\mathcal{H}_0 = \{f_1, f_2, \cdots\}$, 使得$\varphi$为$\mathcal{F}_0$可测, 其中$\mathcal{F}_0$为$\mathcal{H}_0$ 在Ω上诱导的σ代数.

2.1.2 设$(\Omega, \mathcal{F})$, $(E, \mathcal{E})$及$(G, \mathcal{G})$为可测空间, f为Ω到E中的$\mathcal{F}$可测映射, h为E到G中的$\mathcal{E}$可测映射. 令$\varphi = h \circ f$, 则φ为Ω到G中的$\mathcal{F}$可测映射.

2.1.3 设f为$(\Omega, \mathcal{F})$上的一有界可测函数, 则存在简单可测函数序列$(f_n, n \geqslant 1)$, 使得$|f_n| \leqslant |f|, n \geqslant 1$, 且$f_n$一致收敛于$f$.

2.1.4 设$(\Omega, \mathcal{F})$为一可测空间, $\mathcal{C} = \{A_1, A_2, \cdots\}$为$\Omega$的一个可数划分(即$A_i \cap A_j = \varnothing$, $i \neq j, \sum_i A_i = \Omega$). 令$\mathcal{T} = \sigma\{\mathcal{F} \cup \mathcal{C}\}$, 则

(1) $\mathcal{T} = \{\sum_{i=1}^{\infty}(A_i \cap B_i) \mid B_i \in \mathcal{F},\ i \geqslant 1\}$;

(2) 设g为Ω上一$\mathcal{T}$可测实值函数, 则存在一列$\mathcal{F}$可测实函数$(f_n, n \geqslant 1)$, 使得$g = \sum_{i=1}^{\infty} f_i I_{A_i}$.

2.1.5 设Ω为一距离空间, $\mathcal{B}(\Omega)$为Ω上的Borel σ代数. 令$\mathcal{C}_b(\Omega)$表示Ω上有界连续函数全体, 则$\mathcal{B}(\Omega) = \sigma\{f \,|\, f \in \mathcal{C}_b(\Omega)\}$.

2.1.6 设$\{f_i, 1 \leqslant i \leqslant m\}$为$\mathbb{R}$上实值Borel函数, 则$(f_1, \cdots, f_m)$ 为$(\mathbb{R}^m, \mathcal{B}(\mathbb{R}^m))$到自身的可测映射(提示: 利用命题2.1.3).

2.1.7 $f : \Omega \longrightarrow \mathbb{C}$为$(\Omega, \mathcal{F})$上的复值可测函数, 当且仅当$f$为$(\Omega, \mathcal{F})$到 $(\mathbb{C}, \mathcal{B}(\mathbb{C}))$中的可测映射.

2.2 单调类定理(函数形式)

设$(\Omega, \mathcal{F})$为一可测空间. 有时我们只知道有一类$\mathcal{F}$可测函数满足某一性质, 而希望证明所有$\mathcal{F}$可测函数满足该性质. 这时我们就要用到函数形式的单调类定理.

下一定理是与定理1.2.2(2)相应的函数形式.

定理2.2.1 设$\mathcal{C}$为Ω上的一π类, $\mathcal{H}$为由Ω上的一些实值函数构成的线性空间. 如果它们满足下列条件:

(1) $1 \in \mathcal{H}$;

(2) $f_n \in \mathcal{H},\ n \geqslant 1,\ 0 \leqslant f_n \uparrow f$, 且$f$有限(相应地, 有界) $\Rightarrow f \in \mathcal{H}$;

(3) $\forall A \in \mathcal{C},\ I_A \in \mathcal{H}$,

则$\mathcal{H}$包含Ω上的所有$\sigma(\mathcal{C})$可测实值(相应地, 有界)函数.

证 令$\mathcal{F} = \{A \subset \Omega \,|\, I_A \in \mathcal{H}\}$, 则易知$\mathcal{F}$ 为λ类, 且$\mathcal{C} \subset \mathcal{F}$. 于是由定理1.2.2(2)知$\sigma(\mathcal{C}) \subset \mathcal{F}$. 设$f$为$\sigma(\mathcal{C})$可测实值(相应地, 有界)函数, 令

$$g_n = \sum_{k=0}^{n2^n-1} \frac{k}{2^n} I_{[\frac{k}{2^n} \leqslant f^+ < \frac{k+1}{2^n}]} + n I_{[f^+ \geqslant n]},$$

则$g_n \in \mathcal{H}, g_n \uparrow f^+$, 从而由(2)知$f^+ \in \mathcal{H}$, 同理$f^- \in \mathcal{H}$, 故$f = f^+ - f^- \in \mathcal{H}$. □

下面我们着手推广定理2.2.1. 为此, 首先引进λ族概念, 它是集合的λ类概念在函数情形下的类似物.

定义2.2.2 设$\mathcal{H}$为Ω上的一族非负有界函数, 称$\mathcal{H}$为**λ族**, 如果它满足下列条件:

(1) $1 \in \mathcal{H}$;

(2) $f \in \mathcal{H},\ \alpha \in \mathbb{R}_+ \Rightarrow \alpha f \in \mathcal{H}$;

(3) $f, g \in \mathcal{H}, f \geqslant g \Rightarrow f - g \in \mathcal{H}$;

(4) $f_n \in \mathcal{H}, n \geqslant 1, f_n \uparrow f$, 且$f$有界$\Rightarrow f \in \mathcal{H}$.

设$\mathcal{C}$为Ω上的一族非负有界函数, 我们用$\wedge(\mathcal{C})$表示包含$\mathcal{C}$的最小λ族, 并称$\wedge(\mathcal{C})$为**由$\mathcal{C}$生成的λ族**.

注2.2.3 设$\mathcal{H}$为λ族, 则$\mathcal{H}$还有如下性质:

$$f, g \in \mathcal{H} \Rightarrow f + g \in \mathcal{H}.$$

事实上, 设C为一常数, 使得$f + g \leqslant C$, 则由(3)知

$$f + g = C - [(C - f) - g] \in \mathcal{H}.$$

下一定理是与定理1.2.3(2)相应的函数形式.

定理2.2.4 设$\mathcal{C}$为Ω上的一族非负有界函数. 我们用$\mathcal{L}_b^+(\mathcal{C})$ 表示非负有界$\sigma(f \mid f \in \mathcal{C})$可测函数全体, 则下面二断言等价:

(1) $\wedge(\mathcal{C}) = \mathcal{L}_b^+(\mathcal{C})$;

(2) $f, g \in \mathcal{C} \Rightarrow fg \in \wedge(\mathcal{C})$.

证 只需证(2)⇒(1). 设(2)成立, 令

$$\mathcal{G}_1 = \{f \in \wedge(\mathcal{C}) \mid \forall g \in \mathcal{C}, fg \in \wedge(\mathcal{C})\},$$

则易见$\mathcal{G}_1$为λ族, 且$\mathcal{G}_1 \supset \mathcal{C}$, 故有$\mathcal{G}_1 = \wedge(\mathcal{C})$. 再令

$$\mathcal{G}_2 = \{f \in \wedge(\mathcal{C}) \mid \forall g \in \wedge(\mathcal{C}), fg \in \wedge(\mathcal{C})\},$$

则$\mathcal{G}_2$为λ族, 且$\mathcal{G}_1 \supset \mathcal{C}$(因有$\mathcal{G}_1 = \wedge(\mathcal{C})$), 故有$\mathcal{G}_2 = \wedge(\mathcal{C})$, 这表明$\wedge(\mathcal{C})$对乘积运算封闭. 令

$$\mathcal{F} = \{A \subset \Omega \mid I_A \in \wedge(\mathcal{C})\},$$

则$\mathcal{F}$既为λ类又为π类, 故$\mathcal{F}$为σ代数. 往证$\wedge(\mathcal{C})$对有限下端运算封闭. 设$f, g \in \wedge(\mathcal{C})$, 为证$f \wedge g \in \wedge(\mathcal{C})$, 不妨假定$f \leqslant 1, g \leqslant 1$, 于是有$|f - g| \leqslant 1$, 且有

$$(f - g)^2 = f^2 + g^2 - 2fg \in \wedge(\mathcal{C}).$$

我们将用到如下事实(请读者自行证明): 设$|x| \leqslant 1$, 令$P_0(x) = 0$,

$$P_{n+1}(x) = P_n(x) + \frac{1}{2}(x^2 - P_n(x)^2), \quad n \geqslant 0,$$

则$P_n(x) \uparrow |x|$. 于是, 由于

$$P_1(f - g) = \frac{1}{2}(f - g)^2 \in \wedge(\mathcal{C}),$$

故由归纳法知$P_n(f - g) \in \wedge(\mathcal{C}), n \geqslant 1$. 从而由λ族的性质(4)知$|f - g| \in \wedge(\mathcal{C})$. 最终我们有

$$f \wedge g = \frac{1}{2}(f + g - |f - g|) \in \wedge(\mathcal{C}).$$

现设$f \in \mathcal{C}, \alpha > 0$为一实数. 则由上所证,

$$(f/\alpha) \wedge 1 = (1/\alpha)(f \wedge \alpha) \in \wedge(\mathcal{C}),$$

故有$1 - (f/\alpha \wedge 1)^n \in \wedge(\mathcal{C})$. 从而有

$$1 - (\frac{f}{\alpha} \wedge 1)^n \uparrow I_{[f<\alpha]} \in \wedge(\mathcal{C}).$$

这表明$[f < \alpha] \in \mathcal{F}$. 因此$f$为$\mathcal{F}$可测. 由定义1.1.10知$\sigma(f \,|\, f \in \mathcal{C}) \subset \mathcal{F}$.

最后, 设$f \in \mathcal{L}_b^+(\mathcal{C})$, 令

$$f_n = \sum_{k=0}^{n2^n-1} \frac{k}{2^n} I_{[\frac{k}{2^n} \leqslant f < \frac{k+1}{2^n}]} + nI_{[f \geqslant n]},$$

则由于

$$I_{[\frac{k}{2^n} \leqslant f < \frac{k+1}{2^n}]} \in \wedge(\mathcal{C}),$$

故有

$$f_n \in \wedge(\mathcal{C}), \ f_n \uparrow f \in \wedge(\mathcal{C}),$$

这表明$\mathcal{L}_b^+(\mathcal{C}) \subset \wedge(\mathcal{C})$. 但相反的包含关系恒成立, 故有$\mathcal{L}_b^+(\mathcal{C}) = \wedge(\mathcal{C})$. □

作为推论, 我们得到与定理1.2.2(2)相应的函数形式的单调类定理.

定理2.2.5　设$\mathcal{C}$为Ω上的一族非负有界函数, 且对乘积运算封闭. 若$\mathcal{H}$为一λ族, 且包含$\mathcal{C}$, 则$\mathcal{H}$包含一切非负有界$\sigma(f \,|\, f \in \mathcal{C})$可测函数.

下面我们将给出其他形式的单调类定理, 它们是定理1.2.3(1) 的函数形式.

定义2.2.6　设$\mathcal{H}$为Ω上的一有界函数族, 称$\mathcal{H}$为**单调族**, 如果它对一致有界单调序列极限封闭.

设$\mathcal{C}$为Ω上的一有界函数族. 我们用$M(\mathcal{C})$ 表示包含$\mathcal{C}$的最小单调族, 用$\mathcal{L}_b(\mathcal{C})$表示有界$\sigma(f \,|\, f \in \mathcal{C})$可测函数全体.

定理2.2.7　设$\mathcal{C}$为Ω上的一有界函数族, 则下列二条件等价:

(1) $M(\mathcal{C}) = \mathcal{L}_b(\mathcal{C})$;

(2) $1 \in M(\mathcal{C}); f \in \mathcal{C}, \alpha \in \mathbb{R} \Rightarrow \alpha f \in M(\mathcal{C})$;

$$f, g \in \mathcal{C} \Rightarrow f + g \in M(\mathcal{C}), \ f \wedge g \in M(\mathcal{C}).$$

证　只需证(2)⇒(1). 设(2)成立, 令

$$\mathcal{H}_1 = \{f \in M(\mathcal{C}) \,|\, \forall \alpha \in \mathbb{R}, \alpha f \in M(\mathcal{C}); \forall g \in \mathcal{C}, f + g, f \wedge g \in M(\mathcal{C})\}$$

则$\mathcal{H}_1$为单调族, 且$\mathcal{H}_1 \supset \mathcal{C}$, 故$\mathcal{H}_1 = M(\mathcal{C})$. 再令

$$\mathcal{H}_2 = \{f \in M(\mathcal{C}) \,|\, \forall g \in M(\mathcal{C}), f + g, f \wedge g \in M(\mathcal{C})\},$$

则$\mathcal{H}_2$为单调族, 且$\mathcal{H}_2 \supset \mathcal{C}$(因为$\mathcal{H}_1 = M(\mathcal{C})$), 故$\mathcal{H}_2 = M(\mathcal{C})$. 由上所证, $M(\mathcal{C})$为一线性空间, 且对有限下端运算封闭(从而也对有限上端运算封闭). 此外, 依假定$1 \in M(\mathcal{C})$. 令

$$\mathcal{F} = \{A \subset \Omega \,|\, I_A \in M(\mathcal{C})\},$$

则$\mathcal{F}$为Ω上的一σ代数.

往证$\mathcal{C}$中的每个元为$\mathcal{F}$可测. 设$f \in \mathcal{C}, a \in \mathbb{R}$, 令$f_n = n(f-a)^+ \wedge 1$, 则$f_n \in M(\mathcal{C})$, 且$f_n \uparrow I_{[f>a]}$. 故$I_{[f>a]} \in M(\mathcal{C})$, 即有$[f > a] \in \mathcal{F}$. 这表明$f$为$\mathcal{F}$可测, 于是有

$$\sigma(f \,|\, f \in \mathcal{C}) \subset \mathcal{F}.$$

最后, 设$f \in \mathcal{L}_b^+(\mathcal{C})$, 令

$$f_n = \sum_{k=0}^{n2^n-1} \frac{k}{2^n} I_{[\frac{k}{2^n} \leqslant f < \frac{k+1}{2^n}]} + nI_{[f \geqslant n]}.$$

由于$M(\mathcal{C})$为线性空间, 故$f_n \in M(\mathcal{C})$. 但$f_n \uparrow f$, 于是$f \in M(\mathcal{C})$, 这表明$\mathcal{L}_b^+(\mathcal{C}) \subset M(\mathcal{C})$, 因此有$\mathcal{L}_b(\mathcal{C}) \subset M(\mathcal{C})$. 但相反的包含关系恒成立, 故有$M(\mathcal{C}) = \mathcal{L}_b(\mathcal{C})$. □

作为定理的一个有用的推论, 我们有下面的定理.

定理2.2.8　设$\mathcal{H}$为Ω上的一有界函数的单调族, $\mathcal{C}$为$\mathcal{H}$的一子族. 则$\mathcal{H} \supset \mathcal{L}_b(\mathcal{C})$, 如果下列条件之一成立:

(1) $\mathcal{H}$为线性空间, $1 \in \mathcal{H}$, 且$\mathcal{C}$对乘积运算封闭;

(2) $\mathcal{C}$为一代数(即$\mathcal{C}$为一线性空间, 且对乘积运算封闭), 且存在$\mathcal{C}$ 中某个一致有界的单调序列, 其极限为1;

(3) $\mathcal{C}$为一线性空间, $\mathcal{C}$对有限下端运算封闭, 且存在$\mathcal{C}$中某个一致有界的单调序列, 其极限为1.

证　设(1)成立. 令$\mathcal{D}$为由1和$\mathcal{C}$生成的代数, 则$\mathcal{D} \subset \mathcal{H}$, 从而$M(\mathcal{D}) \subset \mathcal{H}$. 易证$M(\mathcal{D})$为一线性空间(见习题2.2.1). 设$f \in \mathcal{D}$, 且$|f| \leqslant 1$. 采用定理2.2.4的证明中的记号, 令$f_n = P_n(f)$, 则$f_n \in \mathcal{D}$, 且$0 \leqslant f_n \uparrow |f|$, 故$|f| \in M(\mathcal{D})$. 于是对一般的$f \in \mathcal{D}$, 亦有$|f| \in M(\mathcal{D})$. 设$f, g \in \mathcal{D}$, 则有

$$f \wedge g = \frac{1}{2}(f + g - |f - g|) \in M(\mathcal{D}).$$

故由定理2.2.7知$\mathcal{L}_b(\mathcal{D}) = M(\mathcal{D})$. 但显然有$\mathcal{L}_b(\mathcal{D}) = \mathcal{L}_b(\mathcal{C})$, 故有$\mathcal{L}_b(\mathcal{C}) = M(\mathcal{D}) \subset \mathcal{H}$.

设(2)成立, 则$1 \in M(\mathcal{C})$,　$M(\mathcal{C}) \subset \mathcal{H}$, 且$M(\mathcal{C})$为一线性空间. 余下证明同上.

设(3)成立, 则定理2.2.7中的条件(2)成立, 故有$\mathcal{L}_b(\mathcal{C}) = M(\mathcal{C}) \subset \mathcal{H}$. □

习　题

2.2.1　设$\mathcal{C}$为Ω上的一有界函数族. 若$\mathcal{C}$为线性空间, 则$M(\mathcal{C})$亦为线性空间.

2.2.2　设$\mathcal{C}$为Ω上的一非负有界函数族, 则下列二条件等价:

(1) $M(\mathcal{C}) = \mathcal{L}_b^+(\mathcal{C})$;

(2) $f, g \in \mathcal{C} \Rightarrow f \wedge g \in M(\mathcal{C})$; $f \in \mathcal{C}, a \in \mathbb{R} \Rightarrow af,\ a - f \wedge a \in M(\mathcal{C})$.

2.2.3 (定理2.2.1的另一种形式)　设$\mathcal{C}$为Ω上的一π类, $\mathcal{H}$为Ω上的一非负实值函数族. 如果下列条件被满足:

(1) $1 \in \mathcal{H}$;

(2) $f \in \mathcal{H}, a \in \mathbb{R}_+ \Rightarrow af \in \mathcal{H}$; $f, g \in \mathcal{H}, f \geqslant g \Rightarrow f - g \in \mathcal{H}$;

(3) $f_n \in \mathcal{H}, n \geqslant 1, 0 \leqslant f_n \uparrow f$, 且$f$有限(相应地, 有界)$\Rightarrow f \in \mathcal{H}$;

(4) $\forall A \in \mathcal{C}, I_A \in \mathcal{H}$,

则$\mathcal{H}$包含Ω上的所有非负$\sigma(\mathcal{C})$可测实值(相应地, 有界)函数.

2.3　可测函数序列的几种收敛

设$(\Omega, \mathcal{F}, \mu)$为一测度空间. 本节将研究$(\Omega, \mathcal{F}, \mu)$上实值可测函数序列的几种收敛及它们之间的关系. 为了叙述方便, 我们将采用如下术语: 如果某一性质在Ω上除了一零测度集外成立, 则称它几乎处处成立, 简称a.e.成立.

定义2.3.1　设$(f_n)_{n\geqslant 1}$, f均为实值可测函数.

(1) 如果存在一零测集N, 使得$\forall \omega \in N^c$有$\lim\limits_{n\to\infty} f_n(\omega) = f(\omega)$, 则称$(f_n)$**几乎处处收敛于**$f$(或a.e.收敛于$f$), 记为$\lim\limits_{n\to\infty} f_n = f$, a.e., 或$f_n \xrightarrow{\text{a.e.}} f$.

(2) 如果对任给$\varepsilon > 0$, 存在$N \in \mathcal{F}, \mu(N) < \varepsilon$, 使得$(f_n)$在$N^c$上一致收敛于$f$, 则称$(f_n)$**几乎一致收敛于**$f$, 并记为$\lim\limits_{n\to\infty} f_n = f$, a.un., 或$f_n \xrightarrow{\text{a.un.}} f$.

(3) 如果对任给$\varepsilon > 0$, $\lim\limits_{n\to\infty} \mu([|f_n - f| > \varepsilon]) = 0$, 则称$(f_n)$**依测度收敛于**$f$, 并记为$f_n \xrightarrow{\mu} f$. 当$\mu$是概率测度时, 称$(f_n)$**依概率收敛于**$f$.

更一般地, 对一定向序列(f_a)也可定义上述几种收敛概念, 特别, 对双指标序列(f_{nm})可定义上述收敛概念.

定义2.3.2　设(f_n)为一列实值可测函数. 如果当$n, m \to \infty$, $(f_n - f_m)$ a.e.收敛于0, 则称(f_n)为a.e.收敛**基本列**. 类似可以定义其他各类收敛的基本列.

注2.3.3　由定义看出, 上述各类收敛的极限是a.e.唯一确定的. 例如: 设$f_n \xrightarrow{\text{a.e.}} f$, $f_n \xrightarrow{\text{a.e.}} g$, 则$f = g$, a.e.. 另一方面, 设$f_n \xrightarrow{\text{a.e.}} f$, $f = g$, a.e., 则$f_n \xrightarrow{\text{a.e.}} g$. 此外, 对各类收敛序列$(f_n)$, 若对每个$n$, 用一与$f_n$ a.e.相等的实值可测函数g_n代替f_n, 则(g_n)亦为同类收敛序列, 其极限与(f_n)的极限a.e.相等.

下一定理给出了上述几种收敛的刻画.

定理2.3.4 设(f_n)及f均为实值可测函数.

(1) $f_n \xrightarrow{\text{a.e.}} f$, 当且仅当$\forall\varepsilon>0$有

$$\mu\Big(\bigcap_{n=1}^{\infty}\bigcup_{i=n}^{\infty}[|f_i-f|\geqslant\varepsilon]\Big)=0. \tag{2.3.1}$$

(2) $f_n \xrightarrow{\text{a.un.}} f$, 当且仅当$\forall\varepsilon>0$有

$$\lim_{n\to\infty}\mu\Big(\bigcup_{i=n}^{\infty}[|f_i-f|\geqslant\varepsilon]\Big)=0. \tag{2.3.2}$$

(3) $f_n \xrightarrow{\mu} f$, 当且仅当对(f_n)的任何子列$(f_{n'})$, 存在其子列$(f_{n'_k})$, 使得$f_{n'_k} \xrightarrow{\text{a.un.}} f,\ k\to\infty$.

证 (1)设(a_n)为实数列, a为一实数, 则要使$a_n\to a$, 必须且只需对每个$k\geqslant 1$, 存在自然数$n(k)$, 使得当$i\geqslant n(k)$时有$|a_i-a|<\frac{1}{k}$. 因此有

$$\{\omega\mid f_n(\omega)\to f(\omega)\}=\bigcap_{k=1}^{\infty}\bigcup_{n=1}^{\infty}\bigcap_{i=n}^{\infty}\left[|f_i-f|<\frac{1}{k}\right].$$

于是, $f_n \xrightarrow{\text{a.e.}} f$, 当且仅当

$$\mu\Big(\bigcup_{k=1}^{\infty}\bigcap_{n=1}^{\infty}\bigcup_{i=n}^{\infty}\left[|f_i-f|\geqslant\frac{1}{k}\right]\Big)=0,$$

即$\forall k\geqslant 1$有

$$\mu\Big(\bigcap_{n=1}^{\infty}\bigcup_{i=n}^{\infty}\left[|f_i-f|\geqslant\frac{1}{k}\right]\Big)=0,$$

(1)得证.

(2) 必要性. 设$f_n \xrightarrow{\text{a.un.}} f$. 则$\forall\delta>0$, $\exists F\in\mathcal{F},\mu(F)<\delta$, 使f_n在F^c上一致收敛于f. 于是$\forall\varepsilon>0$, 存在N, 使得当$i\geqslant N$时, 有

$$|f_i(\omega)-f(\omega)|<\varepsilon,\quad \omega\in F^c.$$

因此, $\bigcup_{i=N}^{\infty}[|f_i-f|\geqslant\varepsilon]\subset F$, 特别有

$$\limsup_{n\to\infty}\mu\Big(\bigcup_{i=n}^{\infty}[|f_i-f|\geqslant\varepsilon]\Big)\leqslant\mu(F)<\delta.$$

必要性得证.

下证充分性. 设对任给$\varepsilon>0$有(2.3.2)式成立. 则$\forall\delta>0$, $\forall k\geqslant 1$, $\exists n(k)$, 使得

$$\mu\Big(\bigcup_{i=n(k)}^{\infty}\Big[|f_i-f|\geqslant\frac{1}{k}\Big]\Big)<\frac{\delta}{2^k}.$$

令

$$F=\bigcup_{k=1}^{\infty}\bigcup_{i=n(k)}^{\infty}\Big[|f_i-f|\geqslant\frac{1}{k}\Big],$$

则$\mu(F)<\delta$, 且有

$$F^c=\bigcap_{k=1}^{\infty}\bigcap_{i=n(k)}^{\infty}\Big[|f_i-f|<\frac{1}{k}\Big].$$

这表明在F^c上f_n一致收敛于f. 依定义, $f_n\xrightarrow{\text{a.un.}}f$.

(3) 必要性. 设$f_n\xrightarrow{\mu}f$. 令$(f_{n'})$为(f_n)的一子列, 则仍有$f_{n'}\xrightarrow{\mu}f$. 由依测度收敛的定义, 存在$(f_{n'})$的子列$(f_{n'_k})$, 使得

$$\mu\Big(\Big[|f_{n'_k}-f|\geqslant\frac{1}{k}\Big]\Big)\leqslant\frac{1}{2^k},\quad\forall k\geqslant1.$$

故$\forall m\geqslant1$, 我们有

$$\mu\Big(\bigcup_{k=m}^{\infty}\Big[|f_{n'_k}-f|\geqslant\frac{1}{k}\Big]\Big)\leqslant\sum_{k=m}^{\infty}\frac{1}{2^k}=\frac{1}{2^{m-1}}.$$

因此, $\forall\varepsilon>0$, 与$(f_{n'_k})$相应的(2.3.2)式成立, 从而$f_{n'_k}\xrightarrow{\text{a.un.}}f$.

下证充分性. 我们用反证法. 假定(f_n)不依测度μ收敛于f, 则存在某个ε, 使得

$$\limsup_{n\to\infty}\mu\big([|f_n-f|\geqslant\varepsilon]\big)>\delta>0.$$

于是存在(f_n)的子列$(f_{n'})$, 使得对一切n'有$\mu([|f_{n'}-f|\geqslant\varepsilon])>\delta$. 显然$(f_{n'})$不包含几乎一致收敛的子列. 充分性得证. □

定理2.3.5 (1)我们有

$$f_n\xrightarrow{\text{a.un.}}f\Rightarrow f_n\xrightarrow{\text{a.e.}}f;\quad f_n\xrightarrow{\text{a.un.}}f\Rightarrow f_n\xrightarrow{\mu}f.\tag{2.3.3}$$

(2)若μ为有限测度, 则有$f_n\xrightarrow{\text{a.e.}}f\ \Leftrightarrow\ f_n\xrightarrow{\text{a.un.}}f$.

(3)设$f_n\xrightarrow{\mu}f$, 则存在子列(f_{n_k}), 使$f_{n_k}\xrightarrow{\text{a.e.}}f$.

证 (1)直接由定理2.3.4或定义2.3.1推出.

(2) 设$f_n\xrightarrow{\text{a.e.}}f$. 由定理2.3.4, $\forall\varepsilon>0$, 有(2.3.1)式成立. 于是由有限测度的从上连续性(定理1.3.4)知(2.3.2)式成立, 故有$f_n\xrightarrow{\text{a.un.}}f$.

(3)由定理2.3.4(3)及上述(1)推得. □

注2.3.6 (1) 定理2.3.5(2)中"$\Rightarrow$"部分通常称为**Egoroff定理**.

(2) 设$(\Omega,\mathcal{F},\mu)$为一有限测度空间, f_n, f为实值可测函数. 则由定理2.3.4(3)及定理2.3.5(2)知, 为要$f_n \xrightarrow{\mu} f$, 必须且只需对(f_n)的任一子列$(f_{n'})$, 存在其子列$(f_{n'_k})$, 使$f_{n'_k} \xrightarrow{\text{a.e.}} f$.

作为定理2.3.4(3)的一个应用, 我们有如下的

定理2.3.7 设g为$\mathbb{R}^m$上一实值可测函数, $D \subset \mathbb{R}^m$. 又设$(f_n^{(i)})_{n\geqslant 1}$为实值可测函数序列, $f^{(i)}$为实值可测函数, $1 \leqslant i \leqslant m$. 假定$(f_n^{(1)},\cdots,f_n^{(m)})$及$(f^{(1)},\cdots,f^{(m)})$在$D$ 中取值, 且对$1 \leqslant i \leqslant m$, $f_n^{(i)} \xrightarrow{\mu} f^{(i)}$, 则有如下结论:

(1) 设g在D上一致连续, 则

$$g(f_n^{(1)},\cdots,f_n^{(m)}) \xrightarrow{\mu} g(f^{(1)},\cdots,f^{(m)});$$

(2) 设g在D上连续, μ为有限测度, 则$g(f_n^{(1)},\cdots,f_n^{(m)}) \xrightarrow{\mu} g(f^{(1)},\cdots,f^{(m)})$.

证 往证(1). 首先, 由习题2.1.6及2.1.2知$g(f_n^{(1)},\cdots,f_n^{(m)})$为实可测函数. 设$(n')$为自然数列的一子序列, 由定理2.2.4(3), 并利用对角线法则, 可取(n')的子列(n'_k), 使得对每个i: $1 \leqslant i \leqslant m$, 有$f_{n'_k}^{(i)} \xrightarrow{\text{a.un.}} f^{(i)}$. 由于g在D上一致连续, 故易见

$$g(f_{n'_k}^{(1)},\cdots,f_{n'_k}^{(m)}) \xrightarrow{\text{a.un.}} g(f^{(1)},\cdots,f^{(m)}).$$

因此, 由定理2.3.4(3)知, $g(f_n^{(1)},\cdots,f_n^{(m)}) \xrightarrow{\mu} g(f^{(1)},\cdots,f^{(m)})$. (1)得证. (2)的证明完全类似. □

下一定理是数学分析中Bolzano-Weierstrass定理的随机版本(见Föllmer-Schied: *Stochastic Finance*, Walter de Gruyter, 2002).

定理2.3.8 设$(\Omega,\mathcal{F},\mu)$为一测度空间, $(f_n)_{n\geqslant 1}$为Ω上$\mathbb{R}^d$值可测函数序列, 满足$\liminf\limits_{n\to\infty} |f_n| < \infty$, μ-a.e., 则存在一$\mathbb{R}^d$值可测函数f 和整数值可测函数的严格增序列$\alpha_n \uparrow \infty$, 使得

$$\lim_{n\to\infty} f_{\alpha_n(\omega)}(\omega) = f(\omega), \quad \mu\text{-a.e. } \omega\in\Omega.$$

证 令$W = \liminf\limits_{n\to\infty} |f_n|$, 在零测集$[W=\infty]$上, 令$\alpha_m = m$. 下面只在$[W<\infty]$上考虑问题. 令$\alpha_1^0 = 1$, 归纳定义$\alpha_m^0$如下:

$$\alpha_m^0 = \inf\left\{n > \alpha_{m-1}^0 \,\Big|\, \big||f_n| - W\big| \leqslant \frac{1}{m}\right\}, \quad m = 2,3,\cdots.$$

令$f^1 = \liminf\limits_{m\to\infty} f^1_{\alpha_m^0}$, $\alpha_1^1 = 1$, 归纳定义α_m^1如下:

$$\alpha_m^1 = \inf\left\{\alpha_n^0 \,\Big|\, \alpha_n^0 > \alpha_{m-1}^1, |f^1_{\alpha_n^0} - f^1| \leqslant \frac{1}{m}\right\}, \quad m = 2,3,\cdots.$$

对$i = 2, \cdots, d$, 定义$f^i = \liminf\limits_{m\to\infty} f^i_{\alpha^{i-1}_m}$, $\alpha^i_1 = 1$, 归纳定义α^i_m如下:

$$\alpha^i_m = \inf\left\{\alpha^{i-1}_n \,\middle|\, \alpha^{i-1}_n > \alpha^i_{m-1}, |f^i_{\alpha^{i-1}_n} - f^i| \leqslant \frac{1}{m}\right\}, \quad m = 2, 3, \cdots.$$

则$f = (f^1, \cdots, f^d)$和$\alpha_m := \alpha^d_m$分别为要找的$\mathbb{R}^d$值可测函数和整数值可测函数. □

习　题

2.3.1 设(f_n)为一实值可测函数序列, 则为要(f_n)a.e.(相应地, 几乎一致或依测度μ)收敛于某f, 必须且只需(f_n)为相应的收敛基本列.

2.3.2 举例说明: 若$\mu(\Omega) = \infty$, 则μ几乎处处收敛的序列不一定依测度收敛.

2.3.3 设$f_n \xrightarrow{\mu} f$, 则有$\liminf\limits_{n\to\infty} f_n \leqslant f \leqslant \limsup\limits_{n\to\infty} f_n$, a.e..

2.3.4 设μ为有限测度, 则

$$f_n \xrightarrow{\mu} f \ \Rightarrow\ \frac{f_n}{1+|f_n|} \xrightarrow{\mu} \frac{f}{1+|f|}.$$

2.3.5 设$(\Omega, \mathcal{F})$为一可测空间, (f_n)为一实值$\mathcal{F}$可测函数序列, 它处处收敛于某实值函数f, 则f也为$\mathcal{F}$可测.

2.3.6 设$(\Omega, \mathcal{F})$为一可测空间, $A \subset \Omega$, 则A上的任一实值$A \cap \mathcal{F}$可测函数可以延拓成为Ω上的实值$\mathcal{F}$可测函数.

第3章 积分和空间L^p

3.1 积分的基本性质

在本节给定一测度空间$(\Omega,\mathcal{F},\mu)$. 我们用$\mathcal{S}^+$表示Ω上$\mathcal{F}$可测非负简单函数全体, 用$\mathcal{L}$(相应地, $\overline{\mathcal{L}}$)表示Ω上$\mathcal{F}$可测实值(相应地, 数值)函数全体. 令$\overline{\mathcal{F}}$表示$\mathcal{F}$关于μ的完备化, 称$\overline{\mathcal{F}}$可测函数为**μ可测函数**. $\mathcal{L}^+$及$\overline{\mathcal{L}}^+$ 则分别表示$\mathcal{L}$及$\overline{\mathcal{L}}$中的非负函数全体.

显然, 为要f为μ可测函数, 必须且只需存在一$\mathcal{F}$可测函数g, 使得$f=g$, a.e..

首先, 我们定义非负简单可测函数关于测度μ的积分.

定义3.1.1 设$f=\sum_{i=1}^n a_iI_{A_i}\in\mathcal{S}^+$, 其中$a_i\in\mathbb{R}_+$, $A_i\in\mathcal{F}$. 令

$$\int_\Omega fd\mu=\sum_{i=1}^n a_i\mu(A_i),$$

易证$\int_\Omega fd\mu$不依赖于f的具体表达. 我们称$\int_\Omega fd\mu$为f **关于μ的积分**, 通常, 我们用$\mu(f)$简记$\int_\Omega fd\mu$.

下一命题列举了这一积分的基本性质.

命题3.1.2 设f_n,g_n,f,g都是$\mathcal{S}^+$中的元素, 则

(1) $\mu(I_A)=\mu(A)$, $\forall A\in\mathcal{F}$;

(2) $\mu(\alpha f)=\alpha\mu(f)$, $\forall\alpha\in\mathbb{R}_+$;

(3) $\mu(f+g)=\mu(f)+\mu(g)$;

(4) $f\leqslant g\Rightarrow\mu(f)\leqslant\mu(g)$;

(5) $f_n\downarrow f,\mu(f_1)<\infty\Rightarrow\mu(f_n)\downarrow\mu(f)$;

(6) $f_n\uparrow f\Rightarrow\mu(f_n)\uparrow\mu(f)$;

(7) $f_n\uparrow,g_n\uparrow,\lim\limits_{n\to\infty}f_n\leqslant\lim\limits_{n\to\infty}g_n\Rightarrow\lim\limits_{n\to\infty}\mu(f_n)\leqslant\lim\limits_{n\to\infty}\mu(g_n)$.

证 (1)–(4) 显然. 往证(5). 令$g_n=f_n-f$, 则$g_n\in\mathcal{S}^+$, $g_n\downarrow 0$, 且$\mu(g_1)\leqslant\mu(f_1)<\infty$. 令

$$\beta=\sup\{g_1(\omega)\mid\omega\in\Omega\},$$

则$\forall\varepsilon>0$, 我们有

$$0\leqslant g_n\leqslant\beta I_{[g_n>\varepsilon]}+\varepsilon I_{[0<g_n\leqslant\varepsilon]}\leqslant\beta I_{[g_n>\varepsilon]}+\varepsilon I_{[g_1>0]}.$$

由(4)得

$$\mu(g_n)\leqslant\beta\mu([g_n>\varepsilon])+\varepsilon\mu([g_1>0]).$$

由于$[g_n > \varepsilon] \downarrow \varnothing$, 且$\mu([g_1 > \varepsilon]) \leqslant \mu([g_1 > 0]) < \infty$(因$\mu(g_1) < \infty$), 故由测度的从上连续性知$\mu([g_n > \varepsilon]) \downarrow 0$. 于是有$\lim\limits_{n\to\infty} \mu(g_n) \leqslant \varepsilon\mu([g_1 > 0])$. 但$\varepsilon > 0$是任意的, 故有$\mu(g_n) \downarrow 0$. 最终有$\mu(f_n) = \mu(g_n) + \mu(f) \downarrow \mu(f)$, (5)得证.

现证(6). 若$\mu(f) = +\infty$, 则$\mu([f > 0]) = \infty$. 由于f只取有限多个值, 故存在$a > 0$, 使$\mu([f = a]) = \infty$. 我们有$[f_n > \frac{a}{2}] \uparrow [f > \frac{a}{2}]$, $f_n \geqslant \frac{a}{2} I_{[f_n > \frac{a}{2}]}$, 故有

$$\lim_{n\to\infty} \mu(f_n) \geqslant \frac{a}{2} \lim_{n\to\infty} \mu\Big(\Big[f_n > \frac{a}{2}\Big]\Big) = \frac{a}{2}\mu\Big(\Big[f > \frac{a}{2}\Big]\Big) = \infty.$$

于是$\mu(f_n) \uparrow \mu(f)$. 若$\mu(f) < \infty$, 令$g_n = f - f_n$, 则由(5)知$\mu(g_n) \downarrow 0$, 故$\mu(f_n) = \mu(f) - \mu(g_n) \uparrow \mu(f)$. (6)得证.

最后证明(7). 先固定某个m, 令$h_n = g_n \wedge f_m$, 则$h_n \in \mathcal{S}^+$, $h_n \uparrow f_m \in \mathcal{S}^+$, 故由(6)知$\lim\limits_{n\to\infty} \mu(h_n) = \mu(f_m)$. 但$h_n \leqslant g_n$, 从而有$\lim\limits_{n\to\infty} \mu(g_n) \geqslant \mu(f_m)$, 于是最终有

$$\lim_{n\to\infty} \mu(g_n) \geqslant \lim_{m\to\infty} \mu(f_m).$$

(7)得证. □

注3.1.3　在上述证明中, 我们用到如下事实: 对$f \in \mathcal{S}^+$, 有$\mu(f) < \infty \Leftrightarrow \mu([f > 0]) < \infty$, 但这一结论不能推广到一般非负可测函数. 因此, 我们未将其列为积分的基本性质.

借助于命题3.1.2, 我们可以给出积分的一般定义. 为方便起见, 我们只考虑$\mathcal{F}$可测函数情形. 所有结果都可以改述为μ可测函数情形.

定义3.1.4　设f为一非负可测函数. 任取$f_n \in \mathcal{S}^+$, 使$f_n \uparrow f$(定理1.1.8), 令

$$\mu(f) = \lim_{n\to\infty} \mu(f_n).$$

则由命题3.1.2的(4)及(7)知, 上述右端极限存在, 且不依赖于序列(f_n)的选取, 称$\mu(f)$为f**关于μ的积分**. 有时也用$\int_\Omega f d\mu$表示$\mu(f)$.

现设f为一可测函数. 令$f^+ = f \vee 0, f^- = (-f) \vee 0$, 若$\mu(f^+) < \infty$或$\mu(f^-) < \infty$, 则称$f$(关于$\mu$的)**积分存在**. 令

$$\mu(f) = \mu(f^+) - \mu(f^-),$$

称$\mu(f)$为f**关于μ的积分**. 若$\mu(f^+) < \infty$, 且$\mu(f^-) < \infty$(或者等价地, $\mu(|f|) < \infty$), 则称f**关于μ可积**(简称**μ可积**).

设$\xi = f + ig$为一复值可测函数. 如果f和g都μ可积, 则称ξ为**μ可积**. 这时令$\mu(\xi) = \mu(f) + i\mu(g)$, 称$\mu(\xi)$为$\xi$ **关于μ的积分**.

注3.1.5　设$f \in \overline{\mathcal{L}}$. 若$f$的积分存在(相应地, f为可积), 则对任何$A \in \mathcal{F}$, fI_A的积分存在(相应地, fI_A为可积). 我们用$\int_A f d\mu$表示$\int_\Omega f I_A d\mu$.

下一定理列举了积分的一些基本性质.

定理3.1.6 设f,g积分存在.

(1) $\forall\alpha\in\mathbb{R},\alpha f$的积分存在, 且$\mu(\alpha f)=\alpha\mu(f)$;

(2) 若$f+g$处处有定义, 且$\mu(f)+\mu(g)$有意义(即不出现$\infty-\infty$), 则$f+g$的积分存在, 且有$\mu(f+g)=\mu(f)+\mu(g)$;

(3) $|\mu(f)|\leqslant\mu(|f|)$;

(4) 若N为一零测集, 则$\mu(fI_N)=0$;

(5) 若$f\leqslant g$, a.e., 则$\mu(f)\leqslant\mu(g)$;

(6) 若$f\in\overline{\mathcal{L}}^+$, 则$f=0$, a.e.$\Leftrightarrow\mu(f)=0$;

(7) 若$f\in\overline{\mathcal{L}}^+$, 且$\mu(f)<\infty$, 则$f<\infty$, a.e., 且$[f>0]$关于$\mu$为$\sigma$有限的.

证 (1)–(4)直接由定义3.1.4推得. 往证(5). 令$N=[f>g]$, 则依假定$\mu(N)=0$, 我们有

$$f=fI_{N^c}+fI_N,\quad g=gI_{N^c}+gI_N,\quad fI_{N^c}\leqslant gI_{N^c}.$$

故由(4)知

$$\mu(f)=\mu(fI_{N^c}),\ \mu(g)=\mu(gI_{N^c}).$$

但由积分的定义易知$\mu(fI_{N^c})\leqslant\mu(gI_{N^c})$, 从而有$\mu(f)\leqslant\mu(g)$.

现证(6). “$\Rightarrow$”由(5)推得, 我们反证“$\Leftarrow$”. 假设$\mu([f>0])>0$. 由于$[f>0]=\bigcup_{n=1}^{\infty}[f\geqslant\frac{1}{n}]$, 故存在某$n$, 使$\mu([f\geqslant\frac{1}{n}])>0$. 我们有$f\geqslant\frac{1}{n}I_{[f\geqslant\frac{1}{n}]}$, 从而

$$\mu(f)\geqslant\frac{1}{n}\mu([f\geqslant\frac{1}{n}])>0.$$

“$\Leftarrow$”得证.

最后证明(7). 设$f\in\overline{\mathcal{L}}^+$. 假定$\mu([f=+\infty])>0$, 则由于$f\geqslant\infty I_{[f=\infty]}$, 故$\mu(f)=\infty$, 这表明$\mu(f)<\infty\Rightarrow f<\infty$, a.e.. 此外有$[f>0]=\bigcup_{n=1}^{\infty}[f\geqslant\frac{1}{n}]$, $\mu([f\geqslant\frac{1}{n}])\leqslant n\mu(f)<\infty$, 故$[f>0]$关于$\mu$为$\sigma$有限的. □

系3.1.7 (1) 设f,g积分存在, 且$f=g$, a.e., 则$\mu(f)=\mu(g)$.

(2) 设f为μ可积, 则$|f|<\infty$, a.e..

(3) 设f,g积分存在, 且$\mu(f)+\mu(g)$有意义, 则$f+g$ a.e.有意义.

(4) 设f,g积分存在, 且$f\leqslant g$, a.e., 则对一切$A\in\mathcal{F}$, 有$\mu(fI_A)\leqslant\mu(gI_A)$.

下一命题表明: 在一定条件下, 上述(4)的逆命题成立.

命题3.1.8 设f,g积分存在, 且对一切$A\in\mathcal{F}$, 有$\mu(fI_A)\leqslant\mu(gI_A)$.

(1) 若f,g可积, 则$f\leqslant g$, a.e.;

(2) 若μ为σ有限测度, 则$f\leqslant g$, a.e..

证 (1) $\forall A\in\mathcal{F}$, 由假定

$$\mu((f-g)I_A)=\mu(fI_A)-\mu(gI_A)\leqslant 0.$$

特别, 令$A = [f > g]$, 则有$\mu((f-g)I_A) \geqslant 0$, 从而由上式知$\mu((f-g)I_A) = 0$, 于是$(f-g)I_A = 0$, a.e.(定理3.1.6(6)). 由于在$A$上有$f > g$, 故必须有$\mu(A) = 0$, 即有$f \leqslant g$, a.e..

(2) 设μ为σ有限测度. 我们用反证法证明$f \leqslant g$, a.e.. 假定$\mu([g < f]) > 0$, 令

$$A_n = [g < f - \frac{1}{n}] \cap [|f| < n],\ B_m = [g < m] \cap [f = +\infty],$$

则$[g < f] = (\bigcup_n A_n) \cup (\bigcup_m B_m)$. 于是存在某$n$或$m$, 使$\mu(A_n) > 0$或$\mu(B_m) > 0$. 假定$\mu(A_n) > 0$, 由$\mu$的$\sigma$有限性知, 存在$A \subset A_n, A \in \mathcal{F}$, 使得$0 < \mu(A) < \infty$, 这时有

$$\int_A g d\mu \leqslant \int_A (f - \frac{1}{n}) d\mu = \int_A f d\mu - \frac{1}{n}\mu(A) < \int_A f d\mu.$$

这与假定$\int_A f d\mu \leqslant \int_A g d\mu$矛盾. 若$\mu(B_m) > 0$, 类似论证可导致矛盾, 因此必须有$f \leqslant g$, a.e.. □

系3.1.9　设f, g积分存在, 且对一切$A \in \mathcal{F}$有$\mu(fI_A) = \mu(gI_A)$.

(1) 若f, g可积, 则$f = g$, a.e.;

(2) 若μ为σ有限, 则$f = g$, a.e..

习　题

3.1.1　举例说明命题3.1.8(2)中关于μ的σ有限性条件不能去掉.

3.1.2　证明系3.1.7(3).

3.1.3　设(f_n)为一列可测函数. 若(f_n)a.e.单调增(即$\forall n, f_n \leqslant f_{n+1}$, a.e.), 则存在一处处单调增序列$(g_n)$, 使得$\forall n, f_n = g_n$, a.e..

3.1.4　设$(\Omega, \mathcal{F}, \mu)$为一有限测度空间, $A_i \in \mathcal{F}, 1 \leqslant i \leqslant n$. 证明

$$\mu(\bigcup_{k=1}^n A_k) \geqslant \sum_{k=1}^n \mu(A_k) - \sum_{1 \leqslant k < j \leqslant n} \mu(A_k \cap A_j),$$

$$\mu(\bigcup_{k=1}^n A_k) = \sum_{I \subset \{1, \cdots, n\}} (-1)^{|I|-1} \mu(\bigcap_{i \in I} A_i),$$

其中$|I|$表示I中元素的个数. (提示: 证明

$$\sum_{k=1}^n I_{A_k} \leqslant I_{\cup_{k=1}^n A_k} + \sum_{1 \leqslant k < j \leqslant n} I_{A_k \cap A_j},$$

$$\bigvee_{k=1}^n I_{A_k} = \sum_{I \subset \{1, \cdots, n\}} (-1)^{|I|-1} \bigwedge_{i \in I} I_{A_i}.)$$

3.1.5　设E为一距离空间, $\mathcal{B}(E)$为其Borel σ代数, μ与ν为$(E, \mathcal{B}(E))$上的两个有限测度. 若对E上一切有界连续函数f有$\mu(f) = \nu(f)$, 则$\mu = \nu$ (提示: 利用习题2.1.5).

3.1.6 设$(\Omega,\mathcal{F})$及$(E,\mathcal{E})$为两个可测空间, f为$(\Omega,\mathcal{F})$到$(E,\mathcal{E})$中的可测映射, μ为$(\Omega,\mathcal{F})$上一测度.

(1) 令$\mu f^{-1}(A)=\mu(f^{-1}(A)), A\in\mathcal{E}$. 证明$\mu f^{-1}$为$(E,\mathcal{E})$上的测度(通常称为由$f$在$(E,\mathcal{E})$上**导出的测度**或$f$的**像测度**).

(2) 设g为$(E,\mathcal{E})$上的可测函数. 证明: 为要g关于测度μf^{-1}的积分存在(相应地, 可积), 必须且只需$g\circ f$关于μ的积分存在(相应地, 可积). 此外, 这时有

$$\int_\Omega g\circ f d\mu=\int_E gd(\mu f^{-1}).$$

(3) 设$\mathcal{F}^\mu$和$\mathcal{E}^\nu$ 分别表示$\mathcal{F}$和$\mathcal{E}$关于μ和ν的完备化. 证明f为$(\Omega,\mathcal{F}^\mu)$到$(E,\mathcal{E}^\nu)$中的可测映射.

3.1.7 设$(\Omega,\mathcal{F},\mu)$为一有限测度空间, 在$\mathcal{F}$可测实值函数全体构成的线性空间$\mathcal{L}$上定义距离$d(f,g)=\mu(|f-g|\wedge 1)$, 证明按此距离收敛等价于按测度收敛.

3.2 积分号下取极限

本节我们将介绍有关积分号下取极限的几个定理(单调收敛定理, Fatou引理, 控制收敛定理).

引理3.2.1 设$f_n\in\overline{\mathcal{L}}^+, n\geqslant 1, f\in\overline{\mathcal{L}}^+$.

(1) 若$f_n\leqslant f_{n+1}$, a.e., $\forall n\geqslant 1$, 且$f_n\xrightarrow{\text{a.e.}}f$, 则$\lim\limits_{n\to\infty}\mu(f_n)=\mu(f)$;

(2) 若$f_n\geqslant f_{n+1}$, a.e., $\forall n\geqslant 1$, $f_n\xrightarrow{\text{a.e.}}f$, 且$\mu(f_1)<\infty$, 则$\lim\limits_{n\to\infty}\mu(f_n)=\mu(f)$.

证 (1) 不妨设(f_n)处处单调增, 且$f_n\uparrow f$处处成立. 对每个n, 令$f_{n,m}\in\mathcal{S}^+$, 使得$f_{n,m}\uparrow f_n(m\to\infty)$. 令$g_m=\bigvee\limits_{i=1}^m f_{i,m}$, 则$g_m\in\mathcal{S}^+, g_m\uparrow f$, 且$g_m\leqslant f_m$, 故由积分的定义有

$$\mu(f)=\lim_{m\to\infty}\mu(g_m)\leqslant\lim_{m\to\infty}\mu(f_m).$$

但恒有$\mu(f)\geqslant\mu(f_m)$, 故有$\lim\limits_{m\to\infty}\mu(f_m)=\mu(f)$.

(2) 不妨设(f_n)处处单调降, 且$f_n\downarrow f$处处成立. 由于假定$\mu(f_1)<\infty$, 故$\mu([f_1=\infty])=0$. 令$\overline{f}_n=f_nI_{[f_1<\infty]}, \overline{f}=fI_{[f_1<\infty]}$, 则$\overline{f}_n\downarrow\overline{f}$, $\overline{f}_n$为实值可测函数. 令$g_n=\overline{f}_1-\overline{f}_n$, 则$g_n\uparrow\overline{f}_1-\overline{f}$, 故由(1)推知, $\mu(g_n)\uparrow\mu(\overline{f}_1)-\mu(\overline{f})$, 即有$\mu(f_n)=\mu(\overline{f}_n)\downarrow\mu(\overline{f})$. □

系3.2.2 设$f_n\in\overline{\mathcal{L}}^+, n\geqslant 1$, 则有$\mu(\sum_n f_n)=\sum_n\mu(f_n)$.

证 令$g_n=\sum_{i=1}^n f_i$, $g=\sum_{i=1}^\infty f_i$, 则$g_n\uparrow g$, 故有

$$\mu(g)=\lim_{n\to\infty}\mu(g_n)=\lim_{n\to\infty}\sum_{i=1}^n\mu(f_i)=\sum_{i=1}^\infty\mu(f_i).$$

□

定理3.2.3 (单调收敛定理) 设$f_n \in \overline{\mathcal{L}}, n \geqslant 1$, 且每个$f_n$的积分存在, 则

(1) 设(f_n) a.e.单调增, 且$f_n \to f$, a.e.. 若$\mu(f_1) > -\infty$, 则f的积分存在, 且$\mu(f_n) \uparrow \mu(f)$;

(2) 设(f_n) a.e.单调降, 且$f_n \to f$, a.e.. 若$\mu(f_1) < +\infty$, 则f的积分存在, 且$\mu(f_n) \downarrow \mu(f)$.

证 先证(1). 由假定, f_n^+a.e.单调增, f_n^-a.e.单调降, 且有$f_n^+ \xrightarrow{\text{a.e.}} f^+$, $f_n^- \xrightarrow{\text{a.e.}} f^-$. 由于$f_1^- \geqslant f^-$, 且$\mu(f_1) > -\infty$, $f_n^- > -\infty$, 故$\mu(f^-) \leqslant \mu(f_1^-) < \infty$. 从而$f$的积分存在, 且由引理3.2.1知: $\mu(f_n^+) \uparrow \mu(f^+), \mu(f_n^-) \downarrow \mu(f^-)$. 因此有$\mu(f_n) \uparrow \mu(f)$. (1)得证. 对$(-f_n)$应用(1)即得(2). □

定理3.2.4 (Fatou引理) 设$f_n \in \overline{\mathcal{L}}, n \geqslant 1$, 且每个$f_n$的积分存在.

(1) 若存在$g \in \overline{\mathcal{L}}$, $\mu(g) > -\infty$, 使得$\forall n \geqslant 1$有$f_n \geqslant g$, a.e., 则$\liminf\limits_{n\to\infty} f_n$积分存在, 且有

$$\mu(\liminf_{n\to\infty} f_n) \leqslant \liminf_{n\to\infty} \mu(f_n).$$

(2) 若存在$g \in \overline{\mathcal{L}}, \mu(g) < \infty$, 使得$\forall n \geqslant 1$有$f_n \leqslant g$, a.e., 则$\limsup\limits_{n\to\infty} f_n$的积分存在, 且有

$$\mu(\limsup_{n\to\infty} f_n) \geqslant \limsup_{n\to\infty} \mu(f_n).$$

证 先证(1).令$g_n = \inf_{k\geqslant n} f_k$, 则$g_n \uparrow \liminf\limits_{n\to\infty} f_n$, 且$g_1 \geqslant g$, a.e.. 于是$\mu(g_1) \geqslant \mu(g) > -\infty$. 故由定理3.2.3(1), $\liminf\limits_{n\to\infty} f_n$的积分存在, 且有

$$\mu(\liminf_{n\to\infty} f_n) = \lim_{n\to\infty} \mu(g_n) \leqslant \liminf_{n\to\infty} \mu(f_n).$$

(1)得证. 对$(-f_n)$应用(1)即得(2). □

定理3.2.5 (控制收敛定理) 设$f_n \in \mathcal{L}$, 且$f \in \mathcal{L}, f_n \xrightarrow{\text{a.e.}} f$ 或$f_n \xrightarrow{\mu} f$. 若存在一非负可积函数g, 使得$\forall n \geqslant 1$有$|f_n| \leqslant g$, a.e., 则f可积, 且有$\lim\limits_{n\to\infty} \mu(f_n) = \mu(f)$.

证 由于$|f| \leqslant g$, a.e., 故f可积. 若$f_n \xrightarrow{\text{a.e.}} f$, 则定理的结论直接由定理3.2.4推得. 现设$f_n \xrightarrow{\mu} f$, 则对$(f_n)$的任一子列$(f_{n'})$, 存在其子列$(f_{n'_k})$, 使得$f_{n'_k} \xrightarrow{\text{a.e.}} f$(见定理2.3.4(3)及定理2.3.5). 于是有$\lim\limits_{k\to\infty} \mu(f_{n'_k}) = \mu(f)$. 但子列$(f_{n'})$的选取是任意的, 故必须有$\lim\limits_{n\to\infty} \mu(f_n) = \mu(f)$. □

下面我们着手推广定理3.2.4及3.2.5.

定理3.2.6 设$f_n \in \mathcal{L}, f \in \mathcal{L}$, 且$f_n \xrightarrow{\text{a.e.}} f$或$f_n \xrightarrow{\mu} f$. 又设每个$f_n$的积分存在.

(1) 若存在$g \in \overline{\mathcal{L}}, \mu(g) > -\infty$, 使得$\forall n \geqslant 1, f_n \geqslant g$, a.e., 则f的积分存在, 且有$\mu(f) \leqslant \liminf\limits_{n\to\infty} \mu(f_n)$.

(2) 若存在$g \in \overline{\mathcal{L}}, \mu(g) < \infty$, 使得$\forall n \geqslant 1, f_n \leqslant g$, a.e., 则$f$的积分存在, 且有$\mu(f) \geqslant \limsup\limits_{n\to\infty} \mu(f_n)$.

证 先证(1). 若$f_n \xrightarrow{\text{a.e.}} f$, 则由Fatou引理立得(1)的结论. 现设$f_n \xrightarrow{\mu} f$, 则对$(f_n)$的任一子列$(f_{n'})$, 存在其子列$(f_{n'_k})$, 使得$f_{n'_k} \xrightarrow{\text{a.e.}} f$. 于是由上所证有$\mu(f) \leqslant \lim\limits_{k\to\infty} \mu(f_{n'_k})$. 但子列$(f_{n'})$的选取是任意的, 故必须有$\mu(f) \leqslant \liminf\limits_{n\to\infty} \mu(f_n)$, (1)得证. 对$(-f_n)$ 应用(1)得(2). □

下一定理是控制收敛定理的推广形式, 其进一步推广见习题3.2.1.

定理3.2.7 设$f_n \in \mathcal{L}$, 且$f_n \xrightarrow{\text{a.e.}} f$或$f_n \xrightarrow{\mu} f$. 又设$g_n \in \mathcal{L}^+, g \in \mathcal{L}^+$, 且$g_n \xrightarrow{\text{a.e.}} g$或$g_n \xrightarrow{\mu} g$. 如果$g$及每个$g_n$可积, $\mu(g_n) \to \mu(g)$, 且$|f_n| \leqslant g_n$, a.e., $\forall n \geqslant 1$, 则有$\lim\limits_{n\to\infty} \mu(|f_n - f|) = 0$. 特别有$\lim\limits_{n\to\infty} \mu(f_n) = \mu(f)$.

证 首先假定同时有$f_n \xrightarrow{\text{a.e.}} f, g_n \xrightarrow{\text{a.e.}} g$. 令$h_n = g_n + g - |f_n - f|$, 则$h_n \geqslant 0$, a.e., 且$h_n \xrightarrow{\text{a.e.}} 2g$. 故由定理3.2.6(1)得

$$2\mu(g) \leqslant \liminf_{n\to\infty} \mu(h_n) = 2\mu(g) - \limsup_{n\to\infty} \mu(|f_n - f|).$$

从而有$\lim\limits_{n\to\infty} \mu(|f_n - f|) = 0$. 特别有

$$|\mu(f_n) - \mu(f)| \leqslant \mu(|f_n - f|) \to 0.$$

若同时有$f_n \xrightarrow{\mu} f, g_m \xrightarrow{\mu} g$, 则$h_n \xrightarrow{\mu} 2g$. 故由定理3.2.6(1)亦可推得本定理的结论. 若$f_n \xrightarrow{\text{a.e.}} f, g_n \xrightarrow{\mu} g$, 或$f_n \xrightarrow{\mu} f, g_n \xrightarrow{\text{a.e.}} g$, 则与定理3.2.6的证明类似可以证明$\lim\limits_{n\to\infty} \mu(|f_n - f|) = 0$. □

系3.2.8 (Scheffé引理) 设f_n, f为可积可测函数, $f_n \xrightarrow{\text{a.e.}} f$, 则$\mu(|f_n - f|) \to 0$, 当且仅当$\mu(|f_n|) \to \mu(|f|)$.

证 必要性显然, 充分性由定理3.2.7推得(令$g_n = |f_n|, g = |f|$). □

定理3.2.9 设f_n, f为可积可测函数, 则下列二条件等价:

(1) $\mu(|f_n - f|) \to 0$;

(2) $f_n \xrightarrow{\mu} f$, 且$\mu(|f_n|) \to \mu(|f|)$.

证 (2)⇒(1). 设(2)成立. 在定理3.2.7中令$g_n = |f_n|, g = |f|$, 即得(1). 现证(1)⇒(2). 设$\mu(|f_n - f|) \to 0$, 对任给$\varepsilon > 0$, 令$A_n = [|f_n - f| \geqslant \varepsilon]$, 则有

$$\varepsilon I_{A_n} \leqslant |f_n - f| I_{A_n} \leqslant |f_n - f|,$$

故有

$$\lim_{n\to\infty} \varepsilon\mu(A_n) \leqslant \lim_{n\to\infty} \mu(|f_n - f|) = 0.$$

这表明$f_n \xrightarrow{\mu} f$, 此外, 由于$|\,|f_n| - |f|\,| \leqslant |f_n - f|$, 故有

$$|\,\mu(|f_n|) - \mu(|f|)\,| \leqslant \mu(|f_n - f|) \to 0, \ \ n \to \infty.$$

(1)⇒(2)得证. □

习　题

3.2.1　设$f_n, h_n, g_n, f, h, g \in \mathcal{L}, h_n \leqslant f_n \leqslant g_n$, a.e., $\forall n \geqslant 1$. 又设$f_n \xrightarrow{\text{a.e.}} f$或$f_n \xrightarrow{\mu} f$, $g_n \xrightarrow{\text{a.e.}} g$或$g_n \xrightarrow{\mu} g, h_n \xrightarrow{\text{a.e.}} h$或$h_n \xrightarrow{\mu} h$. 如果$h, g, h_n, g_n$都可积, 且$\mu(h_n) \to \mu(h), \mu(g_n) \to \mu(g)$, 则$f$可积, 且有$\lim\limits_{n\to\infty} \mu(f_n) = \mu(f)$ (提示: 不妨设$f_n \xrightarrow{\text{a.e.}} f, g_n \xrightarrow{\text{a.e.}} g, h_n \xrightarrow{\text{a.e.}} h$. 分别对$f_n - h_n$及$g_n - f_n$应用Fatou引理).

3.2.2　若3.2.1中有$h_n \leqslant 0 \leqslant g_n$, 则$\lim\limits_{n\to\infty} \mu(|f_n - f|) = 0$ (提示: 对$|f_n - f| \leqslant g_n - h_n + g - h$应用定理3.2.7).

3.2.3　设(f_n)为一可测函数列. 若$\sum_{n=1}^\infty \mu(f_n^+) < \infty$, 或$\sum_{n=1}^\infty \mu(f_n^-) < \infty$, 则$\sum_{n=1}^\infty f_n$ a.e. 有意义, $\sum_{n=1}^\infty f_n$的积分存在, 且有$\mu(\sum_{n=1}^\infty f_n) = \sum_{n=1}^\infty \mu(f_n)$.

3.3　不定积分与符号测度

本节主要内容有: 符号测度的Jordan-Hahn分解, 测度的绝对连续性及奇异性, 测度的Lebesgue分解及Radon-Nikodym定理, Vitali-Hahn-Saks定理.

引理3.3.1　设$f \in \overline{\mathcal{L}}$, 且$f$的积分存在. 令

$$\nu(A) = \mu(f I_A),\ A \in \mathcal{F}, \tag{3.3.1}$$

则ν为$\mathcal{F}$上的σ可加集函数, 即有

$$\{A_n, n \geqslant 1\} \subset \mathcal{F}, A_n \cap A_m = \varnothing, n \neq m \Rightarrow \nu(\sum_n A_n) = \sum_n \nu(A_n). \tag{3.3.2}$$

此外, 令

$$\nu^+(A) = \mu(f^+ I_A), \nu^-(A) = \mu(f^- I_A), \quad A \in \mathcal{F}, \tag{3.3.3}$$

则ν^+, ν^-为$(\Omega, \mathcal{F})$上的测度, 其中之一为有限测度, 且有$\nu = \nu^+ - \nu^-$.

证　令ν^+, ν^-如(3.3.2)式所定义, 由系3.2.2知, ν^+及ν^-为$\mathcal{F}$上的测度. 由于f的积分存在, 我们有$\nu^+(\Omega) < \infty$或$\nu^-(\Omega) < \infty$. 于是$\nu^+ - \nu^-$在$\mathcal{F}$上有定义, 且为$\mathcal{F}$上的σ可加集函数. 显然有$\nu = \nu^+ - \nu^-$. □

定义3.3.2　设$(\Omega, \mathcal{F})$为一可测空间, ν为$\mathcal{F}$上的一σ可加集函数, 且$\nu(\varnothing) = 0$, 称ν为**符号测度**. 设$(\Omega, \mathcal{F}, \mu)$为一测度空间, $f \in \overline{\mathcal{L}}$, 且$f$的积分存在, 则由(3.3.1)式定义的符号测度$\nu$称为$f$关于$\mu$的**不定积分**, 并记为$\nu = f.\mu$.

设ν为$\mathcal{F}$上的一σ可加复值集函数, 称ν为**复测度**. 这时ν的实部和虚部均为实值符号测度.

注3.3.3　设ν为$(\Omega, \mathcal{F})$上的一符号测度, 则对任何$A \in \mathcal{F}$, 或者$-\infty \leqslant \nu(A) < \infty$, 或者$-\infty < \nu(A) \leqslant \infty$. 事实上, 如若不然, 则存在$A \in \mathcal{F}$, $B \in \mathcal{F}$, 使$\nu(A) = +\infty$,

$\nu(B)=-\infty$. 我们有$A\cup B=(A\setminus B)\cup B=(B\setminus A)\cup A$, 依假定, 有

$$\nu(A\cup B)=\nu(A\setminus B)+\nu(B),$$
$$\nu(A\cup B)=\nu(B\setminus A)+\nu(A).$$

为了使第一个等式右边有意义, 必须有$\nu(A\setminus B)<\infty$. 为了使第二个等式右边有意义, 必须有$\nu(B\setminus A)>-\infty$. 这时分别从两个等式得$\nu(A\cup B)=-\infty, \nu(A\cup B)=\infty$, 这导致矛盾.

由引理3.3.1知, 不定积分这一特殊的符号测度可以表示为两个测度之差, 且其中之一为有限测度. 下一定理表明: 这一结论对一切符号测度成立.

定理3.3.4 (Jordan-Hahn分解定理) 设ν为$(\Omega,\mathcal{F})$上的一符号测度. 对$A\in\mathcal{F}$, 定义

$$\begin{aligned}\nu^+(A)&=\sup\{\nu(B)\,|\,B\subset A,\ B\in\mathcal{F}\},\\ \nu^-(A)&=\sup\{-\nu(B)\,|\,B\subset A,\ B\in\mathcal{F}\}.\end{aligned}\tag{3.3.4}$$

则ν^+及ν^-为测度, 其中之一为有限测度, 且有$\nu=\nu^+-\nu^-$. 此外, 存在$D\in\mathcal{F}$, 使得

$$\nu^+(A)=\nu(A\cap D),\ \nu^-(A)=-\nu(A\cap D^c).\tag{3.3.5}$$

证 不妨设$\nu(A)>-\infty, \forall A\in\mathcal{F}$. 令$\nu^+,\nu^-$如(3.3.4)式定义. 首先, 我们证明存在$D\in\mathcal{F}$, 使得

$$A\in\mathcal{F}, A\subset D\Rightarrow \nu(A)\geqslant 0,\ A\subset D^c\Rightarrow\nu(A)\leqslant 0.\tag{3.3.6}$$

为此, 令

$$\mathcal{B}=\{B\in\mathcal{F}\,|\,\nu^+(B)=0\},$$

则$\mathcal{B}=\{B\in\mathcal{F}|\forall C\in\mathcal{F}, C\subset B, \nu(C)\leqslant 0\}$. 易见$\mathcal{B}$对可列并运算封闭. 此外, 设$B\in\mathcal{B}, G\in\mathcal{F}, G\subset B$, 则$G\in\mathcal{B}$. 令$B_n\in\mathcal{B}, n\geqslant 1$, 使

$$\lim_{n\to\infty}\nu(B_n)=\inf\{\nu(B)\,|\,B\in\mathcal{B}\}\doteq\beta,$$

则有$\bigcup_n B_n\in\mathcal{B}$, 且有

$$\beta\leqslant\nu(\bigcup_n B_n)=\nu(B_m)+\nu(\bigcup_n B_n\setminus B_m)\leqslant\nu(B_m),\quad m\geqslant 1,$$

故$\nu(\bigcup_n B_n)=\beta$. 令$D=(\bigcup_n B_n)^c$, 则$D^c\in\mathcal{B}, \nu(D^c)=\beta$, 于是由$\mathcal{B}$的定义知(3.3.6)式的第二个蕴含关系成立.

再证(3.3.6)式的第一个蕴含关系成立. 我们用反证法. 假定存在$A\in\mathcal{F}, A\subset D$, 使$\nu(A)<0$, 我们断言: 必有$\nu^+(A)>0$. 事实上, 若$\nu^+(A)=0$, 则$A\in\mathcal{B}$, 故$A\cup D^c\in$

$\mathcal{B}$. 但有$\nu(A \cup D^c) = \nu(A) + \nu(D^c) < \nu(D^c) = \beta$, 这与$\beta$ 的定义矛盾. 因此必须有$\nu^+(A) > 0$. 由ν^+的定义知, 存在$A_1 \in \mathcal{F}, A_1 \subset A$, 使得

$$\nu(A_1) \geqslant \frac{1}{2}(\nu^+(A) \wedge 1) > 0.$$

这时, $A \setminus A_1 \subset D, \nu(A \setminus A_1) = \nu(A) - \nu(A_1) < 0$, 因此由上所证知$\nu^+(A \setminus A_1) > 0$. 由归纳法, 存在$A_n \in \mathcal{F}, A_n \subset D, n \geqslant 1$, 使得$A_n \subset A \setminus \sum_{k=1}^{n-1} A_k$, 且有

$$\nu(A_n) \geqslant \frac{1}{2}\big[\nu^+\big(A \setminus \sum_{k=1}^{n-1} A_k\big) \wedge 1\big] > 0. \tag{3.3.7}$$

由于$\nu(A) < 0$, 且有

$$\nu(A) = \nu\big(A \setminus \sum_{k=1}^{\infty} A_k\big) + \sum_{k=1}^{\infty} \nu(A_k). \tag{3.3.8}$$

故$\sum_{k=1}^{\infty} \nu(A_k) < \infty$, 特别有$\lim\limits_{k\to\infty} \nu(A_k) = 0$. 因此由(3.3.7)式得

$$\lim_{n\to\infty} \nu^+\big(A \setminus \sum_{k=1}^{n-1} A_k\big) \wedge 1 = 0,$$

从而有$\lim\limits_{n\to\infty} \nu^+(A \setminus \sum_{k=1}^{n-1} A_k) = 0$. 由于$\nu^+(A \setminus \sum_{k=1}^{\infty} A_k) \leqslant \nu^+(A \setminus \sum_{k=1}^{n-1} A_k), n \geqslant 1$, 故有$\nu^+(A \setminus \sum_{k=1}^{\infty} A_k) = 0$. 因此, 由前面所证, 必须有$\nu(A \setminus \sum_{k=1}^{\infty} A_k) \geqslant 0$(否则有$\nu^+(A \setminus \sum_{k=1}^{\infty} A_k) > 0$). 这样一来, 由(3.3.8)式知$\nu(A) > 0$, 这与假定$\nu(A) < 0$矛盾. 因此, (3.3.6)式的第一个蕴含关系成立.

现在证明定理的结论. 设$A \in \mathcal{F}, B \in \mathcal{F}, B \subset A$, 则

$$\begin{aligned}\nu(B) + \nu((A \setminus B) \cap D) &= \nu((A \cap D) \cup B)\\ &= \nu(A \cap D) + \nu(B \cap D^c).\end{aligned}$$

故由(3.3.6)式知$\nu(B) \leqslant \nu(A \cap D)$, 从而有$\nu^+(A) = \nu(A \cap D^c)$. 同理可证$\nu^-(A) = -\nu(A \cap D^c)$. 因此, ν^+及ν^-为$(\Omega, \mathcal{F})$上的测度, 且$\nu^-(\Omega) = -\nu(D^c) < \infty$, 此外有$\nu = \nu^+ - \nu^-$. □

注3.3.5 (1)我们称ν的分解$\nu = \nu^+ - \nu^-$为ν的**Jordan分解**, ν^+及ν^-分别称为ν的**正部**及**负部**; 称Ω的分解$\Omega = D \cup D^c$为ν的 **Hahn分解**. Hahn分解不一定唯一.

(2) 令$|\nu| = \nu^+ + \nu^-$, 称$|\nu|$为ν的**变差(测度)**, 称$|\nu|(\Omega)$为ν的**全变差**, 记为$\|\nu\|_{\text{var}}$. 若$|\nu|$为σ有限测度, 则称ν为**σ有限符号测度**.

(3) 设ν为一符号测度, $f \in \overline{\mathcal{L}}$. 若$f$关于$|\nu|$的积分存在, 则称$f$关于$\nu$的**积分存在**, 并令$f.\nu = f.\nu^+ - f.\nu^-$.

(4) 设ν为一符号测度, $\Omega = D \cup D^c$为其Hahn分解. 令$h = I_D - I_{D^c}$, 则h关于$|\nu|$及ν积分存在, 且$\nu = h.|\nu|$, $|\nu| = h.\nu$.

命题3.3.6 设ν为$(\Omega, \mathcal{F})$上的符号测度, 则ν在$\mathcal{F}$上达到其上、下界. 确切地说, 设$\Omega = D \cup D^c$为其Hahn分解, 则

$$\nu(D) = \sup\{\nu(B) \mid B \in \mathcal{F}\}, \quad \nu(D^c) = \inf\{\nu(B) \mid B \in \mathcal{F}\}. \tag{3.3.9}$$

特别, 实值符号测度必然为有界符号测度.

证 设$B \in \mathcal{F}$, 则由定理3.3.4知

$$\begin{aligned}
\nu(B) &= \nu^+(B) - \nu^-(B) \leqslant \nu^+(B) \leqslant \nu^+(\Omega) = \nu(D), \\
\nu(B) &= \nu^+(B) - \nu^-(B) \geqslant -\nu^-(B) \geqslant -\nu^-(\Omega) = \nu(D^c).
\end{aligned}$$

由此推得(3.3.9)式. □

下面我们引进测度的绝对连续性及奇异性概念.

定义3.3.7 设ν_1, ν_2为$(\Omega, \mathcal{F})$上的两个符号测度. 如果

$$A \in \mathcal{F}, |\nu_2|(A) = 0 \Rightarrow |\nu_1|(A) = 0, \tag{3.3.10}$$

则称ν_1关于ν_2**绝对连续**(记为$\nu_1 \ll \nu_2$). 若$\nu_1 \ll \nu_2$且$\nu_2 \ll \nu_1$, 则称ν_1与ν_2**等价**, 记为$\nu_1 \sim \nu_2$. 若存在$N \in \mathcal{F}$, 使得$|\nu_1|(N^c) = 0, |\nu_2|(N) = 0$, 则称$\nu_1$与$\nu_2$**相互奇异**(记为$\nu_1 \perp \nu_2$).

设ν为$(\Omega, \mathcal{F})$上的一符号测度, 若$N \in \mathcal{F}$, 使得$|\nu|(N^c) = 0$, 则称N为ν的**支撑**. 一般说来, 支撑并非唯一确定.

由上述定义知, $\nu_1 \ll \nu_2 \Leftrightarrow$凡$\nu_2$的支撑必为$\nu_1$的支撑; $\nu_1 \perp \nu_2 \Leftrightarrow \nu_1$与$\nu_2$有不相交的支撑.

注3.3.8 (1)由(3.3.4)式易知, (3.3.10)式等价于如下条件:

$$A \in \mathcal{F}, \; |\nu_2|(A) = 0 \Rightarrow \nu_1(A) = 0. \tag{3.3.11}$$

(2) 设$\nu_1 \ll \nu_2$, 且$\nu_1 \perp \nu_2$, 则$\nu_1 = 0$(即对一切$A \in \mathcal{F}$, 有$\nu_1(A) = 0$), 此外, 恒有$\nu \perp 0$.

(3) 设ν为一符号测度, $f \in \overline{\mathcal{L}}$. 若$f$关于$\nu$的积分存在, 则$f.\nu \ll \nu$.

引理3.3.9 设$(\Omega, \mathcal{F}, \mu)$为测度空间, h为一非负可测函数, 令$h.\mu$表示h关于μ的不定积分(从而$h.\mu$为一测度). 设$g \in \overline{\mathcal{L}}$, 则$g$关于$h.\mu$的积分存在, 当且仅当$gh$关于$\mu$的积分存在. 这时有

$$\int_A g d(h.\mu) = \int_A g h d\mu, \quad \forall A \in \mathcal{F}. \tag{3.3.12}$$

证　首先, 设g为非负简单函数, 则由$h.\mu$的定义知(3.3.12)式成立. 于是由积分的单调收敛定理知, 对一切$g \in \overline{\mathcal{L}}^+$, (3.3.12)式成立. 由此立刻推得引理的结论. □

下一定理表明: 任一σ有限符号测度ν总可以唯一地分解为关于另一σ 有限符号测度μ的绝对连续部分和奇异部分之和.

定理3.3.10　设μ与ν为$(\Omega, \mathcal{F})$上的两个σ有限符号测度, 则ν 有如下唯一分解(称为**Lebesgue分解**):

$$\nu = \nu_s + \nu_c, \tag{3.3.13}$$

其中$\nu_s \perp \mu, \nu_c \ll \mu$. 此外, ν_s及ν_c均为σ有限的, 并且存在$N \in \mathcal{F}, g \in \mathcal{L}$, 使得$|\mu|(N) = 0, \nu_s(A) = \nu_s(A \cap N)$, g关于$|\mu|$的积分存在, ν_c为g关于μ的不定积分.

证　首先不妨假定μ为测度(否则以$|\mu|$代替μ), 且$\mu(\Omega) > 0$. 这时由μ的σ有限性知, 存在Ω的一个可数划分$\Omega = \sum\limits_{n=1}^{\infty} A_n$, 使得$A_n \in \mathcal{F}, 0 < \mu(A_n) < \infty, \forall n \geqslant 1$. 令

$$h = \sum_{n=1}^{\infty} \frac{1}{2^n \mu(A_n)} I_{A_n},$$

则h处处严格正, 且$\mu(h) = 1$. 令$\widetilde{\mu} = h.\mu$, 则$\widetilde{\mu}$为测度, 且$\widetilde{\mu}(\Omega) = 1$. 由于$\widetilde{\mu}$与$\mu$等价, 故由引理3.3.9知, 可以$\widetilde{\mu}$代替$\mu$来证明定理的结论. 因此, 不妨设$\mu$为有限测度.

下面先假定ν也为有限测度. 令

$$\mathcal{H} = \left\{ h \in \overline{\mathcal{L}}^+ \mid \forall A \in \mathcal{F}, \int_A h d\mu \leqslant \nu(A) \right\},$$

设$h_1, h_2 \in \mathcal{H}, h = h_1 \vee h_2$, 则

$$\begin{aligned}\int_A h d\mu &= \int_{A \cap [h_1 \geqslant h_2]} h_1 d\mu + \int_{A \cap [h_1 < h_2]} h_2 d\mu \\ &\leqslant \nu(A \cap [h_1 \geqslant h_2]) + \nu(A \cap [h_1 < h_2]) = \nu(A),\end{aligned}$$

这表明$\mathcal{H}$对有限上端运算封闭. 现设$h_n \in \mathcal{H}, h_n \uparrow g$, 使得

$$\int_\Omega g d\mu = \sup\left\{ \int_\Omega h d\mu \mid h \in \mathcal{H} \right\},$$

则由积分单调收敛定理易知$g \in \mathcal{H}$. 令

$$\nu_s(A) = \nu(A) - \int_A g d\mu, \quad A \in \mathcal{F},$$

则ν_s为一有限测度. 往证$\nu_s \perp \mu$. 令$\Omega = D_n + D_n^c$为符号测度$\nu_s - \frac{1}{n}\mu$的Hahn分解, 则对一切$A \in \mathcal{F}$,

$$\nu_s(A \cap D_n) \geqslant n^{-1} \mu(A \cap D_n) = n^{-1} \int_A I_{D_n} d\mu.$$

于是$\forall A\in\mathcal{F}$有

$$\int_A (g+n^{-1}I_{D_n})d\mu \leqslant \int_A gd\mu + \nu_s(A\cap D_n) \leqslant \nu(A),$$

这表明$g+n^{-1}I_{D_n}\in\mathcal{H}$. 但另一方面$\mu(g)=\sup\{\mu(h)\,|\,h\in\mathcal{H}\}$，故必须有$\mu(D_n)=0$. 令$N=\bigcup_n D_n$, 则$\mu(N)=0$. 此外我们有(注意$(\nu_s-\frac{1}{n}\mu)(D_n^c)\leqslant 0$)

$$\nu_s(N^c)\leqslant \nu_s(D_n^c)\leqslant n^{-1}\mu(D_n^c)\leqslant n^{-1}\mu(\Omega)\to 0,\quad n\to\infty,$$

这表明$\nu_s\perp\mu$. 令

$$\nu_c(A)=\int_A gd\mu,$$

则$\nu_c\ll\mu$(见定理3.1.6(3)). 此外, 由于g为μ可积的, 故g可取为实值可测函数.

现设ν为σ有限符号测度. 为证定理结论, 不妨假定ν为σ有限测度(否则分别考虑ν^+及ν^-). 取Ω的一个可数划分$\Omega=\sum_n A_n$, 使得$A_n\in\mathcal{F},\nu(A_n)<\infty,n\geqslant 1$. 令$\nu^n(A)=\nu(A\cap A_n)$, 则每个$\nu^n$为有限测度, 故由上所证, ν^n有如下分解:

$$\nu^n=\nu_s^n+\nu_c^n,\quad n\geqslant 1,$$

其中$\nu_s^n\perp\mu,\nu_c^n\ll\mu$, 且存在非负实值可测函数$g_n$, 使得$\nu_c^n=g_n.\mu$. 显然, g_n在A_n^c上可取为0, 令

$$\nu_s=\sum_n\nu_s^n,\quad \nu_c=\sum_n\nu_c^n,\quad g=\sum_n g_n,$$

则有$\nu_s\perp\mu,\nu_c\ll\mu,\nu_c=g.\mu$, 且(3.3.13)式成立. ν的分解唯一性容易由注3.3.8(2)看出. □

设μ为一测度, ν为某$f\in\overline{\mathcal{L}}$关于$\mu$的不定积分, 则$\nu$关于$\mu$绝对连续(见注3.3.8(2)). 下一定理表明: 若μ为σ有限测度, 则逆命题成立.

定理3.3.11 (Radon-Nikodym定理) 设$(\Omega,\mathcal{F})$为一可测空间, μ为一σ有限测度, ν为一符号测度(不必为σ有限). 如果ν关于μ绝对连续, 则存在一关于μ积分存在的可测函数g, 使得$\nu=g.\mu$. 此外, g在μ等价意义下是唯一的(称g_1,g_2为μ等价的, 是指$\mu([g_1\neq g_2])=0$), 为要g为μ-a.e.有限, 必须且只需ν为σ有限的.

证 若ν为σ有限符号测度, 则由定理3.3.10立刻推得本定理结论(因为这时由注3.3.8(2)知(3.3.13)式中的$\nu_s=0$). 为证定理, 可设ν为测度(否则分别考虑ν^+及ν^-), 且$\nu(\Omega)=\infty$. 此外由μ的σ有限性及引理3.3.9知, 不妨假定μ为有限测度(参看定理3.3.10证明的开头部分). 令

$$\mathcal{G}=\{C\in\mathcal{F}\,|\,\nu(C)<\infty\},$$

显然$\mathcal{G}$对有限并运算封闭. 于是存在$C_n \in \mathcal{G}, C_n \uparrow C$, 使得

$$\mu(C) = \sup\{\mu(G) \mid G \in \mathcal{G}\}. \tag{3.3.14}$$

令

$$\nu'(B) = \nu(B \cap C), \quad \nu''(B) = \nu(B \cap C^c), \quad B \in \mathcal{F},$$

则ν'为σ有限测度, 且$\nu' \ll \mu$, 故存在非负实值可测函数g', 使得$\nu' = g'.\mu$. 另一方面, 由$\mathcal{G}$的定义及(3.3.14)式知

$$\mu(B \cap C^c) > 0 \Rightarrow \nu(B \cap C^c) = \infty.$$

因此, 若令$g'' = (+\infty)I_{C^c}$, $g = g' + g''$, 则$\nu'' = g''.\mu$, $\nu = g.\mu$. 其余结论显然. □

定义3.3.12 我们用$\dfrac{d\nu}{d\mu}$表示定理3.3.11中的g(它在μ等价意义下唯一确定), 并称$\dfrac{d\nu}{d\mu}$为ν 关于μ的**Radon-Nikodym导数**.

定理3.3.13 设$(\Omega, \mathcal{F}, \mu)$为一$\sigma$有限测度空间, ν为$\mathcal{F}$上的一符号测度, 且$\nu \ll \mu$. 令$g \in \overline{\mathcal{L}}$, 则$g$关于$\nu$积分存在, 当且仅当$g\frac{d\nu}{d\mu}$关于$\mu$积分存在, 并且这时有

$$\int_A g d\nu = \int_A (g\frac{d\nu}{d\mu}) d\mu, \quad \forall A \in \mathcal{F}. \tag{3.3.15}$$

证 若ν为测度, 则定理的结论由引理3.3.9推得. 现设ν为符号测度. 令$h = g\dfrac{d\nu}{d\mu}$, 则有

$$h^+ = g^+\frac{d\nu^+}{d\mu} + g^-\frac{d\nu^-}{d\mu}, \quad h^- = g^-\frac{d\nu^+}{d\mu} + g^+\frac{d\nu^-}{d\mu}.$$

设g关于ν积分存在, 则g关于ν^+及ν^-积分存在, 且$\nu^+(g) - \nu^-(g)$ 有意义. 于是$g\dfrac{d\nu^+}{d\mu}$及$g\dfrac{d\nu^-}{d\mu}$关于μ积分存在, 且有

$$\nu^+(g) = \int (g\frac{d\nu^+}{d\mu}) d\mu, \quad \nu^-(g) = \int (g\frac{d\nu^-}{d\mu}) d\mu.$$

于是有

$$\nu^+(g) = \int (g^+\frac{d\nu^+}{d\mu}) d\mu - \int (g^-\frac{d\nu^+}{d\mu}) d\mu,$$
$$\nu^-(g) = \int (g^+\frac{d\nu^-}{d\mu}) d\mu - \int (g^-\frac{d\nu^-}{d\mu}) d\mu.$$

由于$\nu^+(g) - \nu^-(g)$有意义, 则必须有$\mu(h^+) < \infty$, 或$\mu(h^-) < \infty$(请读者自行验证). 因此, h关于μ积分存在, 且$\mu(h) = \nu^+(g) - \nu^-(g) = \nu(g)$. 对$gI_A$应用这一结果即

得(3.3.15)式. 反之, 设h关于μ积分存在, 则$\mu(h^+)<\infty$, 或$\mu(h^-)<\infty$, 由此推知g关于μ^+及 μ^-积分存在, $\nu^+(g)-\nu^-(g)$有意义, 且$\nu(g)=\mu(h)$. 对gI_A应用这一结果即得(3.3.15)式. □

定理3.3.14 设$(\Omega,\mathcal{F})$为一可测空间, μ及ν为$\mathcal{F}$上的两个σ有限测度, φ为$\mathcal{F}$上的一符号测度. 如果$\varphi\ll\nu,\nu\ll\mu$, 则$\varphi\ll\mu$, 且有

$$\frac{d\varphi}{d\mu}=\frac{d\varphi}{d\nu}\frac{d\nu}{d\mu},\quad \mu\text{-a.e.}. \tag{3.3.16}$$

证 显然有$\varphi\ll\mu$, 故由定理3.3.13, 对$\forall A\in\mathcal{F}$, 有

$$\int_A\frac{d\varphi}{d\nu}\frac{d\nu}{d\mu}d\mu=\int_A\frac{d\varphi}{d\nu}d\nu=\varphi(A)=\int_A\frac{d\varphi}{d\mu}d\mu,$$

于是由系3.1.9(2)知(3.3.16)式成立. □

下一定理称为**Vitali-Hahn-Saks定理**. 我们将在3.4节和7.4节中用到这一定理.

定理3.3.15 设$(\Omega,\mathcal{F})$为一可测空间, (μ_n)为其上的一列有限符号测度. 如果对每个$A\in\mathcal{F}$, 极限$\mu(A)=\lim\limits_{n\to\infty}\mu_n(A)$存在且有限, 则

(1) μ为一符号测度;

(2) $\sup_n\|\mu_n\|<\infty$, 这里$\|\mu_n\|$表示μ_n的全变差, $|\mu_n|$为μ_n的变差测度;

(3) 设λ为一有限测度, 使得对一切$n\geqslant 1$, 有$\mu_n\ll\lambda$ (注: 这样的测度总存在, 例如令$\lambda=\sum\limits_{n=1}^{\infty}\dfrac{1}{2^n\|\mu_n\|}|\mu_n|$). 则对任给$\varepsilon>0$, 存在$\eta>0$, 使得

$$A\in\mathcal{F},\ \lambda(A)\leqslant\eta\Rightarrow\sup_n|\mu_n|(A)\leqslant\varepsilon.$$

证 令Φ表示$L^1(\Omega,\mathcal{F},\lambda)$(定义见下节(3.4.1)式)中由$\mathcal{F}$可测集的示性函数等价类所成的子集, 则$\Phi$是闭集. 从而作为子空间, Φ为完备距离空间. 设$A\in\mathcal{F}$, 令$\dot{A}$表示A所相应的等价类, 我们用$\dot{\mathcal{F}}$表示$\mathcal{F}$ 中元素等价类全体, 则$(\dot{\mathcal{F}},d)$为完备距离空间, 其中

$$d(\dot{A},\dot{B})=\lambda(A\triangle B).$$

设$\alpha>0$, 令

$$L_j=\{\dot{A}\in\dot{\mathcal{F}}\,|\forall n\geqslant j,m\geqslant j,|\mu_n(A)-\mu_m(A)|\leqslant\alpha\},$$

由于函数$\dot{A}\mapsto\mu_n(A)$在$\dot{\mathcal{F}}$上连续, 故L_j为闭集. 显然$\bigcup_j L_j=\dot{\mathcal{F}}$(因$\forall A\in\mathcal{F},\mu_n(A)$ 收敛). 由Baire定理(见定理5.1.27), 存在某j, 使L_j 有一内点$\dot{A}$, 即对某$h>0$, 有

$$B\in\mathcal{F},\lambda(B\triangle A)\leqslant h\Rightarrow|\mu_n(B)-\mu_m(B)|\leqslant\alpha,\forall n\geqslant j,\quad\forall m\geqslant j.$$

取$0 < \eta < h$, 使得(见习题3.3.3)

$$C \in \mathcal{F}, \lambda(C) \leqslant \eta \Rightarrow |\mu_i|(C) \leqslant \alpha, \quad i = 1, \cdots, j.$$

对于$n \geqslant j$, 我们有

$$\begin{aligned} |\mu_n(C)| &\leqslant |\mu_n(A \cup C) - \mu_n(A)| + |\mu_n(A \backslash C) - \mu_n(A)| \\ &\leqslant |\mu_n(A \cup C) - \mu_j(A \cup C)| + |\mu_j(A \cup C) - \mu_j(A)| \\ &\quad + |\mu_j(A) - \mu_n(A)| + |\mu_n(A \backslash C) - \mu_j(A \backslash C)| \\ &\quad + |\mu_j(A \backslash C) - \mu_j(A)| + |\mu_j(A) - \mu_n(A)|. \end{aligned}$$

于是$\lambda(C) \leqslant \eta \Rightarrow \sup_n |\mu(C)| \leqslant 6\alpha$. 从而由习题3.3.7知: $\lambda(C) \leqslant \eta \Rightarrow \sup_n |\mu_n|(C) \leqslant 12\alpha$. 由此立刻推得(3)(令$\alpha = \varepsilon/12$).

下面我们证明(2). 我们将空间Ω分为有限多个λ测度$> \eta$的原子及有限多个λ测度$\leqslant \eta$的集合. 由于$|\mu_n| \ll \lambda$, 故λ的原子必为每个$|\mu_n|$的原子. 于是在λ的原子集A上, 有$|\mu_n|(A) = |\mu_n(A)|$, 从而$\sup_n |\mu_n|(A) < \infty$. 由此并利用前段的结果推得(2).

最后, μ在$\mathcal{F}$上显然是有限可加的. 现设$E_k \in \mathcal{F}, E_k \downarrow \varnothing$, 则$\lambda(E_k) \to 0$, 从而由(3)知$\mu(E_k) \to 0$. 由此推知$\mu$是$\sigma$可加的, 故$\mu$是有限符号测度. □

系3.3.16　设$(\Omega, \mathcal{F}, \mu)$为一有限测度空间, $\xi_n \in L^1(\Omega, \mathcal{F}, \mu)$, $n \geqslant 1$. 若$\forall A \in \mathcal{F}$, $\int_A \xi_n d\mu$ 的极限存在且有穷, 则存在唯一的$\xi \in L^1(\Omega, \mathcal{F}, \mu)$, 使

$$\lim_{n \to \infty} \int_A \xi_n d\mu = \int_A \xi d\mu, \quad A \in \mathcal{F}.$$

习　题

3.3.1　设ν为一符号测度, f关于ν的积分存在(见注3.3.5(3)). 则对一切$A \in \mathcal{F}$, fI_A关于ν的积分存在, 且$A \mapsto \nu(fI_A)$定义了$\mathcal{F}$上的一符号测度(记为$f.\nu$).

3.3.2　设ν及μ为两个符号测度, f关于ν的积分存在. 若$\nu \ll \mu$ (相应地$\nu \perp \mu$), 则$f.\nu \ll \mu$ (相应地, $f.\nu \perp \mu$).

3.3.3　设$(\Omega, \mathcal{F}, \mu)$为一测度空间, ν为$\mathcal{F}$上的一有限符号测度. 则下列二断言等价:

(1) $\nu \ll \mu$;

(2) $\forall \varepsilon > 0, \exists \delta > 0$, 使得$A \in \mathcal{F}, \mu(A) < \delta \Rightarrow |\nu|(A) < \varepsilon$.

3.3.4　举例说明定理3.3.11中μ的σ有限性假定不能去掉(提示: 令$\Omega = [0,1]$, $\mathcal{F} = \{A \subset [0,1] \mid A$或$A^c$为至多可数集$\}$).

3.3.5　设μ及ν为两个σ有限测度, 则为要$\nu \sim \mu$, 必须且只需存在可测函数$g: 0 < g(\omega) < \infty, \forall \omega \in \Omega$, 使得$\nu = g.\mu$.

3.3.6 设μ_1, μ_2为可测空间$(\Omega,\mathcal{F})$上的有限符号测度, 令

$$\mu_1\vee\mu_2=\mu_1+(\mu_2-\mu_1)^+,\quad \mu_1\wedge\mu_2=\mu_1-(\mu_1-\mu_2)^+,$$

则$\mu_1\vee\mu_2$为满足$\nu\geqslant\mu_1$且$\nu\geqslant\mu_2$的最小符号测度ν; $\mu_1\wedge\mu_2$为满足$\nu\leqslant\mu_1$且$\nu\leqslant\mu_2$的最大符号测度ν.

3.3.7 设μ为$(\Omega,\mathcal{F})$上符号测度, 则$\|\mu\|_{\mathrm{var}}\leqslant 2\sup_{A\in\mathcal{F}}|\mu(A)|$. 若$\mu(\Omega)=0$, 则$\mu$为有限符号测度, 且有$\|\mu\|_{\mathrm{var}}=2\sup_{A\in\mathcal{F}}|\mu(A)|$.

3.3.8 设$B(\Omega,\mathcal{F})$表示Ω上有界$\mathcal{F}$可测函数全体, $\mathcal{M}(\Omega,\mathcal{F})$表示$(\Omega,\mathcal{F})$ 上有限符号测度全体. 对$f\in B(\Omega,\mathcal{F})$, 令$\|f\|=\sup_{\omega\in\Omega}|f(\omega)|$,

(1) $B(\Omega,\mathcal{F})$按范数$\|\cdot\|$为一Banach空间(完备赋范线性空间).

(2) 设$\mu\in\mathcal{M}(\Omega,\mathcal{F})$, 令$I_\mu(f)=\mu(f), f\in B(\Omega,\mathcal{F})$, 则$I_\mu$为$B(\Omega,\mathcal{F})$上的一有界线性泛函, 且有$\|I_\mu\|=\|\mu\|_{\mathrm{var}}$ (提示: 设$\Omega=D\cup D^c$为μ的Hahn 分解, 令$f=I_D-I_D^c$, 考虑$\mu(f)$).

(3) $\mathcal{M}(\Omega,\mathcal{F})$按范数$\|\cdot\|_{\mathrm{var}}$为一Banach空间.

3.3.9 设μ为$(\Omega,\mathcal{F})$上的测度, f_1和f_2关于μ的积分存在, 则$f_1.\mu\wedge f_2.\mu=(f_1\wedge f_2).\mu$; $f_1.\mu\vee f_2.\mu=(f_1\vee f_2).\mu$.

3.4 空间L^p及其对偶

设$(\Omega,\mathcal{F},\mu)$为一测度空间. 对任一$p:0<p<\infty$, 我们令

$$L^p(\Omega,\mathcal{F},\mu)=\{f\in\mathcal{L}(\Omega,\mathcal{F})\,|\mu(|f|^p)<\infty\}\tag{3.4.1}$$

(简记为L^p), 其中$\mathcal{L}(\Omega,\mathcal{F})$表示$\Omega$上$\mathcal{F}$可测实值函数全体. 设$f,g\in\mathcal{L}(\Omega,\mathcal{F})$, 如果$f=g$, μ-a.e., 称f与g是μ等价的. 今后, 我们将L^p中 a.e.相等的元素不加区别, 即把L^p视为按μ等价关系所作的商空间. 令

$$\|f\|_p=\mu(|f|^p)^{\frac{1}{p}},\tag{3.4.2}$$

我们将证明: 对$p\geqslant 1$, $(L^p,\|\cdot\|_p)$为一Banach空间(见定理3.4.5).

首先, 我们建立空间L^p的一些基本不等式. 为此, 我们需要如下两个分析不等式, 其证明可在任何一本数学分析书中找到: 设a,b为实数, $r>0, 1<p,q<\infty$, 且$\dfrac{1}{p}+\dfrac{1}{q}=1$, 则有

$$|a+b|^r\leqslant\max(1,2^{r-1})(|a|^r+|b|^r),\tag{3.4.3}$$

$$|ab|\leqslant\frac{|a|^p}{p}+\frac{|b|^q}{q}.\tag{3.4.4}$$

定理3.4.1 设$f,g\in\mathcal{L}(\Omega,\mathcal{F}), r>0, 1<p,q<\infty$, 且$\dfrac{1}{p}+\dfrac{1}{q}=1, s\geqslant 1$. 则有

$$\mu(|f+g|^r)\leqslant C_r\mu(|f|^r+|g|^r),\tag{3.4.5}$$

$$\mu(|fg|) \leqslant \|f\|_p \|g\|_q, \tag{3.4.6}$$

$$\|f+g\|_s \leqslant \|f\|_s + \|g\|_s, \tag{3.4.7}$$

其中$C_r = \max(1, 2^{r-1})$. 我们分别称(3.4.5)、(3.4.6)及(3.4.7)式为$\boldsymbol{C_r}$**不等式**、**Hölder不等式**及**Minkowski不等式**. 对$p=q=2$情形, (3.4.6)式亦称为**Schwarz不等式**.

证 (3.4.5)式可直接从(3.4.3)式推得. 现证(3.4.6)式. 不妨设$\|f\|_p < \infty$, $\|g\|_q < \infty$, 令$\varphi = f/\|f\|_p, \psi = g/\|g\|_q$, 则由(3.4.4)式得

$$\mu(|\varphi\psi|) \leqslant \frac{\mu(|\varphi|^p)}{p} + \frac{\mu(|\psi|^q)}{q} = \frac{1}{p} + \frac{1}{q} = 1,$$

此即(3.4.6)式.

最后证明(3.4.7)式. 不妨设$f, g \in L^s$, 由(3.4.5)式知$f+g \in L^s$, 且当$s=1$时(3.4.7)式成立. 现设$s>1$, 我们有

$$\begin{aligned}\int |f+g|^s d\mu &= \int |f+g|\,|f+g|^{s-1} d\mu \\ &\leqslant \int |f|\,|f+g|^{s-1} d\mu + \int |g|\,|f+g|^{s-1} d\mu.\end{aligned}$$

令$s' > 1$使$\dfrac{1}{s} + \dfrac{1}{s'} = 1$, 对上一不等式右端应用(3.4.6)式得(注意$s'(s-1) = s$)

$$\begin{aligned}\int |f+g|^s d\mu \leqslant\ & \|f\|_s \Big(\int |f+g|^s d\mu\Big)^{1/s'} \\ & + \|g\|_s \Big(\int |f+g|^s d\mu\Big)^{1/s'},\end{aligned}$$

由此立得(3.4.7)式. □

定理3.4.2 设$(\Omega, \mathcal{F}, \mu)$为一概率空间, φ 为一连续凸函数(即$\forall \alpha: 0 \leqslant \alpha \leqslant 1, \forall x, y \in \mathbb{R}, \varphi(\alpha x + (1-\alpha)y) \leqslant \alpha\varphi(x) + (1-\alpha)\varphi(y)$), 又设$f \in L^1(\Omega, \mathcal{F}, \mu)$, 则$\varphi(f)$关于$\mu$的积分存在, 且有

$$\varphi(\mu(f)) \leqslant \mu(\varphi(f)). \tag{3.4.8}$$

(3.4.8)式称为**Jensen不等式**.

证 令φ'表示φ的右导数, 则$\forall x, y \in \mathbb{R}$, 有

$$\varphi'(x)(y-x) \leqslant \varphi(y) - \varphi(x).$$

于是有

$$\varphi'(\mu(f))(f - \mu(f)) \leqslant \varphi(f) - \varphi(\mu(f)),$$

两边关于μ积分即得欲证不等式. □

定义3.4.3 设$r > 0, \{f, f_n, n \geqslant 1\} \subset L^r$.如果$\mu(|f_n - f|^r) \to 0, n \to \infty$, 则称$(f_n)$ **r次平均收敛于**f(简称(f_n) L^r收敛于f), 或称(f_n)在L^r中**强收敛于**f, 记为$f_n \xrightarrow{L^r} f$.

显然, L^r收敛的极限是唯一确定的(在μ等价意义下), 此外, L^r收敛蕴含依测度收敛.事实上, 设$\varepsilon > 0$, 则

$$\mu(|f_n - f| \geqslant \varepsilon) = \mu(|f_n - f|^r \geqslant \varepsilon^r) \leqslant \frac{1}{\varepsilon^r}\mu(|f_n - f|^r).$$

引理3.4.4 设$r > 0, f_n \in L^r, n \geqslant 1$, 则为要$(f_n)$ L^r收敛于某$f \in L^r$, 必须且只需(f_n)为L^r收敛的基本列.

证 先证必要性. 设$f_n \xrightarrow{L^r} f$, 则由(3.4.3)式得

$$|f_n - f_m|^r \leqslant C_r(|f_n - f|^r + |f_m - f|^r),$$

故有$\lim\limits_{n,m\to\infty} \mu(|f_n - f_m|^r) = 0$.往证充分性. 设$(f_n)$为$L^r$收敛基本列, 则易知$f_n$为依测度收敛的基本列, 故存在$f \in \mathcal{L}$, 使$f_n \xrightarrow{\mu} f$(习题2.3.1). 于是由Fatou引理知

$$\mu(|f_n - f|^r) \leqslant \varliminf_{m\to\infty} \mu(|f_n - f_m|^r),$$

从而有$\lim\limits_{n\to\infty} \mu(|f_n - f|^r) = 0$, 显然有$f \in L^r$. □

定理3.4.5 设$p \geqslant 1$, 则$(L^p, \|\cdot\|_p)$为一Banach空间.

证 首先, 由定理3.1.6(6)知, $\|f\|_p = 0 \Leftrightarrow f = 0$, a.e.. 此外, 对任一实数$\alpha$, 有 $\|\alpha f\|_p = |\alpha|\|f\|_p$, 故由(3.4.7)式知, $\|\cdot\|_p$为L^p上的一范数. 再由引理3.4.5知, $(L^p, \|\cdot\|_p)$为一Banach空间. □

定理3.4.6 设$p \geqslant 1, \{f, f_n, n \geqslant 1\} \subset L^p$, 则下列二条件等价:

(1) $\|f_n - f\|_p \to 0$;

(2) $f_n \xrightarrow{\mu} f, \|f_n\|_p \to \|f\|_p$.

此外, 若$f_n \xrightarrow{\text{a.e.}} f, \|f_n\|_p \to \|f\|_p$, 则也有$\|f_n - f\|_p \to 0$.

证 (1)⇒(2)显然. 由于

$$|f_n - f|^p \leqslant 2^{p-1}(|f_n|^p + |f|^p),$$

故由定理3.2.7推知(2)⇒(1)及另一结论. □

下面我们研究空间L^p的可分性, 为此, 先证明一个引理.

引理3.4.7 令$\mathcal{S}(\Omega, \mathcal{F})$表示$\Omega$上的$\mathcal{F}$可测简单函数全体, 设$p \geqslant 1$, 则$\mathcal{S}(\Omega, \mathcal{F}) \cap L^p$在$L^p$中稠密.

证 设$f \in L^p$, 由定理2.1.8知: 存在$f_n \in \mathcal{S}(\Omega, \mathcal{F}), |f_n| \leqslant |f|$, 使得$\lim\limits_{n\to\infty} f_n = f$. 于是$f_n \in L^p$, 且$|f_n - f|^p \leqslant 2^p|f|^p$, 故由控制收敛定理(定理3.2.5)知: 当$n \to \infty$, 有$\mu(|f_n - f|^p) \to 0$. □

定义3.4.8　设$(\Omega,\mathcal{F},\mu)$为一测度空间, 称$\mathcal{F}$ 为**μ可分**, 如果存在一可分的$\mathcal{F}$的子σ代数$\mathcal{F}_0$, 使$\forall A\in\mathcal{F}$, 存在$B\in\mathcal{F}_0$, 满足$\mu(A\triangle B)=0$.

定理3.4.9　设$(\Omega,\mathcal{F},\mu)$为一测度空间, μ为σ有限测度.则下列断言等价:

(1) $\mathcal{F}$为μ可分;

(2) 对一切$p\geqslant 1$, L^p为可分Banach空间;

(3) 对某个$p\geqslant 1$, L^p为可分Banach空间.

证　(1)⇒(2). 设$\mathcal{F}$为μ可分, 令$\mathcal{F}_0$为Ω上的一可分σ代数, 使得$\mathcal{F}_0\subset\mathcal{F}$, 且$\forall A\in\mathcal{F}$, 存在$B\in\mathcal{F}_0$, 满足$\mu(A\triangle B)=0$.可以假定存在$\Omega$ 的一个可数划分: $\Omega=\sum_n A_n$, 使得$A_n\in\mathcal{F}_0,\mu(A_n)<\infty,n=1,2,\cdots$, 由定义1.2.7知, 存在一代数$\mathcal{L}\subset\mathcal{F}_0$, 其元素个数至多可数, 使得$A_n\in\mathcal{L},n\geqslant 1$,　$\sigma(\mathcal{L})=\mathcal{F}_0$. 令

$$\mathcal{H}=\{\sum_{i=1}^n a_iI_{B_i},B_i\in\mathcal{L},a_i\text{为有理数},1\leqslant i\leqslant n,n\geqslant 1\}.$$

由习题1.3.4知, 对一切$p\geqslant 1,\mathcal{H}$在$\mathcal{S}(\Omega,\mathcal{F})\cap L^p$中按$L^p$范数稠密, 从而由引理3.4.7知, $\mathcal{H}$在L^p中稠密.但$\mathcal{H}$的元素为可数多个, 故L^p 为可分Banach空间.

剩下只需证(3)⇒(1).设对某个$p\geqslant 1$,　L^p为可分Banach空间, 则存在L^p的一可数稠子集$\mathcal{H}$. 令$\mathcal{F}_0=\sigma(\mathcal{H})$(即$\mathcal{F}_0$为使$\mathcal{H}$中元素为可测的最小$\sigma$代数). 则显然$\mathcal{F}_0$为可分$\sigma$代数, 且$\mathcal{F}_0\subset\mathcal{F}$. 现设$A\in\mathcal{F}$, 且$\mu(A)<\infty$, 则$I_A\in L^p$. 于是存在$f_n\in\mathcal{H}$, 使$f_n\xrightarrow{L^p}I_A$, 特别有$f_n\xrightarrow{\mu}I_A$.令$B_n=[\frac{1}{2}<f_n<\frac{3}{2}]$, 则$B_n\in\mathcal{F}_0$, 且$B_n\triangle A\subset[|f_n-I_A|\geqslant\frac{1}{2}]$. 故有$\mu(B_n\triangle A)\to 0(n\to\infty)$.即$I_{B_n}\xrightarrow{\mu}I_A$. 于是存在子列$(B_{n'})$, 使$I_{B_{n'}}\xrightarrow{\text{a.e.}}I_A$. 令$B=\limsup\limits_{n'\to\infty}B_{n'}$, 则$B\in\mathcal{F}_0$, 且$I_B=I_A$, a.e., 即$\mu(B\triangle A)=0$. 由于$\mu$是$\sigma$有限的, 于是我们证明了$\mathcal{F}$ 的μ可分性. □

注3.4.10　定理中关于μ为σ有限的条件不能去掉. 例如: 设$\Omega=\mathbb{R},\mathcal{F}=\mathcal{B}(\mathbb{R})$, 对$A\in\mathcal{F}$, 令$\mu(A)$表示$A$中元素个数(若$A$含无穷多元素, 令$\mu(A)=\infty$), 则$L^1(\Omega,\mathcal{F},\mu)$不可分(请读者证明这一事实).

作为定理3.4.9的一个推论, 我们有

定理3.4.11　设$(\Omega,\mathcal{F},\mu)$为一测度空间, $\mathcal{G}$为$\mathcal{F}$的一子σ代数, μ在$\mathcal{F}$和$\mathcal{G}$上均为σ有限. 若$\mathcal{F}$为μ可分, 则$\mathcal{G}$也为μ可分.

证　$L^1(\Omega,\mathcal{G},\mu)$可视为$L^1(\Omega,\mathcal{F},\mu)$的子空间. 依假定, $\mathcal{F}$为μ可分, 故由定理3.4.9知, $L^1(\Omega,\mathcal{F},\mu)$为可分. 因此, 作为它的子空间, $L^1(\Omega,\mathcal{G},\mu)$亦可分, 再由定理3.4.9即知, $\mathcal{G}$ 为μ可分. □

下面我们定义空间$L^\infty(\Omega,\mathcal{F},\mu)$.

定义3.4.12　设$(\Omega,\mathcal{F},\mu)$为一测度空间, 令$f\in\mathcal{L}(\Omega,\mathcal{F})$, 称$f$为**本性有界的**, 如果存在非负实数$c$, 使得$\mu([|f|>c])=0$, 我们用$L^\infty(\Omega,\mathcal{F},\mu)$表示本性有界可测函数

全体. 设$f \in L^\infty(\Omega,\mathcal{F},\mu)$, 令

$$\|f\|_\infty = \inf\{c \geqslant 0 \mid \mu([|f|>c]) = 0\}.$$

下一定理的证明是不足道的.

定理3.4.13 $\|\cdot\|_\infty$ 是$L^\infty(\Omega,\mathcal{F},\mu)$ 上的范数, $L^\infty(\Omega,\mathcal{F},\mu)$按范数$\|\cdot\|_\infty$成为一Banach空间.

设X为一赋范线性空间.若f为X上一有界线性泛函, 令

$$\|f\| = \sup_{\|x\|\leqslant 1} |f(x)|,$$

称$\|f\|$为f的范数.熟知, X上的有界线性泛函全体按上述范数构成一Banach空间, 我们称它为X的**对偶空间**, 记为X^*. 下面将研究$L^p(\Omega,\mathcal{F},\mu)$的对偶空间$L^p(\Omega,\mathcal{F},\mu)^*$.

定理3.4.14 设$1<p,q<\infty, \frac{1}{p}+\frac{1}{q}=1$, 则$L^p(\Omega,\mathcal{F},\mu)^*$与$L^q$ $(\Omega,\mathcal{F},\mu)$保范线性同构: 设$g \in L^q(\Omega,\mathcal{F},\mu)$. 令

$$T_g(f) = \mu(fg), \quad f \in L^p(\Omega,\mathcal{F},\mu), \tag{3.4.9}$$

则$T_g \in L^p(\Omega,\mathcal{F},\mu)^*$, $g \mapsto T_g$为$L^q(\Omega,\mathcal{F},\mu)$ 到$L^p(\Omega,\mathcal{F},\mu)^*$上的一对一映射, 且$\|g\|_q = \|T_g\|$.

证 设$g \in L^q(\Omega,\mathcal{F},\mu)$, 由Hölder不等式知, (3.4.9)式定义了$L^p(\Omega,\mathcal{F},\mu)$上的一有界线性泛函$T_g$, 且$\|T_g\| \leqslant \|g\|_q$. 往证$\|T_g\| = \|g\|_q$.不妨设$\|g\|_q > 0$, 令

$$f = |g|^{q-1}\mathrm{sgn}(g),$$

其中$\mathrm{sgn}(x)$为x的符号, 即$\mathrm{sgn}(x) = I_{(0,\infty)}(x) - I_{(-\infty,0)}(x)$.由于$(q-1)p = q$, 故有$\|f\|_p^p = \|g\|_q^q$, 从而

$$\begin{aligned} T_g(f) = \mu(|g|^q) = \|g\|_q^q &= \|g\|_q\|g\|_q^{q-1} \\ &= \|g\|_q\|f\|_p. \end{aligned}$$

这表明$\|T_g\| \geqslant \|g\|_q$, 故有$\|T_g\| = \|g\|_q$. 显然, $g \longmapsto T_g$ 为 $L^q(\Omega,\mathcal{F},\mu)$到$L^p(\Omega,\mathcal{F},\mu)^*$中的线性单射. 剩下要证明它是满射.

设$T \in L^p(\Omega,\mathcal{F},\mu)^*$, 往证存在$g \in L^q(\Omega,\mathcal{F},\mu)$, 使$T_g = T$. 为此, 令$\mathcal{G} = \{A \in \mathcal{F} \mid \mu(A) < \infty\}$, 对每个$A \in \mathcal{G}$, 令

$$T_A(f) = T(fI_A), \quad f \in L^p(\Omega,\mathcal{F},\mu),$$

则$T_A \in L^p(\Omega,\mathcal{F},\mu)^*$, 且$\|T_A\| \leqslant \|T\|$. 令

$$\nu_A(B) = T_A(I_B) = T(I_{A\cap B}), \ \mu_A(B) = \mu(A\cap B), \quad B \in \mathcal{F},$$

则ν_A为$(\Omega,\mathcal{F})$上一有限符号测度, 且$\nu_A \ll \mu_A$.令$g_A = \dfrac{d\nu_A}{d\mu_A}$, 则显然有$g_A I_{A^c} = 0$, a.e.. 下面证$g_A \in L^q(\Omega,\mathcal{F},\mu)$, 且$T_{g_A} = T_A$. 为此, 令$E_n = [|g_A| \leqslant n] \cap A$, 则$E_n \uparrow A$. 记$h_n = g_A I_{E_n}$, 则$h_n \in L^q(\Omega,\mathcal{F},\mu)$, 且对一切$f \in L^p(\Omega,\mathcal{F},\mu)$有

$$\begin{aligned}T_{h_n}(f) &= \mu(fh_n) = \mu(fg_A I_{E_n}) = \mu_A(g_A f I_{E_n})\\&= \nu_A(fI_{E_n}) = T_A(fI_{E_n}) = T_{A\cap E_n}(f) = T_{E_n}(f).\end{aligned}$$

这表明$T_{h_n} = T_{E_n}$, 于是有

$$\|h_n\|_q = \|T_{h_n}\| = \|T_{E_n}\| \leqslant \|T\|.$$

由于$h_n \to g_A$, 故由Fatou引理知$\|g_A\|_q \leqslant \|T\|$, 从而$g_A \in L^q(\Omega,\mathcal{F},\mu)$. 于是有

$$T_{g_A}(f) = \mu(g_A f) = \mu_A(g_A f) = \nu_A(f) = T_A(f).$$

这表明$T_{g_A} = T_A$.特别, 我们有$\|g_A\|_q = \|T_A\|$. 下面我们证明存在$g \in L^q(\Omega,\mathcal{F},\mu)$, 使$T_g = T$. 设$A \subset B, A, B \in \mathcal{G}$, 易见$\|T_A\| \leqslant \|T_B\|$, 且$g_B I_A = g_A$, a.e., 于是可取$A_n \in \mathcal{G}, A_n \uparrow$, 使得

$$\sup_n \|T_{A_n}\| = \sup\{\|T_A\| \mid A \in \mathcal{G}\}.$$

令$g = \lim\limits_{n\to\infty} g_{A_n}$, a.e., 由于$\|g_{A_n}\|_q \leqslant \|T\|$, 故由Fatou引理知$g \in L^q(\Omega,\mathcal{F},\mu)$.现证$T_g = T$.令$A = \bigcup_n A_n$, 则对任何$f \in L^p(\Omega,\mathcal{F},\mu)$, 我们有

$$\begin{aligned}T_g(f) &= \mu(fg) = \lim_{n\to\infty} \mu(fg_{A_n}) = \lim_{n\to\infty} T_{A_n}(f)\\&= \lim_{n\to\infty} T(fI_{A_n}) = T(fI_A).\end{aligned}$$

因此, 为证$T_g = T$, 只需证明$T(fI_{A^c}) = 0, \forall f \in L^q(\Omega,\mathcal{F},\mu)$.我们用反证法, 假定存在某$f \in L^p(\Omega,\mathcal{F},\mu)$, 使得$T(fI_{A^c}) \neq 0$.令$D_n = [|f| > \frac{1}{n}] \cap A^c$, 则$\mu(D_n) < \infty$, 且由控制收敛定理知$fI_{D_n} \xrightarrow{L^p} fI_{A^c}$, 故存在某$n_0$, 使$T(fI_{D_{n_0}})$非0, 即$T_{D_{n_0}}(f) \neq 0$.于是$\|T_{D_{n_0}}\| > 0$.令$C_n = A_n \cup D_{n_0}$, 则

$$\begin{aligned}\|T_{C_n}\|^q &= \|g_{C_n}\|_q^q = \|g_{A_n} + g_{D_{n_0}}\|_q^q\\&= \|g_{A_n}\|_q^q + \|g_{D_{n_0}}\|_q^q = \|T_{A_n}\|^q + \|T_{D_{n_0}}\|^q\end{aligned}$$

(这里用到如下事实: $A_n \cap D_{n_0} = \varnothing \Rightarrow g_{A_n} + g_{D_{n_0}} = g_{C_n}$, a.e.).因此有$\sup_n \|T_{C_n}\| > \sup_n \|T_{A_n}\|$, 这与$(A_n)$的选取矛盾. □

上述定理表明: 如果$1 < p, q < \infty, \frac{1}{p} + \frac{1}{q} = 1$, 可将$L^q(\Omega,\mathcal{F},\mu)$视为$L^p(\Omega,\mathcal{F},\mu)$的对偶. 下一定理表明: 如果$\mu$为$\sigma$有限测度, 则$L^\infty(\Omega,\mathcal{F},\mu)$可视为$L^1(\Omega,\mathcal{F},\mu)$的对偶.

定理3.4.15 设$(\Omega,\mathcal{F},\mu)$为一σ有限测度空间, 则$L^1(\Omega,\mathcal{F},\mu)^*$ 与$L^\infty(\Omega,\mathcal{F},\mu)$保范线性同构, 其同构映射为: 设$g\in L^\infty(\Omega,\mathcal{F},\mu)$, 令

$$T_g(f)=\mu(fg),\ f\in L^1(\Omega,\mathcal{F},\mu),$$

则$T_g\in L^1(\Omega,\mathcal{F},\mu)^*$, $g\longmapsto T_g$为一对一满射, 且$\|g\|_\infty=\|T_g\|$. 特别有$\|fg\|_1\leqslant\|g\|_\infty\|f\|_1$.

证 设$g\in L^\infty(\Omega,\mathcal{F},\mu)$, 易见$T_g\in L^1(\Omega,\mathcal{F},\mu)^*$, 且$\|T_g\|\leqslant\|g\|_\infty$. 为证$\|T_g\|=\|g\|_\infty$, 不妨设$\|g\|_\infty>0$. 则对$\forall\varepsilon:0<\varepsilon<\|g\|_\infty$, 我们有$\mu(|g|>\|g\|_\infty-\varepsilon)>0$.给定$\varepsilon>0$, 取$A\subset[|g|>\|g\|_\infty-\varepsilon]$, 使$0<\mu(A)<\infty$. 令$f=I_A\mathrm{sgn}(g)$, 则$f\in L^1(\Omega,\mathcal{F},\mu)$, 且有

$$\begin{aligned}&\|f\|_1=\mu(|f|)=\mu(A),\\&T_g(f)=\mu(fg)=\mu(I_A|g|)\geqslant(\|g\|_\infty-\varepsilon)\mu(A).\end{aligned}$$

这表明$\|T_g\|\geqslant\|g\|_\infty-\varepsilon$. 由于$\varepsilon>0$是任意的, 故有$\|T_g\|\geqslant\|g\|_\infty$, 从而$\|T_g\|=\|g\|_\infty$.

现设$T\in L^1(\Omega,\mathcal{F},\mu)^*$. 往证存在$g\in L^\infty(\Omega,\mathcal{F},\mu)$, 使$T_g=T$.令$\mathcal{G}=\{A\in\mathcal{F}\,|\,\mu(A)<\infty\}$, 由于假定$\mu$是$\sigma$有限的, 故存在$A_n\in\mathcal{G}$, 使$A_n\uparrow\Omega$. 令

$$\nu_n(B)=T(I_{A_n\cap B}),\ \mu_n(B)=\mu(A_n\cap B),\ B\in\mathcal{F},$$

并令$g_n=\dfrac{d\nu_n}{d\mu_n}$, 则显然有$g_n\in L^\infty(\Omega,\mathcal{F},\mu)$, 且对$f\in L^1(\Omega,\mathcal{F},\mu)$有

$$T_{A_n}(f)=T(fI_{A_n})=\nu_n(f)=\mu_n(fg_n)=\mu(fg_n)=T_{g_n}(f).$$

由于$\|g_n\|_\infty=\|T_{A_n}\|\leqslant\|T\|, g_n\uparrow g$, a.e., 故$g\in L^\infty(\Omega,\mathcal{F},\mu)$, 且有

$$T_g(f)=\mu(fg)=\lim_{n\to\infty}\mu(fg_n)=\lim_{n\to\infty}T(fI_{A_n})=T(f),$$

即有$T_g=T$. □

定理3.4.15中关于μ的σ有限性的假定不能去掉. 例如令$\Omega=\mathbb{R}$, $\mathcal{F}=\{A\subset\mathbb{R}\,|\,A$或$A^c$为至多可数集$\}$, μ为$(\Omega,\mathcal{F})$上的计数测度, 则$f\in L^1(\Omega,\mathcal{F},\mu)$当且仅当$f$在一可数集外为零, 且$\|f\|_1=\sum_x|f(x)|<\infty$. 在$L^1(\Omega,\mathcal{F},\mu)$ 上定义一线性泛函F: $F(f)=\sum_{x>0}f(x)$, 则F连续, 且$g=I_{(0,\infty)}$是唯一的函数g使得$F(f)=\int fgd\mu$, 但g不是$\mathcal{F}$可测函数.

定义3.4.16 设$1\leqslant p,q\leqslant\infty,\frac{1}{p}+\frac{1}{q}=1$, $\{f,f_n,n\geqslant1\}\subset L^p$. 如果$\forall g\in L^q$, $\mu(f_ng)\to\mu(fg)$, 则称(f_n)在L^p中**弱收敛于**f.

定理3.4.17 设$1<p,q<\infty,\frac{1}{p}+\frac{1}{q}=1$, $\{f,f_n,n\geqslant1\}\subset L^p$. 如果$f_n\xrightarrow{\text{a.e.}}f$或$f_n\xrightarrow{\mu}f$且$\{\|f_n\|_p\}$有界, 则$(f_n)$在$L^p$中弱收敛于$f$.

证 只需证明a.e.收敛情形. 设$f_n \xrightarrow{\text{a.e.}} f$且$\sup_n \|f_n\|_p = C$. 由Fatou引理, $\|f\|_p \leqslant C$.设$g \in L^q$.令$A_n = [1/n \leqslant |g|^q \leqslant n]$. 给定$\varepsilon > 0$, 存在$\delta > 0$, 使得当$\mu(A) < \delta$时有$\|gI_A\|_q < \varepsilon$. 由Egorov定理(定理2.3.5(2)), 对每个n存在$B_n \in \mathcal{F}, B_n \subset A_n$, 使得$\mu(A_n \setminus B_n) < \delta$, 且$(f_k)$在$B_n$上一致收敛于$f$. 另一方面, 存在$n_0$使得对一切$n \geqslant n_0$有$\|gI_{A_n^c}\|_q < \varepsilon$.于是当$n \geqslant n_0$有

$$\begin{aligned}|\mu((f_k - f)g)| &\leqslant |\mu((f_k - f)gI_{A_n})| + |\mu((f_k - f)gI_{A_n^c})| \\ &\leqslant \mu(|f_k - f||g|I_{B_n}) + \mu(|f_k - f||g|I_{A_n \setminus B_n}) + \|f_k - f\|_p\|gI_{A_n^c}\|_q \\ &\leqslant \mu(|f_k - f||g|I_{B_n}) + \|f_k - f\|_p(\|gI_{A_n \setminus B_n}\|_q + \|gI_{A_n^c}\|_q) \\ &< \mu(|f_k - f||g|I_{B_n}) + 4C\varepsilon.\end{aligned}$$

由此推知$\mu(f_k g) \to \mu(fg)$.从而(f_n)在L^p中弱收敛于f. □

需要指出: 该定理对$p = 1$不成立. 例如设$\Omega = [0,1], \mathcal{F} = \mathcal{B}([0,1])$, μ为$[0,1]$上的Lebesgue测度. 令$f_n = nI_{[0,1/n]}$, 则$\|f_n\|_1 = 1, f_n \to 0$, a.e., 但(f_n)不弱收敛到0.

定理3.4.18 设$\Omega = \mathbb{N} := \{1, 2, \cdots\}$, $\mathcal{F}$为$\mathbb{N}$的子集全体, μ为$\mathbb{N}$上计数测度, 则在$L^1(\Omega, \mathcal{F}, \mu)$中强收敛与弱收敛等价.

证 设(f_n)在$L^1(\Omega, \mathcal{F}, \mu)$中弱收敛于$f$. 令

$$\nu_n(A) = \sum_{i \in A} f_n(i), \quad \nu(A) = \sum_{i \in A} f(i),$$

则$\nu_n(A) \to \nu(A), \forall A \in \mathcal{F}$.由Vitali-Hahn-Saks定理(定理3.3.15)知, $\sup\limits_n \sum_i |f_n(i)| < \infty$, 且对任给$\varepsilon > 0$, 存在$\eta > 0$, 使得

$$A \in \mathcal{F}, \sum_{i \in A} \frac{1}{2^i} \leqslant \eta \Rightarrow \sup_n \sum_{i \in A} |f_n(i)| \leqslant \varepsilon.$$

取m充分大, 使得

$$\sum_{i=m+1}^{\infty} \frac{1}{2^i} < \eta, \quad \sum_{i=m+1}^{\infty} |f(i)| < \varepsilon,$$

则有

$$\begin{aligned}\sum_{i=1}^{\infty} |f_n(i) - f(i)| &\leqslant \sum_{i=1}^{m} |f_n(i) - f(i)| + \sum_{i=m+1}^{\infty} (|f_n(i)| + |f(i)|) \\ &\leqslant \sum_{i=1}^{m} |f_n(i) - f(i)| + 2\varepsilon.\end{aligned}$$

由于f_n逐点收敛于f, 故由上式推知(f_n)在$L^1(\Omega, \mathcal{F}, \mu)$中强收敛于$f$. □

注3.4.19 在定理的框架下, 对$p>1$情形, L^p中的强收敛与弱收敛不等价. 事实上, 令$f_n(i)=0, i\neq n$; $f_n(n)=1$, 则$\|f_n\|_p=1$, 但(f_n)弱收敛于0.

习 题

3.4.1 证明简单可测函数全体在$L^\infty(\Omega,\mathcal{F},\mu)$中稠密. 提示: 对任给$\varepsilon>0$, 将$[-\|f\|_\infty,\|f\|_\infty]$分成有限多个其长度小于$\varepsilon$的区间: $[a_0,a_1],\cdots,(a_{n-1},a_n]$. 令$f_\varepsilon=\sum_{i=1}^n a_iI_{A_i}$, 其中

$$A_1=f^{-1}([a_0,a_1]),\ A_k=f^{-1}((a_{k-1},a_k]),k\geqslant 2.$$

3.4.2 设$[a,b]$为一闭区间, μ为$[a,b]$上的Lebesgue测度. 则对任何$p:1\leqslant p<\infty$, $[a,b]$上的阶梯函数全体在$L^p([a,b],\mu)$中稠密. 由此进一步证明$[a,b]$上的连续函数全体在$L^p([a,b],\mu)$中稠密. 此外证明$L^\infty([a,b],\mu)$不是可分的Banach空间.

3.4.3 设$(\Omega,\mathcal{F},P)$为概率空间, $1\leqslant p_1<p_2<\infty$, 则$\|f\|_{p_1}\leqslant\|f\|_{p_2}$.此外, 有$\|f\|_p\to\|f\|_\infty(p\to\infty)$ (提示: 利用Hölder不等式及Jensen 不等式).

3.4.4 (Hölder不等式的推广) (1) 设$1<p,q,r<\infty,\dfrac{1}{p}+\dfrac{1}{q}=\dfrac{1}{r}$, 则有$\|fg\|_r\leqslant\|f\|_p\|g\|_q$. (2) 设$1<p_1,p_2,\cdots,p_m<\infty,m\geqslant 2$, 且$\dfrac{1}{p_1}+\dfrac{1}{p_2}+\cdots+\dfrac{1}{p_m}=1$, 则有

$$\|f_1\cdots f_m\|_1\leqslant\|f_1\|_{p_1}\cdots\|f_m\|_{p_m}.$$

3.4.5 设$(\Omega,\mathcal{F},\mu)$为一测度空间, $f\in L^1\cap L^\infty$.试证: $\forall p\geqslant 1$, $f\in L^p$, 且$\lim\limits_{p\to\infty}\|f\|_p=\|f\|_\infty$.

3.4.6 设λ为$\mathbb{R}$上的Lebesgue测度, $1\leqslant p<\infty$, $f\in L^p(\mathbb{R},\mathcal{B}(\mathbb{R}),\lambda)$. 对每个$x\in\mathbb{R}$, 令$f_x(t)=f(t-x)$. 试证: $\forall x_0\in\mathbb{R}$, 有$\lim_{x\to x_0}\|f_x-f_{x_0}\|_p=0$.

3.4.7 设$(\Omega,\mathcal{F},\mu)$为一测度空间, g为一实值μ可积函数, 在$L^\infty(\Omega,\mathcal{F},\mu)$ 上定义T_g如下:

$$T_g(f)=\int_\Omega fgd\mu,\ f\in L^\infty(\Omega,\mathcal{F},\mu).$$

试证$\|g\|_1=\sup\{|T_g(f)|\mid\|f\|_\infty\leqslant 1\}$.

3.5 空间$L^\infty(\Omega,\mathcal{F})$和$L^\infty(\Omega,\mathcal{F},m)$的对偶

设$(\Omega,\mathcal{F})$为一可测空间, 我们用$L^\infty(\Omega,\mathcal{F})$表示$(\Omega,\mathcal{F})$上的有界可测函数全体. 对任一$f\in L^\infty(\Omega,\mathcal{F})$, 令

$$\|f\|=\sup_{\omega\in\Omega}|f(\omega)|,$$

则$L^\infty(\Omega,\mathcal{F})$按此范数为一Banach空间.

设μ为$\mathcal{F}$上的一有限可加集函数. 令

$$\|\mu\|_{\rm var}=\sup\Big\{\sum_{i=1}^n|\mu(A_i)|\Big|\{A_i\}\subset\mathcal{F}\text{为}\Omega\text{的有限划分}, n\geqslant 1\Big\},\tag{3.5.1}$$

称$\|\mu\|_{\rm var}$为μ的**全变差**. 我们用$ba(\Omega,\mathcal{F})$表示全变差有穷的有限可加集函数全体. 此外, 设$\mu\in ba(\Omega,\mathcal{F})$, $f=\sum_{i=1}^n a_iI_{A_i}$为一简单可测函数, 其中$a_i\in\mathbb{R}, A_i\in\mathcal{F}$. 令

$$\int_\Omega fd\mu=\sum_{i=1}^n a_i\mu(A_i), \tag{3.5.2}$$

易证$\int_\Omega fd\mu$不依赖于f的具体表达, 且有

$$\left|\int_\Omega fd\mu\right|\leqslant\|f\|\|\mu\|_{\rm var}. \tag{3.5.3}$$

由于简单可测函数全体在$L^\infty(\Omega,\mathcal{F})$中按范数稠密, (3.5.3)式允许我们将上述定义推广成为$L^\infty(\Omega,\mathcal{F})$上一连续线性泛函, 且(3.5.3) 式成立. 我们称$\int_\Omega fd\mu$为f **关于μ的积分**, 通常, 我们用$\mu(f)$简记$\int_\Omega fd\mu$.

下一定理表明$ba(\Omega,\mathcal{F})$可以视为$L^\infty(\Omega,\mathcal{F})$的对偶空间.

定理3.5.1 设$\mu\in ba(\Omega,\mathcal{F})$, 令

$$T_\mu(f)=\mu(f),\ \ f\in L^\infty(\Omega,\mathcal{F}).$$

则$\mu\mapsto T_\mu$为从$ba(\Omega,\mathcal{F})$到$L^\infty(\Omega,\mathcal{F})^*$上的保范线性同构映射.

证 由(3.5.3)式知, $T_\mu\in L^\infty(\Omega,\mathcal{F})^*$, 且有$\|T_\mu\|\leqslant\|\mu\|_{\rm var}$. 反之, 设$l\in L^\infty(\Omega,\mathcal{F})^*$. 如下定义$\mu$:

$$\mu(A)=l(I_A),\quad A\in\mathcal{F},$$

则μ为$\mathcal{F}$上的一有限可加集函数, 显然有$\|\mu\|_{\rm var}\leqslant\|l\|$, 于是$\mu\in ba(\Omega,\mathcal{F})$, 且有$T_\mu=l$. 因此最终有$\|T_\mu\|=\|\mu\|_{\rm var}$. □

设$(\Omega,\mathcal{F},m)$为一测度空间, $\mu\in ba(\Omega,\mathcal{F})$. 如果$m(A)=0\Rightarrow\mu(A)=0, A\in\mathcal{F}$, 称$\mu$关于$m$绝对连续, 记为$\mu\ll m$. 令

$$ba(\Omega,\mathcal{F},m)=\{\mu\in ba(\Omega,\mathcal{F})\,\big|\,\mu\ll m\}.$$

设$\mu\in ba(\Omega,\mathcal{F},m), f\in L^\infty(\Omega,\mathcal{F},m)$, 显然我们可以任选$L^\infty(\Omega,\mathcal{F})$ 中一元素$\tilde f$作为f的代表, 定义$\mu(\tilde f)$为f**关于μ的积分**, 仍记为$\int_\Omega fd\mu$, 简记为$\mu(f)$. 这时有

$$\left|\int_\Omega fd\mu\right|\leqslant\|f\|_\infty\|\mu\|_{\rm var}. \tag{3.5.4}$$

□

下一定理表明$ba(\Omega,\mathcal{F},m)$可以视为$L^\infty(\Omega,\mathcal{F},m)$的对偶空间, 其证明与定理3.5.1类似, 留给读者完成.

定理3.5.2 设$\mu\in ba(\Omega,\mathcal{F},m)$, 令

$$T_\mu(f)=\mu(f),\ \ f\in L^\infty(\Omega,\mathcal{F},m).$$

则T_μ为从$ba(\Omega,\mathcal{F},m)$到$L^\infty(\Omega,\mathcal{F},m)^*$上的保范线性同构映射.

3.6 Daniell积分

积分的一个基本性质是线性性, 因此积分可视为$L^1(\Omega, \mathcal{F}, \mu)$ 上的线性泛函.这一思想可以用来给出定义积分的另一途径——Daniell积分.

定义3.6.1 设Ω为一抽象集合, $\mathcal{H}$为Ω上的一族实值函数组成的线性空间.如果

$$f \in \mathcal{H} \Rightarrow |f| \in \mathcal{H}, f \wedge 1 \in \mathcal{H}, \tag{3.6.1}$$

则称$\mathcal{H}$为一**向量格**.

注3.6.2 在上述定义中, 条件$f \in \mathcal{H} \Rightarrow |f| \in \mathcal{H}$等价于下列条件之一:

$$f, g \in \mathcal{H} \Rightarrow f \wedge g \in \mathcal{H}; \tag{3.6.2}$$

$$f, g \in \mathcal{H} \Rightarrow f \vee g \in \mathcal{H}. \tag{3.6.3}$$

事实上, $|f| = f \vee 0 + (-f) \vee 0$, 故(3.6.3)⇒(3.6.1). 又由于

$$f \wedge g = \frac{g + f - |g - f|}{2},$$

故(3.6.1)⇒(3.6.2). 由于$f \vee g = f + g - f \wedge g$, 故(3.6.2)⇒(3.6.3).

定义3.6.3 设$\mathcal{H}$为Ω上的一向量格, I为$\mathcal{H}$上的**正线性泛函**: 即$f, g \in \mathcal{H}$, $\alpha, \beta \in \mathbb{R} \Rightarrow I(\alpha f + \beta g) = \alpha I(f) + \beta I(g)$; $f \in \mathcal{H}, f \geqslant 0 \Rightarrow I(f) \geqslant 0$. 如果$I$满足如下条件:

$$f_n \in \mathcal{H}, f_n \downarrow 0 \Rightarrow I(f_n) \to 0, \tag{3.6.4}$$

或者等价地

$$f_n \in \mathcal{H}, f_n \uparrow f \in \mathcal{H} \Rightarrow I(f) = \lim_{n \to \infty} I(f_n), \tag{3.6.5}$$

则称I为$\mathcal{H}$上的**Daniell 积分**.

例子3.6.4 设$\mathcal{A}$为Ω上的一代数, μ为$\mathcal{A}$上的一测度, 令

$$\mathcal{H} = \Big\{ \sum_{i=1}^{n} a_i I_{A_i} \,|a_i \in \mathbb{R}, A_i \in \mathcal{A}, \mu(A_i) < \infty, 1 \leqslant i \leqslant n, n \geqslant 1 \Big\},$$

则$\mathcal{H}$为一向量格. 设$f = \sum_{i=1}^{n} a_i I_{A_i} \in \mathcal{H}$, 令$I(f) = \sum_i a_i \mu(A_i)$, 则$I$为$\mathcal{H}$上的Daniell积分.

例子3.6.5 设$(\Omega, \mathcal{F}, \mu)$为一测度空间, $\mathcal{H} = L^1(\Omega, \mathcal{F}, \mu)$, $I(f) = \mu(f), f \in \mathcal{H}$.则$\mathcal{H}$为向量格, I为$\mathcal{H}$ 上的Daniell积分.

下面我们将证明: Daniell积分可以延拓成为通常的可测函数关于测度的积分.为此我们先引进若干记号.

记号3.6.6　设$\mathcal{H}$为Ω上的一向量格, 令

$$\begin{aligned}\mathcal{H}_+ &= \{f \in \mathcal{H} \,|\, f \geqslant 0\},\\ \mathcal{H}_+^* &= \{f \,|\, \exists f_n \in \mathcal{H}_+, \text{使} f_n \uparrow f\},\\ \mathcal{C} &= \{C \subset \Omega \,|\, I_C \in \mathcal{H}_+^*\}.\end{aligned}$$

引理3.6.7　我们有

(1) $f, g \in \mathcal{H}_+^*, a, b \geqslant 0 \Rightarrow af + bg \in \mathcal{H}_+^*, f \vee g, f \wedge g \in \mathcal{H}_+^*$;

(2) $f_n \in \mathcal{H}_+^*, f_n \uparrow f \Rightarrow f \in \mathcal{H}_+^*$;

(3) $\mathcal{C}$对可列并运算封闭, 对有限交运算封闭;

(4) $f \in \mathcal{H}_+ \Rightarrow \forall \alpha \in \mathbb{R}_+, [f > \alpha] \in \mathcal{C}$;

(5) $f \in \mathcal{H}_+^* \Rightarrow \forall \alpha \geqslant 0, [f > \alpha] \in \mathcal{C}$;

(6) $\sigma(\mathcal{C}) = \sigma(f \,|\, f \in \mathcal{H})$.

证　(1)及(2)显然. (3)由(1)及(2)推得. 往证(4). 设$f \in \mathcal{H}_+$, $\alpha \in \mathbb{R}_+$, 则$(f - \alpha)^+ = f - f \wedge \alpha \in \mathcal{H}_+$. 但

$$[n(f-\alpha)^+] \wedge 1 \uparrow I_{[f>\alpha]}, \quad n \to \infty,$$

故$I_{[f>\alpha]} \in \mathcal{H}_+^*$, 即$[f > \alpha] \in \mathcal{C}$.

现证(5).设$f \in \mathcal{H}_+^*$, 令$f_n \in \mathcal{H}_+, f_n \uparrow f$, 则由(4)知

$$[f > \alpha] = \bigcup_n [f_n > \alpha] \in \mathcal{C}.$$

最后, (6)容易由(4)看出.　□

定理3.6.8 (Daniell-Stone定理)　设$\mathcal{H}$为Ω上的一向量格, I为$\mathcal{H}$上的一Daniell积分, 则存在$\mathcal{F} \triangleq \sigma(f \,|\, f \in \mathcal{H})$上的一测度$\mu$使得$\mathcal{H} \subset L^1(\Omega, \mathcal{F}, \mu)$, 且对一切$f \in \mathcal{H}$有$I(f) = \mu(f)$. 若进一步$1 \in \mathcal{H}_+^*$, 这样的测度$\mu$是唯一确定的, 且为$\sigma$有限的.

证　我们将证明分为三个步骤.

1° 对$f \in \mathcal{H}_+^*$, 令

$$I^*(f) = \sup\{I(g) \,|\, g \leqslant f, g \in \mathcal{H}_+\},$$

则易知有如下事实:

$$\begin{aligned}&f_n \in \mathcal{H}_+, f_n \uparrow f \Rightarrow I^*(f) = \lim_{n\to\infty} I(f_n);\\ &f, g \in \mathcal{H}_+^*, a, b \geqslant 0 \Rightarrow I^*(af+bg) = aI^*(f) + bI^*(g);\\ &f_n \in \mathcal{H}_+^*, f_n \uparrow f \Rightarrow I^*(f) = \lim_{n\to\infty} I^*(f_n);\end{aligned}$$

$$f, g \in \mathcal{H}_+^*, f \leqslant g \Rightarrow I^*(f) \leqslant I^*(g).$$

此外, 对$f \in \mathcal{H}_+$, 有$I^*(f) = I(f)$.现令

$$\begin{aligned} &\mu^*(C) = I^*(I_C),\ C \in \mathcal{C}, \\ &\mu^*(A) = \inf\{\mu^*(C) \,|C \supset A,\, C \in \mathcal{C}\},\ A \subset \Omega \end{aligned} \tag{3.6.6}$$

(约定$\inf \varnothing = +\infty$).往证$\mu^*$为$\Omega$上的外测度.

首先, $\mu^*(\varnothing) = 0$.此外, 设$C_n \in \mathcal{C}, n \geqslant 1$, 则$\bigcup_n C_n \in \mathcal{C}$, 故有

$$\begin{aligned} \mu^*(\bigcup_n C_n) &= I^*(I_{\bigcup_n C_n}) \leqslant I^*(\sum_{n=1}^{\infty} I_{C_n}) \\ &= \sum_{n=1}^{\infty} I^*(I_{C_n}) = \sum_{n=1}^{\infty} \mu^*(C_n). \end{aligned}$$

现设$A_n \subset \Omega, n \geqslant 1, A = \bigcup_n A_n$.对给定$\varepsilon > 0$, 存在$C_n \in \mathcal{C}, C_n \supset A_n$, 使$\mu^*(C_n) \leqslant \mu^*(A_n) + \dfrac{\varepsilon}{2^n}$. 令$C = \bigcup_n C_n$, 则$C \in \mathcal{C}, C \supset A$, 且有

$$\mu^*(A) \leqslant \mu^*(C) \leqslant \sum_n \mu^*(C_n) \leqslant \sum_n \mu^*(A_n) + \varepsilon.$$

由于$\varepsilon > 0$是任意的, 故有$\mu^*(A) \leqslant \sum_n \mu^*(A_n)$, 这表明$\mu^*$ 为外测度.

2° 令$\mathcal{M}^*$为μ^*可测集全体, 往证$\mathcal{C} \subset \mathcal{M}^*$(从而有$\sigma(\mathcal{C}) \subset \mathcal{M}^*$). 由于$\mathcal{C}$对可列并运算封闭, 由(3.6.6)式易知, 若将μ^*在$\mathcal{C}$上的限制记为μ', 则μ^*为μ'引出的外测度.于是设$A \in \mathcal{C}$, 由引理1.4.5知, 为证$A \in \mathcal{M}^*$, 只需证$\forall C \in \mathcal{C}, \mu^*(C) < \infty$, 有

$$\mu^*(C) \geqslant \mu^*(A \cap C) + \mu^*(A^c \cap C). \tag{3.6.7}$$

令$g_n \in \mathcal{H}_+$, 使$g_n \uparrow I_{A \cap C}$, 令$h_n \in \mathcal{H}_+$, 使$h_n \uparrow I_C$, 则对固定$n$, 当$m \to \infty$时有

$$(h_m - g_n)^+ \uparrow I_C - g_n \in \mathcal{H}_+^*.$$

令$f_n = I_C - g_n$, 则$f_n \downarrow I_C - I_{A \cap C} = I_{A^c \cap C}$.设$0 < \varepsilon < 1$, 令$G_n = [f_n > 1 - \varepsilon]$, 则由引理3.6.7(5)知$G_n \in \mathcal{C}$, 且有

$$G_n \supset A^c \cap C,\ f_n \geqslant (1 - \varepsilon) I_{G_n},$$

于是有

$$\mu^*(A^c \cap C) \leqslant \mu^*(G_n) \leqslant \frac{1}{1 - \varepsilon} I^*(f_n)$$

$$= \frac{1}{1-\varepsilon}(\mu^*(C) - I(g_n)).$$

注意到$I(g_n) \uparrow I^*(I_{A\cap C}) = \mu^*(A\cap C)$, 我们有

$$\begin{aligned}\mu^*(A^c \cap C) &\leqslant \lim_{n\to\infty} \mu^*(G_n) \\ &\leqslant \frac{1}{1-\varepsilon}[\mu^*(C) - \mu^*(A\cap C)].\end{aligned}$$

令$\varepsilon \downarrow 0$, 得

$$\mu^*(A^c \cap C) \leqslant \mu^*(C) - \mu^*(A\cap C),$$

故(3.6.7)式得证.

3° 令μ为μ^*到$\sigma(\mathcal{C})$上的限制, 则μ为测度, 往证定理的结论成立. 设$f \in \mathcal{H}_+$, 令

$$f_n = \sum_{k=1}^{\infty} \frac{k}{2^n}(I_{[f>\frac{k}{2^n}]} - I_{[f>\frac{k+1}{2^n}]}) = \frac{1}{2^n}\sum_{k=1}^{\infty} I_{[f>\frac{k}{2^n}]},$$

则$f_n \in \mathcal{H}_+^*$, 且$f_n \uparrow f$. 我们有

$$\begin{aligned}I(f) &= \lim_{n\to\infty} I^*(f_n) = \lim_{n\to\infty} \frac{1}{2^n}\sum_{k=1}^{\infty} \mu([f > \frac{k}{2^n}]) \\ &= \lim_{n\to\infty} \mu(f_n) = \mu(f).\end{aligned}$$

这表明$\mathcal{H}_+ \subset L^1(\Omega, \mathcal{F}, \mu)$, 且对$f \in \mathcal{H}_+$, 有$I(f) = \mu(f)$. 再由线性性推知对一般$f \in \mathcal{H}$, 有$I(f) = \mu(f)$.

最后, 若$1 \in \mathcal{H}_+^*$, 则存在$f_n \in \mathcal{H}_+$使$f_n \uparrow 1$, 于是$[f_n > \frac{1}{2}] \uparrow \Omega$, 但$\mu([f_n > \frac{1}{2}]) \leqslant \frac{1}{2}\mu(f_n) = \frac{1}{2}I(f_n) < \infty$, 故$\mu$为$\sigma$有限测度.此外, 设$\nu$为一测度, 使得

$$\mu(f) = I(f) = \nu(f), \quad f \in \mathcal{H}_+,$$

则由积分单调收敛定理推知: $\mu(f) = \nu(f), \forall f \in \mathcal{H}_+^*$, 特别, ν与μ 在$\mathcal{C}$上一致. 由于$\mathcal{C}$是π类, 且存在$C_n \in \mathcal{C}$, 使$C_n \uparrow \Omega, \mu(C_n) < \infty, n \geqslant 1$, 故$\mu$与$\nu$在$\sigma(\mathcal{C})$上一致(见引理1.4.6), μ的唯一性得证. □

注3.6.9　在定理中, 如果不假定$1 \in \mathcal{H}_+^*$, 但要求测度μ满足:

$$\mu(A) = \inf\{\mu(C)\,|C \supset A, C \in \mathcal{C}\}, \quad A \in \mathcal{F} \tag{3.6.8}$$

则μ也是唯一确定的. 事实上, 设另有测度ν使对一切$f \in \mathcal{H}$有$I(f) = \nu(f)$, 且满足(3.6.8)式(以ν代替μ), 则$\forall C \in \mathcal{C}$, 令$f_n \in \mathcal{H}^+, f_n \uparrow I_C$, 我们有

$$\nu(C) = \lim_{n\to\infty} \nu(f_n) = \lim_{n\to\infty} I(f_n) = \lim_{n\to\infty} \mu(f_n) = \mu(C).$$

于是由(3.6.8)式知, ν与μ在$\mathcal{F}$上一致.

习 题

3.6.1 设M为一n维Riemann流形, $\mathcal{U}$是M的一个坐标邻域, $\{x^i\}$是$\mathcal{U}$中的坐标函数, $\{g_{ij}\}$为在$\mathcal{U}$中的Riemann度量系数, $G=\det[g_{ij}]$(det表示矩阵的行列式).令$C_c(M)$表示M上具紧支撑的连续函数全体.设$f\in C_c(M)$, 其支撑含于$\mathcal{U}$, 定义

$$\int_{\mathcal{U}} f=\int_{\mathcal{U}} f\sqrt{G}dx^1\cdots dx^n.$$

对一般的$f\in C_c(M)$, 可利用上式及M的一个单位分解来定义$\int_M f$. 试证$f\mapsto \int_M f$为$C_c(M)$上的Daniell积分.

3.6.2 设ν为$(\mathbb{R},\mathcal{B}(\mathbb{R}))$上一非负有限可加集函数, $\lim\limits_{n\to\infty}\nu([-n,n])=1$, 则存在$(\mathbb{R},\mathcal{B}(\mathbb{R}))$上唯一的概率测度$\mu$, 使得对$\mathbb{R}$上任何有界连续函数$f$ 有$\nu(f)=\mu(f)$.

3.7 Bochner积分和Pettis积分

本节介绍两种常用的Banach空间值函数的积分——Bochner积分和Pettis积分. 假定E为数域$\mathbb{K}$(实域$\mathbb{R}$或复域$\mathbb{C}$)上的Banach空间, $\|\cdot\|$为E上的范数, $\mathcal{B}(E)$为E上的Borel σ代数, E^*为E的对偶空间. 此外, 我们用s-lim表示E中的强收敛.

定义3.7.1 设$(\Omega,\mathcal{F})$为一可测空间, $X:\Omega\longrightarrow E$为$\Omega$上的$E$值函数. 如果$X$关于$\mathcal{F}$及$\mathcal{B}(E)$可测(即$X^{-1}(\mathcal{B}(E))\subset\mathcal{F}$), 则称$X$为**Borel可测**; 如果$\forall f\in E^*$, $f(X)$为Ω上$\mathcal{F}$可测($\mathbb{K}$值)函数, 则称X为**弱可测**; 如果X为弱可测且有可分的值域(即$X(\Omega)$在E中有可数稠子集) , 则称X为**强可测**; 如果X只取有限个值(即$X(\Omega)$ 为E的有限子集), 则称X为**简单函数**.

令μ为$(\Omega,\mathcal{F})$上一测度, $\overline{\mathcal{F}}$为$\mathcal{F}$关于μ的完备化.如果在上述定义中将$\mathcal{F}$换成$\overline{\mathcal{F}}$, 则相应的Borel可测(弱可测)称为**μ可测(弱μ可测)**.这时, 称$X:\Omega\longrightarrow E$为**强$\mu$可测**, 是指$X$为弱$\mu$可测, 且有$\mu$可分的值域(即存在$\mu$零测集$N$, 使得$X(\Omega\setminus N)$在$E$中有可数稠子集).

显然: Borel可测蕴含弱可测; 对简单函数而言, Borel可测与弱可测等价; 若E为可分Banach空间, 则弱可测与强可测等价. 若X为Borel可测, 则作为X与E上连续函数$x\mapsto\|x\|$的复合, $\|X\|$为$\mathcal{F}$可测实值函数.

下面我们将证明强可测函数必为Borel可测, 并且研究强可测函数的结构. 为此, 先证明一个引理.

引理3.7.2 设E为可分Banach空间, $S_1(E^*)$为E^*的单位球. 则存在$S_1(E^*)$中一序列$\{f_n\}$, 满足如下条件: $\forall f\in S_1(E^*)$, 可选取$\{f_n\}$的一子列$\{f_{n'}\}$, 使得$\forall x\in E$有$\lim\limits_{n'} f_{n'}(x)=f(x)$.

证 令$\{x_n,n\geqslant 1\}$为E的可数稠子集. $\forall n\geqslant 1$, 考虑$S_1(E^*)$ 到$\mathbb{K}^n$中的连续映射: $f\mapsto\varphi_n(f)=\{f(x_1),\cdots,f(x_n)\}$. 由于$\mathbb{K}^n$可分, 存在$S_1(E^*)$中序列$\{f_{n,k},k\geqslant 1\}$, 使

得$\{\varphi_n(f_{n,k}), k \geqslant 1\}$在$\varphi_n(S_1(E^*))$中稠.现设$f \in S_1(E^*)$. 对每个$n \geqslant 1$, 选取$m_n$, 使得

$$|f_{n,m_n}(x_i) - f(x_i)| < \frac{1}{n}, \quad 1 \leqslant i \leqslant n.$$

则有$\lim_n f_{n,m_n}(x_i) = f(x_i), i = 1, 2, \cdots$. 由于$\|f_{n,m_n}\| \leqslant 1, \forall n \geqslant 1$, 故容易推知: $\forall x \in E$, 有$\lim_n f_{n,m_n}(x) = f(x)$. □

定理3.7.3 设$(\Omega, \mathcal{F})$为一可测空间, $X : \Omega \longrightarrow E$强可测, 则存在Borel可测简单函数序列$\{X_n\}$, 使得

$$\|X_n(\omega)\| \leqslant 2\|X(\omega)\|, \ n \geqslant 1, \quad \text{s-}\lim_{n\to\infty} X_n(\omega) = X(\omega), \quad \omega \in \Omega. \tag{3.7.1}$$

特别, X为Borel可测. 此外, 强可测函数全体构成一向量空间, 且对序列的逐点强极限封闭.

证 首先证明$\omega \mapsto \|X(\omega)\|$为$\mathcal{F}$可测函数. 令$E_0$为包含$X(\Omega)$的 E的最小闭子空间, 则E_0为可分Banach空间. 由于E_0^*的元素是E^* 的元素在E_0上的限制(由Hahn-Banach定理知), 易知$X : \Omega \longrightarrow E_0$亦为弱可测的. 设$a \in \mathbb{R}_+$. 令

$$A = \{\omega \mid \|X(\omega)\| \leqslant a\}, \ A_f = \{\omega \,|\, |f(X(\omega))| \leqslant a\}, \ f \in S_1(E_0^*),$$

则有$A \subset \bigcap_{f \in S_1(E_0^*)} A_f$. 另一方面, $\forall \omega \in \Omega$, 由Hahn-Banach定理知, 存在$f \in E_0^*, \|f\| = 1$, 使得$f(X(\omega)) = \|X(\omega)\|$. 于是有$A \supset \bigcap_{f \in S_1(E_0^*)} A_f$, 从而有$A = \bigcap_{f \in S_1(E_0^*)} A_f$. 设序列$\{f_n\} \subset S_1(E_0^*)$ 满足引理3.7.2中的条件, 则易知$A = \bigcap_n A_{f_n} \in \mathcal{F}$. 这表示$\|X\|$为 $\mathcal{F}$可测的.

由于$X(\Omega)$可分, 对任意$n \geqslant 1, X(\Omega)$可以被至多可数多个半径不超过$1/n$的开球$\{S_{j,n}, j \geqslant 1\}$覆盖. 设$x_{j,n}$为$S_{j,n}$的球心, $r_{j,n}$为$S_{j,n}$的半径, 令

$$B_{j,n} = \{\omega \,|\, X(\omega) \in S_{j,n}\},$$

则有

$$\bigcup_{j=1}^{\infty} B_{j,n} = \Omega,$$

且由前面所证, $B_{j,n} = \{\omega \,|\, \|X(\omega) - x_{j,n}\| < r_{j,n}\}$为$\mathcal{F}$可测. 令$B'_{1,n} = B_{1,n}, B'_{i,n} = B_{i,n} \setminus \cup_{j=1}^{i-1} B_{j,n}, i \geqslant 2$, 定义

$$Y_n(\omega) = x_{i,n}, \quad \text{如果 } \omega \in B'_{i,n},$$

则$\{Y_n\}$为可测简单函数序列, 且$\text{s-}\lim_{n\to\infty} Y_n(\omega) = X(\omega)$. 当$\|Y_n(\omega)\| \leqslant 2\|X(\omega)\|$时, 令$X_n(\omega) = Y_n(\omega)$, 当$\|Y_n(\omega)\| > 2\|X(\omega)\|$时, 令 $X_n(\omega) = 0$, 其中0是E中的0元素, 则Borel可测简单函数序列$\{X_n\}$ 满足(3.7.1)式. 定理中另一结论显然. □

有了上述准备后, 现在可定义强μ可测函数关于测度的积分.

定理3.7.4 设$(\Omega,\mathcal{F},\mu)$为一测度空间, X为Ω 到E的一强μ可测函数. 如果$\|X\|$为μ可积, 则存在E中唯一的元素, 记为$\int_\Omega Xd\mu$, 使得

$$f\Big(\int_\Omega Xd\mu\Big)=\int_\Omega f(X)d\mu,\quad \forall f\in E^*. \tag{3.7.2}$$

这时有

$$\|\int_\Omega Xd\mu\|\leqslant\int_\Omega\|X\|d\mu. \tag{3.7.3}$$

我们称X关于μ为**Bochner可积**, 并称$\int_\Omega Xd\mu$为X 关于μ 的 **Bochner积分**, 简记为$\mu(X)$.

证 如果在完备测度空间$(\Omega,\overline{\mathcal{F}},\mu)$中考虑, 则存在一强可测函数$\widetilde{X}$, 它与$X$ μ-a.e.相等. 因此, 为证明定理, 不妨假定X 本身是$(\Omega,\mathcal{F})$上一强可测函数. 首先设$X=\sum_{i=1}^n x_iI_{A_i}$为简单可测函数, 其中$x_i\neq 0,\quad A_i\in\mathcal{F},1\leqslant i\leqslant n,A_i\cap A_j=\varnothing,i\neq j$, 则$\|X\|=\sum_{i=1}^n\|x_i\|I_{A_i}$. 如果$\|X\|$为$\mu$可积, 则对每个$1\leqslant i\leqslant n,\quad \mu(A_i)<\infty$. 这时令

$$\int_\Omega Xd\mu=\sum_{i=1}^n\mu(A_i)x_i, \tag{3.7.4}$$

易知它不依赖X的具体表示.对一般的强可测函数X, 令$\{X_n,n\geqslant 1\}$为满足(3.7.1)式的简单可测函数序列.假定$\|X\|$为μ可积, 则每个$\|X_n\|$为μ可积, 且有

$$\|\int_\Omega X_nd\mu-\int_\Omega X_md\mu\|\leqslant\int_\Omega\|X_n-X_m\|d\mu. \tag{3.7.5}$$

由于$\|X_n-X_m\|\leqslant 4\|X\|$, 故由上式及控制收敛定理知, $\{\int_\Omega X_nd\mu\}$ 为E中基本列, 从而强收敛于一元素, 记为$\int_\Omega Xd\mu$. 显然, $\int_\Omega Xd\mu$ 不依赖于满足(3.7.1)式的序列$\{X_n\}$的选取. 现设$f\in E^*$, 显然有

$$f\Big(\int_\Omega X_nd\mu\Big)=\int_\Omega f(X_n)d\mu,$$

两边令$n\to\infty$即得(3.7.2)式. 由于$f(x)=0,\forall f\in E^*\Rightarrow x=0$, 故满足(3.7.2)式的$\int_\Omega Xd\mu$是唯一的.

最后, 对简单可测函数X_n, 显然有

$$\|\int_\Omega X_nd\mu\|\leqslant\int_\Omega\|X_n\|d\mu,$$

故两边令$n\to\infty$即得(3.7.3)式. □

注3.7.5　(1) 设F为另一Banach空间, T为E到F中的有界线性算子. 由上述证明中关于$\int_\Omega Xd\mu$的定义容易推知

$$T\Big(\int_\Omega Xd\mu\Big) = \int_\Omega TXd\mu, \tag{3.7.6}$$

其中右端为TX关于μ的Bochner积分.

(2)由(3.7.2)式推知, Bochner积分具有通常积分的线性性.

(3)设X关于μ为Bochner可积, 则$\forall A \in \mathcal{F}, XI_A$仍为Bochner 可积, 其Bochner积分记为$\int_A Xd\mu$. 令

$$\nu(A) = \int_A Xd\mu,\ A \in \mathcal{F}, \tag{3.7.7}$$

则ν为$(\Omega, \mathcal{F})$上的下述意义下的**E值测度**:

(i)$\nu(\varnothing) = 0$;

(ii)对$\mathcal{F}$中两两不相交集合序列$\{A_i\}$, 有$\nu(\sum_{i=1}^\infty A_i) = \sum_{i=1}^\infty \nu(A_i)$.

我们称ν为X关于μ的**不定积分**. 显然ν关于μ在下述意义下是**绝对连续**的, 即$\mu(A) = 0 \Rightarrow \nu(A) = 0$. 此外, 令

$$\|\nu\|_{\text{var}} = \sup\Big\{\sum_{i=1}^\infty \|\nu(A_i)\|\ \Big|\ \{A_i\} \subset \mathcal{F}\text{为}\Omega\text{的可数划分}\Big\}, \tag{3.7.8}$$

称$\|\nu\|_{\text{var}}$为ν的**全变差**, 则有

$$\|\nu\|_{\text{var}} = \int_\Omega \|X\|d\mu. \tag{3.7.9}$$

(4) 对Bochner积分, 有相应的控制收敛定理(见习题3.7.2), 但没有相应的Radon-Nikodym 定理(见习题3.7.3).

最后, 作为本节的结束, 我们定义弱μ可测函数的Pettis积分.

定义3.7.6　设$(\Omega, \mathcal{F}, \mu)$为一测度空间, $X: \Omega \longrightarrow E$为一弱$\mu$可测函数, $A \in \mathcal{F}$. 如果$\forall f \in E^*, f(X)$为μ可积函数, 且存在$x_A \in E$, 使得

$$f(x_A) = \int_A f(X)d\mu,\ \forall f \in E^*,$$

则称X为关于μ 在A上**Pettis可积**, 并称x_A为X关于μ 在A上的 **Pettis积分**, 记为$(P)\int_A Xd\mu$. 设$\mathcal{F}_0$为$\mathcal{F}$的子σ代数, 在每个$\mathcal{F}_0$可测集上可积的弱μ可测函数称为在$\mathcal{F}_0$上**Pettis可积**. 特别, 在$\mathcal{F}$上 Pettis可积的弱μ可测函数简称为**Pettis可积**. 这时我们称$x \mapsto x_A$为X 的**Pettis不定积分**.

显然, Bochner可积的函数必为Pettis可积, 且$\forall A \in \mathcal{F}$, 在$A$上的两种积分一致.

习 题

3.7.1 设$(\Omega, \mathcal{F}, \mu)$为一测度空间, $X: \Omega \longrightarrow E$为一强$\mu$可测函数. 试证: 为使$X$Bochner可积, 必须且只需存在一列简单可测函数$\{X_n, n \geqslant 1\}$, 使得对a.e. $\omega \in \Omega$, $\text{s-}\lim\limits_{n\to\infty} X_n(\omega) = X(\omega)$, 且$\lim\limits_{n,m\to\infty} \int_\Omega \|X_n - X_m\| d\mu = 0$.

3.7.2 设$(\Omega, \mathcal{F}, \mu)$为一测度空间, $\{X_n\}$为一列Bochner可积函数, X为一强μ可测函数. 试证: 如果对a.e. ω, $\text{s-}\lim\limits_{n\to\infty} X_n(\omega) = X(\omega)$, 且存在一非负$\mu$可积函数$g$, 使得$\|X_n\| \leqslant g$, a.e., $\forall n \geqslant 1$, 则X为Bochner可积, 且有$\text{s-}\lim\limits_{n\to\infty} \int_\Omega X_n d\mu = \int_\Omega X d\mu$ (提示: $\|X_n - X\| \leqslant 2g$, a.e.).

3.7.3 设μ为$[0,1]$上的Lebesgue测度, $E = L^1([0,1], \mathcal{B}([0,1]), \mu)$. 对$A \in \mathcal{B}([0,1])$, 令$\nu(A) = I_A$. 试证:

(1) ν为关于μ绝对连续的E值测度;

(2) 不存在Bochner可积函数$X: [0,1] \longrightarrow E$, 使得

$$\nu(A) = \int_A X d\mu, \quad \forall A \in \mathcal{B}([0,1]).$$

3.7.4 证明注3.7.5(3).

3.7.5 设$(\Omega, \mathcal{F}, \mu)$为一测度空间, E为一自反的Banach空间(即$E^{**} = E$), $X: \Omega \longrightarrow E$为一弱$\mu$可测函数. 试证: 如果$\forall f \in E^*$, $f(X)$为μ可积, 则X为Pettis可积.

3.7.6 设$(\Omega, \mathcal{F}, \mu)$为一测度空间, E为一Banach空间, $X: \Omega \longrightarrow E$为一$\mu$ Pettis可积函数. 试证X的Pettis不定积分为一E值测度.

第 4 章　乘积可测空间上的测度与积分

4.1　乘积可测空间

定义4.1.1　设Ω_1,Ω_2为两个集合, 令

$$\Omega_1\times\Omega_2=\{(\omega_1,\omega_2)\,|\,\omega_1\in\Omega_1,\omega_2\in\Omega_2\},$$

称$\Omega_1\times\Omega_2$为Ω_1与Ω_2的**乘积**. 若$(\Omega_1,\mathcal{F}_1)$及$(\Omega_2,\mathcal{F}_2)$为两个可测空间, 我们在$\Omega_1\times\Omega_2$上定义如下σ代数:

$$\mathcal{F}_1\times\mathcal{F}_2=\sigma\{A_1\times A_2\,|\,A_1\in\mathcal{F}_1,A_2\in\mathcal{F}_2\},$$

称$\mathcal{F}_1\times\mathcal{F}_2$为**乘积$\sigma$代数**, $(\Omega_1\times\Omega_2,\mathcal{F}_1\times\mathcal{F}_2)$为**乘积可测空间**.

上述定义容易推广到任意有限多个可测空间的乘积情形, 下面我们将进一步定义一族可测空间的乘积.

定义4.1.2　设$(\Omega_i)_{i\in I}$为一族集合, $\Omega=\bigcup_{i\in I}\Omega_i$, Ω^I表示I到 Ω中的映射全体. 我们令

$$\prod_{i\in I}\Omega_i=\{\omega\in\Omega^I\,|\,\omega(i)\in\Omega_i,\forall i\in I\},$$

称$\prod_{i\in I}\Omega_i$为$(\Omega_i)_{i\in I}$的**乘积**. 此外, 对每个$i\in I$, 令

$$\pi_i(\omega)=\omega(i),\quad \omega\in\prod_{i\in I}\Omega_i,$$

我们称π_i为$\prod_{i\in I}\Omega_i$ 到Ω_i上的**投影**(**映射**). 更一般地, 设$\varnothing\neq S\subset I$, 令$\pi_S$ 为$\prod_{i\in I}\Omega_i$到$\prod_{i\in S}\Omega_i$上的**投影**(**映射**), 即令

$$\pi_S(\omega)=(\omega(i),\,i\in S),\quad \omega\in\prod_{i\in I}\Omega_i,$$

这里$(\omega(i),i\in S)$表示$\prod_{i\in S}\Omega_i$中的一个元素, 它在指标i处取值为$\omega(i)$.

设$(\Omega_i,\mathcal{F}_i)_{i\in I}$为一族可测空间, 则在$\prod_{i\in I}\Omega_i$上定义一$\sigma$代数如下:

$$\prod_{i\in I}\mathcal{F}_i=\sigma(\bigcup_{i\in I}\pi_i^{-1}(\mathcal{F}_i)).$$

称$\prod_{i\in I}\mathcal{F}_i$为**乘积$\sigma$代数**, $(\prod_{i\in I}\Omega_i,\prod_{i\in I}\mathcal{F}_i)$为**乘积可测空间**.

显然, 乘积σ代数是使每个投影π_i为可测的最小σ代数.

定理4.1.3 设$\varnothing \neq S \subset I$, 则$\pi_S$为$(\prod_{i\in I}\Omega_i, \prod_{i\in I}\mathcal{F}_i)$到$(\prod_{i\in S}\Omega_i, \prod_{i\in S}\mathcal{F}_i)$上的可测映射.

证 由于$\prod_{i\in S}\mathcal{F}_i = \sigma(\bigcup_{i\in S}(\pi_i^S)^{-1}(\mathcal{F}_i))$(这里$\pi_i^S$表示$\prod_{i\in S}\Omega_i$ 到Ω_i上的投影), 故由命题2.1.3知, 只需证

$$\pi_S^{-1}(\bigcup_{i\in S}(\pi_i^S)^{-1}(\mathcal{F}_i)) \subset \prod_{i\in I}\mathcal{F}_i.$$

但这由如下等式推得

$$\pi_S^{-1}(\pi_i^S)^{-1}(\mathcal{F}_i) = \pi_i^{-1}(\mathcal{F}_i).$$

□

定理4.1.4 令$\mathcal{P}_0$(相应地, $\mathcal{P}$)表示I的非空有穷(相应地, 至多可数)子集全体, 则

(1) **可测矩形**全体

$$\mathcal{I} = \left\{\pi_S^{-1}(\prod_{i\in S}A_i) \mid A_i \in \mathcal{F}_i, i\in S; S\in\mathcal{P}_0\right\}$$

为$\prod_{i\in I}\Omega_i$上的一半代数, 且$\sigma(\mathcal{I}) = \prod_{i\in I}\mathcal{F}_i$;

(2) **可测柱集**全体

$$\mathcal{Z} = \left\{\pi_S^{-1}(\prod_{i\in S}\mathcal{F}_i) \mid S\in\mathcal{P}_0\right\}$$

为$\prod_{i\in I}\Omega_i$上的一代数, 且$\sigma(\mathcal{Z}) = \prod_{i\in I}\mathcal{F}_i$;

(3) $\prod\limits_{i\in I}\mathcal{F}_i = \{\pi_S^{-1}(\prod\limits_{i\in S}\mathcal{F}_i) \mid S\in\mathcal{P}\}$.

我们将这一定理的证明留给读者完成.

习 题

4.1.1 设I为一可数集, $(\Omega_i, \mathcal{F}_i)$为一族可测空间. 若每个$\mathcal{F}_i$可分, 则$\prod_{i\in I}\mathcal{F}_i$也可分.

4.1.2 设$(\Omega_i, \mathcal{F}_i)_{i\in I}$为一族可测空间, $\mathcal{C}_i$为$\mathcal{F}_i$的子类, $i\in I$. 若对每个$i\in I, \sigma(\mathcal{C}_i) = \mathcal{F}_i$, 则有$\prod_{i\in I}\mathcal{F}_i = \sigma(\bigcup_{i\in I}\pi_i^{-1}(\mathcal{C}_i))$.

4.2 乘积测度与Fubini定理

设$(X, \mathcal{A}, \mu)$及$(Y, \mathcal{B}, \nu)$为两个σ有限测度空间. 本节将在乘积可测空间$(X\times Y, \mathcal{A}\times\mathcal{B})$上定义一乘积测度$\mu\times\nu$, 并讨论关于测度$\mu\times\nu$的积分.

定义4.2.1 设X及Y是两个集合, E是$X\times Y$的子集. 令

$$E_x = \{y\in Y \mid (x,y)\in E\},$$

$$E^y = \{x \in X \,|\, (x, y) \in E\},$$

分别称E_x及E^y为E在x及y处的**截口**.

设$f(x, y)$为$X \times Y$上的一函数, 我们将使用如下记号:

$$f_x(y) = f(x, y), \quad f^y(x) = f(x, y).$$

引理4.2.2 设$(X, \mathcal{A})$及$(Y, \mathcal{B})$为可测空间.

(1) 若$E \in \mathcal{A} \times \mathcal{B}$, 则$\forall x \in X, y \in Y$, 有$E_x \in \mathcal{B}, E^y \in \mathcal{A}$.

(2) 若f为$X \times Y$上的$\mathcal{A} \times \mathcal{B}$可测函数, 则对一切$x \in X, y \in Y$, f_x为Y上的$\mathcal{B}$可测函数, f^y为X上的$\mathcal{A}$可测函数.

证 (1) 令$\mathcal{C} = \{A \times B \,|\, A \in \mathcal{A}, B \in \mathcal{B}\}$. 则对一切$E \in \mathcal{C}$, 引理的结论显然成立. 令$\mathcal{G} = \{E \in \mathcal{A} \times \mathcal{B} \,|\, \forall x \in X, y \in Y, E_x \in \mathcal{B}, E^y \in \mathcal{A}\}$, 则$\mathcal{G}$为$\lambda$类. 由于$\mathcal{C}$为$\pi$类, 且$\sigma(\mathcal{C}) = \mathcal{A} \times \mathcal{B}$, 故由单调类定理(定理1.2.2)知, 对一切$E \in \mathcal{A} \times \mathcal{B}$, 引理结论成立.

(2) 容易由定理2.2.1推得. □

引理4.2.3 令$(X, \mathcal{A}, \mu)$及$(Y, \mathcal{B}, \nu)$为两个σ 有限测度空间. 设 $E \in \mathcal{A} \times \mathcal{B}$, 则函数$x \mapsto \nu(E_x)$为$\mathcal{A}$可测, 函数$y \mapsto \mu(E^y)$为$\mathcal{B}$可测.

证 首先设ν为有限测度, 令$\mathcal{C} = \{A \times B \,|\, A \in \mathcal{A}, B \in \mathcal{B}\}$, 令$\mathcal{G} = \{E \in \mathcal{A} \times \mathcal{B} \,|\, x \mapsto \nu(E_x)$为$\mathcal{A}$ 可测$\}$, 则显然有$\mathcal{C} \subset \mathcal{G}$(因$\nu((A \times B)_x) = I_A(x)\nu(B)$), 且$\mathcal{G}$为$\lambda$类. 故由单调类定理知$\mathcal{G} \supset \sigma(\mathcal{C}) = \mathcal{A} \times \mathcal{B}$, 即$\mathcal{G} = \mathcal{A} \times \mathcal{B}$. 现设$\nu$为$\sigma$有限测度, 任取$Y$的可数划分$\{D_n\}$, 使$D_n \in \mathcal{B}, \nu(D_n) < \infty, n \geqslant 1$, 令$\nu_n(B) = \nu(B \cap D_n), B \in \mathcal{B}$, 则$\nu_n$为有限测度, $\nu = \sum_{n=1}^{\infty} \nu_n$.于是

$$\nu(E_x) = \sum_{n=1}^{\infty} \nu_n(E_x), \quad E \in \mathcal{A} \times \mathcal{B},$$

从而函数$x \mapsto \nu(E_x)$为$\mathcal{A}$可测, 同理可证函数$y \mapsto \mu(E^y)$为$\mathcal{B}$可测. □

定理4.2.4 设$(X, \mathcal{A}, \mu)$及$(Y, \mathcal{B}, \nu)$为两个σ 有限测度空间.则在$\mathcal{A} \times \mathcal{B}$上存在唯一的测度$\mu \times \nu$, 使得

$$(\mu \times \nu)(A \times B) = \mu(A)\nu(B), \quad A \in \mathcal{A}, \ B \in \mathcal{B}. \tag{4.2.1}$$

(从而$\mu \times \nu$亦为σ有限.) 此外, 对任何$E \in \mathcal{A} \times \mathcal{B}$, 有

$$(\mu \times \nu)(E) = \int_X \nu(E_x)\mu(dx) = \int_Y \mu(E^y)\nu(dy). \tag{4.2.2}$$

测度$\mu \times \nu$称为μ与ν的**乘积**.

证 由引理4.2.3, 可在$\mathcal{A} \times \mathcal{B}$上定义如下集函数$\lambda_1$及$\lambda_2$:

$$\lambda_1(E) = \int_X \nu(E_x)\mu(dx), \qquad E \in \mathcal{A} \times \mathcal{B},$$

$$\lambda_2(E) = \int_Y \mu(E^y)\nu(dy), \qquad E \in \mathcal{A} \times \mathcal{B},$$

显然, λ_1及λ_2均为测度, 且有

$$\lambda_1(A \times B) = \lambda_2(A \times B) = \mu(A)\nu(B), \quad A \in \mathcal{A}, \ B \in \mathcal{B}. \tag{4.2.3}$$

令$\mathcal{C} = \{A \times B \,|\, A \in \mathcal{A}, B \in \mathcal{B}\}$, 则$\mathcal{C}$为半代数(见定理4.1.4). 依假定, μ及ν为σ有限测度, 故满足(4.2.1)式的测度在$\mathcal{C}$上也是σ有限的. 因此, 由测度扩张的唯一性(见定理1.4.7)知, 满足(4.2.1)式的测度是唯一的. 特别, 我们有$\lambda_1 = \lambda_2$, 令$\mu \times \nu = \lambda_1 = \lambda_2$, 即有(4.2.2)式. □

下面我们研究关于乘积测度的积分.

定理4.2.5 令$(X, \mathcal{A}, \mu)$及$(Y, \mathcal{B}, \nu)$为σ有限测度空间, f为$X \times Y$上的非负$\mathcal{A} \times \mathcal{B}$可测函数. 则函数$x \mapsto \int_Y f_x d\nu$为$\mathcal{A}$可测, $y \mapsto \int_X f^y d\mu$为$\mathcal{B}$ 可测, 且有

$$\int_{X \times Y} f d(\mu \times \nu) = \int_Y \Big(\int_X f^y d\mu \Big) \nu(dy) = \int_X \Big(\int_Y f_x d\nu \Big) \mu(dx). \tag{4.2.4}$$

证 不妨假定μ及ν均为有限测度. 令$\mathcal{C} = \{A \times B \,|\, A \in \mathcal{A}, B \in \mathcal{B}\}$. 由定理4.2.4知: $\mathcal{C}$中集合的示性函数满足定理的结论. 故由定理2.2.1知: 对一切有界的$\mathcal{A} \times \mathcal{B}$可测函数$f$, 定理的结论成立. 因此, 对一切非负$\mathcal{A} \times \mathcal{B}$可测函数$f$, 定理结论亦成立. □

系4.2.6 在定理4.2.5的假设下, 若f是一非负可积函数, 则$\mu\{x \,|\, \nu(f_x) = \infty\} = \nu\{y \,|\, \mu(f^y) = \infty\} = 0$.

证 直接由(4.2.4)式看出. □

下一定理称为**Fubini定理**. 它使我们可以用叠积分来表达关于乘积测度的积分.

定理4.2.7 设$(X, \mathcal{A}, \mu)$及$(Y, \mathcal{B}, \nu)$为σ有限测度空间, f为$X \times Y$上一$\mathcal{A} \times \mathcal{B}$可测函数.若$f$关于$\mu \times \nu$可积(相应地, 积分存在), 则有下列结论:

(1) 对μ-a.e. x, f_x为ν可积(相应地, 关于ν积分存在); 对ν-a.e. y, f^y为μ可积(相应地, 关于μ积分存在);

(2) 令

$$I_f(x) = \begin{cases} \displaystyle\int_Y f_x d\nu, & \text{若} f_x \text{ 为} \nu \text{可积(相应地, 积分存在)}, \\ 0, & \text{其他情形}, \end{cases}$$

$$I^f(y) = \begin{cases} \displaystyle\int_X f^y d\mu, & \text{若} f^y \text{为} \mu \text{可积(相应地, 积分存在)}, \\ 0, & \text{其他情形}, \end{cases}$$

则I_f为μ可积(相应地, 积分存在), I^f为ν可积(相应地, 积分存在), 且有

$$\int_{X \times Y} f d(\mu \times \nu) = \int_X I_f(x)\mu(dx) = \int_Y I^f(y)\nu(dy). \tag{4.2.5}$$

证　首先设f为非负且为$\mu\times\nu$可积.则由系4.2.6知结论(1)成立, 且有

$$I_f(x)=\nu(f_x),\quad \mu\text{-a.e. }x,$$
$$I^f(y)=\mu(f^y),\quad \nu\text{-a.e. }y.$$

于是结论(2)由(4.2.4)式推得. 对一般f, 分别考虑f^+及f^-, 即得定理结论. □

由于$\nu(f_x)$是μ-a.e.有定义的, $\mu(f^y)$是ν-a.e.有定义的, 所以通常也将(4.2.5)式写成(4.2.4)式的形式.

Fubini定理有很多的应用.我们将通过下面的习题向读者介绍一些应用的例子.

习题

4.2.1　设$\mathbb{R}$为实直线, 试证$\mathcal{B}(\mathbb{R})\times\mathcal{B}(\mathbb{R})=\mathcal{B}(\mathbb{R}^2)$. (注意: 对一般拓扑空间$X$, 不一定有$\mathcal{B}(X)\times\mathcal{B}(X)=\mathcal{B}(X\times X)$, 一般只有$\mathcal{B}(X)\times\mathcal{B}(X)\subset\mathcal{B}(X\times X)$, 参见引理5.6.4.)

4.2.2　设$(X,\mathcal{A},\mu)$及$(Y,\mathcal{B},\nu)$为σ有限测度空间, $E\in\mathcal{A}\times\mathcal{B}$, 则下列条件等价:

(1) $(\mu\times\nu)(E)=0$;

(2) $\mu(E^y)=0,\nu$-a.e. y;

(3) $\nu(E_x)=0$, μ-a.e. x.

4.2.3　设$(X,\mathcal{A})$及$(Y,\mathcal{B})$为可测空间, μ_1及ν_1为$(X,\mathcal{A})$上的σ有限测度, μ_2及ν_2为$(Y,\mathcal{B})$上的σ 有限测度.若$\nu_1\ll\mu_1$且$\nu_2\ll\mu_2$, 则$\nu_1\times\nu_2\ll\mu_1\times\mu_2$, 且有

$$\frac{d(\nu_1\times\nu_2)}{d(\mu_1\times\mu_2)}(x,y)=\frac{d\nu_1}{d\mu_1}(x)\frac{d\nu_2}{d\mu_2}(y),\quad \mu_1\times\mu_2\text{-a.e.}.$$

4.2.4　设$\sum_{m,n}a_{m,n}$为绝对收敛的双重级数.试用Fubini定理证明

$$\sum_{m=1}^\infty\sum_{n=1}^\infty a_{m,n}=\sum_{n=1}^\infty\sum_{m=1}^\infty a_{m,n}.$$

4.2.5　试用Fubini定理证明$\dfrac{1}{\sqrt{2\pi}}\int_{-\infty}^\infty\exp(-\dfrac{x^2}{2})dx=1$.(提示: 考虑

$$\int_{-\infty}^\infty\exp(-\frac{x^2}{2})dx\int_{-\infty}^\infty\exp(-\frac{y^2}{2})dy,$$

并令$r^2=x^2+y^2$.)

4.2.6　设$(X,\mathcal{A},\mu)$为σ有限测度空间, f为X上的一非负$\mathcal{A}$可测函数. 试证

$$\int_X f(x)\mu(dx)=\int_0^\infty\mu([f>y])dy.$$

(提示: 设λ为$(\mathbb{R},\mathcal{B}(\mathbb{R}))$上的Lebesgue测度, 令

$$E=\{(x,y)\in X\times\mathbb{R}|\ 0\leqslant y<f(x)\},$$

则$\lambda(E_x) = f(x)$.)

4.2.7 设$f(t)$及$g(t)$为$[0,\infty)$上的两个右连续增函数. 我们用μ_f 及μ_g分别表示它们在$[0,\infty)$上诱导出的测度(见定理1.5.4). 试证: 对$0 \leqslant a < b < \infty$, 有

$$f(b)g(b) - f(a)g(a) = \int_a^b f(s)\mu_g(ds) + \int_a^b g(s-)\mu_f(ds),$$

其中$g(s-) = \lim_{t\uparrow\uparrow s} g(t)$ (记号$t \uparrow\uparrow s$表示$t \to s$, 且$t < s$) (提示: 将$(a,b] \times (a,b]$表示为$\{(x,y)\,|\,a < x \leqslant y \leqslant b\} \cup \{(x,y)\,|\,a < y < x \leqslant b\}$并分别计算它们的$\mu_f \times \mu_g$测度).

4.2.8 设$f \in L^1(\mathbb{R})$, $g \in L^p(\mathbb{R})$, 则有下列结论:

(1) $(x,t) \mapsto f(x-t)g(t)^p$为$\mathcal{B}(\mathbb{R}^2)$可测, 且Lebesgue可积;

(2) 对a.e. x, $t \mapsto f(x-t)g(t)$为Lebesgue可积.

定义f与g的**卷积**如下: $\forall x \in \mathbb{R}$, 令

$$f * g(x) = \begin{cases} \int_{-\infty}^{\infty} f(x-t)g(t)dt\,, & \text{可积情形}, \\ 0\,, & \text{其他情形}, \end{cases}$$

则 $f * g \in L^p(\mathbb{R})$, 且有如下的**Young不等式** : $\|f * g\|_p \leqslant \|f\|_1 \|g\|_p$ (提示: 对$1 \leqslant p \leqslant \infty$情形, 利用Hölder不等式及Fubini定理).

(3) 若g有界, 则$f * g$连续(提示: 利用习题3.4.8).

4.2.9 (Steinhaus 引理) 设E为$\mathbb{R}$的一Borel子集, 令$D(E) = \{x - y\,|\,x, y \in E\}$, 如果$E$的Lebesgue测度$\lambda(E) > 0$, 则$D(E)$包含一含原点的开区间.(提示: 不妨设$\lambda(E) < \infty$, 以$x + E$表示$\{x + y\,|\,y \in E\}$, 以$-E$表示$\{-x\,|\,x \in E\}$.令$F(x) = \lambda(E \cap (x + E))$, 则$F(x) = I_{-E} * I_E(x)$. 由习题4.2.8(3)知$F(x)$连续, 又依假定$F(0) > 0$.)

4.2.10 (Steinhaus引理的推广) 设A, B为$\mathbb{R}$的两个Borel子集, 令

$$D(A,B) = \{y - z\,|\,y \in A, z \in B\},$$

若$\lambda(A) > 0$, 且$\lambda(B) > 0$, 则$D(A,B)$包含一非空开区间. (提示: 不妨设$\lambda(A) < \infty, \lambda(B) < \infty$, 令$F(x) = \lambda(A \cap (x + B))$, 则$F(x) = I_{-A} * I_B(x)$, 且由Fubini定理知$\int F(x)\lambda(dx) = \lambda(A)\lambda(B)$. 于是存在某$x$, 使$F(x) > 0$.)

4.2.11 设$f(x,y)$为定义于$V = (a,b) \times (c,d)$上的一实值连续函数. 如果f 满足下列条件:

(1) $\frac{\partial f}{\partial x}$在$V$上存在且连续;

(2) 对某个$x_0 \in (a,b)$, $\frac{d}{dy}[f(x_0,y)]$对一切$y \in (c,d)$存在;

(3) $\frac{\partial^2 f}{\partial y \partial x}$在$V$上存在且连续,

则$\frac{\partial f}{\partial y}, \frac{\partial^2 f}{\partial x \partial y}$在$V$ 上存在, 且有$\frac{\partial^2 f}{\partial x \partial y} = \frac{\partial^2 f}{\partial y \partial x}$.

(提示: 任取$y_0 \in (c,d)$, 由Fubini定理得

$$f(\overline{x},\overline{y}) - f(x_0,\overline{y}) - f(\overline{x},y_0) + f(x_0,y_0) = \int_{y_0}^{\overline{y}} \int_{x_0}^{\overline{x}} \frac{\partial^2 f}{\partial y \partial x} dx dy,$$

其中对每个$\overline{x} \in (a,b)$, $\int_{x_0}^{\overline{x}} \frac{\partial^2 f}{\partial y \partial x} dx$为$y$的连续函数.)

4.3 由σ有限核产生的测度

本节将推广4.2节的结果.

定义4.3.1 令$(X,\mathcal{A})$及$(Y,\mathcal{B})$为两个可测空间.一函数$K: X\times\mathcal{B}\longrightarrow[0,\infty]$称为从$(X,\mathcal{A})$到$(Y,\mathcal{B})$的一个**核**(kernel), 如果它满足下列条件:

(1) $\forall x\in X$, $K(x,\cdot)$为$(Y,\mathcal{B})$上的测度;

(2) $\forall B\in\mathcal{B}$, $K(\cdot,B)$为X上的$\mathcal{A}$可测函数.

称K为**有限核**, 如果$\forall x\in X$, $K(x,Y)<\infty$; 称K为**概率核**, 如果$\forall x\in X$, $K(x,Y)=1$; 称K为$\boldsymbol{\sigma}$**有限的**, 如果存在Y的一个可数划分$Y=\sum_n B_n$, 使得$B_n\in\mathcal{B},n\geqslant 1$, 且对一切$x\in X$及$n\geqslant 1$, 有$K(x,B_n)<\infty$.

命题4.3.2 设K为从$(X,\mathcal{A})$到$(Y,\mathcal{B})$的一个核, μ为$(X,\mathcal{A})$上的一测度, f为Y上的一非负$\mathcal{B}$可测函数.

(1) 令$\nu(B)=\int_X K(x,B)\mu(dx)$, $B\in\mathcal{B}$, 则ν为$(Y,\mathcal{B})$上的一测度.

(2) $x\mapsto\int_Y f(y)K(x,dy)$为$X$上的一$\mathcal{A}$可测函数.

(3) 我们有

$$\int f(y)\nu(dy)=\int\Big[\int f(y)K(x,dy)\Big]\mu(dx). \tag{4.3.1}$$

证 (1)显然. 为证(2)及(3), 首先考虑非负简单可测函数f, 然后利用定理2.1.8(2)立即推得结论. □

下一定理推广了定理4.2.4.

定理4.3.3 设K为$(X,\mathcal{A})$到$(Y,\mathcal{B})$的一个σ有限核, μ为$(X,\mathcal{A})$上的一测度.

(1) 令$N(x,E)=K(x,E_x),E\in\mathcal{A}\times\mathcal{B}$, 则$N$为从$(X,\mathcal{A})$到$(X\times Y,\mathcal{A}\times\mathcal{B})$的一个$\sigma$有限核.

(2) 令

$$\mu K(E)=\int_X K(x,E_x)\mu(dx),\quad E\in\mathcal{A}\times\mathcal{B}, \tag{4.3.2}$$

则μK为$\mathcal{A}\times\mathcal{B}$上的一测度, 且有

$$\mu K(A\times B)=\int_A K(x,B)\mu(dx),\quad A\in\mathcal{A},B\in\mathcal{B}. \tag{4.3.3}$$

(3) 若μ为σ有限测度, 则μK亦为σ有限测度, 且它是$(X\times Y,\mathcal{A}\times\mathcal{B})$上唯一满足(4.3.3)式的测度.

证 (1)首先, 对任何$x\in X$, $N(x,\cdot)$显然是$(X\times Y,\mathcal{A}\times\mathcal{B})$上的测度. 令$\{B_n,n\geqslant 1\}$为$Y$的一可数划分, 使得$B_n\in\mathcal{B},n\geqslant 1$, 且对一切$x\in X$, 及$n\geqslant 1$, 有$K(x,B_n)<\infty$. 令

$$\mathcal{B}_n=B_n\cap\mathcal{B},\quad \mathcal{C}_n=\{A\times C\,|\,A\in\mathcal{A},C\in\mathcal{B}_n\},$$

$$\mathcal{G}_n = \{E \in \mathcal{A} \times \mathcal{B}_n \mid N(\cdot, E)\text{为}\mathcal{A}\text{可测}\},$$

则$\mathcal{C}_n$为$X \times B_n$上的π类, 且生成σ代数$\mathcal{A} \times \mathcal{B}_n$. 显然$\mathcal{G}_n$为$X \times B_n$上的$\lambda$类, 且$\mathcal{G}_n \supset \mathcal{C}_n$, 故由单调类定理知$\mathcal{G}_n = \mathcal{A} \times \mathcal{B}_n$. 现设$E \in \mathcal{A} \times \mathcal{B}$, 令$E_n = E \cap (X \times B_n)$, 则易知$E_n \in \mathcal{A} \times \mathcal{B}_n$, 且$E = \sum_{n=1}^{\infty} E_n$. 于是我们有

$$N(x, E) = \sum_n N(x, E_n), \quad x \in X,$$

从而$N(\cdot, E)$为$\mathcal{A}$可测. 此外, 我们有$N(x, X \times B_n) = K(x, B_n) < \infty$, 因此$N$为从$(X, \mathcal{A})$到$(X \times Y, \mathcal{A} \times \mathcal{B})$的$\sigma$有限核.

(2) 显然.往证(3). 设μ为σ有限测度, 令$\{A_n, n \geqslant 1\}$为X的一可数划分, 使得$A_n \in \mathcal{A}, \mu(A_n) < \infty, n \geqslant 1$.令$\{B_n\}$如在(1)的证明中所取的$Y$的划分, 再令

$$A_{m,k,l} = [l - 1 \leqslant K(\cdot, B_k) < l] \cap A_m, \quad m, k, l \geqslant 1,$$

则对一切$k \geqslant 1$, 我们有$\sum_{m,l} A_{m,k,l} = X$, 且有

$$\mu K(A_{m,k,l} \times B_k) = \int_{A_{m,k,l}} K(x, B_k)\mu(dx) < \infty.$$

由于$\sum_{m,k,l} A_{m,k,l} \times B_k = X \times Y$, 故$\mu K$限于半代数$\mathcal{C} = \{A \times B \mid A \in \mathcal{A}, B \in \mathcal{B}\}$为$\sigma$有限. 因此, 由定理1.4.7知, 满足(4.3.3)式的测度μK是唯一的. □

如果对每个$x \in X$有$K(x, \cdot) = \nu$, 则$\mu K = \mu \times \nu$. 因此, 下一定理推广了定理4.2.5.

定理4.3.4 设K为$(X, \mathcal{A})$到$(Y, \mathcal{B})$的一个σ有限核, μ为$(X, \mathcal{A})$ 上的一σ有限测度, f为$X \times Y$上的一非负$\mathcal{A} \times \mathcal{B}$可测函数, 则

(1) $x \mapsto \int_Y f(x, y)K(x, dy)$为$\mathcal{A}$可测函数;

(2) 我们有

$$\int_{X \times Y} fd(\mu K) = \int_X \Big[\int_Y f(x, y)K(x, dy)\Big]\mu(dx). \tag{4.3.4}$$

证 令$\mathcal{C} = \{A \times B \mid A \in \mathcal{A}, B \in \mathcal{B}\}$, 不妨假定$\mu$ 为有限测度, 且$\forall x \in X, K(x, \cdot)$也为有限测度(如若不然, 分别取$X$及$Y$的可数划分$\{A_n\}$及$\{B_n\}$, 使得$\forall x \in X, n \geqslant 1$有$K(x, B_n) < \infty, \mu(A_n) < \infty$, 并在每个$A_n \times B_m$上考虑问题). 由命题4.3.2及(4.3.3)式易知: 对$\mathcal{C}$ 中集合的示性函数定理的结论成立. 故由定理2.2.1知: 对一切有界的$\mathcal{A} \times \mathcal{B}$可测函数$f$结论成立. 最后, 由积分的单调收敛定理推知: 对一切非负$\mathcal{A} \times \mathcal{B}$可测函数$f$结论成立. □

习 题

4.3.1 (Fubini定理的推广形式) 设K为从$(X,\mathcal{A})$到(Y,B)的一个σ 有限核, μ为$(X,\mathcal{A})$上的σ有限测度, μK为(4.3.2)式定义的测度. 若f为$X\times Y$上一$\mathcal{A}\times\mathcal{B}$可测函数, 它关于$\mu K$可积(相应地, 积分存在), 则有下列结论:

(1) 对μ-a.e. x, f_x关于$K(x,\cdot)$可积(相应地, 积分存在);

(2) $\forall x\in X$, 令

$$I_f(x)=\begin{cases}\displaystyle\int_Y f_x(y)K(x,dy), & \text{可积(相应地, 积分存在)情形},\\ 0, & \text{其他情形},\end{cases}$$

则I_f为μ可积(相应地, 积分存在), 且有

$$\int_{X\times Y} fd(\mu K)=\int_X I_f(x)\mu(dx).$$

4.3.2 设$(X_j,\mathcal{A}_j), j=1,\cdots,n$为可测空间, μ_1为$(X_1,\mathcal{A}_1)$上的一σ有限测度. 对$2\leqslant i\leqslant n$, 设$K(x_1,\cdots,x_{i-1},dx_i)$为从$(\prod_{j=1}^{i-1}X_j,\prod_{j=1}^{i-1}\mathcal{A}_i)$到 $(X_i,\mathcal{A}_i)$的一个σ有限核. 证明下列结论:

(1) 在$(\prod_{j=1}^{n}X_j,\prod_{j=1}^{n}\mathcal{A}_j)$上存在唯一的测度$\mu$, 使得对一切可测矩形$\prod_{j=1}^{n}A_j\in\prod_{j=1}^{n}\mathcal{A}_j$有

$$\mu(\prod_{j=1}^{n}A_j)=\int_{A_1}\mu_1(dx_1)\int_{A_2}K(x_1,dx_2)\cdots\int_{A_n}K(x_1,\cdots,x_{n-1},dx_n).$$

此外, μ是σ有限测度;

(2) 设f为$(\prod_{j=1}^{n}X_j,\prod_{j=1}^{n}\mathcal{A}_j)$上的非负可测函数, 则有

$$\int fd\mu=\int_{X_1}\mu_1(dx_1)\int_{X_2}K(x_1,dx_2)\cdots\int_{X_{n-1}}K(x_1,\cdots,x_{n-2},dx_{n-1})$$

$$\cdot\int_{X_n}f(x_1,\cdots,x_n)K(x_1,\cdots,x_{n-1},dx_n).$$

4.3.3 设K_1,K_2为从$(X,\mathcal{A})$到$(Y,\mathcal{B})$的σ有限核, μ_1,μ_2为$(X,\mathcal{A})$上的测度. 为要μ_1K_1关于μ_2K_2绝对连续, 必须且只需μ_1关于μ_2绝对连续, 且对μ_1-a.e. $x\in X$, $K_1(x,\cdot)$ 关于$K_2(x,\cdot)$绝对连续. 此外, 这时有

$$\frac{d(\mu_1K_1)}{d(\mu_2K_2)}(x,y)=\frac{dK_1(x,\cdot)}{dK_2(x,\cdot)}(y)\frac{d\mu_1}{d\mu_2}(x).$$

4.4 无穷乘积空间上的概率测度

在概率论中, 我们经常要讨论任意有限多个试验(不一定相互独立). 为了能在同一概率空间中考虑它们, 我们需要在无穷乘积可测空间上构造概率测度. 下一定理(**Tulcea定理**)解决了这一问题.

定理4.4.1 令$\{(\Omega_j,\mathcal{F}_j),j\geqslant 1\}$为一列可测空间, $\Omega=\prod_{j=1}^{\infty}\Omega_j,\mathcal{F}=\prod_{j=1}^{\infty}\mathcal{F}_j$, $I\!P_1$为$(\Omega_1,\mathcal{F}_1)$上的一概率测度. $\forall i\geqslant 2$, $P(\omega_1,\cdots,\omega_{i-1},d\omega_i)$ 为从 $(\prod_{j=1}^{i-1}\Omega_j,\prod_{j=1}^{i-1}\mathcal{F}_j)$到$(\Omega_i,\mathcal{F}_i)$的一个概率核. 则存在$(\Omega,\mathcal{F})$上唯一的概率测度$I\!P$, 使得对一切$n\geqslant 1$, 有

$$I\!P(B^n\times\prod_{j=n+1}^{\infty}\Omega_j)=I\!P_n(B^n),\quad B^n\in\prod_{j=1}^{n}\mathcal{F}_j\,,\tag{4.4.1}$$

其中$I\!P_n$为$\prod_{j=1}^{n}\mathcal{F}_j$上如下定义的概率测度(见习题4.3.2):

$$\begin{aligned}I\!P_n(B^n)=&\int_{\Omega_1}I\!P_1(d\omega_1)\int_{\Omega_2}P(\omega_1,d\omega_2)\cdots\int_{\Omega_{n-1}}P(\omega_1,\cdots,\omega_{n-2},d\omega_{n-1})\\&\cdot\int_{\Omega_n}I_{B^n}(\omega_1,\cdots,\omega_n)P(\omega_1,\cdots,\omega_{n-1},d\omega_n).\end{aligned}$$

证 设$n>m$为两个自然数, 则显然有

$$I\!P_n(B^m\times\prod_{j=m+1}^{n}\Omega_j)=I\!P_m(B^m),$$

于是可按(4.4.1)式在可测柱集全体$\mathcal{Z}$上定义一集函数$I\!P$. 令$\mathcal{F}^n=\{B^n\times\prod_{j=n+1}^{\infty}\Omega_j\mid B^n\in\prod_{j=1}^{n}\mathcal{F}_j\}$, 则$\mathcal{F}^n\subset\mathcal{F}^{n+1}$, 且$\bigcup_n\mathcal{F}^n=\mathcal{Z}$. 由于$I\!P$限于每个$\mathcal{F}^n$为概率测度, 故$I\!P$在代数$\mathcal{Z}$上是有限可加的. 往证$I\!P$为$\mathcal{Z}$上的概率测度, 为此只需证$I\!P$在空集$\varnothing$处连续. 我们用反证法. 假定有$A_n\in\mathcal{Z},n\geqslant 1,A_n\downarrow\varnothing$, 使得$\lim\limits_{n\to\infty}I\!P(A_n)>0$. 必要时在序列$(A_n)$首项前添加若干项$\Omega$, 且在两个集$A_n$及$A_{n+1}$之间适当重复若干项$A_n$, 我们可以进一步假定$A_n\in\mathcal{F}^n$. 因此有$A_n=B^n\times\prod_{j=n+1}^{\infty}\Omega_j$. 由于$A_{n+1}\subset A_n$, 我们有$B^{n+1}\subset B^n\times\Omega_{n+1}$. 此外, 对每个$n>1$,

$$I\!P(A_n)=\int_{\Omega_1}g_n^{(1)}(\omega_1)I\!P_1(d\omega_1),$$

其中

$$g_n^{(1)}(\omega_1)=\int_{\Omega_2}P(\omega_1,d\omega_2)\cdots\int_{\Omega_n}I_{B^n}(\omega_1,\cdots\omega_n)P(\omega_1,\cdots,\omega_{n-1},d\omega_n).$$

由于$I_{B^{n+1}}(\omega_1,\cdots,\omega_{n+1})\leqslant I_{B^n}(\omega_1,\cdots,\omega_n)$, 故对给定$\omega_1$, $g_n^{(1)}(\omega_1)$ 单调下降趋于某极限$h_1(\omega_1)$. 由控制收敛定理, 我们有

$$\int_{\Omega_1}h_1(\omega_1)I\!P_1(d\omega_1)=\lim_{n\to\infty}I\!P(A_n)>0.$$

于是存在$\omega_1'\in\Omega_1$, 使$h_1(\omega_1')>0$. 实际上, 必有$\omega_1'\in B^1$. 否则, 对一切$n>1$有$I_{B^n}(\omega_1',\omega_2,\cdots,\omega_n)=0$, 从而$g_n^{(1)}(\omega_1')=0$, 这导致$h_1(\omega_1')=0$.

现设$n>2$, 则

$$g_n^{(1)}(\omega_1')=\int g_n^{(2)}(\omega_2)P(\omega_1',d\omega_2),$$

其中

$$g_n^{(2)}(\omega_2)=\int_{\Omega_3}P(\omega_1',\omega_2,d\omega_3)\cdots\int_{\Omega_n}I_{B^n}(\omega_1',\omega_2,\cdots,\omega_n)\cdot P(\omega_1',\omega_2,\cdots,\omega_{n-1},d\omega_n).$$

如上所证, 可知$g_n^{(2)}(\omega_2)\downarrow h_2(\omega_2)$. 由于$g_n^{(1)}(\omega_1')\to h_1(\omega_1')>0$, 故存在$\omega_2'\in\Omega_2$, 使$h_2(\omega_2')>0$. 如上所证, 可知$(\omega_1',\omega_2')\in B^2$.

最后, 由归纳法可得到一点列$\{\omega_1',\omega_2',\cdots\}$, 使得$\omega_j'\in\Omega_j$ 且 $(\omega_1',\cdots,\omega_n')\in B^n$. 因此, 最终有$(\omega_1',\omega_2',\cdots)\in\bigcap_{n=1}^\infty A_n=\varnothing$, 这导致矛盾. 这样一来, 我们证明了$\mathbb{P}$为代数$\mathcal{Z}$上的概率测度. 由测度扩张定理知, 它可唯一地扩张成为$\mathcal{F}=\sigma(\mathcal{Z})$上的概率测度. □

系4.4.2 (Kolmogrov定理)　设$(\Omega_j,\mathcal{F}_j,\mathbb{P}_j)$为一列概率空间, 令$\Omega=\prod_{j=1}^\infty\Omega_j$, $\mathcal{F}=\prod_{j=1}^\infty\mathcal{F}_j$, 则存在$(\Omega,\mathcal{F})$上的唯一概率测度$\mathbb{P}$, 使得对一切$n\geqslant 1$, 对一切$A_j\in\mathcal{F}_j,1\leqslant j\leqslant n$, 有

$$\mathbb{P}(\prod_{j=1}^n A_j\times\prod_{j=n+1}^\infty\Omega_j)=\prod_{j=1}^n\mathbb{P}_j(A_j).\tag{4.4.2}$$

习　题

4.4.1　设$\{(\Omega_i,\mathcal{F}_i,\mathbb{P}_i),i\in I\}$为一族概率空间, 令$\mathcal{P}_0(I)$ 表示I的非空有限子集全体, 则在$(\prod_{i\in I}\Omega_i,\prod_{i\in I}\mathcal{F}_i)$ 上存在唯一的概率测度$\mathbb{P}$, 使得对任何$S\in\mathcal{P}_0(I)$, 有

$$\mathbb{P}(\prod_{i\in S}A_i\times\prod_{i\in I\setminus S}\Omega_i)=\prod_{i\in S}\mathbb{P}_i(A_i),\ A_i\in\mathcal{F}_i,i\in S.$$

(提示: 利用定理4.1.4(3).)

4.4.2　试将定理4.4.1推广到任意无穷多个可测空间乘积情形.

4.5　Kolmogorov相容性定理及Tulcea定理的推广

本节将给出Kolmogorov相容性定理及Tulcea定理的一个推广形式, 为此我们先引入紧类概念, 它是Hausdorff空间中的紧集类概念的抽象化.

定义4.5.1　设$\mathcal{C}$为E上一集类. 如果下列条件满足:

$$\{C_n,n\geqslant 1\}\subset\mathcal{C},\ \bigcap_{n=1}^\infty C_n=\varnothing\Rightarrow \text{对某个}m,\ \bigcap_{n=1}^m C_n=\varnothing,$$

则称$\mathcal{C}$为**紧类**.

引理4.5.2　设$\mathcal{C}$为E上的紧类, 则$\mathcal{C}_{\cup f}$及$\mathcal{C}_\delta$都是紧类. 这里$\mathcal{C}_{\cup f}$ 及$\mathcal{C}_\delta$分别表示用有限并及可列交运算封闭$\mathcal{C}$所得的集类.

证　$\mathcal{C}_\delta$显然是紧类, 只需证$\mathcal{C}_{\cup f}$是紧类. 设$D_n=\bigcup\limits_{m=1}^{M_n}C_n^m\in\mathcal{C}_{\cup f}, n\geqslant 1$, 使得对一切$p\geqslant 1$, $\bigcap\limits_{n\leqslant p}D_n\neq\varnothing$. 令$J$表示那些对每个$n$满足$1\leqslant m_n\leqslant M_n$ 的自然数序列$\{m_1,m_2,\cdots\}$全体. 令

$$J_p=\Big\{\{m_n,n\geqslant 1\}\in J\,|\,\bigcap_{n\leqslant p}C_n^{m_n}\neq\varnothing\Big\}.$$

由于

$$\bigcap_{n\leqslant p}D_n=\bigcap_{n\leqslant p}\bigcup_{m=1}^{M_n}C_n^m=\bigcup_{\{m_n\}\in J}\Big(\bigcap_{n\leqslant p}C_n^{m_n}\Big),$$

于是对每个$p\geqslant 1$, J_p非空. 显然有$J_p\supset J_{p+1},p\geqslant 1$. 往证$\bigcap\limits_p J_p\neq\varnothing$. 对每个$q\geqslant 1$, 任取$J_q$中一元素$\{m_n^{(q)},n\geqslant 1\}$. 由于对固定的$n, 1\leqslant m_n^{(q)}\leqslant M_n$对一切$q$成立, 从而对任一由无穷多个自然数组成的集合$\Lambda$, 必有无穷多个$q$属于$\Lambda$, 使得$m_n^{(q)}$取相同值. 因此, 由归纳法可构造一序列$\{m_n^*,n\geqslant 1\}$, 使得它属于$J$, 且对一切$p\geqslant 1$, 及$1\leqslant n\leqslant p$, $m_n^*=m_n^{(q)}$对无穷多个q成立. 故对任意$p\geqslant 1$, 存在$q>p$, 使$m_n^*=m_n^{(q)}, 1\leqslant n\leqslant p$. 由于$\{m_n^*,n\geqslant 1\}\in J_q\subset J_p$, 故由$J_p$ 的定义知$\{m_n^*,n\geqslant 1\}\in J_p$, 于是$\{m_n^*,n\geqslant 1\}\in\bigcap\limits_p J_p$. 从而对一切$p$, $\bigcap\limits_{n\leqslant p}C_n^{m_n^*}\neq\varnothing$. 但依假定, $\mathcal{C}$ 为紧类, 故$\bigcap\limits_{n=1}^{\infty}C_n^{m_n^*}\neq\varnothing$, 从而$\bigcap\limits_n D_n\neq\varnothing$(注意: $\bigcap\limits_n D_n\supset\bigcap\limits_n C_n^{m_n^*}$). 这表明$\mathcal{C}_{\cup f}$为紧类. □

引理4.5.3　设$\mathcal{A}$及$\mathcal{A}_1$为E上的半代数, $\mathcal{A}_1\supset\mathcal{A}, \mathcal{C}$为$E$上一紧类, 且$\mathcal{C}\subset\mathcal{A}_1$. 令$\mu$为$\mathcal{A}_1$上的一非负有限可加集函数, 且$\mu(E)<\infty$.若对一切$A\in\mathcal{A}$, 有

$$\mu(A)=\sup\{\mu(C)\,|\ C\subset A,\ C\in\mathcal{C}\},$$

则μ限于$\mathcal{A}$为σ可加的.

证　首先假定$\mathcal{A}$及$\mathcal{A}_1$为E上的代数. 由定理1.3.4知: 为了证μ在$\mathcal{A}$上为σ可加, 只需证μ在空集$\varnothing$处连续. 设$A_n\in\mathcal{A}, A_n\downarrow\varnothing$. 给定$\varepsilon>0$, 依假定, 对每个$n$, 存在$C_n\subset A_n, C_n\in\mathcal{C}$, 使$\mu(A_n)\leqslant\mu(C_n)+\varepsilon/2^n$. 由于$\bigcap_n C_n\subset\bigcap_n A_n=\varnothing$, 故由$\mathcal{C}$是紧类的假定, 存在正整数$m$, 使$\bigcap_{n=1}^m C_n=\varnothing$, 即有$\bigcup_{n=1}^m C_n^c=E$, 于是有

$$A_m=\bigcap_{n=1}^m A_n=\Big(\bigcap_{n=1}^m A_n\Big)\cap\Big(\bigcup_{n=1}^m C_n^c\Big)\subset\bigcup_{n=1}^m(A_n\setminus C_n).$$

因此, 对$k \geqslant m$, 我们有

$$\mu(A_k) \leqslant \mu(A_m) \leqslant \sum_{n=1}^{m} \mu(A_n \setminus C_n) < \varepsilon.$$

这表明$\lim\limits_{k\to\infty} \mu(A_k) < \varepsilon$. 但$\varepsilon > 0$是任意的, 故$\lim\limits_{k\to\infty} \mu(A_n) = 0$. 因此, μ限于$\mathcal{A}$为σ可加的.

现设$\mathcal{A}$及$\mathcal{A}_1$为E上的半代数. 令$\overline{\mathcal{A}}_1$及$\overline{\mathcal{A}}$为分别由$\mathcal{A}_1$ 及$\mathcal{A}_2$产生的代数, 则μ可以唯一地扩张成为$\overline{\mathcal{A}}_1$上的有限可加集函数, 且对一切$A \in \overline{\mathcal{A}}$, 有

$$\mu(A) = \sup\{\mu(C) \mid\ C \subset A,\ C \in \mathcal{C}_{\cup f}\}.$$

但由引理4.5.2知, $\mathcal{C}_{\cup f}$为紧类, 故由已证结果知: μ 限于$\overline{\mathcal{A}}$ 为σ可加的. 特别, μ 限于$\mathcal{A}$为σ可加的. □

定义4.5.4 设$(E, \mathcal{E}, \mu)$为一测度空间. 称μ为$\mathcal{E}$上的**紧测度**, 如果存在紧类$\mathcal{C} \subset \mathcal{E}$, 使得对一切$A \in \mathcal{E}$, 有

$$\mu(A) = \sup\{\mu(C) :\ C \subset A, C \in \mathcal{C}\}.$$

下一定理是经典的Kolmogorov相容性定理的推广形式.

定理4.5.5 设I为一无穷集, $\mathcal{P}_0(I)$为I的非空有限子集全体. 设$(\Omega_i, \mathcal{F}_i)_{i\in I}$为一族可测空间. 对每个$T \in \mathcal{P}_0(I)$, 设$I\!\!P_T$ 为$(\prod\limits_{i\in T} \Omega_i,\ \prod\limits_{i\in T} \mathcal{F}_i)$上的一概率测度. 假定: (1)每个$I\!\!P_i$为$(\Omega_i, \mathcal{F}_i)$上的紧概率测度; (2) $\{P_T, T \in \mathcal{P}_0(I)\}$满足如下相容性条件: 对$T_1 \subset T_2$, 有

$$I\!\!P_{T_1}(A_{T_1}) = I\!\!P_{T_2}\Big(A_{T_1} \times \prod_{i\in T_2\setminus T_1} \Omega_i\Big),\quad A_{T_1} \in \prod_{i\in T_1} \mathcal{F}_i, \tag{4.5.1}$$

则在$(\prod\limits_{i\in I} \Omega_i, \prod\limits_{i\in I} \mathcal{F}_i)$上存在唯一概率测度$I\!\!P$, 使得$\forall T \in \mathcal{P}_0(I)$, 有

$$I\!\!P\Big(A_T \times \prod_{i\in I\setminus T} \Omega_i\Big) = I\!\!P_T(A_T),\quad A_T \in \prod_{i\in T} \mathcal{F}_i. \tag{4.5.2}$$

证 令

$$\mathcal{S} = \bigcup_{T\in\mathcal{P}_0(I)} \Big\{\prod_{i\in T} A_i \times \prod_{i\notin T} \Omega_i \mid\ A_i \in \mathcal{F}_i, i \in T\Big\},$$

则$\mathcal{S}$为半代数, 且$\sigma(\mathcal{S}) = \prod_{i\in I} \mathcal{F}_i$. 令

$$I\!\!P\Big(\prod_{i\in T} A_i \times \prod_{i\notin T} \Omega_i\Big) = I\!\!P_T\Big(\prod_{i\in T} A_i\Big),$$

由$\{P_T, T \in \mathcal{P}_0\}$的相容性知, 如上定义的$\mathbb{P}$在$\mathcal{S}$上唯一确定, 有限可加, 且有$\mathbb{P}(\prod_{i\in I} \Omega_i) = 1$. 因此, 由引理4.5.3, 为证$\mathbb{P}$在$\mathcal{S}$ 上σ可加, 只需证存在一紧类$\mathcal{C} \subset \mathcal{S}$, 使得对一切$A \in \mathcal{S}$, 有

$$\mathbb{P}(A) = \sup\{\mathbb{P}(C) \mid C \subset A, C \in \mathcal{C}\}. \tag{4.5.3}$$

依假定, 对每个$i \in I$, 存在Ω_i上一紧类$\mathcal{C}_i \subset \mathcal{F}_i$, 使得对一切$A_i \in \mathcal{F}_i$, 有$\mathbb{P}_i(A_i) = \sup\{\mathbb{P}_i(C) \mid C \subset A_i, C \in \mathcal{C}_i\}$. 不妨设每个$\mathcal{C}_i$对可列交运算封闭. 令

$$\mathcal{D} = \{C \times \prod_{j\neq i} \Omega_j, C \in \mathcal{C}_i, i \in I\},$$

则$\mathcal{D}$为紧类. 事实上, 设$A_n = C_n \times \prod_{j\neq i_n} \Omega_j, C_n \in \mathcal{C}_{i_n}$, 则$\bigcap_n A_n$有如下形式: $\prod_{i\in S} B_i \times \prod_{i\notin S} \Omega_i$, 其中$S$为可数集, 且$B_i \in \mathcal{C}_i, i \in S$. 若$\bigcap_n A_n = \varnothing$, 则存在$s \in S$, 使$B_s = \varnothing$. 由于$B_s = \bigcap_{i_n = s} C_n$, 故由$\mathcal{C}_s$的紧性知, 存在$\{n \mid i_n = s\}$的有限子集$J$, 使$\bigcap_{n\in J} C_n = \varnothing$, 从而$\bigcap_{n\in J} A_n = \varnothing$. 因此, $\mathcal{D}$为紧类. 现令$\mathcal{C} = \mathcal{D}_{\cap f}$, 则$\mathcal{C}$为紧类, 且$\mathcal{C} \subset \mathcal{S}$. 设$A = \prod_{i\in T} A_i \times \prod_{i\notin T} \Omega_i \in \mathcal{S}$. 对任给$\varepsilon > 0$, 取$C_i \in \mathcal{C}_i$, $C_i \subset A_i$, 使得

$$\mathbb{P}_i(A_i) \leqslant \mathbb{P}_i(C_i) = \frac{\varepsilon}{|T|},$$

这里$|T|$表示T中元素的个数. 令

$$C = \prod_{i\in T} C_i \times \prod_{i\notin T} \Omega_i = \bigcap_{i\in T} (C_i \times \prod_{j\neq i} \Omega_j) \in \mathcal{C},$$

则$C \subset A$, 且有$A \setminus C \subset \bigcup_{i\in T} \{(A_i \setminus C_i) \times \prod_{j\neq i} \Omega_i\}$. 故由$\mathbb{P}$的半有限可加性得

$$\mathbb{P}(A) - \mathbb{P}(C) \leqslant \sum_{i\in T} \mathbb{P}_i(A_i \setminus C_i) \leqslant \varepsilon.$$

由于$\varepsilon > 0$是任意的, 故有(4.5.3)式. 因此, P在$\mathcal{S}$上是σ可加的, 从而可唯一地扩张成为$\sigma(\mathcal{S}) = \prod_{i\in I} \mathcal{F}_i$上的一概率测度, 仍记为$\mathbb{P}$. 显然$\mathbb{P}$满足(4.5.2)式(利用单调类定理). $\mathbb{P}$的唯一性显然. □

在随机过程理论中, 有时遇到如下的概率测度的扩张问题: 设$(\Omega, \mathcal{F})$为一可测空间, $(\mathcal{F}_n)$ 为$\mathcal{F}$ 的一列上升的子σ代数, 使得 $\sigma(\bigcup_n \mathcal{F}_n) = \mathcal{F}$. 令$\mathbb{P}_n$为$\mathcal{F}_n$上的概率, 使得$\mathbb{P}_{n+1}$限于$\mathcal{F}_n$与$\mathbb{P}_n$一致. 是否存在$\mathcal{F}$上的唯一概率测度$\mathbb{P}$, 使得$\mathbb{P}$限于每个$\mathcal{F}_n$与$\mathbb{P}_n$一致?

下一定理回答了这一问题, 它推广了Tulcea定理(定理4.4.1).

定理4.5.6　设$(\Omega,\mathcal{F})$为一可测空间, $(\mathcal{F}_n, n\geqslant 1)$为$\mathcal{F}$的一列上升子$\sigma$代数, 使得$\sigma(\bigcup_n \mathcal{F}_n)=\mathcal{F}$. 令$I\!P_n$为$\mathcal{F}_n$上的概率测度, $n\geqslant 1$. 如果对一切$n\geqslant 2$, 存在$(\Omega,\mathcal{F}_{n-1})$到 $(\Omega,\mathcal{F}_n)$的概率核(见定义4.3.1)$Q_n(\omega,\cdot)$, 使得

$$I\!P_n(B_n)=\int Q_n(\omega,B_n)I\!P_{n-1}(d\omega),\ \ \forall B_n\in\mathcal{F}_n\,, \tag{4.5.4}$$

$$G\in\mathcal{F}_n, Q_n(\omega,G)>0\Rightarrow A_{n-1}(\omega)\cap G\neq\varnothing\,, \tag{4.5.5}$$

这里$A_k(\omega)$表示包含ω的$\mathcal{F}_k$原子, 则对一切$n\geqslant 1$, $I\!P_{n+1}$限于$\mathcal{F}_n$与 $I\!P_n$一致. 如果进一步有

$$\{\omega^{(n)},n\geqslant 1\}\subset\Omega,\ A_n(\omega^{(n)})\downarrow\Rightarrow\bigcap_n A_n(\omega^{(n)})\neq\varnothing\,, \tag{4.5.6}$$

则存在$\mathcal{F}$上的唯一概率测度$I\!P$, 使得$I\!P$限于每个$\mathcal{F}_n$与$I\!P_n$一致.

证　容易由(4.5.5)式推知, 对$n\geqslant 2$, $B\in\mathcal{F}_{n-1}$, 有$Q_n(\omega,B)=I_B(\omega)$. 由此再由(4.5.4)式推知, 对一切$n\geqslant 1$, $I\!P_{n+1}$限于$\mathcal{F}_n$与$I\!P_n$一致. 于是若令$\mathcal{A}=\bigcup_n\mathcal{F}_n$, 则$(I\!P_n,n\geqslant 1)$ 在代数$\mathcal{A}$上唯一确定一可加集函数$I\!P$, 使得$I\!P$限于每个$\mathcal{F}_n$与$I\!P_n$一致.

现在假定条件(4.5.5)和(4.5.6)成立.为证$I\!P$在$\mathcal{A}$上是σ可加的, 只需证$I\!P$在空集处连续. 设$B_n\in\mathcal{A}$, $B_n\downarrow\varnothing$, 我们用反证法证明$\lim\limits_{n\to\infty}I\!P(B_n)=0$. 假定$\lim\limits_{n\to\infty}I\!P(B_n)>0$. 不妨设对每个$n\geqslant 1$, 有$B_n\in\mathcal{F}_n$(否则, 可以在序列$\{B_n,n\geqslant 1\}$中添加某些相同的$B_n$, 使新序列具有这一性质). 由(4.5.4)式知, 对每个$n\geqslant 2$,

$$I\!P(B_n)=\int_\Omega q_n^{(1)}(\omega)I\!P_1(d\omega),$$

其中$q_2^{(1)}(\omega)=Q_2(\omega,B_2)$,

$$q_n^{(1)}(\omega)=\int_\Omega Q_2(\omega,d\omega^{(2)})\cdots Q_n(\omega^{(n-1)},B_n),\ n\geqslant 3.$$

由于$B_n\downarrow$, 故$q_n^{(1)}(\omega)\downarrow h_1(\omega)$.由控制收敛定理, 我们有

$$\int_\Omega h_1(\omega)I\!P_1(d\omega)=\lim_{n\to\infty}I\!P(B_n)>0,$$

于是存在$\omega^{(1)}$, 使$h_1(\omega^{(1)})>0$. 实际上, 必有$\omega^{(1)}\in B_1$, 因为不然的话, 由(4.5.5)式知

$$q_2^{(1)}(\omega^{(1)})=Q_2(\omega^{(1)},B_2)\leqslant Q_2(\omega^{(1)},B_1)=0,$$

这将导致$h_1(\omega^{(1)})=0$.

现设$n>2$, 则

$$q_n^{(1)}(\omega^{(1)})=\int_\Omega q_n^{(2)}(\omega)Q_2(\omega^{(1)},d\omega),$$

其中$q_3^{(2)}(\omega)=Q_3(\omega,B_3)$,

$$q_n^{(2)}(\omega)=\int_\Omega Q_3(\omega,d\omega^{(3)})\cdots Q_n(\omega^{(n-1)},B_n),\ n\geqslant 4.$$

于是$q_n^{(2)}(\omega)\downarrow h_2(\omega)$, 且

$$\int_\Omega h_2(\omega)\,Q_2(\omega^{(1)},d\omega)=h_1(\omega^{(1)})>0.$$

因此, $Q_2(\omega^{(1)},[h_2>0])>0$. 从而由(4.5.5)式知, 存在$\omega^{(2)}$, 使$\omega^{(2)}\in A_1(\omega^{(1)})$, 且$h_2(\omega^{(2)})>0$.与上述同理可证$\omega^{(2)}\in B_2$.

由归纳法得Ω中一列点$\omega^{(1)},\omega^{(2)},\cdots$, 使得$\omega^{(n)}\in B_n$, $\omega^{(n+1)}\in A_n(\omega^{(n)}),n\geqslant 1$. 由于$\mathcal{F}_n\downarrow$, 故易知$A_{n+1}(\omega^{(n+1)})\subset A_n(\omega^{(n)})$. 因此, 由条件(3)知$\bigcap\limits_n A_n(\omega^{(n)})\neq\varnothing$. 但显然有$A_n(\omega^{(n)})\subset B_n$, 故$\bigcap\limits_n B_n\neq\varnothing$.这与假定矛盾. 这表明, 必须有$\lim\limits_{n\to\infty}\mathbb{P}(B_n)=0$, 因此, $\mathbb{P}$在$\mathcal{A}$上是σ可加的, 从而$\mathbb{P}$可以唯一扩张成为$\mathcal{F}$上的一概率测度. □

习 题

4.5.1 为什么说定理4.5.6是Tulcea定理的推广形式?

4.6 概率测度序列的投影极限

定义4.6.1 设$(\Omega_j,\mathcal{F}_j),j=1,2,\cdots$为一列可测空间, 且对$j>k,p_k^j$为$\Omega_j$到$\Omega_k$上的可测满射, 使得对$j>k>l$有$p_l^k\circ p_k^j=p_l^j$, 则称$((\Omega_j,\mathcal{F}_j),p_k^j)$为一**投影序列**. 设$\Omega=\prod_{j=1}^\infty\Omega_j,\mathcal{F}=\prod_{j=1}^\infty\mathcal{F}_j$, 令

$$E=\{(\omega_j)\in\Omega\,|\,p_k^j(\omega_j)=\omega_k,\forall j>k\},\quad \mathcal{E}=\mathcal{F}\cap E,\tag{4.6.1}$$

称$(E,\mathcal{E})$为**投影可测空间**.

引理4.6.2 设$((\Omega_j,\mathcal{F}_j),p_k^j)$为一投影序列, $(E,\mathcal{E})$为相应的投影可测空间. 令π_j为从Ω到Ω_j上的投影映射, p_j为π_j到E上的局限, 令

$$\mathcal{G}=\bigcup_{j=1}^\infty p_j^{-1}(\mathcal{F}_j),\tag{4.6.2}$$

则$\mathcal{G}$为E上的代数, 且$\sigma(\mathcal{G})=\mathcal{E}$.

证 首先由(4.6.1)式知, p_j为E到Ω_j上的满射. 事实上对任何给定的$\omega_j\in\Omega_j$, 对$n<j$, 令$\omega_n=p_n^j\omega_j$; 对$m\geqslant j$, 依次选取$\omega_{m+1}\in\Omega_{m+1}$, 使得$\omega_m=p_m^{m+1}\omega_{m+1}$, 则$\omega=(\omega_k)\in E$, 且$p_j(\omega)=\omega_j$. 再由(4.6.1)式知, 对$j>k$, $p_k=p_k^j\circ p_j$, 从而

有$p_k^{-1}(\mathcal{F}_k)=p_j^{-1}(p_k^j)^{-1}(\mathcal{F}_k)\subset p_j^{-1}(\mathcal{F}_j)$. 这表明$\sigma$代数序列$p_j^{-1}(\mathcal{F}_j)$单调增, 故$\mathcal{G}$为代数. 此外我们有

$$\begin{aligned}\sigma(\mathcal{G})&=\sigma\Big(\bigcup_{j=1}^{\infty}p_j^{-1}(\mathcal{F}_j)\Big)=\sigma\Big(\bigcup_{j=1}^{\infty}(\pi_j^{-1}(\mathcal{F}_j)\cap E)\Big)\\&=\sigma\Big((\bigcup_{j=1}^{\infty}\pi_j^{-1}(\mathcal{F}_j))\cap E\Big)=\sigma(\bigcup_{j=1}^{\infty}\pi_j^{-1}(\mathcal{F}_j))\cap E=\mathcal{F}\cap E=\mathcal{E}.\end{aligned}$$

□

如果对每个$j\geqslant 1$, $I\!\!P_j$为$(\Omega_j,\mathcal{F}_j)$上的一概率测度, 且满足如下相容性条件: $I\!\!P_k=I\!\!P_j(p_k^j)^{-1},\forall j>k$, 则通过映射$p_j$可在$p_j^{-1}(\mathcal{F}_j)$ 上定义测度Q_j: $Q_j(p_j^{-1}(A))=I\!\!P_j(A)$, $A\in\mathcal{F}_j$. 对$j>k$, Q_j限于$p_k^{-1}(\mathcal{F}_k)$ 显然与Q_k一致, 因此我们在$\mathcal{G}$上得到了一个有限可加的非负集函数, 记为Q. 如果Q可唯一扩张成$\mathcal{E}$ 上的一个概率测度(即Q在$\mathcal{G}$上是可列可加的), 则有$I\!\!P_j=Q\circ p_j^{-1},\forall j\geqslant 1$. 这时称$Q$是$Q_j$的**投影极限**.

一个自然的问题是: 在什么条件下Q可唯一扩张成$\mathcal{E}$的一个概率测度?下面我们利用Kolmogorov相容性定理给出一个答案.

定理4.6.3 设$((\Omega_j,\mathcal{F}_j),p_k^j)$为一投影序列, $(E,\mathcal{E})$为相应的投影可测空间, p_j为Ω到Ω_j上的投影映射π_j在E上的局限. 如果对每个$j\geqslant 1$, $I\!\!P_j$ 为$(\Omega_j,\mathcal{F}_j)$上的一紧概率测度, 且满足如下相容性条件: $I\!\!P_k=I\!\!P_j(p_k^j)^{-1},\forall j>k$, 则存在$(E,\mathcal{E})$上的唯一概率测度$Q$, 使得$I\!\!P_j=Q\circ p_j^{-1},\forall j\geqslant 1$.

证 令

$$E_n=\prod_{j=1}^{n}\Omega_j,\ \ \mathcal{E}_n=\prod_{j=1}^{n}\mathcal{F}_j,\ n\geqslant 1.$$

定义$(\Omega_n,\mathcal{F}_n)$到$(E_n,\mathcal{E}_n)$的可测映射f_n:

$$f_n(\omega_n)=(p_1^n(\omega_n),p_2^n(\omega_n),\cdots,p_{n-1}^n(\omega_n),\omega_n).$$

令$\mu_n=I\!\!P_n\circ f_n^{-1},n\geqslant 1$, 则$\mu_n$为$(E_n,\mathcal{E}_n)$上的概率测度, 且$\forall A_n\in\mathcal{E}_n$, 有

$$\begin{aligned}\mu_{n+1}(A_n\times\Omega_{n+1})&=I\!\!P_{n+1}(f_{n+1}^{-1}(A_n\times\Omega_{n+1}))\\&=I\!\!P_{n+1}\circ(p_n^{n+1})^{-1}(f_n^{-1}(A_n))=I\!\!P_n\circ f_n^{-1}(A_n)=\mu_n(A_n).\end{aligned}$$

于是由定理4.5.5知存在$(\Omega,\mathcal{F})=(\prod_{j=1}^{\infty}\Omega_j,\prod_{j=1}^{\infty}\mathcal{F}_j)$上的唯一概率测度$\mu$, 使得$I\!\!P_j=\mu\circ\pi_j^{-1},\forall j\geqslant 1$. 由$f_n$及$\mu_n$的定义容易推知, 集合$E$关于$\mu$的外测度为1, 又由于$\mathcal{E}=\mathcal{F}\cap E$, 故由习题1.4.1知, 若令$Q$为$\mu$到$(E,\mathcal{E})$上的限制, 则$Q$是$(E,\mathcal{E})$上的唯一概率测度, 使得$I\!\!P_j=Q\circ p_j^{-1},\forall j\geqslant 1$. □

4.7 随机Daniell 积分及其核表示

本节将引进随机Daniell积分, 给出Daniell-Stone 定理的随机版本和随机Daniell积分的核表示. 本节内容取自严加安(1991).

定义4.7.1 设$(\Omega,\mathcal{F})$为一可测空间, $\mathcal{P}$为其上的一族概率测度.令

$$\mathcal{N}=\{A\in\mathcal{F}\mid I\!P(A)=0,\ \forall I\!P\in\mathcal{P}\}, \tag{4.7.1}$$

我们指定$\mathcal{N}$为$\mathcal{F}$中"可略集"全体, 称三元体$(\Omega,\mathcal{F},\mathcal{N})$为一(由$\mathcal{P}$确定的)**随机空间**. 一依赖$\omega\in\Omega$的性质称为$\mathcal{N}$-a.e.成立, 如果除去某个可略集外它处处成立.

下面用$L(\Omega,\mathcal{F})$(相应地, $\overline{L}(\Omega,\mathcal{F})$)表示$\Omega$上实值(数值)函数全体.

定义4.7.2 设E为一抽象集合, $\mathcal{A}$为E上的一代数, μ为一从$\mathcal{A}$到$\overline{L}_+(\Omega,\mathcal{F})$中的映射, 满足如下条件:

(1) $\mu(\varnothing)=0,\mathcal{N}$-a.e.;

(2) 如果$(A_n)\subset\mathcal{A},A_n\cap A_m=\varnothing,\forall n\neq m$, 则$\mu(\sum_{n=1}^{\infty}A_n)=\sum_{n=1}^{\infty}\mu(A_n),\mathcal{N}$-a.e.,

则称μ为一$\mathcal{N}$**随机测度**. 如果$\mathcal{P}$只有单个元素$I\!P$, 则称$\mathcal{N}$随机测度为$I\!P$**随机测度**.

有限随机测度和σ有限随机测度概念是不讲自明的.

定义4.7.3 设$(E,\mathcal{E})$为一可测空间, μ为$\mathcal{E}$上一$\mathcal{N}$随机测度, f为E上一非负$\mathcal{E}$可测函数.令

$$\mu(f)=\lim_{n\to\infty}\frac{1}{2^n}\sum_{k=0}^{\infty}\mu\Big([f>\frac{k}{2^n}]\Big),$$

称$\mu(f)$为f关于μ的积分. 对一般f, 可令$\mu(f)=\mu(f^+)-\mu(f^-)$.

定义4.7.4 设$\mathcal{H}$为E上一向量格, T为$\mathcal{H}$到$L(\Omega,\mathcal{F})$中的映射. 称T为$\mathcal{H}$上的$\mathcal{N}$**随机Daniell积分**, 如果T是$\mathcal{N}$-a.e.线性、保正、在0处从上连续, 即T满足如下条件:

(1) $T(\alpha f+\beta g)=\alpha T(f)+\beta T(g),\mathcal{N}$-a.e., $\forall f,g\in\mathcal{H},\alpha,\beta\in\mathbb{R}$;

(2) $f\geqslant 0,f\in\mathcal{H}\Longrightarrow T(f)\geqslant 0,\mathcal{N}$-a.e.;

(3) $f_n\in\mathcal{H},f_n\downarrow 0\Longrightarrow T(f_n)\to 0,\mathcal{N}$-a.e..

下一定理是Carathéodory测度扩张定理(定理1.4.7)的随机版本.

定理4.7.5 设$(\Omega,\mathcal{F},\mathcal{N})$为一随机空间, $\mathcal{A}$为E上的一代数, μ为$\mathcal{A}$上的一σ有限$\mathcal{N}$随机测度, 则μ可以唯一地(在$\mathcal{N}$等价意义下) 扩张成为$\sigma(\mathcal{A})$上的$\mathcal{N}$-随机测度.

证 与引理1.3.5类似, 我们可以把与σ有限$\mathcal{N}$随机测度有关的问题化为有限$\mathcal{N}$随机测度情形来处理, 因此不妨假定μ 为 $\mathcal{A}$上的一有限$\mathcal{N}$随机测度. 由于$\mathcal{N}$由(4.7.1)式给出, 对每个$I\!P\in\mathcal{P}$, μ为$\mathcal{A}$上的一有限$I\!P$随机测度. 这时容易证明μ可以唯一地扩张成为$\sigma(\mathcal{A})$上的$I\!P$随机测度(习题4.7.1), 记为$\mu_{I\!P}$. 令$\mathcal{X}$为E上那些包含$\mathcal{A}$但含于$\sigma(\mathcal{A})$的代数$\mathcal{A}'$全体, 使得限于$\mathcal{A}'$ $\{\mu_{I\!P},I\!P\in\mathcal{P}\}$有一个统一的版本. 我们在$\mathcal{X}$上按集合的包

含关系定义一个半序. 如果$\{A_\alpha, \alpha \in \wedge\}$是$\mathcal{X}$的一个全序子集, 令$\overline{\mathcal{A}} = \cup_{\alpha\in\wedge}\mathcal{A}_\alpha$, 则易知$\overline{\mathcal{A}} \in \mathcal{X}$. 于是由集合论中著名的Zorn引理知, $\mathcal{X}$有一极大元$\widetilde{\mathcal{A}}$. 往证$\widetilde{\mathcal{A}} = \sigma(\mathcal{A})$. 事实上, 如果$\widetilde{\mathcal{A}} \neq \sigma(\mathcal{A})$, 则$\widetilde{\mathcal{A}}$不是$\sigma$代数, 因为$\sigma(\mathcal{A})$是包含$\mathcal{A}$的最小$\sigma$代数. 令$\mathcal{B} = \{A \cap B^c \,|\, A, B \in \widetilde{\mathcal{A}}_\delta\}$, $\mathcal{A}' = \mathcal{B}_{\Sigma f}$, 则$\mathcal{A}'$为$E$上的一代数, 且$\widetilde{\mathcal{A}} \neq \mathcal{A}'$, 因为如果相等就可证明$\widetilde{\mathcal{A}}$是一$\sigma$ 代数. 对每个$B \in \widetilde{\mathcal{A}}_\delta$, 我们选取一个序列$(B_n) \subset \mathcal{A}$, 使得$B_n \downarrow B$, 且令

$$\overline{\mu}(B) = \limsup_{n\to\infty} \mu(B_n).$$

则容易看出$\overline{\mu}(B)$可以扩张成为$\{\mu_{I\!P}, I\!P \in \mathcal{P}\}$在$\mathcal{A}'$上的一个统一版本. 这表明$\mathcal{A}' \in \mathcal{X}$. 这与$\widetilde{\mathcal{A}}$是极大元矛盾. □

下一定理是Daniell-Stone 定理的随机版本.

定理4.7.6 令$(\Omega, \mathcal{F}, \mathcal{N})$为一随机空间, 其中$\mathcal{N}$如(4.7.1)式给出, $\mathcal{H}$为E上的一向量格. 假定存在$\mathcal{H}_+$中一处处单调上升于1的序列, 则对$\mathcal{H}$上的任一$\mathcal{N}$随机Daniell积分T, 存在$\sigma(\mathcal{H})$上的一$\mathcal{N}$随机测度μ, 使得$\mu(f) = T(f), \mathcal{N}$-a.e., $\forall f \in \mathcal{H}$.

证 对每个固定的$I\!P \in \mathcal{P}$, T可视为$\mathcal{H}$上的$I\!P$随机Daniell积分. 在Daniell-Stone定理的证明中用将在第7章定义7.5.1给出的ess.inf和ess.sup代替inf和sup, 可以证明: 存在$\sigma(\mathcal{H})$上的一$I\!P$随机测度μ_P, 使得$\mu_{I\!P}(f) = T(f), I\!P$-a.e., $\forall f \in \mathcal{H}$. 因此, 由定理4.7.5知, 为了证明定理的结论, 只要证明存在生成$\sigma(\mathcal{H})$的一代数$\mathcal{A}$使得$\{\mu_{I\!P}, I\!P \in \mathcal{P}\}$在$\mathcal{A}$上有一个统一的版本$\mu$. 令

$$\mathcal{H}_+^* = \{f \,|\, \exists f_n \in \mathcal{H}_+, \text{使} f_n \uparrow f\}, \quad \mathcal{D} = \{A \subset E \,|\, I_A \in \mathcal{H}_+^*\}.$$

对每个$f \in \mathcal{H}_+^*$, 我们选取一个序列$(f_n) \subset \mathcal{H}_+$, 使得$f_n \uparrow f$, 且令

$$T^*(f) = \limsup_{n\to\infty} T(f_n),$$
$$\mathcal{D}_1 = \{A \in \mathcal{D} \,|\, T^*(I_A) < \infty, \mathcal{N}\text{-a.e.}\}.$$

则$(\mathcal{D}_1)_\sigma = \mathcal{D}$, 并由引理3.5.7知$\sigma(\mathcal{D}) = \sigma(\mathcal{H})$. 令

$$\mathcal{C} = \{A \cap B^c \,|\, A, B \in \mathcal{D}\}, \quad \mathcal{A} = \mathcal{C}_{\Sigma f}.$$

则$\mathcal{A}$为E上的代数, 且有$\sigma(\mathcal{A}) = \sigma(\mathcal{H})$. 令

$$\overline{\mu}(A) = T^*(I_A), \quad A \in \mathcal{D}.$$

则易见$\overline{\mu}$为$\{\mu_{I\!P}, I\!P \in \mathcal{P}\}$在$\mathcal{D}$上的一个统一版本. 设$C \in \mathcal{C}, C = A \cap B^c, A, B \in \mathcal{D}$. 任取$A_n \in \mathcal{D}_1, n \geqslant 1$, 使得$A_n \uparrow A$. 对一切$I\!P \in \mathcal{P}$, 显然有

$$\mu_{I\!P}(C) = \lim_{n\to\infty} \mu_{I\!P}(A_n \cap B^c) = \lim_{n\to\infty} [\mu_{I\!P}(A_n) - \mu_{I\!P}(A_n \cap B)], \quad I\!P\text{-a.e.}.$$

于是若令

$$\mu(C) = \limsup_{n\to\infty}[\overline{\mu}_{\mathbb{P}}(A_n) - \overline{\mu}_{\mathbb{P}}(A_n \cap B)],$$

则如此定义的μ是$\{\mu_{\mathbb{P}}, \mathbb{P} \in \mathcal{P}\}$在$\mathcal{C}$上的一个统一版本. 从而$\mu$可唯一地延拓到$\mathcal{A}$上成为$\{\mu_{\mathbb{P}}, \mathbb{P} \in \mathcal{P}\}$在$\mathcal{A}$上的一个统一版本. □

定义4.7.7 设$(\Omega, \mathcal{F}, \mathcal{N})$为一由概率族$\mathcal{P}$确定的随机空间, 其中$\mathcal{N}$由(4.7.1)给出. 又设$(E, \mathcal{E})$为一可测空间. 称$(\Omega, \mathcal{F})$到$(E, \mathcal{E})$ 的两个核K_1和K_2是$\mathcal{N}$等价的, 如果存在$N \in \mathcal{N}$, 使得对每个$\omega \in \Omega \setminus N$, 有$K_1(\omega, \cdot) = K_2(\omega, \cdot)$成立.

定义4.7.8 设$(\Omega, \mathcal{F}, \mathcal{N})$为一随机空间, 其中$\mathcal{N}$由(4.7.1)给出.

(1) 设μ为$(E, \mathcal{E})$上的一$\mathcal{N}$随机测度. 如果存在从$(\Omega, \mathcal{F})$到$(E, \mathcal{E})$ 的一个核K和$N \in \mathcal{N}$, 使得对每个$\omega \in \Omega \setminus N$, 对一切$A \in \mathcal{E}$, 有$K(\omega, A) = \mu(A)(\omega)$, 则称$K$为$\mu$的**核表示**.

(2) 设$\mathcal{H}$为E上的一向量格, T为$\mathcal{H}$上的一$\mathcal{N}$随机Daniell积分. 如果存在从$(\Omega, \mathcal{F})$到$(E, \mathcal{E})$ 的一个核K, 使得对一切$f \in \mathcal{H}$, 有$T(f) = K(\cdot, f), \mathcal{N}$-a.e., 则称$K$为$T$的**核表示**.

在概率论和马氏过程理论中, 构造概率转移核是一个重要问题. 一个自然的问题是: 在什么条件下$\mathcal{H}$上的$\mathcal{N}$随机Daniell积分有核表示? 为了回答这一问题, 我们首先给出$\mathcal{N}$随机测度有核表示的一个充分条件.

定理4.7.9 设$(\Omega, \mathcal{F}, \mathcal{N})$为一随机空间, $(E, \mathcal{E})$为一可分可测空间, μ为$(E, \mathcal{E})$上的$\mathcal{N}$随机测度. 如果存在E上一紧类$\mathcal{D} \subset \mathcal{E}$, 满足如下条件:

(1) 对任何$(E, \mathcal{E})$上的有限测度ν, 对一切$A \in \mathcal{E}$, 有

$$\nu(A) = \sup\{\nu(C) : C \subset A, C \in \mathcal{D}\};$$

(2) $\mathcal{D}_\sigma$包含生成$\mathcal{E}$的一可数代数$\mathcal{A} = \{A_1, A_2, \cdots\}$,

则μ有核表示, 且在$\mathcal{N}$等价意义下是唯一的.

证 不妨假定μ为有限$\mathcal{N}$随机测度. $\forall i \geqslant 1$, 选取$\mathcal{D}_{\cup f}$中的一列元素$\{C_{i,k}, k \geqslant 1\}$, 使得$C_{i,k}$单调上升趋于$A_i$. 令$\mathcal{C} = \{C_{i,k},\ i, k \geqslant 1\}$, $\mathcal{A}_1$为由$\mathcal{A} \cup \mathcal{C}$ 生成的代数. 于是存在$N \in \mathcal{N}$, 使得对每个$\omega \in \Omega \setminus N$, $\mu(E)(\omega) < \infty$, 且$\mu(\cdot)(\omega)$为有限可加的. 由于$\mathcal{C} \subset \mathcal{A}_1$, 且有

$$\mu(A)(\omega) = \sup\{\mu(C)(\omega) : C \subset A, C \in \mathcal{C}\}, \quad \forall A \in \mathcal{A}.$$

于是由引理4.5.3知, 对每个$\omega \in \Omega \setminus N$, $\mu(\cdot)(\omega)$可以扩张成为$(E, \mathcal{E})$ 上的一有限测度, 记为$K(\omega, \cdot)$. 对$\omega \in N$, 令$K(\omega, \cdot)$为零测度, 则K为从$(\Omega, \mathcal{F})$到$(E, \mathcal{E})$的一个核, 且由单调类定理知, K是随机测度μ 在$(E, \mathcal{E})$上的限制的核表示. □

基于这一定理, 由Daniell-Stone定理的随机版本立刻得到如下定理.

定理4.7.10 设$(\Omega, \mathcal{F}, \mathcal{N})$为一随机空间, 其中$\mathcal{N}$由(4.7.1)给出, $\mathcal{H}$为E上的一向量格. 令$\mathcal{E} = \sigma(\mathcal{H})$. 假定$(E, \mathcal{E})$满足定理4.7.9的条件, 且存在$\mathcal{H}_+$中一处处单调上升于1的序列, 则$\mathcal{H}$上的任一$\mathcal{N}$随机Daniell积分都有核表示, 且在$\mathcal{N}$等价意义下唯一.

习 题

4.7.1 设$(\Omega, \mathcal{F}, I\!P)$为一概率空间, $\mathcal{A}$为E上的一代数, μ为$\mathcal{A}$上的一有限$I\!P$随机测度. 则μ可以唯一地扩张成为$\sigma(\mathcal{A})$上的$I\!P$随机测度.

第 5 章　Hausdorff 空间上的测度与积分

5.1　拓扑空间

本节介绍拓扑空间的一些基本概念和结果, 这是为本章其余各节作准备的. 这里我们假定读者熟悉有关距离空间的概念和基本结果.

定义5.1.1　设X为一非空集合, $\mathcal{G}$为X的一子集族. 如果$X, \varnothing \in \mathcal{G}$, 且$\mathcal{G}$对有限交及任意并运算封闭, 则称$\mathcal{G}$为$X$的一个**拓扑**, 称序偶$(X, \mathcal{G})$为**拓扑空间**. 当拓扑$\mathcal{G}$自明或无需指出时, 直接称$X$为拓扑空间. $\mathcal{G}$中的元素称为**开集**. 设F为X的一子集, 若其补集F^c为开集, 则称F为**闭集**. 我们用$\mathcal{F}$表示X中的闭集全体, 则$\mathcal{F}$对有限并及任意交运算封闭.

定义5.1.2　设$(X, \mathcal{G})$为一拓扑空间, $\mathcal{B}$为$\mathcal{G}$的子类, 如果$\mathcal{G}$中每一元素都是$\mathcal{B}$中某些元素的并, 则称$\mathcal{B}$为拓扑$\mathcal{G}$的**基**. 若有$\mathcal{G}$的可数子类$\mathcal{B}$成为拓扑$\mathcal{G}$的基, 则称$(X, \mathcal{G})$为**具可数基**或满足**第二可数性公理**的拓扑空间. 若集类$\mathcal{D}$中元素的有限交全体$\mathcal{D}_{\cap f}$为拓扑$\mathcal{G}$的基, 则称$\mathcal{D}$为拓扑$\mathcal{G}$的**子基**.

定义5.1.3　设$(X, \mathcal{G})$为一拓扑空间, Y为X的一子集, 令$\mathcal{G}_Y = \{G \cap Y \mid G \in \mathcal{G}\}$, 则$\mathcal{G}_Y$为$Y$的一个拓扑, 我们称$(Y, \mathcal{G}_Y)$为$(X, \mathcal{G})$的 (拓扑)**子空间**, 称拓扑$\mathcal{G}_Y$为由拓扑$\mathcal{G}$在$Y$ 上**诱导的拓扑**.

定义5.1.4　设$(X, \mathcal{G})$为一拓扑空间, A为X的一子集, 称包含A的最小闭集为A的**闭包**, 并以$\overline{A}$记之; 称含于A的最大开集为A的**内核**, 并以A°记之. 令$\partial A = \overline{A} \setminus A^\circ$, 称$\partial A$为$A$的**边界**.

容易证明:

$$\overline{A \cup B} = \overline{A} \cup \overline{B}, \quad (A \cap B)^\circ = A^\circ \cap B^\circ, \quad (A^\circ)^c = \overline{A^c}. \tag{5.1.1}$$

定义5.1.5　设$(X, \mathcal{G})$为一拓扑空间. 设$x \in V \subset X$, 称V为x的一个**邻域**, 如果存在$U \in \mathcal{G}$, 使$x \in U \subset V$; 如果V是开集, 称V为x的一个**开邻域**. 点$x \in X$的所有邻域构成的集类称为点x的**邻域系**, 记为$\mathcal{U}_x$. 设$\mathcal{V}_x$为$\mathcal{U}_x$的子类, 如果对每一$U \in \mathcal{U}_x$, 存在$V \in \mathcal{V}_x$, 使$V \subset U$, 则称$\mathcal{V}_x$为点x的**邻域系的基**(或**局部基**). 若X中的每个点有可数局部基, 则称X满足**第一可数性公理**.

定义5.1.6　设$(X, \mathcal{G})$为一拓扑空间, A为X的一子集. 如果$\overline{A} = X$, 则称A在X中**稠密**. 若X有可数稠子集, 则称X为**可分**(**拓扑**)**空间**.

满足第二可数性公理的空间必满足第一可数性公理, 并且为可分空间.

定义5.1.7 设$\mathcal{A}$为X上一集类, B为X的一子集. 若$B \subset \bigcup_{A\in\mathcal{A}} A$, 则称$\mathcal{A}$为$B$的一个**覆盖**. 若$\mathcal{A}$为可数或有限类, 分别称$\mathcal{A}$为$B$的可数或有限覆盖. 若$\mathcal{A}$是$B$的覆盖, $\mathcal{A}_1$是$\mathcal{A}$ 的子类且也是B的覆盖, 则称$\mathcal{A}_1$为$\mathcal{A}$的(关于B的)**子覆盖**.

定义5.1.8 设$(X,\mathcal{G})$为一拓扑空间, 如果X的每一开覆盖都有有限(相应地, 可数)子覆盖, 则称X为**紧空间**(相应地, **Lindelöf空间**). 设K为X的子集, 若K的每一开覆盖都有有限子覆盖, 则称K为**紧集**. 如果X的每个点有一紧邻域, 则称X为**局部紧空间**. 如果X可表为紧集的可数并, 则称X为**σ紧空间**.

紧空间中的闭集必为紧集. 但在一般拓扑空间中, 紧集未必是闭集.

定义5.1.9 设$(X,\mathcal{G})$为一拓扑空间, 令Δ为任一不属于X的元素, 令$X^\Delta = X\cup\{\Delta\}$, 令$\mathcal{G}^\Delta = \mathcal{G}\cup\mathcal{G}_1$, 其中

$$\mathcal{G}_1 = \{E \subset X^\Delta \mid X^\Delta\backslash E\text{为}X\text{的紧闭集}\},$$

则$(X^\Delta,\mathcal{G}^\Delta)$为紧拓扑空间, 称其为 $(X,\mathcal{G})$的**单点紧化**.

定义5.1.10 设$(X,\mathcal{G})$为一拓扑空间, 如果X的任意两个不同的点x及y都可以用两个不交开集U及V分离(即$x\in U, y\in V$, 且$U\cap V=\varnothing$), 则称X为**Hausdorff空间**. 如果X是Hausdorff空间, 且任意两个不交闭集可用两个不交开集分离, 则称X为**正规空间**.

在一Hausdorff空间中, 紧集必为闭集.

定义5.1.11 设$(X,\mathcal{G})$及$(Y,\mathcal{H})$为拓扑空间, f为从X到Y的一映射, 若$f^{-1}(\mathcal{H})\subset\mathcal{G}$(即开集的原象为开集), 则称$f$为**连续映射**. 设$x\in X$, 若$f(x)$在$Y$中的任意邻域$W$的原象$f^{-1}(W)$为$x$ 在X中的邻域, 则称f**在点x处连续**. 设$f: X\to Y$为X到Y上的一对一映射, 若f及f^{-1}都是连续映射, 则称f为从X到Y上的**同胚映射**. 如果在两个拓扑空间之间存在同胚映射, 则称这两个拓扑空间**同胚**.

定义5.1.12 设X为一拓扑空间. 函数$f: X\to(-\infty,+\infty]$ 称为**下半连续的**, 如果对每个实数a, $[f>a]$为开集; 称函数$f: X\to[-\infty,+\infty)$为**上半连续的**, 如果$-f$为下半连续.

显然, 上(下)半连续函数为Borel可测, 既下半连续又上半连续的函数为连续函数. 此外, 一族下半连续函数的上端为下半连续函数, 一族上半连续函数的下端为上半连续函数.

定理5.1.13(Dini定理) 设X为一紧拓扑空间, f_n为X上的一列非负上半连续函数, 且$f_n\downarrow 0$, 则f_n一致收敛于0.

证 $\forall\varepsilon>0$, $G_n=\{x\mid f_n(x)<\varepsilon\}$为覆盖$X$的单调非降的开集列. 由于$X$为一紧拓扑空间, 故存在某$N$, 使$X=G_N$. 于是$\forall n\geqslant N$, 有$X=G_n$. 这表明$f_n$一致收敛于0. □

定义5.1.14 设f为拓扑空间X上的实值函数. 称集合$\{x\in X\mid f(x)\neq 0\}$的闭包为$f$的**支撑**, 记为supp$(f)$. 若supp$(f)$为紧集, 则称$f$**具有紧支撑**.

记号5.1.15 设X为一拓扑空间, 分别用$\mathcal{G}$, $\mathcal{F}$及$\mathcal{K}$表示X中的全体开集、全体闭集及全体紧集所成的集类; 用$\mathcal{G}_\delta$表示$\mathcal{G}$中元素的可列交全体; 用$\mathcal{F}_\sigma(\mathcal{K}_\sigma)$表示$\mathcal{F}(\mathcal{K})$中元素的可列并全体. $\mathcal{G}_\delta$中的元称为$\mathcal{G}_\delta$集, $\mathcal{F}_\sigma$中的元称为$\mathcal{F}_\sigma$集, $\mathcal{K}_\sigma$中的元称为$\mathcal{K}_\sigma$集(或称为σ紧集). 此外, 我们用$C(X)$, $C_b(X)$及$C_c(X)$分别表示X上的连续函数、有界连续函数及具紧支撑的连续函数全体.

引理5.1.16 (Urysohn引理) 设X为一正规空间, E及F为X 的不交闭子集. 则存在X上的一连续函数f, 使得$0\leqslant f\leqslant 1$, 且f在E上取值为0, 在F上取值为1.

证 令D为区间(0, 1)中二进小数全体($D=\{m/2^n\,|\,1\leqslant m<2^n, n=1,2,\cdots\}$), 由$X$的正规性, 存在不交开集$U_{1/2}$及$V_{1/2}$使 $E\subset U_{1/2}, F\subset V_{1/2}$. 由于$V_{1/2}^c$为闭集, 且$U_{1/2}\subset V_{1/2}^c$, 故$\overline{U}_{1/2}\subset V_{1/2}^c\subset F^c$. 因此我们有$E\subset U_{1/2}\subset\overline{U}_{1/2}\subset F^c$. 同理, 存在开集$U_{1/4}$及$U_{3/4}$使得

$$E\subset U_{1/4}\subset\overline{U}_{1/4}\subset U_{1/2},\ \overline{U}_{1/2}\subset U_{3/4}\subset\overline{U}_{3/4}\subset F^c.$$

由归纳法知, 存在一族开集$\{U_r\}_{r\in D}$, 使得

$$E\subset U_r\subset\overline{U}_r\subset U_s\subset\overline{U}_s\subset F^c,\quad r<s,\ r,s\in D.$$

令

$$f(x)=\begin{cases}1, & x\notin\bigcup\limits_r U_r,\\ \inf\{r\,|\,x\in U_r\}, & x\in\bigcup\limits_r U_r,\end{cases}$$

则$0\leqslant f\leqslant 1$. 显然f在E上为0, 在F上为1. 往证f为连续函数. 设$0\leqslant\alpha<1, 0<\beta\leqslant 1$, 我们有

$$f^{-1}([0,\beta))=\bigcup_{r<\beta}U_r,$$
$$f^{-1}((\alpha,1])=f^{-1}([0,\alpha])^c=(\bigcap_{r>\alpha}U_r)^c=(\bigcap_{r>\alpha}\overline{U}_r)^c.$$

这表明$f^{-1}([0,\beta))$及$f^{-1}((\alpha,1])$为开集, 从而对$0<\alpha<\beta<1$, $f^{-1}((\alpha,\beta))$也为开集. 但$[0,\beta)$, $(\alpha,1]$及(α,β)这三种类型开集全体构成$[0,1]$的基(即[0, 1]作为一拓扑空间, 其中开集都可表为这三类开集的并), 故f为连续函数. □

定理5.1.17 (Tietze扩张定理) 令X为一正规空间, E为X 的一闭子集, 如果f为定义于E的有界实值连续函数(E按X诱导的拓扑为一拓扑空间), 则存在X上的有界连续函数g, 使g在E上的限制为f, 且$\sup_{x\in X}|g(x)|=\sup_{x\in E}|f(x)|$.

证 不妨假定$\sup|f(x)|=1$. 令$E_1=[f\leqslant -\frac{1}{3}], F_1=[f\geqslant \frac{1}{3}]$, 由Urysohn引理, 可取$X$上的一连续函数$g_1$使得$-1/3\leqslant g_1\leqslant 1/3$, 且$g_1$在$E_1$上为$-1/3$, 在$F_1$上为$1/3$. 这时显然有

$$|f(x)-g_1(x)|\leqslant \frac{2}{3},\quad \forall x\in E.$$

依归纳法, 可取X上的连续函数$g_2,g_3,\cdots$, 使得$|g_n|\leqslant 2^{n-1}/3^n$, 且有

$$|f(x)-\sum_{i=1}^{n}g_i(x)|\leqslant \left(\frac{2}{3}\right)^n,\quad \forall x\in E.$$

令$g=\sum_{i=1}^{\infty}g_i$, 则g即为满足定理要求的连续函数. □

下面我们研究局部紧Hausdorff空间的性质.

引理5.1.18 设X为一Hausdorff空间, K及L为X的两个不交紧子集, 则存在X的两个不交开子集U及V, 使得$K\subset U, L\subset V$.

证 不妨设K及L非空. 首先任意取定某$x\in K$, 则对任何$y\in L$, 存在不交开集U_y及V_y, 使$x\in U_y, y\in V_y$, 由于L为紧集, 故存在$y_1,\cdots,y_n\in L$, 使$L\subset\bigcup_{i=1}^{n}V_{y_i}$. 令

$$U_x=\bigcap_{i=1}^{n}U_{y_i},\quad V_x=\bigcup_{i=1}^{n}V_{y_i},$$

则U_x和V_x为不交开集, 且$x\in U_x, L\subset V_x$. 对每个$x\in K$, 我们可以找到这样的一对开集. 由于K是紧集, 故存在$x_1,\cdots,x_m\in K$, 使$K\subset\bigcup_{i=1}^{m}U_{x_i}$. 令

$$U=\bigcup_{i=1}^{m}U_{x_i},\quad V=\bigcap_{i=1}^{m}V_{x_i},$$

则$K\subset U, L\subset V$, 且U和V为不交开集. □

作为该引理的一个推论, 我们有如下命题.

命题5.1.19 紧Hausdorff空间为正规空间.

命题5.1.20 设X为一局部紧Hausdorff空间, K为X的紧子集, U为包含K的一开集, 则有如下结论:

(1) 存在开集V, 其闭包为紧集, 使得

$$K\subset V\subset\overline{V}\subset U;$$

(2) 存在一具紧支撑的连续函数f, 使得$\mathrm{supp}(f)\subset U$, 且$I_K\leqslant f\leqslant I_U$;

(3) 如果$K\in\mathcal{G}_\delta$, 则(2)中的f在K^c上可取为<1;

(4) 存在紧集K_1及开集U_1, 使得$K_1\in\mathcal{G}_\delta$, U_1为$\mathcal{G}_\delta$ 中紧集的可列并, 且使$K\subset U_1\subset K_1\subset U$.

证 (1) 设$x \in K$, 由于X的局部紧性, 存在x的开邻域W_x, 其闭包为紧集. 不妨设$W_x \subset U$, 对紧集$\{x\}$及$\overline{W}_x \backslash W_x$应用引理5.1.18, 存在不交开集$V_1$及$V_2$, 使$x \in V_1, \overline{W}_x \backslash W_x \subset V_2$. 令$V_x = V_1 \cap W_x$. 由于$\overline{V}_1 \subset V_2^c$, 故易知$\overline{V}_x \cap U^c = \varnothing$, 即$\overline{V}_x \subset U$. 显然$x \in V_x$, 且$\overline{V}_x$ 为紧集. 由于K是紧集, 故存在$x_1, \cdots, x_n \in K$, 使$K \subset \bigcup_{i=1}^n V_{x_i}$.令$V = \bigcup_{i=1}^n V_{x_i}$, 则$\overline{V}$为紧集, 且$K \subset V \subset \overline{V} \subset U$.

(2) 令V为(1)中的开集, 作为子空间, $\overline{V}$为紧Hausdorff空间, 从而为正规空间. 由Urysohn引理, 存在$\overline{V}$上的连续函数g, 使$0 \leqslant g \leqslant 1$, 且$g$在$K$上为1, 在$\overline{V} \backslash V$为0. 令

$$f(x) = \begin{cases} g(x), & x \in \overline{V}, \\ 0, & x \in X \backslash \overline{V}, \end{cases}$$

则f在$\overline{V}$上连续, 在$X \backslash V$上为0(从而连续). 由于$\overline{V}$及$X \backslash V$为闭集, 且$\overline{V} \cup (X \backslash V) = X$, 故$f$在$X$上连续. 显然有$I_K \leqslant f \leqslant I_U$, 且$\mathrm{supp}(f) \subset \overline{V} \subset U$.

(3) 令V为(1)中的开集, 设$K \in \mathcal{G}_\delta$, 则存在一列下降开集$G_n \subset V$, 使得$\bigcap_n G_n = K$. 由(2), 存在连续函数f_n, 使$0 \leqslant f_n \leqslant 1$, 且$f_n$在$K$ 上为1, 在G_n^c上为0. 令

$$f = \sum_{n=1}^{\infty} \frac{1}{2^n} f_n,$$

则f为连续函数, $0 \leqslant f \leqslant 1$, 且$f$在$K$上为1, 在$K^c$上$< 1$. 此外有$\mathrm{supp}(f) \subset \overline{V} \subset U$.

(4) 由(1)不妨设$\overline{U}$为紧集, 令f为(2)中的函数, 使得$0 \leqslant f \leqslant 1$, f 在K上为1, 在V^c上为0. 令

$$K_1 = \left[f \geqslant \frac{1}{2}\right] = \bigcap_{n=1}^{\infty} \left[f > \frac{1}{2} - \frac{1}{n}\right],$$
$$U_1 = \left[f > \frac{1}{2}\right] = \bigcup_{n=1}^{\infty} \left[f \geqslant \frac{1}{2} + \frac{1}{n}\right],$$

则K_1及U_1满足(4)的要求. □

引理5.1.21 设X为一Hausdorff空间, K为X的一紧子集, U_1及U_2为X的开子集, 使得$K \subset U_1 \cup U_2$, 则存在紧集K_1及K_2, 使得$K = K_1 \cup K_2, K_1 \subset U_1, K_2 \subset U_2$.

证 令$L_1 = K \backslash U_1, L_2 = K \backslash U_2$, 则$L_1$和$L_2$为不交紧集. 由引理5.1.18, 存在不交开集$V_1$及$V_2$, 使$V_1 \supset L_1, V_2 \supset L_2$. 令$K_1 = K \backslash V_1, K_2 = K \backslash V_2$, 则易证$K_1$及$K_2$满足引理要求. □

命题5.1.22 设X为局部紧Hausdorff空间, $f \in C_c(X)$, $U_1, \cdots, U_n$为X的开子集, 使得$\mathrm{supp}(f) \subset \bigcup_{i=1}^n U_i$. 则存在$C_c(X)$ 中的函数$f_1, \cdots, f_n$, 使得$f = f_1 + \cdots + f_n$, 且$\mathrm{supp}(f_i) \subset U_i, 1 \leqslant i \leqslant n$. 进一步, 若$f$非负, 则每个$f_i$也可取为非负.

证 由归纳法, 只需考虑$n=2$情形. 由引理5.1.21, 存在紧集K_1及K_2, 使$\mathrm{supp}(f)=K_1\cup K_2, K_1\subset U_1, K_2\subset U_2$. 由命题5.1.20(2), 存在$h_1,h_2\in C_c(X)$, 使得

$$I_{K_i}\leqslant h_i\leqslant I_{U_i},\quad \mathrm{supp}(h_i)\subset U_i,\quad i=1,2.$$

令$g_1=h_1, g_2=h_2-(h_1\wedge h_2)$, 则$g_1$及$g_2$非负, 其支撑分别含于$U_1$及$U_2$, 且在$\mathrm{supp}(f)$上, $g_1(x)+g_2(x)=h_1(x)\vee h_2(x)=1$. 最后, 令$f_i=fg_i, i=1,2$, 则$f=f_1+f_2$, $\mathrm{supp}(f_i)\subset U_i, i=1,2$. □

命题5.1.23 设X为一局部紧Hausdorff空间, $K_1,\cdots,K_n$为 X的不交紧子集, $\alpha_1,\cdots,\alpha_n$为实数. 则存在一具紧支撑的连续函数f, 使得

(1) $f(x)=\alpha_i$,如果$x\in K_i, i=1,\cdots,n$;

(2) $\|f\|_\infty=\max\{|\alpha_1|,\cdots,|\alpha_n|\}$, 其中$\|f\|_\infty\hat{=}\sup_{x\in X}|f(x)|$.

证 由引理5.1.18不难归纳证明: 存在不交开集$U_1,\cdots,U_n$, 使$K_i\subset U_i, 1\leqslant i\leqslant n$. 由命题5.1.20(2)知, 对每个$i$, 存在$f_i\in C_c(X), 0\leqslant f_i\leqslant 1$, 使得$I_{K_i}\leqslant f_i\leqslant I_{U_i}$. 令$f=\sum_{i=1}^n\alpha_i f_i$, 则$f$ 满足命题要求. □

系5.1.24 设X为一局部紧Hausdorff空间, K及L为X的两个不交紧子集, 则存在两个不交的$\mathcal{F}_\sigma$开集U及V, 使得$K\subset U, L\subset V$.

证 由命题5.1.23, 存在$f\in C_c(X)$, 使$0\leqslant f\leqslant 1$, 且f在K上为1, 在L上为0. 令

$$U=\left[f>\frac{1}{2}\right]=\bigcup_{n=1}^{\infty}\left[f\geqslant\frac{1}{2}+\frac{1}{n}\right],$$

$$V=\left[f<\frac{1}{2}\right]=\bigcup_{n=1}^{\infty}\left[f\leqslant\frac{1}{2}-\frac{1}{n}\right],$$

则U及V为$\mathcal{F}_\sigma$开集, $U\cap V=\varnothing$, 且$U\supset K, V\supset L$. □

引理5.1.25 设X为一局部紧Hausdorff空间, K为X的一紧子集, $U_1,\cdots,U_n$为X的开子集, 使得$K\subset\bigcup_{i=1}^n U_i$. 如果$K\in\mathcal{G}_\delta$, 则存在$\mathcal{G}_\delta$紧集$K_1,\cdots,K_n$, 使得$K_i\subset U_i, 1\leqslant i\leqslant n$, 且$K=\bigcup_{i=1}^n K_i$.

证 由归纳法知, 只需对$n=2$情形证明结论. 令$L_1=K\setminus U_1$, $L_2=K\setminus U_2$, 则L_1和L_2为不相交紧集. 由系5.1.24知, 存在不相交$\mathcal{F}_\sigma$开集V_1及V_2, 使$V_1\supset L_1$, $V_2\supset L_2$. 令$K_1=K\setminus V_1$, $K_2=K\setminus V_2$, 则K_1及K_2满足引理要求. □

定义5.1.26 设(X,ρ)为一距离空间, A为X的一子集. 如果$\sup_{x,y\in A}\rho(x,y)<\infty$, 称$A$为**有界集**; 如果$\forall\varepsilon>0$, 存在$X$的有穷子集$B$, 满足如下条件: $\forall x\in A$, 存在$y\in B$, 使$\rho(x,y)<\varepsilon$, 称A为**全有界集**; 如果A中任一点列在X中有一收敛子列, 称A为**列紧集**. X中的一点列(x_n)称为**基本列(Cauchy列)**, 如果$\rho(x_n,x_m)\to 0, n,m\to\infty$. 称距离空间$(X,\rho)$为**完备的**, 如果$X$中的任一基本列皆收敛.

注意: 完备性概念不是拓扑概念. 一个完备距离空间可以改赋以一等价距离变成非完备空间.

定理5.1.27 (Baire定理) 设X为一完备距离空间或局部紧Hausdorff 空间. 令(V_n)为一列在X中稠密的开子集, 则其交集也在X中稠.

证 我们只对完备距离空间情形证明, 将另一情形的证明留给读者. 任取X中一非空开集B_0, 则存在一半径小于1的开球B_1, 使得$\overline{B}_1 \subset V_1 \cap B_0$. 由归纳法, 对每个$n \geqslant 1$, 存在半径小于$1/n$的开球, 使得$\overline{B}_n \subset V_n \cap B_{n-1}$.令$K = \bigcap_{n=1}^{\infty} \overline{B}_n$, B_n的球心x_n构成X中的一基本列, 从而收敛于X中某一点x. 显然有$x \in K$. 但$K \subset B_0 \cap \bigcap_{n=1}^{\infty} V_n$, 于是$B_0$与$\bigcap_{n=1}^{\infty} V_n$的交非空. 这表明$\bigcap_{n=1}^{\infty} V_n$在$X$中稠. □

定义5.1.28 设$(X, \mathcal{G})$为拓扑空间, A为X的子集. 如果$(\overline{A})^\circ = \varnothing$, 则称$A$在$X$中**无处稠密**. 称空间$X$为**第一纲的**, 如果它可表为可数多个无处稠密集的并. 称空间X为**第二纲的**, 如果它不能表为可数多个无处稠密集的并.

由(5.1.1)推知, 一集合A为X中无处稠密集, 当且仅当$(\overline{A})^c$在 X中稠.

定理5.1.29 完备距离空间或局部紧Hausdorff空间为第二纲的.

证 我们用反证法来证明定理. 设X为一完备距离空间或局部紧Hausdorff空间, 假定它是第一纲的, 即它可表为一列无处稠密集(A_n)的并. 令$V_n = (\overline{A}_n)^c$, 则(V_n)为一列在X中稠密的开子集, 从而由Baire定理知, 它们的交集也在X中稠. 于是有

$$X = \overline{\cap_n V_n} = \overline{\cap_n (\overline{A}_n)^c} = \overline{(\cup_n \overline{A}_n)^c}.$$

另一方面, 由假定$\cup_n \overline{A}_n = X$, 故由(5.1.1)式得

$$\overline{(\cup_n \overline{A}_n)^c} = \left((\cup_n \overline{A}_n)^\circ\right)^c = \varnothing.$$

这导致矛盾. □

习 题

5.1.1 试证: (1) 紧空间中每个闭集为紧集; (2) Hausdorff空间中的紧集为闭集(提示: 利用引理5.1.18); (3) 含于一紧集的闭集为紧集; (4) 设$\mathcal{F}$为一紧空间中的一族闭集, 如果它具有 **"有限交性质"** ($\mathcal{F}$中任何有限多个集合的交非空), 则$\mathcal{F}$中所有集合的交非空.

5.1.2 设X和Y为拓扑空间, f为X到Y中的连续映射, K为X的紧子集, 则$f(K)$为Y的紧子集.设X为一紧空间, Y为一Hausdorff空间, f为X到 Y上的一对一连续映射, 则f为X到Y上的同胚映射.

5.1.3 设X和Y为拓扑空间, 令$F_1, \cdots, F_n$为X的闭子集, 使得$X = \bigcup_{i=1}^{n} F_i$. 设$f$为$X$到$Y$中的一个映射, 若$f$限于每个$F_i$为连续, 则$f$在$X$上连续.

5.1.4 证明5.1.9, 并证明: 为要一拓扑空间X为紧空间, 必须且只需单点集$\{\Delta\}$是单点紧化$X \cup \{\Delta\}$中的开集.

5.1.5　设X为一局部紧Hausdorff空间, F为X的一闭子集或开子集, 则作为X的子空间, F是局部紧Hausdorff空间.

5.1.6 (Lindelöf定理)　具有可数基的空间为Lindelöf空间.

5.1.7　设X为一距离空间, 则下列三个断言等价: (1)X为Lindelöf空间; (2) X为可分的; (3)X具可数基.

5.1.8　具有可数基的局部紧Hausdorff空间必为σ紧空间(提示: 利用Lindelöf定理).

5.1.9 设X为一σ紧的局部紧Hausdorff空间, 则存在一列$\mathcal{G}_\delta$紧集K_n, 使$K_n \subset K_{n+1}^\circ$, $n \geqslant 1$, 且$X = \bigcup_n K_n$ (提示: 利用命题5.1.20(4)).

5.1.10 (Urysohn嵌入定理)　具有可数基的正规Hausdorff空间必同胚于Hilbert 空间$\mathbb{R}^\infty$的某一子空间. 这里$\mathbb{R}^\infty = \{(x_1, x_2, \cdots), x_i \in \mathbb{R}, i \geqslant 1, \sum_{i=1}^\infty x_i^2 < \infty\}$, 内积$(x, y)$为: $(x, y) = \sum_{i=1}^\infty x_i y_i$ (提示: 分以下三个步骤证明定理: (1) 设$\mathcal{C}$为X的可数基(假定$\varnothing \notin \mathcal{C}$).令$\mathcal{A} = \{(U, V) \mid U, V \in \mathcal{C}, \overline{U} \subset V\}$, 将$\mathcal{A}$的成员排列为: $(U_1, V_1), (U_2, V_2), \cdots$. 由Urysohn引理, 对每个$i \geqslant 1$, 存在连续映射$f_i : X \longrightarrow [0, 1]$, 使$f_i$在$\overline{U}$上为0, 在$V^c$上为1. (2) 在$X$ 上定义映射: $f(x) = (f_1(x), (1/2)f_2(x), (1/3)f_3(x), \cdots)$, 证明$f$为$X$到$\mathbb{R}^\infty$中的一对一连续映射. (3) 证明对$X$的每一开集$W$, $f(W)$ 是$f(X)$的开集).

5.1.11　具有可数基的局部紧Hausdorff空间X必可距离化(即其拓扑可由一距离引出) (提示: X的单点紧化$X \cup \{\Delta\}$仍具可数基).

5.1.12　距离空间中列紧集是全有界集, 完备距离空间中的全有界集为列紧集.

5.1.13　距离空间为紧的, 当且仅当它是全有界的和完备的.

5.2　局部紧Hausdorff空间上测度与Riesz表示定理

设X为一拓扑空间, $C_c(X)$表示X上具有紧支撑的连续函数全体. 易知$C_c(X)$为一向量格(见定义4.6.1). 本节将用Daniell积分研究当X为局部紧Hausdorff空间时$C_c(X)$上的正线性泛函的积分表示(即Riesz表示定理).

首先, 我们研究拓扑空间上由某些集类生成的σ代数及它们之间的关系.

定义5.2.1　设X为一拓扑空间. 令

$$C_c(X)_+^* = \{f \mid \exists f_n \in C_c(X)_+, \text{使} f_n \uparrow f\},$$

$$\mathcal{O}_c = \{C \subset X \mid I_C \in C_c(X)_+^*\},$$

称$\mathcal{O}_c$中的元素为$C_c(X)$**开集**. 类似定义$C(X)$开集及$C_b(X)$开集.

由引理3.5.7(6)知, $\sigma(\mathcal{O}_c) = \sigma(C_c(X))$.

当X为局部紧Hausdorff空间时, 下一命题给出了$C_c(X)$开集的一个刻画.

命题5.2.2　设X为一局部紧Hausdorff空间. 则X的一子集为$C_c(X)$开集, 当且仅当它为$\mathcal{K}_\sigma$开集. 特别, 有σ ($\mathcal{K}_\sigma$开集)$= \sigma(C_c(X))$.

证 设G为$C_c(X)$开集. 依定义, 存在$C_c(X)$中一列非负函数f_n单调上升趋于I_G. 于是

$$G=\bigcup_{n=1}^{\infty}[f_n>0]=\bigcup_{n,k=1}^{\infty}[f_n\geqslant\frac{1}{k}]\in\mathcal{K}_\sigma.$$

反之, 设G为一$\mathcal{K}_\sigma$开集, 即$G=\bigcup_{n=1}^{\infty}K_n$, 其中每个$K_n$为紧集. 由命题5.1.20(2), 对每个$n$, 存在$f_n\in C_c(X), 0\leqslant f_n\leqslant 1$, 使$f_n$ 在K_n上为1, 且$\mathrm{supp}(f_n)\subset G$. 令$g_n=\bigvee_1^n f_i$, 则$g_n\in C_c(X)$, $g_n\uparrow I_G$, 于是G为$C_c(X)$开集. □

命题5.2.3 设X为一局部紧Hausdorff空间, 则有$\sigma(C_c(X))=\sigma(\mathcal{G}_\delta$紧集).

证 设$f\in C_c(X)$, 则对一切$a\in\mathbb{R}$,

$$[f\geqslant a]=\bigcap_{n=1}^{\infty}\left[f>a-\frac{1}{n}\right]\in\mathcal{G}_\delta,$$

故$[f\geqslant a]$为$\mathcal{G}_\delta$紧集, 从而$\sigma(C_c(X))\subset\sigma(\mathcal{G}_\delta$紧集). 反之, 设$K$为$\mathcal{G}_\delta$ 紧集, 则由命题5.1.20(3), 存在$f\in C_c(X)$, 使$K=[f=1]$, 故有$\sigma(\mathcal{G}_\delta$紧集)$\subset\sigma(C_c(X))$. □

定义5.2.4 设X为一拓扑空间, 由全体开集生成的σ代数称为**Borel σ代数**, 记为$\mathcal{B}(X)$. $\mathcal{B}(X)$中的元称为**Borel集**. 由全体$\mathcal{G}_\delta$紧集生成的σ代数称为**强Baire σ代数**, 记为$\mathcal{B}_a(X)$. $\mathcal{B}_a(X)$中的元称为**强Baire集**. 使全体连续函数为可测的最小σ代数称为 **Baire σ代数**, 记为$\mathcal{B}_0(X)$. $\mathcal{B}_0(X)$中的元称为**Baire集**.

命题5.2.5 设X为一局部紧Hausdorff空间, 则每个强Baire紧集为$\mathcal{G}_\delta$集.

证 设C为强Baire紧集, 由于$\mathcal{B}_a(X)=\sigma$ ($\mathcal{G}_\delta$紧集), 故存在一列$\mathcal{G}_\delta$紧集(C_n), 使$C\in\sigma(C_1,C_2,\cdots)$(习题1.2.3). 由命题5.1.20(3), 对每个n, 存在$f_n\in C_c(X)$, 使$0\leqslant f_n\leqslant 1$, 且$C_n=[f_n=1]$. 令

$$d(x,y)=\sum_{n=1}^{\infty}\frac{1}{2^n}|f_n(x)-f_n(y)|.$$

对每个$x\in X$, 令$[x]=\{y\in X\mid d(x,y)=0\}$, 则$[x]$是$x$的等价类, 其等价关系是: $x\sim y$当且仅当$d(x,y)=0$. 令$\widehat{X}$表示等价类全体, 在$\widehat{X}$上定义距离δ:

$$\delta([x],[y])=d(x,y),$$

则$(\widehat{X},\delta)$为距离空间. 令$\eta(x)=[x]$. 设$r>0,E=\{[y]\mid\delta([y],[x])<r\}$, 则$\eta^{-1}(E)=\{y\mid d(y,x)<r\}$为$X$中的开集(因$d(\cdot,x)$为$X$上的连续函数). 由习题5.1.2, $\eta(C)$为$\widehat{X}$的紧子集. 由于$\widehat{X}$是距离空间, $\eta(C)$为$\widehat{X}$中的$\mathcal{G}_\delta$集, 即$\eta(C)=\bigcap_{n=1}^{\infty}\widehat{O}_n$, 其中每个$\widehat{O}_n$为$\widehat{X}$的开子集. 令$O_n=\eta^{-1}(\widehat{O}_n)$, 则$O_n$为$X$的开子集, 且$C=\bigcap_{n=1}^{\infty}O_n$, 即$C$为$\mathcal{G}_\delta$集. □

下面我们研究$C_c(X)$上的正线性泛函的积分表示. 为此, 我们先回顾Daniell积分的定义(见定义3.6.3). 设X为一拓扑空间, $C_c(X)$上的一线性泛函I称为**正的**, 如果$f \in C_c(X)$, $f \geqslant 0 \Rightarrow I(f) \geqslant 0$. $C_c(X)$上一正线性泛函I称为Daniell积分, 如果

$$f_n \in C_c(X),\ f_n \geqslant 0,\ f_n \downarrow 0 \Rightarrow \lim_{n\to\infty} I(f_n) = 0.$$

引理5.2.6　设X为局部紧Hausdorff空间, I为$C_c(X)$上的一正线性泛函, 则I为$C_c(X)$上的Daniell积分.

证　设$f_n \in C_c(X), f_n \downarrow 0$, 令$S_1 = \mathrm{supp}(f_1)$, 则$\mathrm{supp}(f_n) \subset S_1$. 由Dini定理(定理5.1.13), f_n在S_1上一致趋于0, 从而在X上一致趋于0.因此, 对给定$\varepsilon > 0$, 存在自然数N, 使当$n \geqslant N$时, $f_n(x) < \varepsilon$, 对一切$x \in X$成立. 另一方面, 由命题5.1.20(2), 存在$g \in C_c(X), 0 \leqslant g \leqslant 1$, 使$g$在$S_1$上为1. 于是当$n \geqslant N$, 有$f_n \leqslant \varepsilon g$, $I(f_n) \leqslant \varepsilon I(g)$. 由于$\varepsilon > 0$是任意的, 故$\lim_{n\to\infty} I(f_n) = 0$, 这表明$I$为$C_c(X)$上的Daniell积分. □

定义5.2.7　设X为一拓扑空间, A为一子集. 称A为**有界集**, 如果存在一紧集K, 使$K \supset A$; 称A为**σ有界集**, 如果存在一列紧集(K_n), 使$A \subset \bigcup_{n=1}^{\infty} K_n$.

下一定理的第(2)部分是所谓的**Riesz表示定理**(也见下面的定理5.3.2).

定理5.2.8　设X为一局部紧Hausdorff空间, I为$C_c(X)$上的一正线性泛函. 则有下列结论:

(1) 存在$\mathcal{B}(X)$上的唯一测度μ_1, 满足如下条件:

(i) $C_c(X) \subset L^1(X, \mathcal{B}(X), \mu_1)$, 且$\forall f \in C_c(X)$, 有$I(f) = \mu_1(f)$;

(ii) 对任意σ有界开集O, 有

$$\mu_1(O) = \sup\{\mu_1(K) \mid\ K \subset O, K \in \mathcal{K}\}, \tag{5.2.1}$$

对一切Borel集A, 有

$$\mu_1(A) = \inf\{\mu_1(O),\ O \supset A,\ O\text{为}\,\sigma\text{有界开集}\}. \tag{5.2.2}$$

此外, 对任一紧集K, 有$\mu_1(K) < \infty$.

(2) 存在$\mathcal{B}(X)$上的唯一测度μ_2, 满足如下条件:

(i)$'$ $C_c(X) \subset L^1(X, \mathcal{B}(X), \mu_2)$, 且$\forall f \in C_c(X)$, 有$I(f) = \mu_2(f)$;

(ii)$'$ 对任何开集O, 有

$$\mu_2(O) = \sup\{\mu_2(K) \mid\ K \subset O,\ K \in \mathcal{K}\}, \tag{5.2.3}$$

对一切Borel集A, 有

$$\mu_2(A) = \inf\{\mu_2(O) \mid\ O \supset A,\ O \in \mathcal{G}\}. \tag{5.2.4}$$

此外, 对任一紧集K, 有$\mu_2(K) < \infty$.

证 分别用$\mathcal{G}_0$及$\mathcal{G}_1$表示$C_c(X)$开集及σ有界开集全体. 显然有$\mathcal{G}_0 \subset \mathcal{G}_1$, 且$\mathcal{G}_0$和$\mathcal{G}_1$对可列并及有限交封闭. 令

$$\mu_1^*(O) = \sup\{I(f) \mid f \in C_c(X), 0 \leqslant f \leqslant 1, \mathrm{supp}(f) \subset O\},\ O \in \mathcal{G}_1,$$
$$\mu_1^*(A) = \inf\{\mu_1^*(O) \mid O \supset A, O \in \mathcal{G}_1\},\ A \subset X.$$

往证μ_1^*为X上的外测度. 设$O_i \in \mathcal{G}_1, i = 1, 2, \cdots$.若$f \in C_c(X), 0 \leqslant f \leqslant 1$, 且$\mathrm{supp}(f) \subset \bigcup_{i=1}^\infty O_i$, 则存在$n$, 使$\mathrm{supp}(f) \subset \bigcup_{i=1}^n O_i$. 故由命题5.1.22, 存在$f_i \in C_c(X)$, $1 \leqslant i \leqslant n$, 使得$0 \leqslant f_i \leqslant 1, f = f_1 + \cdots + f_n$, 且$\mathrm{supp}(f_i) \subset O_i$. 因此

$$I(f) = \sum_{i=1}^n I(f_i) \leqslant \sum_{i=1}^n \mu_1^*(O_i) \leqslant \sum_{i=1}^\infty \mu_1^*(O_i).$$

于是

$$\mu_1^*(\bigcup_{i=1}^\infty O_i) \leqslant \sum_{i=1}^\infty \mu_1^*(O_i).$$

由于$\mathcal{G}_1$对可列并封闭, 故由命题1.4.3易知μ_1^*为X上的外测度.

再证每个Borel 集为μ_1^*可测集. 为此, 只需证每个开集为μ_1^*可测集. 设V为一开集, 由引理1.4.5知, 为证V为μ_1^*可测集, 只需证: 对一切$O \in \mathcal{G}_1$, 有

$$\mu_1^*(O) \geqslant \mu_1^*(O \cap V) + \mu_1^*(O \cap V^c). \tag{5.2.5}$$

下面证明这一事实. 不妨设$\mu_1^*(O) < \infty$, 从而$\mu_1^*(O \cap V) < \infty$. 由于$O \cap V \in \mathcal{G}_1$, 依定义, 对给定$\varepsilon > 0$, 存在$f_1 \in C_c(X), 0 \leqslant f_1 \leqslant 1$, $\mathrm{supp}(f_1) \subset O \cap V$, 使得$I(f_1) \geqslant \mu_1^*(O \cap V) - \varepsilon$. 令$K = \mathrm{supp}\ (f_1)$, 则$O \cap K^c \in \mathcal{G}_1$, 故存在$f_2 \in C_c(X)$, $0 \leqslant f_2 \leqslant 1$, $\mathrm{supp}\ (f_2) \subset O \cap K^c$, 使得$I(f_2) \geqslant \mu_1^*(O \cap K^c) - \varepsilon$.由于$O \cap K^c \supset O \cap V^c$, 故$I(f_2) \geqslant \mu_1^*(O \cup V^c) - \varepsilon$.令$f = f_1 + f_2$, 则$f \in C_c(X), 0 \leqslant f \leqslant 1$, 且$\mathrm{supp}(f) \subset O$. 因此有

$$\mu_1^*(O) \geqslant I(f) = I(f_1) + I(f_2) \geqslant \mu_1^*(O \cap V) + \mu_1^*(O \cap V^c) - 2\varepsilon,$$

不等式(5.2.5)得证.

令μ_1为μ_1^*在$\mathcal{B}(X)$上的限制, 往证$\forall f \in C_c(X)$, 有$I(f) = \mu_1(f)$. 首先, 由Daniell-Stone定理(定理3.6.8)知, 存在$\sigma(C_c(X))$上的测度μ, 使对一切$f \in C_c(X)$, 有$I(f) = \mu(f)$. 下面先证对一切$C_c(X)$开集O, 有$\mu(O) = \mu_1(O)$.设O是$C_c(X)$开集, 则存在$f_n \in C_c(X), n \geqslant 1$, 使$O \leqslant f_n \uparrow I_O$, 于是$K_n \triangleq [f_n \geqslant 1/n] \uparrow O, K_n$为紧集. 由命题5.1.20 (2), 存在$g_n \in C_c(X)$, 使$I_{K_n} \leqslant g_n \leqslant I_O$, 且$\mathrm{supp}(g_n) \subset O$. 由于$O \in \mathcal{G}_0 \subset \mathcal{G}_1$, 于是有

$$\mu(O) = \sup_n \mu(K_n) \leqslant \sup_n \mu(g_n) = \sup_n I(g_n) \leqslant \mu_1^*(O) = \mu_1(O).$$

另一方面, 由μ_1^*的定义易知$\mu_1^*(O) \leqslant \mu(O)$, 故$\mu(O) = \mu_1(O)$. 现设$f \in C_c(X)_+$, 令

$$f_n = \sum_{k=1}^{\infty} \frac{k}{2^n} I_{[\frac{k+1}{2^n} \geqslant f > \frac{k}{2^n}]} = \frac{1}{2^n} \sum_{k=1}^{\infty} I_{[f > \frac{k}{2^n}]},$$

则$f_n \uparrow f$, 且$[f > k/2^n]$为$C_c(X)$开集, 于是我们有

$$\begin{aligned} I(f) = \mu(f) &= \lim_{n\to\infty} \mu(f_n) = \lim_{n\to\infty} \frac{1}{2^n} \sum_{k=1}^{\infty} \mu\left(\left[f > \frac{k}{2^n}\right]\right) \\ &= \lim_{n\to\infty} \frac{1}{2^n} \sum_{k=1}^{\infty} \mu_1\left(\left[f > \frac{k}{2^n}\right]\right) = \lim_{n\to\infty} \mu_1(f_n) = \mu_1(f). \end{aligned}$$

现在证明(5.2.1)式. 设$O \in \mathcal{G}_1$, 令$f \in C_c(X), 0 \leqslant f \leqslant 1$, $\mathrm{supp}(f) \subset O$, 则$I(f) = \mu_1(f) \leqslant \mu_1(\mathrm{supp}(f))$, 故(5.2.1)式得证.

下面证明满足条件(i)及(ii)的测度唯一性. 设另有测度ν满足(i)及(ii), 则$\forall f \in C_c(X)$, 有$\nu(f) = I(f) = \mu_1(f)$. 设$O \in \mathcal{G}_1$, 则对任何紧集$K \subset O$, 存在$f \in C_c(X)$, 使$I_K \leqslant f \leqslant I_O$, $\mathrm{supp}(f) \subset O$. 故有

$$\begin{aligned} \nu(O) &= \sup\{\nu(K) \mid K \subset O, K \in \mathcal{K}\} \\ &\leqslant \sup\{\nu(f) \mid f \in C_c(X), 0 \leqslant f \leqslant 1,\ \mathrm{supp}(f) \subset O\} \\ &= \sup\{I(f) \mid f \in C_c(X), 0 \leqslant f \leqslant 1,\ \mathrm{supp}(f) \subset O\} \\ &\leqslant \mu_1(O) \\ &= \sup\{\mu_1(K) \mid\ K \subset O,\ K \in \mathcal{K}\} \\ &\leqslant \sup\{\mu_1(f) \mid\ f \in C_c(X), 0 \leqslant f \leqslant 1,\ \mathrm{supp}(f) \subset O\} \\ &= \sup\{\nu(f) \mid\ f \in C_c(X), 0 \leqslant f \leqslant 1,\ \mathrm{supp}(f) \subset O\} \\ &\leqslant \nu(O). \end{aligned}$$

于是有$\nu(O) = \mu_1(O)$. 从而由(5.2.2)式知: $\nu(A) = \mu_1(A)$, 对一切$A \in \mathcal{B}(X)$ 成立. 唯一性得证. 最后, 设K为一紧集, 由命题5.1. 20(2)知$\mu_1(K) < \infty$.

综上所证, (1)得证. (2)的证明完全类似(在定义μ_2^*时用$\mathcal{G}$代替$\mathcal{G}_1$). □

注5.2.9　由μ_1^*及μ_2^*的定义知$\mu_1 \geqslant \mu_2$. 此外, 由命题5.1.20(4) 知: (5.2.1)式及(5.2.3)式分别等价于

$$\mu_1(O) = \sup\{\mu_1(K) \mid\ K \subset O, K\text{为}\mathcal{G}_\delta\text{紧集}\},$$
$$\mu_2(O) = \sup\{\mu_2(K) \mid\ K \subset O, K\text{为}\mathcal{G}_\delta\text{紧集}\}.$$

最后, 若X为σ紧的, 则$\mu_1 = \mu_2$.

习 题

5.2.1 设X为一拓扑空间, 则$\sigma(C(X)) = \sigma(C_b(X)) \subset \sigma(\mathcal{G}_\delta$闭集).

5.2.2 设X为一正规拓扑空间, $\mathcal{B}_0(X)$为Baire σ 代数, μ为$\mathcal{B}_0(X)$上的一σ有限测度, 则

(1) $\mathcal{B}_0(X) = \sigma(\mathcal{G}_\delta$闭集);

(2) 为要G为$\mathcal{F}_\delta$开集, 必须且只需存在一非负有界连续函数f, 使得$G = [f > 0]$;

(3) 对一切$A \in \mathcal{B}_0(X)$, 有

$$\mu(A) = \sup\{\mu(B) \mid B \subset A, B\text{为}\mathcal{G}_\delta\text{闭集}\}.$$

若进一步μ为有限测度, 则对一切$A \in \mathcal{B}_0(X)$, 还有

$$\mu(A) = \inf\{\mu(G) \mid G \supset A, G\text{为}\mathcal{F}_\sigma\text{开集}\}.$$

5.3 Hausdorff空间上的正则测度

定义5.3.1 令X为一Hausdorff空间, $\mathcal{B}(X)$为其Borel σ 代数, $\mathcal{A} \supset \mathcal{B}(X)$为$X$上的$\sigma$代数, μ为$\mathcal{A}$上一测度. 称μ为**内正则的**(相应地, **强内正则的**), 如果对每个开集(相应地, $\mathcal{A}$可测集)O, 有$\mu(O) = \sup\{\mu(K) \mid K \subset O, K\text{为紧集}\}$; 称$\mu$为**外正则的**, 如果对每个$A \in \mathcal{A}$, 有$\mu(A) = \inf\{\mu(O) \mid O \supset A, O\text{为开集}\}$. 既内正则又外正则的测度称为**正则测度**.

设μ为Hausdorff空间X上的一正则测度. 如果对一切非负$f \in C_c(X)$, 有$\mu(f) < \infty$, 则称μ为**Radon测度**. 若X为局部紧的, 则由命题5.1.20知, 一正则测度μ为Radon测度, 当且仅当对一切紧集K, 有$\mu(K) < \infty$.

由定理5.2.8(2)立刻推得下述定理.

定理5.3.2 设X为一局部紧Hausdorff空间, 则$C_c(X)$上的正线性泛函与$\mathcal{B}(X)$上的Radon 测度之间有如下一一对应关系: 设μ为$\mathcal{B}(X)$上的Radon测度, 令

$$L_\mu(f) = \int_X f d\mu, \quad f \in C_c(X),$$

则L_μ为$C_c(X)$上的正线性泛函. 反之, $C_c(X)$上的正线性泛函必具有这种形式.

定理5.3.3 设X为一拓扑空间, $\mathcal{G}$及$\mathcal{F}$表示X的开集类和闭集类, μ为$\mathcal{B}(X)$上的σ有限测度. 若每个开集为$\mathcal{F}_\sigma$集, 则对每个$A \in \mathcal{B}(X)$, 有

$$\mu(A) = \sup\{\mu(F) \mid F \subset A, F \in \mathcal{F}\}. \tag{5.3.1}$$

若进一步μ为有限测度, 则对每个$A \in \mathcal{B}(X)$, 还有

$$\mu(A) = \inf\{\mu(G) \mid G \supset A, G \in \mathcal{G}\}. \tag{5.3.2}$$

证 由于$\mathcal{F}_\delta = \mathcal{F}, \mathcal{G}_\sigma = \mathcal{G}$, 故由定理1.6.3及命题1.6.4推得定理的结论. □

系5.3.4 设X为一距离空间, μ为$\mathcal{B}(X)$上的一有限测度, 则对一切$A \in \mathcal{B}(X)$, (5.3.1)式及(5.3.2)式成立.

证 由于距离空间中每个开集为$\mathcal{F}_\sigma$集, 故由定理5.3.3立得系的结论. □

定理5.3.5 设X为一Hausdorff空间, $\mathcal{A}$为包含$\mathcal{B}(X)$的一σ代数, μ为$\mathcal{A}$上的正则测度. 若$A \in \mathcal{A}$, 且$\mu(A) < \infty$, 则有

$$\mu(A) = \sup\{\mu(K) \mid K \subset A, \ K \in \mathcal{K}\}. \tag{5.3.3}$$

证 对任给$\varepsilon > 0$, 存在开集$V \supset A$, 使$\mu(V) < \mu(A) + \varepsilon$.取紧集$L \subset V$, 使$\mu(L) > \mu(V) - \varepsilon$. 由于$\mu(V \setminus A) < \varepsilon$, 故有开集$W \supset V \setminus A$, 使$\mu(W) < \varepsilon$. 令$K = L \setminus W$, 则$K \subset A$为紧集, 且有

$$\mu(K) = \mu(L) - \mu(L \cap W) > \mu(V) - 2\varepsilon \geqslant \mu(A) - 2\varepsilon,$$

故有(5.3.3)式. □

下一定理表明: 有限测度的正则性与强内正则性等价.

定理5.3.6 设X为一Hausdorff空间, $\mathcal{A}$为包含$\mathcal{B}(X)$的一σ代数, μ为$\mathcal{A}$上的有限测度. 则μ为$\mathcal{A}$上的正则测度, 当且仅当μ是强内正则的.

证 只需证充分性. 设μ是强内正则的, 这蕴含μ的内正则性. 对A^c应用(5.3.1)式便得μ的外正则性. □

定理5.3.7 设X为一具可数基的局部紧Hausdorff空间, μ为 $\mathcal{B}(X)$上的一测度.

(1) 设$A \in \mathcal{B}(X)$, 且A关于μ为σ有限集, 则

$$\mu(A) = \sup\{\mu(K) \mid K \subset A, K \in \mathcal{K}\}.$$

(2) 若对每个$K \in \mathcal{H}$, 有$\mu(K) < \infty$, 则μ为Radon测度.

证 (1) 设G为X中的一开集, 则由习题5.1.4及5.1.8知, G为$\mathcal{K}_\sigma$ 集, 故由定理1.6.3立得(1)的结论.

(2) 由于X中每个开集为$\mathcal{K}_\sigma$集, 故由(1)知μ为内正则的. 往证μ是外正则的. 由习题5.1.8及5.1.9知, 存在一列开集G_n, 使得$\overline{G}_n$ 为紧集, 且$\bigcup_n G_n = X$. 于是, 对每个n, 有$\mu(G_n) < \infty$. 令

$$\mu_n(A) = \mu(A \cap G_n), \quad n \geqslant 1,$$

则μ_n为$\mathcal{B}(X)$上的有限测度, 故由定理5.3.3知, μ_n是外正则的. 设$A \in \mathcal{B}(X)$, 对任给$\varepsilon > 0$, 存在开集$V_n \supset A$, 使得$\mu(G_n \cap V_n) \geqslant \mu(A \cap G_n) + \varepsilon/2^n$.令$V = \bigcup_{n=1}^\infty (G_n \cap V_n)$, 则$V \supset A$, 且有

$$\mu(V \setminus A) \leqslant \sum_{n=1}^\infty \mu(G_n \cap V_n \setminus A) \leqslant \varepsilon,$$

从而$\mu(V) \leqslant \mu(A) + \varepsilon$, μ的外正则性得证. □

下面讨论符号测度的正则性.

定义5.3.8 设X为一Hausdorff空间, $\mathcal{A}$为包含$\mathcal{B}(X)$的一σ 代数, μ为$\mathcal{A}$上的一符号测度. 如果μ的变差测度$|\mu|$是正则的, 则称μ是**正则的**.

下一命题给出了有限符号测度μ的正则性的另一等价描述.

命题5.3.9 为要一有限符号测度μ是正则的, 必须且只需μ^+ 及μ^-是正则的. 这里μ^+及μ^-分别是μ的正部及负部.

证 充分性显然, 现证必要性. 设$|\mu|$为正则测度, 令$A \in \mathcal{A}, \varepsilon > 0$, 取开集$U \supset A$, 使$|\mu|(U) < |\mu|(A) + \varepsilon$. 则$\mu^-(U \setminus A) \leqslant |\mu|(U \setminus A) < \varepsilon$, 从而

$$\mu^-(U) = \mu^-(A) + \mu^-(U \setminus A) < \mu^-(A) + \varepsilon,$$

μ^-的外正则性得证. μ^-的内正则性证明类似. 同理可证μ^+的正则性. □

命题5.3.10 设X为一Hausdorff空间, $\mathcal{A}$为包含$\mathcal{B}(X)$的一σ代数, μ为$\mathcal{A}$上一正则符号测度. 设$A \in \mathcal{A}$, 且$\mu(A)$为有限值, 则对任给$\varepsilon > 0$, 存在紧集$K \subset A$, 使对任何满足$K \subset B \subset A$的$B \in \mathcal{A}$, 有$|\mu(A) - \mu(B)| < \varepsilon$.

证 由$|\mu|$的正则性及定理5.3.5, 存在紧集$K \subset A$, 使$|\mu|(A \setminus K) < \varepsilon$, 于是对任何满足$K \subset B \subset A$的$B \in \mathcal{A}$, 有

$$|\mu(A) - \mu(B)| = |\mu(A \setminus B)| \leqslant |\mu|(A \setminus B) \leqslant |\mu|(A \setminus K) < \varepsilon.$$

□

记号5.3.11 设X为一Hausdorff空间, 用$\mathcal{M}(X, \mathcal{B}(X))$表示$\mathcal{B}(X)$上的有限符号测度全体, 用$\mathcal{M}_r(X, \mathcal{B}(X))$表示$\mathcal{B}(X)$上的有限正则符号测度全体.

由习题3.3.8(3), $\mathcal{M}(X, \mathcal{B}(X))$按符号测度的全变差范数$\|\cdot\|_{\text{var}}$ 为一Banach空间.另一方面, 易知$\mathcal{M}_r(X, \mathcal{B}(X))$是$\mathcal{M}(X, \mathcal{B}(X))$的闭线性子空间, 故$\mathcal{M}_r(X, \mathcal{B}(X))$按范数$\|\cdot\|_{\text{var}}$也为一Banach空间.

下面研究关于正则测度的不定积分. 为此先证明一引理.

引理5.3.12 设X为一Hausdorff空间, $\mathcal{A}$为包含$\mathcal{B}(X)$的一σ代数, μ为$\mathcal{A}$上的一正则测度. 设$B \in \mathcal{A}$, 且$\mu(B) < \infty$. 令$\nu(A) = \mu(B \cap A), A \in \mathcal{A}$, 则$\nu$也为$\mathcal{A}$上的正则测度.

证 由定理5.3.5, 对任何$A \in \mathcal{A}$, 有

$$\begin{aligned}\nu(A) = \mu(B \cap A) &= \sup\{\mu(K) \mid K \subset B \cap A, K \in \mathcal{K}\} \\ &= \sup\{\nu(K) \mid K \subset B \cap A, K \in \mathcal{K}\},\end{aligned}$$

故有

$$\nu(A) = \sup\{\nu(K) \mid K \subset A, K \in \mathcal{K}\},$$

从而由定理5.3.6知ν为$\mathcal{A}$上的正则测度. □

命题5.3.13　设X为一Hausdorff空间, μ为$\mathcal{B}(X)$上的一正则测度. 若f关于μ可积, 则f关于μ的不定积分$f.\mu$是有限正则符号测度.

证　令$\nu = f.\mu$, 由于$|\nu| = |f|.\mu$, 故由符号测度正则性的定义, 为证ν正则, 不妨设f非负. 首先设$f = I_B$, 其中$B \in \mathcal{B}(X)$, 且$\mu(B) < \infty$. 令$\nu_1(A) = \mu(A \cap B), A \in \mathcal{B}(X)$, 则由引理5.3.12知, ν_1为正则测度. 因此, 对μ可积的非负简单函数f, $f.\mu$也是正则测度. 对一般的非负μ可积函数f, 令f_n为非负简单函数, 使$f_n \uparrow f$, 则有

$$\|f.\mu - f_n.\mu\|_{\text{var}} = \int_X (f - f_n)d\mu \to 0, \quad n \to \infty.$$

由$\mathcal{M}_r(X, \mathcal{B}(X))$的完备性知$f.\mu \in \mathcal{M}_r(X, \mathcal{B}(X))$. □

命题5.3.14　设X为局部紧Hausdorff空间, μ为$\mathcal{B}(X)$上一Radon 测度, ν为$\mathcal{B}(X)$上一有限正则符号测度. 则下列断言等价:

(1) ν为某$f \in L^1(X, \mathcal{B}(X), \mu)$关于$\mu$的不定积分;

(2) ν关于μ绝对连续;

(3) 设K为紧集, 且$\mu(K) = 0$, 则有$\nu(K) = 0$.

证　显然有(1) ⇒ (2) ⇒ (3). 下证(3)⇒ (2). 设(3)成立. 令$A \in \mathcal{B}(X)$, 且$\mu(A) = 0$, 则对一切紧集$K \subset A$, 有$\mu(K) = 0$. 往证$\nu(A) = 0$. 假定$|\nu(A)| = \alpha > 0$, 则由命题5.3.10知, 存在紧集$K \subset A$, 使$|\nu(A) - \nu(K)| < \alpha/2$. 特别有$\nu(K) \neq 0$, 但有$\mu(K) = 0$, 这与(3)矛盾. 因此, 必须有$\nu(A) = 0$, 这表明$\nu \ll \mu$.

往证(2)⇒(1). 设(2)成立. 由$|\nu|$的内正则性, 存在一列紧集K_n, 使$\sup_n |\nu|(K_n) = |\nu|(X)$. 令$X_0 = \bigcup_n K_n$, 则有$|\nu|(X \setminus X_0) = 0$. 令$\mu_0(A) = \mu(A \cap X_0)$, 则因空间局部紧, 有$\mu(K_n) < \infty$, 故$\mu_0$为$\sigma$有限测度, 且$\nu \ll \mu_0$. 于是由Radon-Nikodym定理知, 存在$f_0 \in L^1(X, \mathcal{B}(X), \mu_0)$, 使$\nu = f_0.\mu_0$. 令$f = f_0 I_{X_0}$, 则$f \in L^1(X, \mathcal{B}(X), \mu)$, 且$\nu = f.\mu$. □

注　只在证明(2)⇒(1)时用到空间“局部紧”假定.

习　题

5.3.1　设X为一局部紧Hausdorff空间, $\mathcal{A}$为包含$\mathcal{B}(X)$的σ代数, μ为$\mathcal{A}$ 上的内正则测度. 试证:

(1) 对每个开集O, 有

$$\begin{aligned}\mu(O) &= \sup\{\mu(f) \mid f \in C_c(X), 0 \leqslant f \leqslant 1, \text{supp}(f) \subset O\} \\ &= \sup\{\mu(f) \mid f \in C_c(X), 0 \leqslant f \leqslant I_O\}.\end{aligned}$$

(提示: 利用命题5.1.20(2).)

(2) 令$\mathcal{G}_1 = \{O \mid O$为开集, 且$\mu(O) = 0\}$, 并令$U$为$\mathcal{G}_1$中全体集合的并, 则$\mu(U) = 0$(注: 通常称$U^c$为$\mu$ **的支撑**, 记为supp$[\mu]$).

5.3.2 设X为一Hausdorff空间, $\mathcal{A} \supset \mathcal{B}(X)$为一$\sigma$代数, μ为$\mathcal{A}$上的σ有限正则测度, 则$\mathcal{A} \subset \overline{\mathcal{B}(X)}^{\mu}$. 这里$\overline{\mathcal{B}(X)}^{\mu}$表示$\mathcal{B}(X)$关于$\mu$的完备化.

5.3.3 设X为一紧Hausdorff空间, μ为Baire σ代数$\mathcal{B}_0(X)$上的一有限测度, 则μ可以唯一扩张成为$\mathcal{B}(X)$上的正则测度(提示: 用Riesz表现定理).

5.3.4 设X为一局部紧Hausdorff空间, μ为$\mathcal{B}(X)$上的一正则测度, 则为要μ为Radon测度, 必须且只需对一切紧集K, 有$\mu(K) < \infty$.

5.3.5 证明$\mathcal{M}_r(X, \mathcal{B}(X))$是$\mathcal{M}(X, \mathcal{B}(X))$的闭线性子空间.

5.3.6 给出系5.3.4的一个直接证明(提示: 令$\mathcal{C}$表示$\mathcal{B}(X)$中满足(5.3.1)式及(5.3.2)式的集A全体. 显然$A \in \mathcal{C} \Rightarrow A^c \in \mathcal{C}$. 为证$\mathcal{C} = \mathcal{B}(X)$, 只需证$\mathcal{C}$对可列并运算封闭, 且$\mathcal{G} \subset \mathcal{C}$).

5.3.7 设X为一Hausdorff空间, μ为$\mathcal{B}(X)$上Radon测度. 令

$$\mathcal{M}_r(\mu) = \{\nu \in \mathcal{M}_r(X, \mathcal{B}(X)) \mid \nu \ll \mu\},$$

则$f \mapsto f.\mu$为从$L^1(X, \mathcal{B}(X), \mu)$到$\mathcal{M}_r(\mu)$上的线性保范同构映射(提示: $\|f.\mu\|_{\mathrm{var}} = \|f\|_{L^1(\mu)}$).

5.4 空间$C_0(X)$的对偶

设X为局部紧Hausdorff空间, 用$C_c(X)$表示X上具紧支撑连续函数全体. X上的实值连续函数f称为**在无穷远处为零**, 是指对任给$\varepsilon > 0$, 存在紧集K使f在K^c上有$|f(x)| < \varepsilon$. 用$C_0(X)$表示无穷远处为零的连续函数全体, 下面证明$\mathcal{M}_r\ (X, \mathcal{B}(X))$可以视为$C_0(X)$的对偶.

设$f \in C_0(X)$, 令

$$\|f\|_\infty = \sup\{|f(x)| \mid x \in X\},$$

则$(C_0(X),\ \|\cdot\|_\infty)$为赋范线性空间.

引理5.4.1 设X为局部紧Hausdorff空间, 则$C_0(X)$为Banach空间, 且$C_c(X)$在$C_0(X)$中稠密.

证 设(f_n)为$C_0(X)$中一基本列, 则对每个$x \in X, (f_n(x))$为一实数基本列, 故有极限$f(x)$.显然f_n在X上一致收敛于f, 故f为X上的连续函数. 往证f在无穷远处为零. 任给$\varepsilon > 0$, 先取一自然数n, 使对一切$x \in X$有$|f(x) - f_n(x)| < \varepsilon$. 由于$f_n \in C_0(X)$. 故存在紧集$K$, 使$|f_n(x)| < \varepsilon, \forall x \in K^c$. 于是有

$$|f(x)| \leqslant |f(x) - f_n(x)| + |f_n(x)| < 2\varepsilon, \quad x \in K^c,$$

依定义, $f \in C_0(X)$. 这表明$C_0(X)$为一Banach空间.

现证$C_c(X)$在$C_0(X)$中稠密. 设$f \in C_0(X)$, 对任给$\varepsilon > 0$, 存在紧集K, 使$\forall x \in K^c$有$|f(x)| \leqslant \varepsilon$. 另一方面, 由命题5.1.20, 存在$g \in C_c(X)$, 使$I_K \leqslant g \leqslant 1$. 令$h = gf$, 则$h \in C_c(X)$, 且有$\|f - h\|_\infty \leqslant \varepsilon$. 这表明$C_c(X)$在$C_0(X)$中稠密. □

引理5.4.2 设X为一局部紧Hausdorff空间, L为$C_0(X)$上的一连续线性泛函, 则存在$C_0(X)$上的两个正连续线性泛函L_+及L_-, 使$L = L_+ - L_-$.

证 设$f \in C_0(X)$且$f \geqslant 0$(简记为$f \in C_0(X)_+$), 令

$$L_+(f) = \sup\{L(g) \mid g \in C_0(X), 0 \leqslant g \leqslant f\}, \tag{5.4.1}$$

则易知$|L_+(f)| \leqslant \|L\| \, \|f\|_\infty$, 其中$\|L\|$表示$L$的范数. 此外, 显然有$L_+(f) \geqslant 0$, 且$\forall \alpha \geqslant 0$, 有$L_+(\alpha f) = \alpha L_+(f)$.下面证明: $\forall f_1, f_2 \in C_0(X)$, 有

$$L_+(f_1 + f_2) = L_+(f_1) + L_+(f_2). \tag{5.4.2}$$

由(5.4.1)式不难看出: $L_+(f_1) + L_+(f_2) \leqslant L_+(f_1 + f_2)$. 为证相反的不等式, 取$g \in C_0(X)$, 使$0 \leqslant g \leqslant f_1 + f_2$. 令

$$g_1 = g \wedge f_1, \ g_2 = g - g_1,$$

则$g_1, g_2 \in C_0(X), 0 \leqslant g_1 \leqslant f_1, 0 \leqslant g_2 \leqslant f_2$. 于是有

$$L(g) = L(g_1) + L(g_2) \leqslant L_+(f_1) + L_+(f_2),$$

由此得$L_+(f_1 + f_2) \leqslant L_+(f_1) + L_+(f_2)$. 故(5.4.2)式得证.

设$f \in C_0(X)$, 令

$$L_+(f) = L_+(f^+) - L_+(f^-),$$

则L_+为$C_0(X)$上的线性泛函, 且有

$$|L_+(f)| \leqslant L_+(f^+) \vee L_+(f^-) \leqslant \|L\| \, \|f\|_\infty,$$

于是L_+为连续线性泛函. 最后, 令$L_- = L_+ - L$, 则L_-为连续线性泛函, 并由(5.4.1)式知: 对$f \in C_0(X)_+, L_-(f) \geqslant 0$. 从而$L_-$为正泛函. □

定理5.4.3 设X为一局部紧Hausdorff空间. 令$\mathcal{M}_r(X, \mathcal{B}(X))$ 表示$\mathcal{B}(X)$上的有限正则符号测度全体. 对$\mu \in \mathcal{M}_r(X, \mathcal{B}(X))$, 令

$$L_\mu(f) = \int f d\mu, \ f \in C_0(X),$$

则$\mu \mapsto L_\mu$为从$\mathcal{M}_r(X, \mathcal{B}(X))$到$C_0(X)^*$上的保范同构映射.

证 设$\mu \in \mathcal{M}_r(X, \mathcal{B}(X))$, 显然有$L_\mu \in C_0(X)^*$, 且

$$|L_\mu(f)|_\infty \leqslant \|\mu\|_{\text{var}}\|f\|_\infty, \quad f \in C_0(X),$$

于是有$\|L_\mu\| \leqslant \|\mu\|_{\text{var}}$. 往证等号成立. 设$X = D \cup D^c$为$\mu$的Jordan 分解, 即$\mu^+(A) = \mu(A \cap D), \mu^-(A) = -\mu(A \cap D^c)$. 对任给$\varepsilon > 0$, 由$\mu^+$及$\mu^-$的正则性及定理5.3.5, 存在紧集$K_1 \subset D$及紧集$K_2 \subset D^c$, 使得

$$\mu(K_1) - \mu(K_2) = |\mu|(K_1 \cup K_2) > |\mu|(X) - \varepsilon = \|\mu\|_{\text{var}} - \varepsilon.$$

另一方面, 由命题5.1.23, 存在$f \in C_c(X)$, 使$\|f\|_\infty = 1$, 且

$$fI_{K_1 \cup K_2} = I_{K_1} - I_{K_2}.$$

于是我们有

$$\begin{aligned}\|L_\mu\| \geqslant L_\mu(f) &= \int f d\mu = \int fI_{K_1 \cup K_2} d\mu + \int fI_{(K_1 \cup K_2)^c} d\mu \\ &\geqslant \mu(K_1) - \mu(K_2) - |\mu|((K_1 \cup K_2)^c) > \|\mu\|_{\text{var}} - 2\varepsilon.\end{aligned}$$

由于$\varepsilon > 0$是任意的, 故有$\|L_\mu\| \geqslant \|\mu\|_{\text{var}}$, 从而有$\|L_\mu\| = \|\mu\|_{\text{var}}$.

现在证明映射$\mu \mapsto L_\mu$是$\mathcal{M}_r(X, \mathcal{B}(X))$到$C_0(X)^*$的满射. 为此, 设$L \in C_0(X)^*$, 即设$L$为$C_0(X)$上的一连续线性泛函. 由引理5.4.2, 存在$C_0(X)$ 上的两个正连续线性泛函L_+及L_-, 使得$L = L_+ - L_-$. L_+及L_-限于$C_c(X)$为正线性泛函, 故由Riesz表现定理(定理5.2.8(2)), 存在$\mathcal{B}(X)$上的Radon测度μ_1及μ_2, 使得$\forall f \in C_c(X)$, 有$L_+(f) = \int f d\mu_1, L_-(f) = \int f d\mu_2$. 习题5.3.1蕴含

$$\mu_1(X) = \sup\{L_+(f) \mid f \in C_c(X), 0 \leqslant f \leqslant 1\} \leqslant \|L_+\| < \infty,$$

同理$\mu_2(X) < \infty$, 故$\mu = \mu_1 - \mu_2 \in \mathcal{M}_r(X, \mathcal{B}(X))$. 显然有$L = L_\mu$, 且映射$\mu \mapsto L_\mu$是线性的. □

习 题

5.4.1 设X为一局部紧Hausdorff空间, 令X^Δ为X的单点紧化(见5.1.11), 对X上的函数f, 定义

$$f_\Delta(x) = \begin{cases} f(x), & x \in X, \\ 0, & x = \Delta, \end{cases}$$

则为要$f \in C_0(X)$, 必须且只需f_Δ为X^Δ上的连续函数.

5.4.2 设X为一具可数基的局部紧Hausdorff空间, 则$C_0(X)$为一可分Banach空间(提示: 先考虑X为紧空间情形, 然后利用习题5.4.1).

5.5　用连续函数逼近可测函数

在许多情况下, 连续函数比可测函数容易处理, 本节介绍有关用连续函数逼近可测函数的一些结果.

下一定理的一个特殊情形见习题3.4.2.

定理5.5.1　设X为一局部紧Hausdorff空间, $\mathcal{A}$为包含$\mathcal{B}(X)$ 的一σ代数, μ为$\mathcal{A}$上的一Radon测度. 令$1 \leqslant p < \infty$, 则$C_c(X)$在 $L^p(X, \mathcal{A}, \mu)$中稠密.

证　显然$C_c(X) \subset L^p(X, \mathcal{A}, \mu)$. 由于$L^p(X, \mathcal{A}, \mu)$ 中的简单函数在$L^p(X, \mathcal{A}, \mu)$中稠密(见引理3.4.7), 故为证定理只需证明如下事实: 若$A \in \mathcal{A}, \mu(A) < \infty$, 则有$f \in C_c(X)$, 使$\|I_A - f\|_p$任意小. 为此, 设$\varepsilon > 0$, 由$\mu$的外正则性, 先取开集$U \supset A$, 使$\mu(U) < \mu(A) + \varepsilon$, 再由定理5.3.5, 取一紧集$K \subset A$, 使$\mu(K) > \mu(A) - \varepsilon$. 由命题5.1.20(2), 存在$f \in C_c(X)$, 使$I_K \leqslant f \leqslant I_U$, 则$|I_A - f| \leqslant I_U - I_K$, 故有

$$\|I_A - f\|_p \leqslant \|I_U - I_K\|_p = \mu(U - K)^{\frac{1}{p}} < (2\varepsilon)^{\frac{1}{p}}.$$

定理得证. □

下一定理称为**Lusin定理**.

定理5.5.2　设X为一Hausdorff空间, $\mathcal{A}$为包含$\mathcal{B}(X)$的一σ代数, μ为$\mathcal{A}$上的一正则测度, f为X上的一$\mathcal{A}$可测实值函数. 如果$A \in \mathcal{A}$, $0 < \mu(A) < \infty$, 则$\forall \varepsilon > 0$, 存在紧集$K \subset A$, 使$\mu(A \backslash K) < \varepsilon$, 且$f$限于$K$连续. 若进一步, X为局部紧, 则存在$g \in C_c(X)$, 使g与f在K上一致, 且使

$$\sup\{|g(x)| \mid x \in X\} \leqslant \sup\{|f(x)| \mid x \in A\}. \tag{5.5.1}$$

证　首先设f只取可数多个值, 即$f = \sum_{i=1}^{\infty} a_i I_{A_i}$, 其中$a_i \neq a_j$, $A_i \cap A_j = \varnothing, i \neq j$, 且$\sum_i A_i = X$. 取正整数$n$, 使得$\mu(A \cap (\sum_{i=1}^n A_i)^c) < \varepsilon/2$.由定理5.3.5, 存在$A \cap A_1, \cdots, A \cap A_n$的紧子集$K_1, \cdots, K_n$, 使得$\sum_{i=1}^n \mu((A \cap A_i) \setminus K_i) < \varepsilon/2$. 令$K = \sum_{i=1}^n K_i$, 则$K$为$A$的紧子集, 且有

$$\begin{aligned}\mu(A \setminus K) &= \mu\Big(A \cap (\sum_{i=1}^n A_i)^c\Big) + \sum_{i=1}^n \mu((A \cap A_i) \setminus K_i) \\ &< \frac{\varepsilon}{2} + \frac{\varepsilon}{2} = \varepsilon.\end{aligned}$$

由于f限于每个K_i为常数, 从而f限于K为连续(见习题5.1.1).

现设f为任一实值$\mathcal{A}$可测函数, 令

$$f_n(x) = \frac{k}{2^n}, \text{ 若 } \frac{k}{2^n} \leqslant f(x) < \frac{k+1}{2^n}, \quad k = 0, \pm 1, \pm 2, \cdots$$

由前所证, 对每个$n \geqslant 1$, 存在紧集$K_n \subset A$, 使$\mu(A \setminus K_n) < \varepsilon/2^n$, 且$f_n$限于$K_n$为连续. 令$K = \bigcap_n K_n$, 则由于$f$是$(f_n)$的一致极限, 故$f$限于$K$连续, 此外有

$$\mu(A \setminus K) \leqslant \sum_n \mu(A \setminus K_n) < \varepsilon.$$

最后证明定理的第二部分. 假定X为局部紧Hausdorff空间, 令$X^{\Delta} = X \cup \{\Delta\}$为$X$的单点紧化, 则$X^{\Delta}$是正规空间(见命题5.1.19). 故由Tietze扩张定理, 存在X^{Δ}上的连续函数h^*, 使h^*在K上与f一致, 且使

$$\sup\{|h^*(x)| \mid x \in X\} = \sup\{|f(x)| \mid x \in K\}.$$

取$p \in C_c(X)$, 使得$I_K \leqslant p \leqslant 1$(见命题5.1.20(2)), 并令$g = ph$, 其中$h$为$h^*$在$X$上的限制, 则$g \in C_c(X)$, g与f在K上一致, 且(5.5.1) 式成立. □

习 题

5.5.1 设X为一Hausdorff空间, $\mathcal{A}$为包含$\mathcal{B}(X)$的一σ代数, μ为$\mathcal{A}$上的一有限正则测度, f为X上的一实值函数. 证明下列三断言等价:

(1) f为$\overline{\mathcal{A}}^{\mu}$可测(即$\overline{\mathcal{B}(X)}^{\mu}$可测, 见习题5.3.2);

(2) $\forall A \in \mathcal{A}, \forall \varepsilon > 0$, 存在紧集$K \subset A$, 使$\mu(A \setminus K) < \varepsilon$, 且$f$限于$K$连续;

(3) 存在X的划分: $X = (\sum_n K_n) \cup N$, 其中每个K_n为紧集, N为μ零测集, 使得f限于每个K_n为连续函数.

5.5.2 设f为$\mathbb{R}$上的实函数, 且对一切$a, b \in \mathbb{R}$, 有$f(a+b) = f(a) + f(b)$. 试证: (1) f在$\mathbb{R}$上连续当且仅当它在一点连续; (2) 若f为Lebesgue可测, 则f 连续(提示: 利用Lusin定理).

5.6 乘积拓扑空间上的测度与积分

本节研究的中心问题是: 给定两个局部紧Hausdorff空间X 和Y, 以及其上的两个 Radon测度μ和ν, 如何在乘积拓扑空间$X \times Y$上构造一Radon测度$\mu \times \nu$, 使其在X及Y上的边缘测度分别是μ及ν? 进一步, 是否有相应的Fubini定理? 这里遇到的困难是: μ及ν一般并非σ有限, 且$\mathcal{B}(X) \times \mathcal{B}(Y)$ 一般严格比$\mathcal{B}(X \times Y)$小. 因此, 第四章的结果不再适用. 为了克服这一困难, 我们将求助于Riesz表示定理.

下面首先研究拓扑空间的乘积.

定义5.6.1 设$(X_1, \mathcal{G}_1), \cdots, (X_n, \mathcal{G}_n)$为拓扑空间, 令$X = X_1 \times X_2 \times \cdots \times X_n$,

$$\mathcal{B} = \{U_1 \times U_2 \times \cdots \times U_n \mid U_i \in \mathcal{G}_i, i = 1, 2, \cdots, n\},$$

则$\mathcal{B}$对有限交运算封闭. 以$\mathcal{B}$为基的拓扑$\mathcal{G}$ 称为X的**乘积拓扑**; 称$(X, \mathcal{G})$为$\{(X_i, \mathcal{G}_i), 1 \leqslant i \leqslant n\}$的**乘积拓扑空间**.

令$\mathcal{B}_0 = \{\pi_i^{-1}(U_i) \mid U_i \in \mathcal{G}_i, i = 1, 2, \cdots, n\}$, 其中$\pi_i$ 为X到X_i 的投影映射, 则易见$\mathcal{B}_0$为$\mathcal{G}$的子基, 且$\mathcal{G}$是使每个投影映射为连续的最小拓扑.

定义5.6.2 设$\{(X_\alpha, \mathcal{G}_\alpha), \alpha \in \wedge\}$为一族拓扑空间, $X = \prod_{\alpha\in\Lambda} X_\alpha$, $\mathcal{G}$为X上使每个投影映射π_α为连续的最小拓扑, 称$(X, \mathcal{G})$ 为$(X_\alpha, \mathcal{G}_\alpha), \alpha \in \Lambda$的**乘积拓扑空间**.

设$\mathcal{P}_0$为Λ的非空有穷子集全体, 令

$$\mathcal{B} = \bigcup_{S\in\mathcal{P}_0} \left\{ \pi_S^{-1}(\prod_{i\in S} U_i) \mid U_i \in \mathcal{G}_i,\ i \in S \right\},$$

则易知$\mathcal{B}$为拓扑$\mathcal{G}$的基.

定理5.6.3 (Tychonoff定理) 设$(X_\alpha, \mathcal{G}_\alpha)$为一族紧拓扑空间, 则其乘积拓扑空间$(X, \mathcal{G})$亦为紧拓扑空间.

关于该定理的证明, 读者可以参看任何一本有关点集拓扑的书, 这里从略.

下面我们研究乘积拓扑空间上的Borel σ代数.为方便起见, 我们只讨论两个拓扑空间乘积情形. 关于集合和函数的截口概念见4.2节.

引理5.6.4 设X及Y为Hausdorff空间, $X \times Y$为其乘积拓扑空间(也是Hausdorff空间).

(1) 我们有$\mathcal{B}(X) \times \mathcal{B}(Y) \subset \mathcal{B}(X \times Y)$. 若$X$及$Y$都有可数基, 则$\mathcal{B}(X) \times \mathcal{B}(Y) = \mathcal{B}(X \times Y)$;

(2) 设$E \in \mathcal{B}(X \times Y)$, 则对每个$x \in X$及每个$y \in Y$, 有$E_x \in \mathcal{B}(Y), E^y \in \mathcal{B}(X)$. 这里$E_x = \{y \in Y \mid (x, y) \in E\}$, $E^y = \{x \in X \mid (x, y) \in E\}$;

(3) 设f为$X \times Y$上的$\mathcal{B}(X \times Y)$可测函数, 则对每个$x \in X$及$y \in Y$, f_x为Y上的$\mathcal{B}(Y)$可测函数, f^y为X上的$\mathcal{B}(X)$可测函数. 这里记号f_x及f^y见定义4.2.1.

证 (1) 第一部分显然. 现设$\mathcal{C}$及$\mathcal{D}$分别为X及Y的可数基. 令$\mathcal{H} = \{U \times V \mid U \in \mathcal{C}, V \in \mathcal{D}\}$, 则$\mathcal{H}$为$X \times Y$的可数基. 由于$\mathcal{H} \subset \mathcal{B}(X) \times \mathcal{B}(Y)$, 且$X \times Y$的每个开集为$\mathcal{H}$中元素的可列并, 故有$\mathcal{B}(X \times Y) \subset \mathcal{B}(X) \times \mathcal{B}(Y)$. 从而有$\mathcal{B}(X \times Y) = \mathcal{B}(X) \times \mathcal{B}(Y)$.

(2) 设$x \in X$, 令$g_x(y) = (x, y)$, 则g_x为Y到$X \times Y$上的连续函数, 从而关于$\mathcal{B}(Y)$及$\mathcal{B}(X \times Y)$可测. 但$E_x = g^{-1}(E)$, 故$E_x \in \mathcal{B}(Y)$. 同理可证$E^y \in \mathcal{B}(X)$.

(3)注意: $(f_x)^{-1}(B) = (f^{-1}(B))_x, (f^y)^{-1}(B) = (f^{-1}(B))^y$, 故(3)由(2)推得. □

下一引理的证明留给读者完成.

引理5.6.5 设S及T为拓扑空间, T为紧空间. 令f为$S \times T$ 上的实值连续函数. 则对任一$s_0 \in S$及任一$\varepsilon > 0$, 存在s_0的一开邻域U, 使得对一切$s \in U$及一切$t \in T$, 有$|f(s, t) - f(s_0, t)| < \varepsilon$.

命题5.6.6 设X及Y为局部紧Hausdorff空间, μ及ν分别为X 及Y上的Radon测度, 令$f \in C_c(X \times Y)$, 则

(1) 对任何$x \in X, y \in Y$, 有$f_x \in C_c(Y), f^y \in C_c(X)$;

(2) 函数$x \mapsto \int_Y f(x,y)\nu(dy)$及$y \mapsto \int_X f(x,y)\mu(dx)$分别属于$C_c(X)$及$C_c(Y)$;

(3) $\int_X \int_Y f(x,y)\nu(dy)\mu(dx) = \int_Y \int_X f(x,y)\mu(dx)\nu(dy)$.

证 (1) 令$K=\text{supp}(f)$, 设K_1及K_2分别为K在X及Y上的投影, 则K_1及K_2为紧集. 显然f_x在Y上连续, 且$\text{supp}(f_x) \subset K_2$, 故$f_x \in C_c(Y)$. 同理$f^y \in C_c(X)$.

(2) 分别对$X \times K_2$及$K_1 \times Y$应用引理5.6.5即可推得(2)的结论(注意$\nu(K_2) < \infty, \mu(K_1) < \infty$).

(3) 对任给$\varepsilon > 0$, 由引理5.6.5知: 对每个$x \in K_1$, 存在x的开邻域U_x, 使对一切$x' \in U_x$及一切$y \in K_2$有$|f(x',y) - f(x,y)| < \varepsilon$. 由于$K_1$为紧集, 故存在$K_1$的有限覆盖$\{U_{x_1}, \cdots, U_{x_n}\}$. 令$(A_i, 1 \leqslant i \leqslant n)$为两两不交Borel集, 使得$A_i \subset U_{x_i}, 1 \leqslant i \leqslant n$, 且$\sum_{i=1}^n A_i = K_1$. 令$g(x,y) = \sum_{i=1}^n f(x_i,y)I_{A_i}(x)$, 则容易验证

$$\begin{aligned}\int\int g(x,y)\mu(dx)\nu(dy) &= \int\int g(x,y)\nu(dy)\mu(dx) \\ &= \sum_{i=1}^n \mu(A_i)\int f(x_i,y)\nu(dy).\end{aligned}$$

此外, f及g在$K_1 \times K_2$的余集上为0, 且$|f-g| < \varepsilon$. 于是有

$$\begin{aligned}&\left|\int\int f(x,y)\mu(dx)\nu(dy) - \int\int f(x,y)\nu(dy)\mu(dx)\right| \\ &\leqslant \left|\int\int (f(x,y) - g(x,y))\mu(dx)\nu(dy)\right| \\ &\quad + \left|\int\int (f(x,y) - g(x,y))\nu(dy)\mu(dx)\right| \\ &\leqslant 2\varepsilon\mu(K_1)\nu(K_2).\end{aligned}$$

由于$\varepsilon > 0$是任意的, 故(3)得证. □

命题5.6.6导致如下的定义.

定义5.6.7 设μ及ν分别为局部紧Hausdorff空间X及Y上的 Radon测度. 由命题5.6.6(3)知, 可在$C_c(X \times Y)$上定义一正线性泛函I:

$$I(f) = \int\int f(x,y)\mu(dx)\nu(dy) = \int\int f(x,y)\nu(dy)\mu(dx).$$

由于$X \times Y$是局部紧Hausdorff空间, 由Riesz表示定理知, 有$X \times Y$上唯一的Radon测度与I 对应. 称此Radon测度为μ与ν的**Radon乘积**, 记为$\mu \times \nu$.

若X及Y都有可数基, 则Radon乘积$\mu \times \nu$即为通常的乘积测度(见习题5.6.5).

下面的任务是要证明与Radon乘积测度$\mu \times \nu$有关的Fubini定理. 为此, 需要有关下半连续函数积分的一个结果.

引理5.6.8 设X为一局部紧Hausdorff空间, $\mathcal{A}$为包含$\mathcal{B}(X)$ 的一σ代数, μ为$\mathcal{A}$上的一Radon测度. 设$\mathcal{H}$为一族非负下半连续函数, 使得$\forall h_1, h_2 \in \mathcal{H}$, 存在$h \in \mathcal{H}$, 满足$h \geqslant h_1 \vee h_2$. 令

$$f(x) = \sup\{h(x) \mid h \in \mathcal{H}\},\ x \in X,$$

则$\int f d\mu = \sup\{\int h d\mu \mid h \in \mathcal{H}\}$.

证 显然对$h \in \mathcal{H}$有$\int h d\mu \leqslant \int f d\mu$. 为证引理, 只需证: 对任一实数$a < \int f d\mu$, 存在$h \in \mathcal{H}$, 使$a < \int h d\mu$. 为此, 先用简单函数逼近$f$.令$U_{n,i} = [f > i/2^n]$,

$$f_n = \frac{1}{2^n}\sum_{i=1}^{n2^n} I_{U_{n,i}} = \sum_{i=1}^{n2^n-1} \frac{i}{2^n} I_{[\frac{i}{2^n} < f \leqslant \frac{i+1}{2^n}]} + nI_{[f>n]},$$

则f_n为Borel可测, $f_n \uparrow f$, 故有$\int f_n d\mu \uparrow \int f d\mu$. 于是存在自然数$N$, 使$\int f_N d\mu > a$. 由于$\int f_N d\mu = \frac{1}{2^N}\sum_i \mu(U_{N,i})$, 由$\mu$的正则性, 存在$U_{N,i}$的紧子集$K_i, i = 1, \cdots, N2^N$, 使得$\frac{1}{2^N}\sum_i \mu(K_i) > a$. 令$g = \frac{1}{2^N}\sum_{i=1}^{N2^N} I_{K_i}$, 则对每个$x \in \bigcup_{i=1}^{N2^N} K_i$, 有$g(x) \leqslant f_N(x) < f(x)$. 于是由$f$的定义, 对每个$x \in \bigcup_{i=1}^{N2^N} K_i$, 存在$h_x \in \mathcal{H}$, 使$g(x) < h_x(x)$. 由于$h_x - g$为下半连续(见习题5.6.2), 故存在$x$的一开邻域$U_x$, 使对一切$y \in U_x$, 有$h_x(y) - g(y) > 0$. 现取$U_{x_1}, \cdots, U_{x_m}$, 使$\bigcup_{i=1}^m U_{x_i} \supset \bigcup_{i=1}^{N2^N} K_i$, 并取$h \in \mathcal{H}$, 使$h \geqslant \bigvee_{i=1}^m h_{x_i}$, 则$h \geqslant g$, 从而有

$$a < \frac{1}{2^N}\sum_{i=1}^{N2^N} \mu(K_i) = \int g d\mu \leqslant \int h d\mu.$$

引理得证. □

命题5.6.9 设X及Y为局部紧Hausdorff空间, μ及ν分别是X 及Y上的Radon测度, $\mu \times \nu$为其Radon乘积. 令U为$X \times Y$的开子集, 则

(1) 函数$x \mapsto \nu(U_x)$及$y \mapsto \mu(U^y)$为下半连续函数;

(2) $(\mu \times \nu)(U) = \int_X \nu(U_x)\mu(dx) = \int_Y \mu(U^y)\nu(dy)$.

证 (1) 令

$$\mathcal{H}_x = \{f_x \mid f \in C_c(X \times Y) \mid 0 \leqslant f \leqslant I_U\},$$
$$\mathcal{H}^y = \{f^y \mid f \in C_c(X \times Y) \mid 0 \leqslant f \leqslant I_U\},$$

则$\mathcal{H}_x \subset C_c(Y)$, $\mathcal{H}^y \subset C_c(X)$, 且$\mathcal{H}_x$及$\mathcal{H}^y$ 满足引理5.6.8的条件. 故由引理5.6.8得

$$\nu(U_x) = \sup\{\int_Y f_x d\nu \mid f_x \in \mathcal{H}_x\}, \tag{5.6.1}$$

$$\mu(U^y) = \sup\{\int_X f^y d\mu \mid f^y \in \mathcal{H}^y\}. \tag{5.6.2}$$

但由命题5.6.6, $x \mapsto \int f_x d\nu$及$y \mapsto \int f^y d\mu$是连续函数, 故$x \mapsto \nu(U_x)$及$y \mapsto \mu(U^y)$是下半连续函数.

(2) 令$\mathcal{H} = \{f \in C_c(X\times Y) \mid 0 \leqslant f \leqslant I_U\}$, 则相继由习题5.3.1, 引理5.6.8及(5.6.1)式得

$$\begin{aligned}(\mu\times\nu)(U) &= \sup_{f\in\mathcal{H}}\int_{X\times Y} fd(\mu\times\nu)\\ &= \sup_{f\in\mathcal{H}}\int_X\int_Y f(x,y)\nu(dy)\mu(dx)\\ &= \int_X(\sup_{f\in\mathcal{H}}\int_Y f_x d\nu)\mu(dx)\\ &= \int_X \nu(U_x)\mu(dx).\end{aligned}$$

(2)的第一部分得证. 同理可证(2)的另一半. □

下一定理是有关Radon乘积测度$\mu\times\nu$积分的**Fubini定理**.

定理5.6.10 设X及Y为局部紧Hausdorff空间, μ及ν分别为X 及Y上的Radon测度, $\mu\times\nu$为其Radon乘积. 设$f \in L^1(X\times Y, \mathcal{B}(X\times Y), \mu\times\nu)$, 且存在分别关于$\mu$及$\nu$为$\sigma$有限的Borel集$X_0$及 Y_0, 使f在$X_0\times Y_0$的余集上为0, 则

(1) 对μ-a.e. x, f_x为ν可积, 对ν-a.e. y, f^y为μ可积;

(2) 令

$$I_f(x) = \begin{cases}\displaystyle\int_Y f_x d\nu, & 若 f_x \in L^1(Y,\mathcal{B}(Y),\nu),\\ 0, & 其他情形;\end{cases}$$

$$I^f(y) = \begin{cases}\displaystyle\int_X f^y d\mu, & 若 f^y \in L^1(X,\mathcal{B}(X),\mu),\\ 0, & 其他情形,\end{cases}$$

则I_f为μ可积, I^f为ν可积, 且有

$$\int_{X\times Y} fd(\mu\times\nu) = \int_X I_f(x)\mu(dx) = \int_Y I^f(y)\nu(dy).$$

证 首先假定$E \in \mathcal{B}(X\times Y)$, 并假定存在$A \in \mathcal{B}(X)$, $B \in \mathcal{B}(Y)$, 使$\mu(A) < \infty, \nu(B) < \infty$, 且$E \subset A\times B$. 往证:

(a) 函数$x \mapsto \nu(E_x)$及$y \mapsto \mu(E^y)$为Borel可测;

(b) $(\mu\times\nu)(E) = \int_X \nu(E_x)\mu(dx) = \int_Y \mu(E^y)\nu(dy)$.

由μ及ν的外正则性, 存在开集$U \supset A$及开集$V \supset B$, 使$\mu(U) < \infty, \nu(V) < \infty$.令$W = U\times V$,

$$\mathcal{S} = \{D \in \mathcal{B}(X\times Y) \mid D \subset W, D满足性质(a)及(b)\},$$

则易见$\mathcal{S}$为W上的λ类.另一方面, 由命题5.6.9, W的一切开子集属于$\mathcal{S}$, 故由单调类定理(定理1.2.2), $\mathcal{S}=\mathcal{B}(W)=W\cap\mathcal{B}(X)$ (后一等号见习题1.2.1). 特别, $E\in\mathcal{S}$.

由上所证容易推知: 对$E\in\mathcal{B}(X\times Y)$, 假定存在关于$\mu$的$\sigma$有限集$A\in\mathcal{B}(X)$及关于$\nu$的$\sigma$有限集$B\in\mathcal{B}(Y)$, 使$E\subset A\times B$, 则$E$满足性质(a)及(b). 于是, 用通常的方法从简单函数过渡到非负可测函数, 即可推得定理的结论. □

习 题

5.6.1 设X为一拓扑空间, A为X的一子集, 则为要I_A为下半连续函数 (相应地, 上半连续函数), 必须且只需A为开集(相应地, 闭集).

5.6.2 设X为一拓扑空间, f及g为下半连续函数, 则$f+g$为下半连续函数.

5.6.3 设X,Y,μ,ν及$\mu\times\nu$如定理5.6.10.令f为$X\times Y$ 上的非负下半连续函数, 则

(1) 函数$x\mapsto\int f(x,y)\nu(dy)$及$y\mapsto\int f(x,y)\mu(dx)$为Borel 可测;

(2) $\int fd(\mu\times\nu)=\int\int f(x,y)\nu(dy)\mu(dx)=\int\int f(x,y)\mu(dx)\nu(dy)$.

5.6.4 设X及Y为具可数基的局部紧Hausdorff空间, μ及ν分别为X及 Y上的Radon测度. 则μ及ν为σ有限测度, $\mathcal{B}(X\times Y)=\mathcal{B}(X)\times\mathcal{B}(Y)$, 且$\mathcal{B}(X\times Y)$上通常意义下的乘积测度$\mu\times\nu$就是Radon乘积测度.

5.6.5 设$\{X_n,n\geqslant 1\}$为一列有可数基的拓扑空间, 则$\mathcal{B}(\prod\limits_n X_n)=\prod\limits_n\mathcal{B}(X_n)$.

5.7 波兰空间上有限测度的正则性

波兰(Polish)空间是概率论中经常用到的一类拓扑空间. 本节介绍波兰空间的基本性质, 波兰空间上有限测度的正则性, 以及乘积波兰空间上概率测度族的投影极限. 有关波兰空间的进一步性质可参看Cohn (2013).

定义5.7.1 设X为Hausdorff空间. 如果存在X上与拓扑相容的距离ρ, 使(X,ρ)为一完备可分距离空间, 则称X为**波兰空间**.

命题5.7.2 设X为一波兰空间, F及U分别为X的非空闭子集和开子集. 则作为X的子空间, F及U都是波兰空间.

证 设ρ为与拓扑相容的距离, 使(X,ρ)为一可分完备距离空间.显然, 作为X的闭子空间, (F,ρ)为可分且完备的, 故F为波兰空间.

下面证明U为波兰空间. 为此, 设U不等于全空间. 在U上定义$\rho_0(x,y)$ 如下

$$\rho_0(x,y)=\rho(x,y)+\left|\frac{1}{\rho(x,U^c)}-\frac{1}{\rho(y,U^c)}\right|,$$

其中

$$\rho(x,U^c)=\inf\{\rho(x,z)\mid\ z\in U^c\}.$$

容易看出: ρ_0定义了U上的一个距离, 且U中序列$\{x_n\}$按ρ_0收敛于U中的点x等价于$\{x_n\}$按ρ收敛于x. 这表明: 距离ρ_0与U的拓扑相容. 特别, (U,ρ_0)是可分的.

现证(U,ρ_0)是完备距离空间. 设$\{x_n\}$是U中序列, 且按ρ_0为基本列. 依ρ_0的定义知, $\{x_n\}$按距离ρ亦为基本列. 故由(X,ρ)的完备性, 存在$x\in X$, 使$\rho(x_n,x)\to 0$, $n\to\infty$. x必属于U. 因为否则的话, 有$\lim\limits_{n\to\infty}\rho(x_n,U^c)=0$, 这将导致$\limsup\limits_{n,m\to\infty}\rho_0(x_n,x_m)=\infty$, 这与假定$\{x_n\}$关于$\rho_0$为基本列矛盾. 既然$x\in U$, 由$\rho(x_n,x)\to 0$推出$\rho_0(x_n,x)\to 0$, (U,ρ_0)的完备性得证. 因此, U为波兰空间. □

命题5.7.3 具可数基的局部紧Hausdorff空间是波兰空间.

证 设X为一具可数基的局部紧Hausdorff空间, 令X^Δ为其单点紧化, 则X^Δ为具可数基的紧Hausdorff空间. 从而存在X^Δ上一与拓扑相容的距离ρ, 使(X^Δ,ρ)为可分紧距离空间(习题5.1.11). 但紧距离空间显然是完备的, 故X^Δ为波兰空间. 由于X是X^Δ中的开子集, 故由命题5.7.2知, X 为波兰空间. □

命题5.7.4 设$X_1,X_2,\cdots$为波兰空间的有限或可数序列, 则其乘积空间$\prod\limits_n X_n$为波兰空间, 序列的不交并$\sum\limits_n X_n$也为波兰空间.

证 设d_n为X_n上的与拓扑相容的距离, 使(X_n,d_n)为可分完备距离空间. 不妨设对一切$x,y\in X_n$, 有$d_n(x,y)\leqslant 1$(否则令$d_n'(x,y)=d_n(x,y)\wedge 1$, 则$d_n'$与$d_n$等价, 且$(X_n,d_n')$仍完备). 令

$$d(x,y)=\sum_n\frac{1}{2^n}d_n(x_n,y_n),$$

其中$x,y\in\prod\limits_n X_n$, 则d为$\prod\limits_n X_n$上与拓扑相容的距离, 且$(\prod\limits_n X_n,d)$ 为可分完备距离空间. 因此, $\prod\limits_n X_n$为波兰空间.

对每个n, 令D_n是X_n的可数稠子集，d_n是X_n的完备化距离,满足$\forall x,y\in X_n$, 有$d_n(x,y)\leqslant 1$. 则$\sum\limits_n D_n$是$\sum\limits_n X_n$的可数稠子集. 令

$$d(x,y)=\begin{cases}d_n(x,y), & \exists n, x,y\in X_n,\\ 1, & x\in X_m, y\in X_n, m\neq n,\end{cases}$$

则d定义了$\sum\limits_n X_n$上一个完备化距离, 从而$\sum\limits_n X_n$为波兰空间. □

下一命题推广了命题5.7.2.

命题5.7.5 设X为一波兰空间, Y为X的一子空间, 则Y为波兰空间, 当且仅当它是$\mathcal{G}_\delta$集. 这里$\mathcal{G}$表示X的开子集全体.

证 充分性.设$Y=\bigcap_n U_n$, 其中每个U_n为X的开子集. 由于每个U_n为波兰空

间(命题5.7.2), 故$\prod_n U_n$为波兰空间(命题5.7.4). 令

$$\Delta = \left\{ u = (u_1, u_2, \cdots) \in \prod_n U_n \;\middle|\; u_j = u_k, \forall j, k \geqslant 1 \right\},$$

则Δ为$\prod_n U_n$中的闭集, 从而为波兰空间(命题5.7.2). 令

$$i(y) = (y, y, \cdots),\ y \in \bigcap_n U_n = Y,$$

则i为Y到Δ的同胚映射. 故Y是波兰空间.

必要性. 设Y为X的波兰子空间, d及d_0分别是X及Y上与拓扑相容的距离, 使其为可分完备距离空间. 设V为Y的子集, 我们用$d_0(V)$ 表示V在d_0下的直径, 即$d_0(V) = \sup_{x,y\in V} d_0(x, y)$. 令

$$V_n = \bigcup \{W \mid W \in \mathcal{G}, W \cap Y \neq \varnothing, d_0(W \cap Y) \leqslant 1/n\},\quad n \geqslant 1,$$

则每个V_n为开集. 往证

$$Y = \overline{Y} \cap \bigcap_n V_n. \tag{5.7.1}$$

由于d与d_0在Y上诱导同一拓扑, 故易见$Y \subset \overline{Y} \cap (\bigcap_n V_n)$. 再证相反的包含关系. 设$x \in \overline{Y} \cap (\bigcap_n V_n)$, 则由$V_n$的定义知, 对每个$n$, 存在$x$的开邻域$W_n$, 使$W_n \cap Y \neq \varnothing$, 且$d_0(W_n \cap Y) \leqslant 1/n$. 不妨设$(W_n)$是单调下降的集列. 另一方面, 对每个$n$, 存在$x$ 的开邻域G_n, 使$d(G_n) \leqslant 1/n$, 不妨设(G_n)也是单调下降的. 由于$x \in \overline{Y}$, 故$G_n \cap Y \neq \varnothing$. 令$U_n = W_n \cap G_n$, 则对每个$n$, 有

$$x \in U_n,\quad U_n \cap Y \neq \varnothing,\quad d(U_n) \leqslant \frac{1}{n},\quad d_0(U_n \cap Y) \leqslant \frac{1}{n}.$$

由于(Y, d_0)完备, $U_n \cap Y$单调下降, 故存在唯一的$y \in Y$, 使$\bigcap_n F_n = \{y\}$(Cantor定理), 这里F_n为$U_n \cap Y$在Y中的闭包. 另一方面, 由于(X, d) 是完备的, U_n单调下降, 且$x \in U_n, n \geqslant 1$, 故$\bigcap_n \overline{U}_n = \{x\}$. 但显然有$F_n \subset \overline{U}_n \cap Y$(因后者是$Y$中闭集, 且包含$U_n \cap Y$), 故$y \in \bigcap_n \overline{U}_n$, 从而$y = x$, 特别, 有$x \in Y$. 因此, 我们证明了$\overline{Y} \cap (\bigcap_n V_n) \subset Y$. (5.7.1)式得证. 由(5.7.1)式知: Y为$\mathcal{G}_\delta$集(因$\overline{Y}$作为距离空间X中的闭集是$\mathcal{G}_\delta$集, $\bigcap_n V_n$也是$\mathcal{G}_\delta$集). □

定理5.7.6　设X为一波兰空间, μ为$\mathcal{B}(X)$上的一有限测度, 则μ 为正则的.

证　令ρ为X上与拓扑相容的距离, 使(X, ρ)为一可分完备距离空间. 由定理5.3.6, 为证μ的正则性, 只需证: $\forall A \in \mathcal{B}(X)$, 有

$$\mu(A) = \sup\{\mu(K) \mid K \subset A,\ K \in \mathcal{K}\}. \tag{5.7.2}$$

设$\{x_n\}$为X的一个可数稠子集, 令$B(x,\delta)$表示以x为球心, 半径为δ 的开球. 由于$X=\bigcup_{k=1}^{\infty}B(x_k,1/n)$, 故对任给$\varepsilon>0$, 存在正整数$k_n$, 使

$$\mu\Big(\bigcup_{j=1}^{k_n}B(x_j,\frac{1}{n})\Big)>\mu(X)-\frac{\varepsilon}{2^n},\quad n\geqslant 1.$$

令K为全有界集$\bigcap\limits_{n=1}^{\infty}\bigcup\limits_{j=1}^{k_n}B(x_j,1/n)$的闭包, 则$K$为紧集(因$(X,\rho)$为完备的). 我们有

$$\mu(K^c)\leqslant\sum_n\mu\Big(\big(\bigcup_{j=1}^{k_n}B(x_j,\frac{1}{n})\big)^c\Big)<\sum_n\frac{\varepsilon}{2^n}=\varepsilon,$$

即有$\mu(K)>\mu(X)-\varepsilon$. 但$\varepsilon>0$是任意的, 故(5.7.2)式对$A=X$成立. 现设$A\in\mathcal{B}(X)$, 对任给$\varepsilon>0$, 先取紧集$K$, 使$\mu(K^c)<\varepsilon$. 此外, 由系5.3.4知, 存在$A$的闭子集$F$, 使$\mu(F)>\mu(A)-\varepsilon$.令$K_1=K\cap F$, 则$K_1$ 为紧集, $K_1\subset A$, 且有$\mu(K_1)>\mu(A)-2\varepsilon$, 故(5.7.2)式得证. □

需要指出: 在定理5.7.6中, 如果μ不有限(即使有$\mu(K)<\infty,\forall K\in\mathcal{K}$), 则$\mu$不一定正则. 例如, 设$X$不是$\sigma$紧的波兰空间, $\forall B\in\mathcal{B}(X)$, 若$B$为$\sigma$有界集, 令$\mu(B)=0$, 否则令$\mu(B)=\infty$, 则(5.7.2)式对$A=X$不成立.

定义5.7.7 设X为Hausdorff空间. 令$\mathcal{M}$表示$\mathcal{B}(X)$上有限测度全体, $\bigcap\limits_{\mu\in\mathcal{M}}\overline{\mathcal{B}(X)^{\mu}}$中的集称为**普遍可测集**.

定义5.7.8 设$(E,\mathcal{E})$为一可分可离可测空间. 如果存在$\mathbb{R}$的一Borel可测集(相应地, 普遍可测集)A, 使$(E,\mathcal{E})$与$(A,\mathcal{B}(A))$同构, 则称$(E,\mathcal{E})$为**Lusin 可测空间**(相应地, **Radon 可测空间**).

可以证明: 设A为波兰空间X的Borel可测集(相应地, 普遍可测集), 则$(A,\mathcal{B}(A))$为Lusin 可测空间(相应地, Radon可测空间)(参见Cohn (2013)).

令X为波兰空间. X的子集A称为**解析集**, 如果存在波兰空间Z和一连续函数$f:Z\longrightarrow X$, 使得$f(Z)=A$. 由命题5.7.2知, 波兰空间的开子集和闭子集都是解析集.

命题5.7.9 令X为波兰空间, $\{A_1,A_2,\cdots\}$为X的解析子集. 则$\bigcup_k A_k$和$\bigcap_k A_k$都是解析集.

证 对每个k, 选择波兰空间Z_k和连续函数$f_k:Z_k\longrightarrow X$, 使得$f_k(Z_k)=A_k$. 令$Z=\sum\limits_n Z_n$为空间$\{Z_1,Z_2,\cdots\}$的不交并, 则Z是波兰空间(命题5.7.4). 定义$f:Z\longrightarrow X$, 使得对于每个k在Z_k上与f_k一致. 则f是一个连续函数, $f(Z)=\bigcup_k A_k$, 因此$\bigcup_k A_k$是解析集.

下面考虑乘积空间$\prod\limits_k Z_k$, 它是波兰空间(命题5.7.4). 令

$$Y=\{\{z_k\}\in\prod_k Z_k:\forall i,j,f_i(z_i)=f_j(z_j)\},$$

则Y是$\prod_k Z_k$的一个闭子空间, 从而Y 是波兰空间(命题5.7.2). 容易看出: $\bigcap_k A_k = \{f_1(z_1) : \{z_k\} \in Y\}$, 从而作为波兰空间$Y$在连续映射下的像集, $\bigcap_k A_k$是解析集. □

命题5.7.10　设$X_1, X_2, \cdots$为波兰空间的有限或可数序列. 对每个k,令A_k为X_k的非空解析子集, 则$\prod_k A_k$是乘积空间$\prod_k X_k$的一个解析子集.

证　对每个k, 选择波兰空间Z_k和连续函数$f_k : Z_k \longrightarrow X_k$, 使得$f_k(Z_k) = A_k$. 通过$f(\{z_k\}) = \{f_k(z_k)\}$定义函数$f : \prod_k Z_k \longrightarrow \prod_k X_k$, 则$f$是连续的,并且$f(\prod_k Z_k) = \prod_k A_k$, 因此$\prod_n X_n$是解析集. □

可以证明: 解析集是普遍可测集; 解析集的余集不一定是解析集; 当且仅当解析集A的余集也是解析集时A是Borel集(参见Cohn (2013)).

习 题

5.7.1　设X为$\mathbb{R}$中无理数全体,则X按$\mathbb{R}$诱导出的拓扑为波兰空间.

5.7.2　设E为一波兰空间X的普遍可测集, 则$\mathcal{B}(E)$上的任何有限测度μ为紧测度.更确切地说,令$\mathcal{K}(E)$表示含于E的全体紧集,则对任何$A \in \mathcal{B}(E)$,有

$$\mu(A) = \sup\{\mu(C) \mid C \subset A, C \in \mathcal{K}(E)\}.$$

5.7.3　设E为一波兰空间X的Borel可测集, 令$\mathcal{E} = \mathcal{B}(E)$, 则可测空间$(E, \mathcal{E})$ 满足定理4.7.9的条件.

5.8　Haar测度

容易看出, $\mathbb{R}^d$上的Lebesgue测度是平移不变的: $\lambda(A+x) = \lambda(A)$对于$\mathcal{B}(\mathbb{R}^d)$中的每个$A$和$\mathbb{R}^d$中的每个$x$都成立. 可以证明, 不计常数乘子, Lebesgue测度是$\mathbb{R}^d$上的唯一平移不变测度. 在本章我们将证明: 局部紧拓扑群上存在与$\mathbb{R}^d$上的Lebesgue测度类似的测度（称为Haar测度）, 并且如果不计常数乘子, Haar测度是唯一的. 5.8.1节介绍拓扑群的基本定义和事实; 5.8.2节给出Haar测度存在性和唯一性的证明; 5.8.3节介绍Haar 测度的其他基本性质. 本节内容主要参考Cohn (2013).

5.8.1　拓扑群

拓扑群是一个具有群结构的拓扑空间G, 其群运算是从乘积空间$G \times G$到G 中的一个连续映射：$(x, y) \mapsto xy$. 并且映射$x \mapsto x^{-1}$也是连续的. 拓扑结构是局部紧和Hausdorff的拓扑群称为局部紧拓扑群. 例如, 具有通常的拓扑结构和加法运算的$\mathbb{R}^d$和 $\mathbb{Z}^d$都是局部紧拓扑群.

命题5.8.1　令G为拓扑群, e为G的恒等元素, a为G的任意元素.

(1) $x \mapsto ax$, $x \mapsto xa$和$x \mapsto x^{-1}$是G到G的同胚映射.

(2) 如果$\mathcal{U}$是e的邻域基, 则$\{aU : U \in \mathcal{U}\}$和$\{Ua : U \in \mathcal{U}\}$是$a$的邻域基.

(3) 如果K和L是G的紧子集, 则aK, Ka, KL和K^{-1}是G的紧子集.

证 (1)由拓扑群的定义推知, (2)是(1)的直接推论, (3)是基于如下事实：在连续映射下紧集的像是紧的, $K \times L$的紧性由Tychonoff定理(定理5.6.3)推知. □

命题5.8.2 令G为拓扑群, e为G的恒等元素, U 为e的一个开邻域.

(1) 存在一个e的开放邻域V, 使得$VV \subset U$.

(2) U中包含e的一个对称开邻域.

证 (1) 由于映射$(x, y) \mapsto xy$是连续的, 如下定义的集合$W = \{(x, y) : xy \in U\}$是$G \times G$中$(e, e)$的开邻域. 因此, 存在满足$V_1 \times V_2 \subset W$的$e$的邻域$V_1$和$V_2$. 则$V = V_1 \cap V_2$是满足$VV \subset U$ 的e的开邻域.

(2) 映射$x \mapsto x^{-1}$的连续性意味着, 如果U是一个e的开邻域, 则U^{-1}也是e的开邻域, 从而$U \cap U^{-1}$是U中包含的e的对称开邻域. □

命题5.8.3 令G为拓扑群, K为G的紧子集, U为包含K的G的开子集. 则存在e的V_R和V_L的邻域, 使得$KV_R \subset U$和$V_L K \subset U$.

证 对于K中的每个x, 选择e的开邻域W_x和V_x, 使得$xW_x \subset U$和$V_x V_x \subset W_x$ (见命题5.8.1和命题5.8.2). 则$\{xV_x\}_{x \in K}$是紧集K一个开覆盖, 从而在K中存在点的有限集合$\{x_1, \cdots, x_n\}$, 使得集类$\{x_i V_{x_i}, i = 1, \cdots, n\}$ 覆盖K. 令$V_R = \cap_{i=1}^n V_{x_i}$. 如果$x \in K$, 则存在$i$, 使得$x \in x_i V_{x_i}$, 所以有

$$xV_R \subset x_i V_{x_i} V_{x_i} \subset x_i W_{x_i} \subset U.$$

由于x是K的任意元素, 因此$KV_R \subset U$. V_L的构造是类似的. □

令G为拓扑群, f为实值或复值函数. 如果对每个正数ε, 存在e的开邻域U, 使得只要x和y属于G且满足$y \in xU$, 就有$|f(x) - f(y)| < \varepsilon$, 则称$f$是**左一致连续**. 类似定义**右一致连续**. 注意: 我们可以用较小的e的对称邻域替换定义中出现的e的邻域(命题5.8.2), 而关于此对称邻域U, 条件$x \in yU$等价于条件$y \in xU$, 条件$x \in Uy$等价于条件$y \in Ux$. 因此, x和y实际上对称地进入我们的定义.

命题5.8.4 设G为局部紧拓扑群. $C_c(G)$中的每个函数是左一致连续和右一致连续的.

证 令$f \in C_c(G)$, K为f的紧支撑. 设$\varepsilon > 0$, 对每个$x \in K$, 首先选择e的一个开邻域U_x, 使得对任何$y \in xU_x$, 有$|f(x) - f(y)| < \varepsilon/2$成立, 然后选择$e$的一个开邻域$V_x$, 使得$V_x V_x \subset U_x$(见命题5.8.1和命题5.8.2). 集类$\{xV_x\}_{x \in K}$是紧集$K$的开覆盖, 因此, 存在一个有限集合$\{x_1, \cdots, x_n\} \subset K$,使得集类$\{x_i V_{x_i}, i = 1, \cdots, n\}$ 覆盖K. 设$V \subset \cap_{i=1}^n V_{x_i}$为$e$的对称开邻域(命题5.8.2), 我们将证明: 如果x和y属于G且满足$y \in xV$, 则$|f(x) - f(y)| < \varepsilon$.

如果x和y都不属于K, 则$f(x) = f(y) = 0$. 现设$x \in K$和$y \in xV$, 则存在某i, 使得$x \in x_iV_{x_i}$, 从而x和y都属于$x_iU_{x_i}$ (请注意, $x \in x_iV_{x_i} \subset x_iU_{x_i}$和$y \in xV_{x_i} \subset x_iV_{x_i}V_{x_i} \subset x_iU_{x_i}$). 于是$|f(x) - f(x_i)| < \varepsilon/2$和$|f(y) - f(x_i)| < \varepsilon/2$. 因此, $|f(x) - f(y)| < \varepsilon/2$. 剩下要处理的情况是$y \in K$, $y \in xV$. 由于V是对称的, 这正是$y \in K, x \in yV$这种情况, 按照刚刚处理的细节(x和y互换)就可以解决这个问题. f的左一致连续性得证. 类似可证f的右一致连续性. □

系5.8.5　令G为局部紧致群, μ为G上的Radon测度, $f \in C_c(G)$. 则函数$x \mapsto \int_G f(xy)\mu(dy)$和$x \mapsto \int_G f(yx)\mu(dy)$ 是连续的.

证　我们只证函数$x \mapsto \int_G f(xy)\mu(dy)$的连续性, 类似可证$x \mapsto \int_G f(yx)\mu(dy)$的连续性. 设$K$为$f$的紧支撑. 任取$x_0 \in G$, 令$W$为$x_0$的开邻域, 其闭包$\overline{W}$为紧集. 容易证明, 对$W$中的每个$x$, 函数$y \mapsto f(yx)$ 是连续的, 并且在紧集$K(\overline{W})^{-1}$之外为零. 给定$\varepsilon > 0$, 取一$\varepsilon' > 0$,使$\varepsilon'\mu(K(\overline{W})^{-1}) < \varepsilon$, 则利用$f$的左一致连续性(命题5.8.4), 选择$e$的一个开邻域$V$, 使得对任何满足$s \in tV$的$s, t \in G$, 有$|f(s) - f(t)| < \varepsilon'$. 于是对每个$x \in W \cap x_0V$ 和$y \in G$, 我们有$yx \in yx_0V$, 从而

$$\begin{aligned}\left|\int_G f(yx)\mu(dy) - \int_G f(yx_0)\mu(dy)\right| &\leqslant \int_G |f(yx) - f(yx_0)|\mu(dy)\\ &\leqslant \varepsilon'\mu(K(\overline{W})^{-1}) < \varepsilon.\end{aligned}$$

函数$x \mapsto \int_G f(xy)\mu(dy)$在$x_0$的连续性得证. □

命题5.8.6　设G为拓扑群, H为G的开子群, 则H也是闭的.

证　我们有$H^c = \cup_{x\in H^c} xH$. 命题5.8.1蕴含每个xH是开集, 从而H^c是开的, 因此H是闭的. □

命题5.8.7　令G为局部紧群, 则存在G的一个既开又闭且σ紧的子群H.

证　由于G是局部紧的, 可以选择e的开邻域U, 使得其闭包是紧的. 利用命题5.8.2, 选择含于U的一个e的对称开邻域V. 当然, $\overline{V}$是紧的. 令$V_1 = V$, 归纳定义$V_n = V_{n-1}V$, $n \geqslant 2$, 以及$H = \cup_n V_n$. 如果$x \in V_m, y \in V_n$, 则$xy \in V_{m+n}$, $x^{-1} \in V_m$ (注意V是对称的). 因此, H是G的子群. 很明显, H既开又闭的. 由于$\overline{V}$是紧的, H是闭的, 每个V_n的闭包是紧的, 且包含在H中, 从而H是σ紧的. □

5.8.2　Haar测度的存在唯一性

令G为局部紧群, μ为G上的非零Radon测度. 如果μ按如下意义为**左转换不变**(相应地, **右转换不变**): $\mu(xA) = \mu(A)$ (相应地, $\mu(Ax) = \mu(A)$)对于G中的每个x和$\mathcal{B}(G)$中的每个A成立, 则称μ是**左Haar测度**(相应地, **右Haar测度**). 以下将左Haar 测度简称为**Haar测度**, 将左转换不变简称为**转换不变**.

在本节中, 我们将证明: 不计一个常数乘子, 在每个局部紧群上都存在唯一的左Haar测度. Haar测度的性质以及左、右Haar测度之间的关系将在5.8.3节讨论.

我们引进一些符号. 令G为群, x为G的元素, f是G上的一个函数. f的x**左转换**, 记为${}_xf$, 定义为${}_xf(t)=f(x^{-1}t)$; f的x**右转换**, 记为f_x, 定义为$f_x(t)=f(tx^{-1})$. 函数$\check{f}$ 由$\check{f}(t)=f(t^{-1})$定义. 请注意, 如果x,y和t属于G, 则

$$ {}_{xy}f(t)=f((xy)^{-1}t)=f(y^{-1}x^{-1}t)={}_yf(x^{-1}t)={}_x({}_yf)(t); $$

因此${}_{xy}f={}_x({}_yf)$. 类似可证$f_{xy}=(f_x)_y$. 如果A是G的子集, 则集合A,xA 和Ax的示性函数由如下等式关联: $(I_A)_x=I_{Ax}$, ${}_x(I_A)=I_{xA}$.

如果G是局部紧群, 并且μ是G上的左Haar测度, 则由积分的线性性和单调收敛定理推知: 对于每个非负或μ可积的Borel函数f,

$$ \int_G {}_xf d\mu=\int_G fd\mu. $$

令K为G的一紧子集, V为G的一子集, 其内部V^o是非空的. 则$\{xV^o\}_{x\in G}$是紧集K 的一个开覆盖, 故存在G元素的有限序列$\{x_i\}_{i=1}^n$, 使得$K\subset\cup_{i=1}^n x_iV$. 设$\#(K:V)$是存在这样一个序列$\{x_i\}_{i=1}^n$的最小非负整数$n$. 显然, 当且仅当$K=\varnothing$时, $\#(K:V)=0$.

我们取定一个内部为非空的紧集K_0, 它将用于度量G的各个子集大小的标准. 粗略地说, 我们将通过计算当e的开邻域U变小时比率$\#(K:U)/\#(K_0:U)$的极限来度量G的各个紧子集K的大小, 将使用此“极限”在G上构造外测度μ^*, 然后证明μ^*到$\mathcal{B}(G)$的限制就是左Haar测度.

我们先准备两个引理.

引理5.8.8 令$\mathcal{C}$为G的紧子集的全体, $\mathcal{U}$是e的开邻域全体. 对于$\mathcal{U}$中的每个U, 通过$h_U(K)=\#(K:U)/\#(K_0:U)$ 定义$h_U:\mathcal{C}\mapsto\mathbb{R}$. 则对所有$U,K,K_1,K_2$和$x$, 如下关系成立:

(1) $0\leqslant h_U(K)\leqslant\#(K:K_0)$,

(2) $h_U(K_0)=1$,

(3) $h_U(xK)=h_U(K)$,

(4) 如果$K_1\subset K_2$, 则$h_U(K_1)\leqslant h_U(K_2)$,

(5) $h_U(K_1\cup K_2)\leqslant h_U(K_1)+h_U(K_2)$,

(6) 如果$K_1U^{-1}\cap K_2U^{-1}=\varnothing$, 则$h_U(K_1\cup K_2)=h_U(K_1)+h_U(K_2)$.

证 令$\{x_i\}_{i=1}^m$ 和$\{y_j\}_{j=1}^n$是G中元素序列, 使得$K\subset\cup_{i=1}^m x_iK_0$ 和$K_0\subset\cup_{j=1}^n y_jU$, 则$K\subset\cup_{i=1}^m\cup_{j=1}^n x_iy_jU$. 于是

$$ \#(K:U)\leqslant\#(K:K_0)\#(K_0:U) $$

对所有K和U成立. 将上式两边除以$\#(K_0:U)$即得断言(1). 断言(2)-(5)显然. 现在假定$K_1U^{-1}\cap K_2U^{-1}=\varnothing$. 令$\{x_i\}_{i=1}^n$是一个点序列, 使得

$$n=\#(K_1\cup K_2:U),\ K_1\cup K_2\subset\cup_{i=1}^n x_iU.$$

每个集合x_iU至多与K_1和K_2中之一有交集, 因此可将序列$\{x_i\}_{i=1}^n$划分为序列$\{y_i\}_{i=1}^j$和$\{zi\}_{i=1}^k$, 使得$K_1\subset\cup_{i=1}^j y_iU$和$K_2\subset\cup_{i=1}^k z_iU$. 于是有

$$\#(K_1\cup K_2:U)\geqslant\#(K_1:U)+\#(K_2:U),$$

从而$h_U(K_1\cup K_2)\geqslant h_U(K_1)+h_U(K_2)$, 有鉴于(5), 我们推得(6). □

下面将通过构建某个包含所有函数h_U的乘积空间, 并利用紧性推理来定义函数族$\{h_U\}_{U\in\mathcal{U}}$的“极限”. 对$\mathcal{C}$中每个$K$, 令 $I(K)$为$\mathbb{R}$中的区间$[0,\#(K:K_0)]$. 令X为乘积拓扑空间$\prod_{K\in\mathcal{C}}I(K)$. 由于每个$I(K)$是紧的, Tychonoff定理(定理5.6.3)表明X是紧的. 根据引理5.8.8的(1), 每个函数h_U都属于X. 对于e的每个开邻域V, 令$S(V)$为集合$\{h_U:U\in\mathcal{U},U\subset V\}$在$X$中的闭包. 如果$V_1,\cdots,V_n$属于$\mathcal{U}$, 并令$V=\cap_{i=1}^n V_i$, 则$h_V\in\cap_{i=1}^n S(V_i)$; 由于$V_1,\cdots,V_n$是任意的, 这意味着闭集族$\{S(V)\}_{V\in\mathcal{U}}$满足有限交性质. X的紧性蕴含$\cap_{V\in\mathcal{U}}S(V)$非空. 于是可以选择$\cap_{V\in\mathcal{U}}S(V)$ 中一元素h_*作为函数族$\{h_U\}_{U\in\mathcal{U}}$的“极限”.

引理5.8.9　对于G中的所有x和$\mathcal{C}$中的任意K,K_1,K_2, 函数h_*满足

(1) $h_*(K)\geqslant 0$,

(2) $h_*(\varnothing)=0$,

(3) $h_*(K_0)=1$,

(4) $h_*(xK)=h_*(K)$,

(5) 如果$K_1\subset K_2$, 则$h_*(K_1)\leqslant h_*(K_2)$,

(6) $h_*(K_1\cup K_2)\leqslant h_*(K_1)+h_*(K_2)$,

(7) 如果$K_1\cap K_2=\varnothing$, 则$h_*(K_1\cup K_2)=h_*(K_1)+h_*(K_2)$.

证　(1)显然. 下面先证(7). 回想X作为乘积空间$\prod_{K\in\mathcal{C}}I(K)$是$\mathcal{C}$上的一族特定函数, 其拓扑是使得每个$G$的紧子集$K$(即对于指标集$\mathcal{C}$的每个元素$K$), 由$h\mapsto h(K)$定义的从$X$到$\mathbb{R}$ 中的投影是连续的. 因此, 对G的任意一对紧子集(K_1,K_2), 如下定义的从X到$\mathbb{R}$中的映射

$$h\mapsto h(K_1)+h(K_2)-h(K_1\cup K_2)\tag{5.8.1}$$

是连续的. 此外, 由引理5.8.8的(5), 该映射在每个h_U处是非负的, 故在每个集合$S(V)$中的每个点都是非负的. 特别, 在h_*处为非负, (6)得证. 用类似推理可证(2)至(5).

往证(7). 假设K_1和K_2是G的不相交紧子集. 根据引理5.1.18, 存在不相交的开集U_1和U_2, 使得$K_1\subset U_1$和$K_2\subset U_2$, 并且根据命题5.8.3, 有e的开邻域V_1和V_2, 使

得$K_1V_1 \subset U_1$和$K_2V_2 \subset U_2$. 令$V = V_1 \cap V_2$, 则$K_1V \cap K_2V = \varnothing$, 从而对于每个满足$U \subset V^{-1}$的$U \in \mathcal{U}$, 有

$$h_U(K_1 \cup K_2) = h_U(K_1) + h_U(K_2)$$

(参见引理5.8.8的(6)). 故由(5.8.1)定义的映射在每个$S(V^{-1})$的元素上取值为零. 由于$h_* \in S(V^{-1})$, 因此(7)成立. □

定理5.8.10 令G为局部紧群. 则在G上存在一个左Haar测度.

证 令$\mathcal{O}$为G的开子集的全体, 在$\mathcal{O}$上如下定义集函数μ:

$$\mu(U) = \sup\{h_*(K) : K \subset U, K \in \mathcal{C}\}.$$

往证μ在在$\mathcal{O}$上有次σ可加性. 设$\{U_i, i \geqslant 1\} \subset \mathcal{O}$. 令$K$是$\cup_i U_i$的紧子集, 则存在一个正整数$n$, 使得$K \subset \cup_i^n U_i$. 利用引理5.1.21和数学归纳法推知, 存在紧子集$\{K_i, 1 \leqslant i \leqslant n\}$, 使得$K = \cup_i^n K_i$, 并且对每个$i$, $K_i \subset U_i$. 从而由引理5.8.9 的(6)推知

$$h_*(K) \leqslant \sum_{i=1}^{n} h_*(K_i) \leqslant \sum_{i=1}^{n} \mu(U_i) \leqslant \sum_{i=1}^{\infty} \mu(U_i).$$

由于K是$\cup_i U_i$的任意紧子集, μ的次σ可加性得证.

现将μ扩展到G的所有子集:

$$\mu^*(A) = \inf\{\mu^*(U) : A \subset U, U \in \mathcal{O}\}.$$

显然, μ^*是G上的外测度. 为要证明G的每个Borel子集都是μ^*可测的, 只需证明G的每个开子集是μ^*可测的. 为此, 由引理1.4.5, 只需证明: 对任何开子集U和V, 其中$\mu^*(V) < \infty$, 有

$$\mu(V) \geqslant \mu(V \cap U) + \mu^*(V \cap U^c). \tag{5.8.2}$$

任给$\varepsilon > 0$, 选择$V \cap U$的紧子集K, 使得$h_*(K) > \mu(V \cap U) - \varepsilon$, 然后选择$V \cap K^c$的紧子集$L$, 使得$h_*(L) > \mu(V \cap K^c) - \varepsilon$. 则$K \cap L = \varnothing$, 并且由于$V \cap U^c \subset V \cap K^c$, L满足$h_*(L) > \mu^*(V \cap U^c) - \varepsilon$. 从这些不等式和引理5.8.9可以得出:

$$h_*(K \cup L) = h_*(K) + h_*(L) \geqslant \mu(V \cap U) + \mu^*(V \cap U^c) - 2\varepsilon.$$

由于ε是任意的, 并且$h_*(K \cup L) \leqslant \mu^*(V)$, 从而不等式(5.8.2)成立. 因此, $\mathcal{B}(G)$包含在μ^*可测集的σ代数中, μ^* 到$\mathcal{B}(G)$的限制为一测度, 并在$\mathcal{O}$上与μ吻合, 故将μ^*到$\mathcal{B}(G)$的限制仍记为μ.

容易证明μ是非零的Radon测度. 又由引理5.8.9的(4)推知, μ为左转换不变的. □

下一引理给出了Haar测度的一个基本性质, 在证明Haar测度的唯一性时将要用到它.

引理5.8.11　令G为局部紧群, μ为G上的左Haar测度. 则G的每个非空开子集U满足$\mu(U)>0$, 并且每个属于$\mathcal{K}(G)$且不完全为零的非负函数f, 有$\int_G f d\mu>0$.

证　任意选择一个紧集K使得$\mu(K)>0$. 令U为G的非空开子集. 则$\{xU\}_{x\in G}$为紧集K的开覆盖, 所以存在G中元素序列$\{x_i\}_{i=1}^n$, 使得$K\subset\cup_{i=1}^n x_iU$. 从而$\mu(K)\leqslant\sum_{i=1}^n\mu(x_iU)$, μ的转换不变性蕴含$\mu(K)\leqslant n\mu(U)$. 因此,$\mu(U)>0$. 这证明了引理的前半部分. 现设$f\in\mathcal{K}(G)$是非恒为零的非负函数, 则存在$\varepsilon>0$和一个非空开集U, 使得$f\geqslant\varepsilon I_U$, 由此推得$\int_G f d\mu\geqslant\varepsilon\mu(U)>0$. □

定理5.8.12　令G为局部紧群, μ和ν为G上的左Haar测度, 则存在一正实数c, 使得$\nu=c\mu$.

证　令$g\in\mathcal{K}(G)$是非恒为零的非负函数(g在整个证明中将保持不变), 并令f为$\mathcal{K}(G)$中的任意函数. 由于$\int_G g d\mu\neq 0$(引理5.8.11), 我们可以做比率$\int_G f d\mu/\int_G g d\mu$. 往证该比率仅依赖函数$f$和$g$, 而不依赖在计算中使用的特定Haar测度$\mu$. 对$h\in\mathcal{K}(G\times G)$, 利用迭代积分的Fubini定理颠倒积分顺序, 再利用左Haar测度的左转换不变性(将x替换为$y^{-1}x$,将y替换为xy), 我们得到

$$
\begin{aligned}
\int_{G\times G} h(x,y)\nu(dy)\mu(dx) &= \int_{G\times G} h(y^{-1}x,y)\mu(dx)\nu(dy)\\
&= \int_{G\times G} h(y^{-1},xy)\nu(dy)\mu(dx). \qquad (5.8.3)
\end{aligned}
$$

现将此恒等式应用于如下由定义的函数h:

$$
h(x,y)=\frac{f(x)g(yx)}{\int_G g(tx)\nu(dt)},
$$

由系5.8.5和引理5.8.11容易验证h确实属于$\mathcal{K}(G\times G)$). 对于此函数h, 有$h(y^{-1},xy)=f(y^{-1})g(x)/\int_G g(ty^{-1})\nu(dt)$, (5.8.3) 蕴含

$$
\int_G f(x)\mu(dx)=\int_G g(x)\mu(dx)\int_G\frac{f(y^{-1})}{\int_G g(ty^{-1})\nu(dt)}\nu(dy).
$$

这表明比率$\int_G f d\mu/\int_G g d\mu$仅依赖函数$f$和$g$, 而不依赖Haar测度$\mu$. 因此, 对任何Haar测度$\nu$, 我们有

$$
\frac{\int_G f d\nu}{\int_G g d\nu}=\frac{\int_G f d\mu}{\int_G g d\mu}.
$$

因此满足$\int_G f d\nu=c\int_G f d\mu$,其中$c=\int_G g d\nu/\int_G g d\mu$. 由于此等式对$\mathcal{K}(G)$中的每个$f$成立, 故由Riesz表示定理(定理5.2.8)推知$\nu=c\mu$. □

5.8.3 Haar测度的性质

令G为局部紧群, μ为G上的Radon测度. 映射$x \mapsto x^{-1}$是G 到自身的同胚(命题5.8.1). 因此, $A \in \mathcal{B}(G)$ 等价于$A^{-1} \in \mathcal{B}(G)$. 在$\mathcal{B}(G)$上通过$\breve{\mu}(A) = \mu(A^{-1})$定义函数$\breve{\mu}$. 易知$\breve{\mu}$是$G$上的Radon测度. 由积分的线性性和单调收敛定理推知: 对于每个非负或$\breve{\mu}$可积的Borel函数f,

$$\int_G f d\breve{\mu} = \int_G \breve{f} d\mu. \tag{5.8.4}$$

命题5.8.13 令G为局部紧群, μ为G上的Radon测度. 则μ是左Haar测度, 当且仅当$\breve{\mu}$是右Haar测度; μ是右Haar测度, 当且仅当$\breve{\mu}$是左Haar 测度.

证 对每个$x \in G, A \in \mathcal{B}(G)$, 恒等式$(Ax)^{-1} = x^{-1}A^{-1}$蕴含$\breve{\mu}(Ax) = \breve{\mu}(A)$ 成立, 当且仅当$\mu(x^{-1}A^{-1}) = \mu(A^{-1})$. 命题的前半部分得证. 将$\mu$替换为$\breve{\mu}$并注意$\breve{\breve{\mu}} = \mu$, 从命题的前半部分部分即可推得后半部分. □

系5.8.14 令G为局部紧群. 不计一常数乘子, 在G上存在唯一的右Haar 测度.

命题5.8.15 令G为局部紧群, μ为左(或右)Haar测度. 当且仅当G是紧的, μ是有限测度. 特别, 在紧群上存在$\mu(G) = 1$的"标准化"左(或右)Haar测度.

证 我们只对μ为左Haar测度情形证明. 由于μ是Radon测度, 如果G是紧的, 则$\mu(G) < \infty$. 反之, 设$0 < \mu(G) < \infty$. 令K为G的紧子集, 使得$\mu(K) > 0$ (由μ的正则性). 由于$\cup_{x\in G} xK = G$, 且$\mu(G) < \infty$, 存在G中元素的有限序列$\{x_i\}_1^n$, 使得$\{x_iK, 1 \leqslant i \leqslant n,\}$ 互不相交, 且对其他$x \in G$, xK与$\cup_{i=1}^n x_iK$交集非空, 即 $x \in (\cup_{i=1}^n x_iK)K^{-1}$. 由于$K^{-1}$是紧集, $G = (\cup_{i=1}^n x_iK)K^{-1}$ 也为紧集. □

令G为局部紧群, μ为左Haar测度. 映射$u \mapsto ux$是G到自身的同胚(命题5.8.1). 因此, $\forall x \in G$, 公式$\mu_x(A) = \mu(Ax)$定义了G上的Radon测度μ_x. 易知μ_x是左Haar测度, 故由定理5.8.12, 对每个x, 存在一个正数, 记为$\Delta(x)$, 使得$\mu_x = \Delta(x)\mu$. 以这种方式定义的函数$\Delta : G \mapsto \mathbb{R}$被称为$G$的**模函数**. 如果$\nu$是$G$上的另一个左Haar 测度, 则有一个正常数$c$, 使得$\nu = c\mu$, 因此$\nu_x = c\mu_x = c\Delta(x)\mu = \Delta(x)\nu$对$G$中的每个$x$成立. 这表明模函数$\Delta$由群$G$ 确定, 不依赖于用于定义它的左Haar测度.

由于$(I_A)_x = I_{Ax}$对G中的每个x和G的每个子集A成立, 由积分的线性性和单调收敛定理推知: 对每个非负或μ可积的Borel函数f,

$$\int_G f_x d\mu = \Delta(x) \int_G f d\mu. \tag{5.8.5}$$

命题5.8.16 令G为局部紧群, Δ为G的模函数, 则

(1) Δ是连续的,

(2) $\Delta(xy) = \Delta(x)\Delta(y)$对于$G$中的每个$x$和$y$成立.

证 令μ为G上的左Haar测度, $f \in \mathcal{K}(G)$为一非恒为零的非负函数, 则$\int_G f d\mu \neq 0$(引理5.8.11). 于是系5.8.5和等式(5.8.5)蕴含Δ的连续性. 关系$\Delta(xy) = \Delta(x)\Delta(y)$

由如下计算得出:

$$\Delta(xy)\mu(A) = \mu(Axy) = \Delta(y)\mu(Ax) = \Delta(y)\Delta(x)\mu(A).$$

□

如果局部紧群G的模函数满足$\Delta(x) = 1, \forall x \in G$, 则称$G$是**单模的**. 因此, 一个局部紧群$G$是单模的, 当且仅当$G$上的每个左Haar测度是一个右Haar测度. 当然, 每个交换局部紧群都是单模的.

命题5.8.17　每个紧群都是单模的.

证　令G为一个紧群, Δ为模函数. Δ的连续性和G的紧性蕴含Δ是有界的. 此外, 关系$\Delta(x^n) = (\Delta(x))^n$对于每个正整数$n$和$G$的每个元素$x$都成立(命题5.8.16). 因此, $\Delta(x) \leqslant 1$. 如果G的某元素x满足$0 < \Delta(x) < 1$, 则x^{-1}满足$\Delta(x^{-1}) > 1$, 这不可能. 因此必须有$\Delta(x) = 1, \forall x \in G$. □

命题5.8.18　令G为局部紧群, μ为左Haar测度. 则对G的每个Borel子集A, 有

$$\check{\mu}(A) = \int_A \Delta(x^{-1})\mu(dx).$$

证　在$\mathcal{B}(G)$上定义测度ν:

$$\nu(A) = \int_A \Delta(x^{-1})\mu(dx).$$

我们将证明ν是右Haar测度, 且$\nu = \check{\mu}$. 先证ν是Radon测度. 对于每个正整数n, 令G_n为如下定义的G的开子集:

$$G_n = \{x \in G : 1/n < \Delta(x^{-1}) < n\}.$$

令U为G的一个开子集. 由μ的正则性推知, 对每个n,

$$\nu(U \cap G_n) = \sup\{\nu(K) : K \subset U \cap G_n, K \in \mathcal{K}(G)\}.$$

由于$\nu(U) = \lim_n \nu(U \cap G_n)$, 容易证明

$$\nu(U) = \sup\{\nu(K) : K \subset U, K \in \mathcal{K}(G)\}.$$

现设A是G的任意Borel子集, 满足$\nu(A) < \infty$. 我们需要证明

$$\nu(A) = \inf\{\nu(U) : A \subset U, U \in \mathcal{O}(G)\}. \tag{5.8.6}$$

令ε为一正数. 基于μ是Radon测度和在G_n上有$1/n < \Delta(x^{-1}) < n$这一事实, 对于每个n, 可以选择G_n的一个开子集U_n, 包含$A \cap G_n$, 并满足$\nu(U_n) < \nu(A \cap G_n) + \varepsilon/2^n$.

令$U = \cup_n U_n$, 则U包含A, 且满足$\nu(U) < \nu(A) + \varepsilon$. 由于$\varepsilon > 0$是任意的, 因此有(5.8.6). 不难看出, G的每个紧致子集K都满足$\nu(K) < \infty$ (因为$\mu(K)$是有限的,并且函数$x \mapsto \Delta(x^{-1})$在K上有界). 因此, ν是Radon测度.

利用(5.8.5)和命题5.8.16 的(2), 我们可以做如下运算:

$$\begin{aligned}\nu(Ay) &= \int_G I_{Ay}(x)\Delta(x^{-1})\mu(dx)\\ &= \int_G I_{Ay}(x)\Delta(y^{-1})\Delta((xy^{-1})^{-1})\mu(dx)\\ &= \int_G \Delta(y^{-1})(I_A)_y(x)\Delta((xy^{-1})^{-1})\mu(dx)\\ &= \int_G \Delta(y^{-1})\Delta(y)I_A(x)\Delta(x^{-1})\mu(dx) = \nu(A).\end{aligned}$$

这表明ν是右Haar测度.

因此, 存在一个正数c, 使得$\nu = c\check{\mu}$(见命题5.8.13和系5.8.14). 于是有

$$c = \frac{\nu(A)}{\check{\mu}(A)} = \frac{\nu(A)}{\mu(A^{-1})} = \frac{1}{\mu(A^{-1})}\int_A \Delta(x^{-1})\mu(dx),$$

只要A是满足$0 < \check{\mu}(A) < \infty$的Borel集. 由于$\Delta$是连续的并且在$e$处取值1, 通过让$A$为$e$的足够小的对称邻域, 我们可以使等式的右侧任意接近1. 因此, $c = 1$, 从而$\nu = \check{\mu}$. □

系5.8.19 令G为局部紧群, μ和ν分别为G上的为左和右Haar测度. 则对G的Borel子集A, $\mu(A) = 0$, 当且仅当$\nu(A) = 0$.

证 公式$A \mapsto \int_A \Delta(t^{-1})\mu(dt)$定义了$G$上的一右Haar测度(命题5.8.18). 因此, 存在一个正常数c, 使得对于$\mathcal{B}(G)$ 中的每个A, 我们有$\nu(A) = c\int_A \Delta(t^{-1})\mu(dt)$. 由于$\Delta$在$G$上处处为正, 因此$\mu$和$\nu$有相同的零测集. □

第6章 测度的收敛

本章研究测度序列的收敛, 其中包括欧氏空间上Borel测度的收敛, 距离空间上有限测度的弱收敛及局部紧Hausdorff空间上Radon测度的淡收敛.

6.1 欧氏空间上Borel测度的收敛

设μ为欧氏空间$\mathbb{R}^d$上的Radon测度, $a,b\in\mathbb{R}^d, a<b$. 如果$\mu([a,b]\setminus(a,b))=0$, 则称$(a,b]$为$\mu$的**连续区间**. 我们用$\mathcal{I}(\mu)$表示$\mu$的连续区间全体.

定义6.1.1 设μ_n及μ为$\mathbb{R}^d$上的Radon测度. 如果

$$\lim_{n\to\infty}\mu_n((a,b])=\mu((a,b]),\quad \forall (a,b]\in\mathcal{I}(\mu),$$

则称序列(μ_n)**淡收敛**于μ, 记为$\mu_n\xrightarrow{v}\mu$ (我们将英文"vague convergence"译为淡收敛); 如果进一步还有$\lim\limits_{n\to\infty}\mu_n(\mathbb{R}^d)=\mu(\mathbb{R}^d)<\infty$, 则称$(\mu_n)$**弱收敛**于$\mu$, 记为$\mu_n\xrightarrow{w}\mu$.

下面两个定理分别给出了淡收敛及弱收敛的积分刻画. 这一刻画允许我们将这两个收敛概念推广到一般拓扑空间情形.

定理6.1.2 为要$\mu_n\xrightarrow{v}\mu$, 必须且只需

$$\lim_{n\to\infty}\int_{\mathbb{R}^d}fd\mu_n=\int_{\mathbb{R}^d}fd\mu,\quad \forall f\in C_c(\mathbb{R}^d). \tag{6.1.1}$$

这里$C_c(\mathbb{R}^d)$表示$\mathbb{R}^d$上有紧支撑的连续函数全体.

证明 必要性. 设$\mu_n\xrightarrow{v}\mu$. 依淡收敛的定义, 当$(a,b]\in\mathcal{I}(\mu)$, $f=I_{(a,b]}$时(6.1.1)式成立. 现设$f\in C_c(\mathbb{R}^d)$. 取$(a,b]\in\mathcal{I}(\mu)$, 使f的支撑含于(a,b). 对给定$\varepsilon>0$, 则易知存在$\mathbb{R}^d$上的简单函数f_ε, 使得$[f_\varepsilon\neq 0]\subset(a,b)$, 且为$\mathcal{I}(\mu)$中元素的有限不交并, 满足$\sup\limits_{x\in\mathbb{R}^d}|f(x)-f_\varepsilon(x)|\leqslant\varepsilon$. 则

$$\begin{aligned}
&\limsup_{n\to\infty}\left|\int_{\mathbb{R}^d}fd\mu_n-\int_{\mathbb{R}^d}fd\mu\right|\\
\leqslant&\limsup_{n\to\infty}\left[\int_{\mathbb{R}^d}|f-f_\varepsilon|d\mu_n+\left|\int_{\mathbb{R}^d}f_\varepsilon d\mu_n-\int_{\mathbb{R}^d}f_\varepsilon d\mu\right|\right]+\int_{\mathbb{R}^d}|f_\varepsilon-f|d\mu\\
\leqslant&2\varepsilon\mu((a,b]).
\end{aligned}$$

故(6.1.1)式成立.

充分性. 设(6.1.1)式成立. 令$(a,b]\in\mathcal{I}(\mu)$. 对给定$\varepsilon>0$, 存在$\delta\in\mathbb{R}^d,\delta>0$, 使得$\mu(U)<\varepsilon$, 此处

$$U=(a-\delta,a+\delta)\cup(b-\delta,b+\delta).$$

令$g=I_{(a,b]}$. 易知存在$g_1,g_2\in C_c(\mathbb{R}^d)$, 使得$g_1\leqslant g\leqslant g_2$, $g_2-g_1\leqslant I_U$. 我们有

$$\int g_1d\mu\leftarrow\int g_1d\mu_n\leqslant\mu_n((a,b])\leqslant\int g_2d\mu_n\to\int g_2d\mu$$

$$\int g_1d\mu\leqslant\mu((a,b])\leqslant\int g_2d\mu$$

$$\int(g_2-g_1)d\mu\leqslant\mu(U)<\varepsilon,$$

故有$\mu_n((a,b])\to\mu((a,b])$, 即$\mu_n\xrightarrow{v}\mu$. □

定理6.1.3 假定$\sup\limits_n\mu_n(\mathbb{R}^d)<\infty,\mu(\mathbb{R}^d)<\infty$. 为要$\mu_n\xrightarrow{w}\mu$, 必须且只需

$$\lim_{n\to\infty}\int_{\mathbb{R}^d}fd\mu_n=\int_{\mathbb{R}^d}fd\mu,\quad\forall f\in C_b(\mathbb{R}^d).\tag{6.1.2}$$

证明 由于$\mathbb{R}^d$上常值函数1属于$C_b(\mathbb{R}^d)$, 且$C_c(\mathbb{R}^d)\subset C_b(\mathbb{R}^d)$, 故条件的充分性显然. 往证必要性. 设$\mu_n\xrightarrow{w}\mu$. 对给定$\varepsilon>0$, 存在$(a,b]\in\mathcal{I}(\mu)$, 使得$\mu((a,b]^c)<\varepsilon$. 由于$\mu_n((a,b])\to\mu((a,b])$, 且$\mu_n(\mathbb{R}^d)\to\mu(\mathbb{R}^d)$, 故存在$n_0(\varepsilon)$, 使得$\forall n\geqslant n_0(\varepsilon)$, 有$\mu_n((a,b]^c)<\varepsilon$. 现设$f\in C_b(\mathbb{R}^d)$, $|f|\leqslant M<\infty$. 显然存在$f_\varepsilon\in C_c(\mathbb{R}^d)$, 使得$f_\varepsilon$在$(a,b]$上等于$f$, 且$|f-f_\varepsilon|\leqslant 2M$. 由定理6.1.2知, (6.1.2)式对$f_\varepsilon$成立, 故有

$$\begin{aligned}&\limsup_{n\to\infty}\left|\int_{\mathbb{R}^d}fd\mu_n-\int_{\mathbb{R}^d}fd\mu\right|\\ \leqslant&\limsup_{n\to\infty}\left[\int_{\mathbb{R}^d}|f-f_\varepsilon|d\mu_n+\left|\int_{\mathbb{R}^d}f_\varepsilon d\mu_n-\int_{\mathbb{R}^d}f_\varepsilon d\mu\right|\right]+\int_{\mathbb{R}^d}|f_\varepsilon-f|d\mu\\ \leqslant&4M\varepsilon,\end{aligned}$$

这表明(6.1.2)式成立. □

下一结果是**Helly定理**.

定理6.1.4 设(μ_n)为$\mathbb{R}^d$上一列有限Borel测度, $\sup\limits_n\mu_n(\mathbb{R}^d)<\infty$, 则存在$(\mu_n)$的一子列$(\mu_{n_k})$, 使得$\mu_{n_k}\xrightarrow{v}$某$\mu$.

证明 $\forall x\in\mathbb{R}^d$, 令

$$F_n(x)=\mu_n((-\infty,x]).\tag{6.1.3}$$

任取$\mathbb{R}^d$中一可数稠子集$\{x_1,x_2,\cdots\}$. 由对角线原理, 可选取(F_n) 的一子列(F_{n_k}), 使得$\forall m\geqslant 1$, $\lim\limits_{k\to\infty}F_{n_k}(x_m)$存在, 记为$G(x_m)$.令

$$F(x)=\inf\{G(x_m)\mid x_m>x\},$$

则F为$\mathbb{R}^d$上的右连续增函数. 容易证明: 对F的一切连续点x, 有$\lim\limits_{k\to\infty} F_{n_k}(x) = F(x)$. 令$\mu$为由$F$产生的$\mathbb{R}^d$上的测度(见1.5节), 则显然有$\mu_{n_k} \xrightarrow{v} \mu$. □

注6.1.5 设(μ_n)为$\mathbb{R}^d$上一列概率测度, (F_n)为由(6.1.3)式定义的右连续增函数(称为μ_n的**分布函数**). 则(μ_n)淡收敛于某测度μ (μ不一定是概率测度)等价于相应的分布函数序列(F_n)**弱收敛**于某一右连续增函数F ($F(x)$ 不一定等于$\mu((-\infty, x])$); (μ_n)弱收敛于某概率测度μ等价于(F_n)**全收敛**于F(这时F是μ的分布函数).

下面的例子表明$\mu_n \xrightarrow{v} \mu$不蕴含$F_n \xrightarrow{w} F$. 令$\mu_n$为$\mathbb{R}$上负荷于$\{-n\}$的概率测度, 则$(\mu_n)$淡收敛于零测度$\mu$, 但是有$\lim\limits_{n\to\infty} F_n(x) = 1, \forall x \in \mathbb{R}$, 而$F(x) = 0$, $\forall x \in \mathbb{R}$.

习 题

6.1.1 设$\mu_n \xrightarrow{v} \mu$, 且$\sup\limits_n \mu_n(\mathbb{R}^d) < \infty$, 则$\forall f \in C_0(\mathbb{R}^d)$, 有

$$\lim_{n\to\infty} \int_{\mathbb{R}^d} f d\mu_n = \int_{\mathbb{R}^d} f d\mu.$$

这里$C_0(\mathbb{R}^d)$表示$\mathbb{R}^d$上在无穷远处为0的连续函数全体.

6.1.2 设$\mu_n \xrightarrow{v} \mu$, $(a, b] \in \mathcal{I}(\mu)$. 则对$\mathbb{R}^d$上一切连续函数$f$有

$$\lim_{n\to\infty} \int_a^b f d\mu_n = \int_a^b f d\mu.$$

6.2 距离空间上有限测度的弱收敛

设X为一距离空间(或可距离化的拓扑空间), $C_b(X)$表示X上有界连续函数全体. 由定理6.1.3我们自然引进如下的定义:

定义6.2.1 设(X, ρ)为一距离空间, $\mu, \mu_1, \mu_2, \cdots$为$\mathcal{B}(X)$上的有限测度. 如果对一切$f \in C_b(X)$, 有

$$\lim_{n\to\infty} \int_X f d\mu_n = \int_X f d\mu,$$

则称(μ_n)**弱收敛**于μ, 记为$\mu_n \xrightarrow{w} \mu$.

显然, 弱收敛的极限是唯一的.此外, 由于$C_b(X)$只与X的拓扑有关, 所以测度弱收敛概念并不依赖于距离的选取.

下一引理允许我们将有限测度的弱收敛归结为概率测度的弱收敛, 其证明是不足道的.

引理6.2.2 设(X, ρ)为一距离空间, $\mu, \mu_1, \mu_2, \cdots$为$\mathcal{B}(X)$上的有限测度. 令

$$\mathbb{P}(A) = \frac{\mu(A)}{\mu(X)}, \quad \mathbb{P}_n(A) = \frac{\mu_n(A)}{\mu_n(X)}, \quad A \in \mathcal{B}(X).$$

则下列二断言等价:

(1) $\mu_n \xrightarrow{w} \mu$;

(2) $I\!P_n \xrightarrow{w} I\!P$, $\mu_n(X) \to \mu(X)$.

定义6.2.3 设X为一拓扑空间, μ为$\mathcal{B}(X)$上一测度, $A \in \mathcal{B}(X)$. 若$\mu(\partial A) = 0(\partial A = \overline{A} \setminus A^\circ$为$A$的边界), 则称$A$为$\boldsymbol{\mu}$ **连续集**.

下一定理给出了测度弱收敛的若干刻画.

定理6.2.4 (X,ρ)为一距离空间, $\mathcal{U}_\rho(X)$表示X上关于ρ一致连续的有界函数全体(从而有$\mathcal{U}_\rho(X) \subset C_b(X)$). 令$\mu, \mu_1, \mu_2, \cdots$为 $\mathcal{B}(X)$上的有限测度, 则下列条件等价:

(1) $\mu_n \xrightarrow{w} \mu$;

(2) $\forall f \in \mathcal{U}_\rho(X)$, $\lim\limits_{n\to\infty} \int f d\mu_n = \int f d\mu$;

(3) $\forall$闭集F, $\limsup\limits_{n\to\infty} \mu_n(F) \leqslant \mu(F)$, 且 $\lim\limits_{n\to\infty} \mu_n(X) = \mu(X)$;

(4) $\forall$开集G, $\liminf\limits_{n\to\infty} \mu_n(G) \geqslant \mu(G)$, 且 $\lim\limits_{n\to\infty} \mu_n(X) = \mu(X)$;

(5) 对任何μ连续集$A \in \mathcal{B}(X)$, 有 $\lim\limits_{n\to\infty} \mu_n(A) = \mu(A)$.

证 (1)$\Rightarrow$(2)显然. 往证(2)$\Rightarrow$(3). 假设(2)成立. 令F为闭集, $f_n(x) = \left(\frac{1}{1+\rho(x,F)}\right)^n$, $n \geqslant 1$, 则$f_n \in \mathcal{U}_\rho(X)$, 且$f_n \downarrow I_F$, 故有

$$\mu(F) = \lim_{k\to\infty} \int f_k d\mu = \lim_{k\to\infty} \lim_{n\to\infty} \int f_k d\mu_n \geqslant \limsup_{n\to\infty} \mu_n(F).$$

此外, 令$f \equiv 1$得 $\lim\limits_{n\to\infty} \mu_n(X) = \mu(X)$, 故(3)成立. (3)$\Leftrightarrow$(4)显然. (3)+(4)$\Rightarrow$(5)由下式看出:

$$\begin{aligned}\limsup_{n\to\infty} \mu_n(A) &\leqslant \limsup_{n\to\infty} \mu_n(\overline{A}) \leqslant \mu(\overline{A}) = \mu(A^\circ) \\ &\leqslant \liminf_{n\to\infty} \mu_n(A^\circ) \leqslant \liminf_{n\to\infty} \mu_n(A).\end{aligned}$$

剩下只需证(5)$\Rightarrow$(1). 设(5)成立. 令$f \in C_b(X)$, 给定$\varepsilon > 0$, 选取N及实数$a_i, 1 \leqslant i \leqslant N-1$, 使得

$$-\|f\| - 1 = a_0 < a_1 < \cdots < a_{N-1} < a_N = \|f\| + 1,$$

且使

$$\sup_i (a_i - a_{i-1}) < \varepsilon, \quad \mu([f = a_i]) = 0, \quad 1 \leqslant i \leqslant N-1,$$

这里$\|f\| = \sup_x |f(x)|$. 令$B_i = [a_{i-1} \leqslant f(x) < a_i], i = 1, 2, \cdots, N$. 则$(B_i)$两两不相交, 且$\sum_i B_i = X, \mu(\partial B_i) = 0, 1 \leqslant i \leqslant N$. 此外, 对一切$x \in X$, 有$|f(x) -$

$\sum_{i=1}^{N} a_i I_{B_i}(x)| < \varepsilon$. 于是

$$\begin{aligned}
&\limsup_{n\to\infty} \left| \int f d\mu_n - \int f d\mu \right| \\
&\leqslant \lim_{n\to\infty} (\mu_n(X) + \mu(X))\varepsilon + \limsup_{n\to\infty} \left| \int \sum_{i=1}^{N} a_i I_{B_i} d(\mu_n - \mu) \right| \\
&\leqslant 2\mu(X)\varepsilon + \sum_{i=1}^{N} |a_i| \limsup_{n\to\infty} |\mu_n(B_i) - \mu(B_i)| = 2\mu(X)\varepsilon.
\end{aligned}$$

由于$\varepsilon > 0$是任意的, 故(1)成立. □

从现在起, 我们只讨论概率测度的弱收敛.

引理6.2.5 设h为距离空间(X,ρ)到另一距离空间(Y,d)中的映射, 令$D(h)$表示h的不连续点全体, 则$D(h)$为X中的Borel可测集.

证 $\forall n, m \geqslant 1$, 令

$$\begin{aligned}
A_{n,m} = \Big\{ x \in X \mid & \text{存在} y, z \in X, \text{使} \rho(x,y) < \frac{1}{n}, \\
& \rho(x,z) < \frac{1}{n}, d(h(y), h(z)) \geqslant \frac{1}{m} \Big\},
\end{aligned}$$

则$A_{n,m}$为X的开子集. 显然有$D(h) = \bigcup_m \bigcap_n A_{n,m}$, 故$D(h)$为$X$ 中的Borel可测集. □

定义6.2.6 设(X,ρ)为一距离空间, $\mathbb{P}$为$\mathcal{B}(X)$上一概率测度, h为(X,ρ)到另一距离空间(Y,d)的映射. 如果$\mathbb{P}(D(h)) = 0$, 则称h为$\mathbb{P}$ **连续的**.

命题6.2.7 设(X,ρ)及(Y,d)为两个距离空间, $\mathbb{P}, \mathbb{P}_1, \mathbb{P}_2, \cdots$ 为$\mathcal{B}(X)$上的概率测度, h为X到Y中的Borel可测映射. 如果$\mathbb{P}_n \xrightarrow{w} \mathbb{P}$, 且$h$为$\mathbb{P}$连续, 则有$\mathbb{P}_n h^{-1} \xrightarrow{w} \mathbb{P}h^{-1}$. 这里$\mathbb{P}h^{-1}$为由$h$在 $(Y, \mathcal{B}(Y))$上导出的概率测度.

证 设F为Y中的闭集, 则有

$$\overline{h^{-1}(F)} \subset D(h) \cup h^{-1}(F). \tag{6.2.1}$$

于是由假定$\mathbb{P}(D(h)) = 0$知$\mathbb{P}(\overline{h^{-1}(F)}) = \mathbb{P}(h^{-1}(F))$. 再由假定$\mathbb{P}_n \xrightarrow{w} \mathbb{P}$及定理6.2.4知:

$$\begin{aligned}
\limsup_{n\to\infty} \mathbb{P}_n h^{-1}(F) &= \limsup_{n\to\infty} \mathbb{P}_n(h^{-1}(F)) \\
&\leqslant \limsup_{n\to\infty} \mathbb{P}_n(\overline{h^{-1}(F)}) \leqslant \mathbb{P}(\overline{h^{-1}(F)}) \\
&= \mathbb{P}(h^{-1}(F)) = \mathbb{P}h^{-1}(F).
\end{aligned}$$

这表明$\mathbb{P}_n h^{-1} \xrightarrow{w} \mathbb{P}h^{-1}$(见定理6.2.4). □

下一命题是上一命题的重要推论，它使我们对测度的弱收敛有进一步的认识.

命题6.2.8 设(X,ρ)为一距离空间，$I\!P, I\!P_1, I\!P_2,\cdots$为$\mathcal{B}(X)$上的概率测度. 若$I\!P_n \xrightarrow{w} I\!P$，则对一切$I\!P$连续的有界Borel可测实值函数$f$，有

$$\lim_{n\to\infty}\int f dI\!P_n = \int f dI\!P.$$

证 设f为X上有界Borel可测函数，则存在$a>0$，使$|f|\leqslant a$，于是f为$(X,\mathcal{B}(X))$到$([-a,a],\mathcal{B}([-a,a]))$中的可测映射. 假定$f$ 为$I\!P$连续，则由命题6.2.7，$I\!P_n f^{-1} \xrightarrow{w} I\!P f^{-1}$. 令$g(t)=t, t\in[-a,a]$，则$g$ 为$[-a,a]$上的有界连续函数. 故由弱收敛定义知

$$\lim_{n\to\infty}\int g d(I\!P_n f^{-1}) = \int g d(I\!P f^{-1}).$$

因此，由习题3.1.6知(注意$g\circ f=f$)

$$\lim_{n\to\infty}\int f dI\!P_n = \int f dI\!P.$$

□

习 题

6.2.1 证明命题6.2.7的如下推广：设(X,ρ)及(Y,d)为距离空间，$I\!P$, $I\!P_1, I\!P_2,\cdots$为$\mathcal{B}(X)$ 上的概率测度，且$I\!P_n \xrightarrow{w} I\!P$. 又设$h, h_1, h_2,\cdots$为$X$ 到Y中的Borel可测映射，如果存在X中的Borel可测集$B, B_1, B_2,\cdots$，使得:

(1) $I\!P(B^c)=0, I\!P_n(B_n^c)=0, n=1,2,\cdots$

(2) $x_n\in B_n, x\in B, \rho(x_n,x)\to 0 \Rightarrow h_n(x_n)\to h(x)$,

则$I\!P_n h_n^{-1} \xrightarrow{w} I\!P h^{-1}$.

6.2.2 证明(6.2.1)式.

6.2.3 设(X,ρ)为距离空间，A为X的一子集，$I\!P$为$\mathcal{B}(X)$上的一概率测度，则为要A为$I\!P$连续，必须且只需A的示性函数I_A为$I\!P$连续函数.

6.3 胎紧与Prohorov定理

在本节中，我们恒假定(X,ρ)为可分距离空间. 我们用$\mathcal{P}(X)$表示$\mathcal{B}(X)$ 上概率测度全体，这时，我们可以在$\mathcal{P}(X)$上引入距离d，使得按距离d收敛等价于上一节定义的测度弱收敛. 本节的主要任务在于给出$(\mathcal{P}(X),d)$中相对紧集的一个刻画.

命题6.3.1 在$\mathcal{P}(X)$上可以引入距离d，使得$I\!P_n \xrightarrow{w} I\!P \Leftrightarrow d(I\!P_n, I\!P)\to 0$.

证 由于(X,ρ)是可分距离空间，由Tychonoff嵌入定理，X与一紧距离空间(Y,ρ')的某一子空间同胚. 不妨设X为该子空间，于是距离ρ' 限于X与ρ等价. 令$\overline{X}$为X在

(Y,ρ')中的闭包, 则$(\overline{X},\rho')$为紧空间, 且为可分的, 从而$C(\overline{X})$为可分Banach空间(见习题5.4.1). 这里$C(\overline{X})$表示$\overline{X}$上连续函数全体(即有界连续函数全体). 另一方面, 令$\mathcal{U}_{\rho'}(X)$表示X上按距离ρ'一致连续有界函数全体, 则易知:$f\in\mathcal{U}_{\rho'}(X)$, 当且仅当存在$\overline{f}\in C(\overline{X})$, 使$f$为$\overline{f}$在$X$上的限制. 这时还有$\|f\|=\|\overline{f}\|$. 因此, $\mathcal{U}_{\rho'}(X)$与$C(\overline{X})$同构, 从而$\mathcal{U}_{\rho'}(X)$可分. 令$\{f_1,f_2,\cdots\}$为$\mathcal{U}_{\rho'}(X)$的可数稠子集. 对$\mathbb{P},\mathbb{Q}\in\mathcal{P}(X)$, 令

$$d(\mathbb{P},\mathbb{Q})=\sum_{j=1}^{\infty}\frac{1}{2^j}\Big(1\wedge\Big|\int f_jd\mathbb{P}-\int f_jd\mathbb{Q}\Big|\Big),$$

则d为$\mathcal{P}(X)$上的距离, 且由定理6.2.4知$d(\mathbb{P}_n,\mathbb{P})\to 0\Leftrightarrow \mathbb{P}_n\overset{w}{\to}\mathbb{P}$. □

注6.3.2　若X为一波兰空间, 则可证明$\mathcal{P}(X)$按测度弱收敛拓扑也是波兰空间. 由于下面不需要这一结果, 我们不在这里给出它的证明.

称$\mathcal{P}(X)$的一子集$\mathcal{H}$为**相对紧的**, 如果$\mathcal{H}$的闭包$\overline{\mathcal{H}}$为$\mathcal{P}(X)$中的紧集.下面我们将给出$\mathcal{P}(X)$中相对紧集的刻画. 为此, 先引进胎紧的概念.

定义6.3.3　设$\mathcal{H}$为$\mathcal{P}(X)$的一子集, 如果对任给$\varepsilon>0$, 存在X的一紧子集K, 使得$\inf\{\mathbb{P}(K):\mathbb{P}\in\mathcal{H}\}\geqslant 1-\varepsilon$, 则称$\mathcal{H}$为**胎紧的**(tight).

定理6.3.4 (Prohorov定理)　设$\mathcal{H}\subset\mathcal{P}(X)$.

(1) 若$\mathcal{H}$是胎紧的, 则$\mathcal{H}$在$\mathcal{P}(X)$中是相对紧的.

(2) 若X是波兰空间, 则$\mathcal{H}$的相对紧性蕴含$\mathcal{H}$的胎紧性.

证　(1)首先, 将X嵌入到一紧距离空间(Y,ρ')中, 并令$\overline{X}$ 为X 在(Y,ρ')中的闭包(见命题6.3.1的证明), 则$(\overline{X},\rho')$为紧空间. 现设$\mathcal{H}$为胎紧的, 令$(\mathbb{P}_n)$为$\mathcal{H}$中的一序列, 要证存在一子列$(\mathbb{P}_{n_k})$, 使得$\mathbb{P}_{n_k}\overset{w}{\to}$某$\mathbb{P}$ (这等价于$\mathcal{H}$的相对紧性, 因为$\mathcal{P}(X)$是可分距离空间). 对$A\in\mathcal{B}(\overline{X})$, 令

$$\mathbb{Q}_n(A)=\mathbb{P}_n(A\cap X),$$

则易知$\mathbb{Q}_n$为$(\overline{X},\mathcal{B}(\overline{X}))$上的测度(注意$\mathcal{B}(X)=X\cap\mathcal{B}(\overline{X})$).

设$\{f_1,f_2,\cdots\}$为$C(\overline{X})$的一可数稠子集, 我们不妨设$f_1(x)=1$, $\forall x\in\overline{X}$. 用对角线法则, 可选取$(\mathbb{Q}_n)$ 的子列$(\mathbb{Q}_{n_k})$, 使得对每个$j=1,2,\cdots$,下述极限存在且有穷:

$$\lim_{k\to\infty}\int f_jd\mathbb{Q}_{n_k}=l(f_j). \tag{6.3.1}$$

l可唯一扩张成为$C(\overline{X})$上的一正线性泛函. 由于$l(1)=1$, 故由Riesz表现定理, 存在$\mathbb{Q}\in\mathcal{P}(\overline{X})$, 使对一切$f\in C(\overline{X})$, 有$\mathbb{Q}(f)=l(f)$. 由(6.3.1)式不难看出, $\mathbb{Q}_{n_k}\overset{w}{\to}\mathbb{Q}$. 下面将证明: 存在$\mathbb{P}\in\mathcal{P}(X)$, 使$\mathbb{P}_{n_k}\overset{w}{\to}\mathbb{P}$.

由于假定$\mathcal{H}$是胎紧的, 故对每个$m=1,2,\cdots$, 存在X的紧子集K_m(从而也是$\overline{X}$的紧子集), 使得$\mathbb{P}_{n_k}(K_m)>1-1/m, k=1,2,\cdots$. 显然有$\mathbb{Q}_{n_k}(K_m)=\mathbb{P}_{n_k}(K_m)$, 于

是有(注意$\mathbb{Q}_{n_k} \xrightarrow{w} \mathbb{Q}$)

$$\mathbb{Q}(K_m) \geqslant \limsup_{k\to\infty} \mathbb{Q}_{k_k}(K_m) \geqslant 1 - \frac{1}{m}, \quad m = 1, 2, \cdots$$

设$X_0 = \bigcup_m K_m$, 则$\mathbb{Q}(X_0) = 1$.令

$$\mathbb{P}(A) = \mathbb{Q}(A \cap X_0), \ A \in \mathcal{B}(X),$$

则$\mathbb{P} \in \mathcal{P}(X)$, 且$\mathbb{P}(X_0) = 1$.设$F$为$X$中的闭集, 则存在$\overline{X}$中的闭集$A$, 使$F = A \cap X$, 于是我们有

$$\begin{aligned}\mathbb{P}(F) &= \mathbb{P}(A \cap X) = \mathbb{P}(A \cap X_0) = \mathbb{Q}(A \cap X_0) = \mathbb{Q}(A) \\ &\geqslant \limsup_{k\to\infty} \mathbb{Q}_{n_k}(A) = \limsup_{k\to\infty} \mathbb{P}_{n_k}(A \cap X) = \limsup_{k\to\infty} \mathbb{P}_{n_k}(F).\end{aligned}$$

故由定理6.2.4知, $\mathbb{P}_{n_k} \xrightarrow{w} \mathbb{P}$. (1)得证.

(2) 不妨设(X, ρ)本身是完备的. 设$\mathcal{H}$是$\mathcal{P}(X)$中的相对紧集. 对任给$\delta > 0$, 因X是可分的, 存在可数多个直径为δ的开球$A_1, A_2, \cdots$, 使得$\bigcup_{i=1}^\infty A_i = X$. 令$B_n = \bigcup_{i\leqslant n} A_i$, 则$\forall \varepsilon > 0$, 存在$n$, 使得$\inf\{\mathbb{P}(B_n) : \mathbb{P} \in \mathcal{H}\} \geqslant 1 - \varepsilon$. 因为如若不然, 对每个$n$, 存在$\mathbb{P}_n \in \mathcal{H}$, 使$\mathbb{P}_n(B_n) < 1 - \varepsilon$. 由于$(\mathbb{P}_n)$的相对紧性, 存在子列$(\mathbb{P}_{n_k})$使$\mathbb{P}_{n_k} \xrightarrow{w} \mathbb{P}$, 这时有(注意$B_n$为开集, 且$B_n \uparrow X$)

$$\mathbb{P}(B_n) \leqslant \liminf_{k\to\infty} \mathbb{P}_{n_k}(B_n) \leqslant \liminf_{k\to\infty} \mathbb{P}_{n_k}(B_{n_k}) \leqslant 1 - \varepsilon.$$

由上式得$\mathbb{P}(X) \leqslant 1 - \varepsilon$, 这不可能. 由上所证, 给定$\varepsilon > 0$, 对每个$k = 1, 2, \cdots$, 存在有限多个直径为$1/k$的开球$A_{k1}, \cdots, A_{kn_k}$, 使得$\inf\{\mathbb{P}(\bigcup_{i=1}^{n_k} A_{ki}) : \mathbb{P} \in \mathcal{H}\} \geqslant 1 - \varepsilon/2^k$. 如果令$K$为全有界集$\bigcap_{k=1}^\infty \bigcup_{i=1}^{n_k} A_{ki}$的闭包, 则$K$为紧集(因$(X, \rho)$是完备的), 且有$\inf\{\mathbb{P}(K) \,|\, \mathbb{P} \in \mathcal{H}\} \geqslant 1 - \varepsilon$. 依定义, $\mathcal{H}$是胎紧的. (2)得证. □

习 题

6.3.1 设$(\mathbb{P}_n) \subset \mathcal{P}(X)$.若$(\mathbb{P}_n)$为相对紧的, 且只有唯一的极限点$\mathbb{P}$, 则$\mathbb{P}_n \xrightarrow{w} \mathbb{P}$.

6.4 可分距离空间上概率测度的弱收敛

设$(\Omega, \mathcal{F}, \mathbb{P})$为一概率空间, (S, ρ)为一可分距离空间. Ω到S中的Borel可测映射称为S值**随机元**. 对随机元X, 令

$$\mu(A) = \mathbb{P}(X^{-1}(A)), \quad A \in \mathcal{B}(S),$$

则μ为$(S,\mathcal{B}(S))$上的概率测度. 称μ为X的**分布**, 记为$\mathcal{L}(X)$.

定义6.4.1 设$(\Omega_n,\mathcal{F}_n,I\!\!P_n)_{n\geqslant 1}$为一列概率空间, $(\Omega,\mathcal{F},I\!\!P)$为一概率空间, X_n及X分别为$(\Omega_n,\mathcal{F}_n,I\!\!P_n)$及$(\Omega,\mathcal{F},I\!\!P)$上的$S$值随机元, 其分布为$\mu_n$及$\mu$. 如果$\mu_n \xrightarrow{w} \mu$, 则称$(X_n)$**依分布收敛**于$X$, 记为$X_n \xrightarrow{d} X$.

设X_n及X都是定义于同一概率空间$(\Omega,\mathcal{F},I\!\!P)$上的$S$值随机元. 若$\rho(X_n,X) \xrightarrow{\text{a.s.}} 0$, 则称$(X_n)$ **a.s. 收敛** 于X, 记为$X_n \xrightarrow{\text{a.s.}} X$; 如果$\rho(X_n,X) \xrightarrow{\text{p}} 0$, 则称$(X_n)$**依概率收敛**于$X$, 记为$X_n \xrightarrow{\text{p}} X$.

显然$X_n \xrightarrow{\text{a.s.}} X \Rightarrow X_n \xrightarrow{d} X$. 下一命题表明$X_n \xrightarrow{\text{p}} X \Rightarrow X_n \xrightarrow{d} X$.

命题6.4.2 设(X_n)及X为$(\Omega,\mathcal{F},I\!\!P)$上的$S$值随机元. 若$X_n \xrightarrow{\text{p}} X$, 则对任何$f\in C_b(S)$, 有$\lim\limits_{n\to\infty} I\!\!P(|f(X_n)-f(X)|)=0$.特别有$X_n \xrightarrow{d} X$.

证 由定理2.3.4及2.3.5知: $X_n \xrightarrow{\text{p}} X$, 当且仅当对$(X_n)$ 的任一子列$(X_{n'})$存在其子列$(X_{n'_k})$, 使$X_{n'_k} \xrightarrow{\text{a.s.}} X$. 于是$X_n \xrightarrow{\text{p}} X$蕴含$f(X_n) \xrightarrow{\text{p}} f(X)$, $\forall f\in C_b(S)$. 又由于f有界, 故有$\lim\limits_{n\to\infty} I\!\!P(|f(X_n)-f(X)|)=0$. 特别, 令$\mu_n$及$\mu$分别为$X_n$及$X$的分布, 则有

$$\mu_n(f)=I\!\!P(f(X_n))\to I\!\!P(f(X))=\mu(f).$$

这表明$\mu_n \xrightarrow{w} \mu$, 即$X_n \xrightarrow{d} X$. □

下一定理称为**Skorohod-Dudley表示定理**, 它表明可分距离空间上的概率测度的弱收敛可以表示为随机元序列的a.s.收敛. 这样一来可以使一些结果的证明变得简单和清晰. 原先结果是1956年Skorohod在Theor. Probab. Appls. 1 中对波兰空间情形给出的, 下面的一般结果是1968年Dudley 在Ann. Math. Statist. 39 中给出的. 这里的证明取自Dudley(2002).

定理6.4.3 设(S,d)为一可分距离空间, $(I\!\!P_n)$ 为$(S,\mathcal{B}(S))$上的一列概率测度. 如果$I\!\!P_n \xrightarrow{w} I\!\!P$, 则存在一概率空间及其上的一列$S$值随机元$X_0,X_1,X_2,\cdots$, 使得$I\!\!P$为$X_0$的分布, $I\!\!P_n$为X_n的分布, 且$X_n \xrightarrow{\text{a.s.}} X_0$.

证 由于S有可数稠密子集, 且除了至多可数多个$r>0$外, 开球$B(x,r)=\{y\,|\,d(x,y)<r\}$为$I\!\!P$连续集, 故容易证明: 对任意$m=1,2,\cdots$, 我们能够将$S$分为互不相交直径小于$m^{-2}$的$I\!\!P$连续可测集$A_{1m},A_{2m},\cdots$. 不妨假定对一切$j,m$, $I\!\!P(A_{jm})>0$. 取$k(m)$足够大, 使得$I\!\!P(\sum_{i\leqslant k(m)}A_{im})>1-m^{-2}$. 由定理6.2.4知, 对一切$j$和$m$, 有$\lim\limits_{n\to\infty} I\!\!P_n(A_{jm})=I\!\!P(A_{jm})$. 于是可取$n_m$足够大, 使得$\forall j=1,\cdots,k(m)$, $n\geqslant n_m$, 有$I\!\!P_n(A_{jm})>(1-m^{-2})I\!\!P(A_{jm})$. 我们可以假定$n_m$严格单调增且趋于$\infty$. 对$n\geqslant n_1$, 存在唯一的$m=m(n)$, 使得$n_m\leqslant n<n_{m+1}$. 令

$$\eta_n(B)=(1-m^{-2})\sum_{1\leqslant j\leqslant k(m)} I\!\!P(A_{jm})I\!\!P_n(B|A_{jm}),\ B\in\mathcal{B}(S),$$

其中$\mathbb{P}(B|A) = \mathbb{P}(BA)/\mathbb{P}(A)$. 又令$\alpha_n = \mathbb{P}_n - \eta_n$, 则$\eta_n$和$\alpha_n$为非负测度. 再令$I = (0,1], S_n = S, \mathcal{F}_n = \mathcal{B}(S), n \geqslant 0$, 定义

$$\Omega = I \times \prod_{n\geqslant 0} S_n,\ \mathcal{F} = \mathcal{B}(I) \times \prod_{n\geqslant 0} \mathcal{F}_n .$$

我们将在$(\Omega, \mathcal{F})$ 上构造一概率测度$\mathbb{Q}$, 使得坐标X_n的分布为$\mathbb{P}_n$, X_0 的分布为$\mathbb{P}$, 且$d(X_n, X_0) \to 0, \mathbb{Q}$-a.s.. 为此, 给空间$(I, \mathcal{B}(I))$ 和$(S_0, \mathcal{F}_0)$分别赋予Lebesgue测度和概率测度$\mathbb{P}$. 对$(t,x) \in I \times S_0$, 定义$(S_n, \mathcal{B}(S_n))$上的概率测度如下:

$$\mu_n(t,x)(\cdot) = \mathbb{P}_n,\ \text{如果}\, n < n_1;$$
$$\mu_n(t,x)(\cdot) = \mathbb{P}_n(\cdot\,|A_{jm(n)}),\ \text{如果}\, t \geqslant m(n)^{-2},\ x \in A_{jm(n)}, 1 \leqslant j \leqslant k_{m(n)};$$
$$\mu_n(t,x)(\cdot) = \alpha_n/\alpha_n(S),\ \text{其他情形}.$$

令$E = \prod_{n\geqslant 1} S_n, \mathcal{E} = \prod_{n\geqslant 1} \mathcal{F}_n$. 对$(t,x) \in I \times S_0$, 用$\mu(t,x,\cdot)$表示$(E, \mathcal{E})$ 上由$\mu_n(t,x,\cdot)$产生的乘积概率测度, 则$\mu(t,x,\cdot)$为从$(I \times S_0, \mathcal{B}(I) \times \mathcal{F}_0)$到$(E, \mathcal{E})$上的概率核.

在$(\Omega, \mathcal{F})$ 上构造一概率测度$\mathbb{Q}$如下:

$$\mathbb{Q}(W) = \int_I \int_S \int_E I_W(t,x,y)\mu(t,x,dy)\mathbb{P}(dx)dt,\quad W \in \mathcal{F}.$$

对$y = (x_1, x_2, \cdots) \in E$, 令$X_0(t,x,y) = x$, $X_n(t,x,y) = x_n$, $n \geqslant 1$. 则当$n < n_1$时, 显然有$\mathbb{Q}X_n^{-1} = \mathbb{P}_n$. 对$n \geqslant n_1$, 由于

$$\alpha_n(S) = 1 - (1 - m^{-2}) \sum_{1\leqslant j\leqslant k(m)} \mathbb{P}(A_{jm}),$$

这里$m = m(n)$, 我们有

$$\begin{aligned}\mathbb{Q}X_n^{-1}(B) =&(1 - m^{-2}) \sum_{1\leqslant j\leqslant k(m)} \mathbb{P}(A_{jm})\mathbb{P}_n(B|A_{jm}) \\ &+ (1 - m^{-2})\Big(1 - \sum_{1\leqslant j\leqslant k(m))} \mathbb{P}(A_{jm})\alpha_n(B)/\alpha_n(S)\Big) \\ &+ m^{-2}\alpha_n(B)/\alpha_n(S) \\ =&\eta_n(B) + \alpha_n(B) = \mathbb{P}_n(B).\end{aligned}$$

由于当$n \geqslant n_1$时有

$$\mu_n(t,x)(A_{jm(n)}) = 1,\ \text{如果}\, t \geqslant m(n)^{-2}, x \in A_{jm(n)}, 1 \leqslant j \leqslant k_{m(n)},$$

且A_{jm}的直径小于m^{-2}, 于是有

$$\left[(t, X_0) \in [m(n)^{-2}, 1] \times \Sigma_{j=1}^{k_{m(n)}} A_{j,m(n)}\right] \subset [d(X_0, X_n) < m(n)^{-2}].$$

注意左边的集合只依赖于$m(n)$ (不直接依赖于n). 为了方便, 将其余集记为$E_{m(n)}$. 于是$[d(X_0,X_n)>m(n)^{-2}]\subset E_{m(n)}$, 从而有

$$\bigcap_{k=1}^{\infty}\bigcup_{n=k}^{\infty}[d(X_0,X_n)>m(n)^{-2}]\subset\bigcap_{k=1}^{\infty}\bigcup_{n=k}^{\infty}E_{m(n)}=\bigcap_{k=1}^{\infty}\bigcup_{m=k}^{\infty}E_m.$$

由k_m的选取, 我们知道 $\mathbb{Q}(E_m)\leqslant 1-(1-m^{-2})^2\leqslant 2m^{-2}$. 由Borel-Cantelli引理, 我们得到

$$\mathbb{Q}\Big(\bigcap_{k=1}^{\infty}\bigcup_{n=k}^{\infty}[d(X_0,X_n)>m(n)^{-2}]\Big)=0,$$

从而$d(X_n,X_0)\to 0,\mathbb{Q}$-a.s.. □

习　题

6.4.1　设X_n为$(\Omega_n,\mathcal{F}_n,\mathbb{P}_n)$上的$S$值随机元, $a\in S$. 则$X_n\xrightarrow{d}a\Longleftrightarrow X_n\xrightarrow{\mathrm{p}}a$.

6.4.2　设X_n及Y_n是$(\Omega_n,\mathcal{F}_n,\mathbb{P}_n)$上的$S$值随机元, X为$(\Omega,\mathcal{F},\mathbb{P})$上的随机元. 如果$\forall\varepsilon>0$, 有$\lim\limits_{n\to\infty}\mathbb{P}_n(\rho(X_n,Y_n)\geqslant\varepsilon)=0$, 则$X_n\xrightarrow{d}X\Longleftrightarrow Y_n\xrightarrow{d}X$.

6.4.3　证明命题6.2.7的如下推广: 设(X,ρ)及(Y,d)为两个距离空间, $\mathbb{P},\mathbb{P}_1,\mathbb{P}_2,\cdots$为$\mathcal{B}(X)$上的概率测度, $\mathbb{P}_n\xrightarrow{w}\mathbb{P}$. 又设$C\in\mathcal{B}(X)$, $f_1,f_2,\cdots$ 为X到Y中的Borel可测映射. 如果$\mathbb{P}(\xi\in C)=1$, 且对$s_n\to s\in C$有$f(s_n)\to f(s)$, 则$\mathbb{P}_nf_n^{-1}\xrightarrow{w}\mathbb{P}f^{-1}$.

6.5　局部紧Hausdorff空间上Radon测度的淡收敛

由定理6.1.2我们自然引进如下的定义:

定义6.5.1　设X为一局部紧Hausdorff空间, $\mu,\mu_1,\mu_2,\cdots$ 为 $\mathcal{B}(X)$上的Radon测度. 如果对一切$f\in C_c(X)$, 有

$$\lim_{n\to\infty}\int fd\mu_n=\int fd\mu,$$

则称(μ_n)**淡收敛于**μ, 记为$\mu_n\xrightarrow{v}\mu$.

由Riesz表示定理知, 淡收敛的极限是唯一的.

命题6.5.2　设X为局部紧Hausdorff空间, $\mu_1,\mu_2,\cdots$为$\mathcal{B}(X)$ 上的Radon测度. 如果对一切$f\in C_c(X)$, 下述极限存在且有穷:

$$\lim_{n\to\infty}\int fd\mu_n=l(f),\tag{6.5.1}$$

则存在$\mathcal{B}(X)$上唯一的Radon测度μ, 使得$\mu_n\xrightarrow{v}\mu$.

证 l为$C_c(X)$上的正线性泛函, 故由Riesz表示定理, 存在唯一的Radon 测度μ使$\forall f \in \mathcal{C}_c(X)$, 有$l(f) = \mu(f)$. 由(6.5.1)式知$\mu_n \xrightarrow{v} \mu$. □

引理6.5.3 设X为一具可数基的局部紧Hausdorff空间, μ为$\mathcal{B}(X)$ 上一Radon测度, 则对任一紧集K, 存在一包含K的μ连续紧集.

证 由习题5.1.9知, 存在一列紧集(K_n), 使$K_n \subset K_{n+1}^\circ$, $n \geqslant 1$, 且$X = \bigcup_n K_n$. 于是存在某个n, 使$K \subset K_n^\circ$. 令ρ为X上与拓扑相容的距离(见习题5.1.11), 则存在$\delta > 0$, 使$\{x \mid \rho(x,K) \leqslant \delta\} \subset K_n^\circ$. 令$F_t = \{x \mid \rho(x,K) \leqslant t\}$, 则$\partial F_t = \{x \mid \rho(x,K) = t\}$.由于$\partial F_t \cap \partial F_s = \varnothing, t \neq s$, 且$\partial F_t \subset K_n^\circ, 0 < t \leqslant \delta$, 故存在某$t_0 \in (0,\delta)$, 使$\mu(\partial F_{t_0}) = 0$(注意: $\mu(K_n^\circ) = \mu(K_n) < \infty$). 于是$F_{t_0}$为包含$K$的$\mu$连续紧集. □

定理6.5.4 设X为一局部紧Hausdorff空间, $\mu, \mu_1, \mu_2, \cdots$ 为 $\mathcal{B}(X)$上的Radon测度. 考虑下列命题:

(1) $\mu_n \xrightarrow{v} \mu$;

(2) 对一切紧集K, 有$\limsup\limits_{n\to\infty} \mu_n(K) \leqslant \mu(K)$, 对一切相对紧开集$G$, 有$\mu(G) \leqslant \liminf\limits_{n\to\infty} \mu_n(G)$;

(3) 对一切μ连续相对紧Borel集B, 有$\lim\limits_{n\to\infty} \mu_n(B) = \mu(B)$.

则有(1)⇒(2)⇒(3). 若X具有可数基, 则上述三命题等价.

证 (1)⇒(2). 设$\mu_n \xrightarrow{v} \mu$, K为紧集. 对任给$\varepsilon > 0$, 由μ的正则性, 存在开集$U \supset K$, 使$\mu(U) < \mu(K) + \varepsilon$. 于是由命题5.1.20(2), 存在$f \in C_c(X)$, 使得$I_K \leqslant f \leqslant I_U$. 因此, 我们有

$$\limsup_{n\to\infty} \mu_n(K) \leqslant \lim_{n\to\infty} \mu_n(f) \leqslant \mu(U) < \mu(K) + \varepsilon.$$

由于ε是任意的, 故有$\limsup\limits_{n\to\infty} \mu_n(K) \leqslant \mu(K)$. 现设$G$为相对紧开集. 对任给$\varepsilon > 0$, 存在紧集$K \subset G$, 使$\mu(G) < \mu(K) + \varepsilon$. 取$f \in C_c(X)$, 使$I_K \leqslant f \leqslant I_G$, 则有

$$\liminf_{n\to\infty} \mu_n(G) \geqslant \lim_{n\to\infty} \mu_n(f) = \mu(f) \geqslant \mu(K) > \mu(G) - \varepsilon.$$

由于$\varepsilon > 0$是任意的, 故有$\liminf\limits_{n\to\infty} \mu_n(G) \geqslant \mu(G)$.

(2)⇒(3)由下式看出(注意$\overline{B}$为紧集, B°为相对紧开集):

$$\begin{aligned}\limsup_{n\to\infty} \mu_n(B) &\leqslant \limsup_{n\to\infty} \mu_n(\overline{B}) \leqslant \mu(\overline{B}) = \mu(B^\circ) \\ &\leqslant \liminf_{n\to\infty} \mu_n(B^\circ) \leqslant \liminf_{n\to\infty} \mu_n(B).\end{aligned}$$

现在假定X为具有可数基的局部紧Hausdorff空间. 为证(1)、(2)、(3)等价, 只需证(3) ⇒(1). 设(3)成立, 令$f \in C_c(X)$, 由引理6.5.3, 存在μ连续紧集C, 使$C \supset \mathrm{supp}(f)$. 令

$$\nu_n(B) = \mu_n(B \cap C),\ \nu(B) = \mu(B \cap C).$$

则对任何$B\subset X$,

$$\begin{aligned}\partial(B\cap C)&=\overline{B\cap C}\setminus(B^\circ\cap C^\circ)\\&\subset\overline{B}\cap C\setminus(B^\circ\cap C^\circ)\\&\subset(\partial B\cap C)\cup\partial C).\end{aligned}$$

于是对任何ν连续集B, $B\cap C$为μ连续集. 从而由(3)知,

$$\lim_{n\to\infty}\nu_n(B)=\lim_{n\to\infty}\mu_n(B\cap C)=\mu(B\cap C)=\nu(B).$$

但X为可距离化空间, 故由命题6.2.4知$\nu_n\xrightarrow{w}\nu$. 由于$\mathrm{supp}(f)\subset C$, 因此有

$$\lim_{n\to\infty}\mu_n(f)=\lim_{n\to\infty}\nu_n(f)=\nu(f)=\mu(f).$$

由于$f\in C_c(X)$是任意的, 故依定义有$\mu_n\xrightarrow{v}\mu$. □

下一命题用弱收敛来刻画淡收敛.

命题6.5.5 设X为一具有可数基的局部紧Hausdorff空间, $\mu_1,\mu_2,\cdots$为$\mathcal{B}(X)$上的Radon测度. 令(G_k)为一列相对紧开集, 使 $G_k\uparrow X$. ((G_k)的存在性见习题5.1.9). 任取$f_k\in C_c(X)$, 使$I_{G_k}\leqslant f_k\leqslant 1$ (见命题5.1.20(2)). 令$\nu_{k,n}=f_k.\mu_n$, 则下列二断言等价:

(1) $\mu_n\xrightarrow{v}$某μ;

(2) $\forall k,\nu_{k,n}\xrightarrow{w}$某$\nu_k$, $n\to\infty$.

此外, 这时有$\nu_k=f_k.\mu$.

证 (1)⇒(2)显然. 往证(2)⇒(1). 设(2)成立, 令$f\in C_c(X)$, 则由于$\mathrm{supp}(f)$为紧集, 故存在某k_0, 使$\mathrm{supp}(f)\subset G_{k_0}$. 又由于$I_{G_{k_0}}\leqslant f_{k_0}\leqslant 1$, 故有$f\,I_{G_{k_0}}=f$. 因此, 下述极限存在且有穷:

$$\lim_{n\to\infty}\mu_n(f)=\lim_{n\to\infty}\mu_n(f\,f_{k_0})=\lim_{n\to\infty}\nu_{k_0,n}(f),$$

故由命题6.5.2知, (μ_n)淡收敛于某Radon测度μ. 命题最后一断言显然. □

作为命题6.5.5的一个重要推论, 我们得到一族Radon测度关于淡收敛拓扑为相对紧的准则.

定理6.5.6 设X为一具有可数基的局部紧Hausdorff空间, M为$\mathcal{B}(X)$ 上的一族Radon测度. 则为要M关于淡收敛拓扑为相对紧的(即M中的任一序列有淡收敛子列), 必须且只需对任何紧集K, 有$\sup_{\mu\in M}\mu(K)<\infty$.

证 由定理6.5.4知必要性显然. 现证充分性. 设对任何紧集K, $\sup_{\mu\in M}\mu(K)<\infty$. 令$(G_k)$为一列相对紧开集, $G_k\uparrow X$, $(f_k)\subset C_c(X)$, 使$I_{G_k}\leqslant f_k\leqslant 1$, $k\geqslant 1$.

对$\mu \in M$, 令$\widetilde{\mu}_k = f_k.\mu$. 则对每个$k$及$\mu \in M$, $\widetilde{\mu}_k$在紧集supp(f_k)的余集上为0. 又由于 $\sup_{\mu\in M} \widetilde{\mu}_k(X) < \infty$, 故由Prohorov定理(定理6.3.4)易知: 每个$\widetilde{M}_k = \{\widetilde{\mu}_k \mid \mu \in M\}$按弱收敛拓扑是相对紧的(参见引理6.2.2). 现设(μ_n)为M中的一序列, 则用对角线法则, 可选其一子列(μ_{n_j}), 使得$\forall k \geqslant 1$, $f_k.\mu_{n_j} \xrightarrow{w}$ 某μ_k, $j \to \infty$. 故由命题6.5.5知$\mu_{n_j} \xrightarrow{w}$某$\mu$. 这表明$M$按淡收敛相对紧. □

为了进一步研究Radon测度的淡收敛, 我们需要下述引理.

引理6.5.7 设X为一具有可数基的局部紧Hausdorff空间, 令B为一紧集(相应地, 开集). 则存在紧集(相应地, 相对紧开集)B_n和$f_n \in C_c(X), n \geqslant 1$, 使得

$$I_B \leqslant f_n \leqslant I_{B_n} \downarrow I_B (\text{相应地}, I_B \geqslant f_n \geqslant I_{B_n} \uparrow I_B).$$

证 由习题5.1.9, 存在相对紧开集序列$(G_n, n \geqslant 1)$, 使$G_n \uparrow X$.设B为紧集, 则存在某n_0, 使$B \subset G_{n_0}$. 任取X上与拓扑相容的距离ρ, 令

$$B^\varepsilon = \{x \mid \rho(x, B) \leqslant \varepsilon\},$$

则当$\varepsilon > 0$足够小, 有$B^\varepsilon \subset G_{n_0}$.记$B_n = B^{\frac{\varepsilon}{n}}, n \geqslant 1$, 令

$$f_n(x) = 1 - \frac{n}{\varepsilon}\big(\rho(x, B) \wedge \frac{\varepsilon}{n}\big),$$

则$f_n \in C_c(X), I_B \leqslant f_n \leqslant I_{B_n} \downarrow I_B$. 对相对紧开集$B$, 类似可证引理结论. 对一般开集$B$, 可考虑相对紧开集$G_n$. 我们将证明细节留给读者. □

下一定理表明: 淡收敛拓扑是可以距离化的.

定理6.5.8 设X为有可数基的局部紧Hausdorff空间, 令$\mathcal{R}$表示$\mathcal{B}(X)$上Radon测度全体, 则$\mathcal{R}$按淡收敛拓扑为波兰空间.

证 设$\mathcal{C}$为X的可数基, 不妨设$\mathcal{C}$对有限并闭, 且$\mathcal{C}$ 中的元为相对紧的. 由引理6.5.7, 对$C \in \mathcal{C}$, 存在$g_n \in C_c(X)$, 使$0 \leqslant g_n \uparrow I_C$. 由于$\mathcal{C}$中元素是可数的, 我们可以把相应于所有$C \in \mathcal{C}$的序列$(g_n)$合并排列为$f_1, f_2, \cdots$, 则Radon测度$\mu$显然由$\{\mu(f_k), k = 1, 2, \cdots\}$唯一决定, 因后者决定了$\mu$在$\mathcal{C}$上的值.

由定理6.5.6易证: $\mu_n \xrightarrow{v}$某μ, 当且仅当对一切$k \geqslant 1, \mu_n(f_k)$收敛于某实数$c_k$. 于是若令

$$d(\mu, \mu') = \sum_{k=1}^{\infty} 2^{-k}\Big[1 - \exp\{-|\mu(f_k) - \mu'(f_k)|\}\Big], \quad \mu, \mu' \in \mathcal{R},$$

则d为$\mathcal{R}$上的距离, 且$\mu_n \xrightarrow{v} \mu \Leftrightarrow d(\mu_n, \mu) \to 0$. 此外, 容易验证$(\mathcal{R}, d)$为可分完备距离空间. □

习 题

6.5.1 补足引理6.5.7及定理6.5.8的证明细节.

6.5.2 设X为一具有可数基局部紧Hausdorff空间, $\mu, \mu_1, \mu_2, \cdots$为$\mathcal{B}(X)$ 上的Radon测度, 且$\mu_n \xrightarrow{v} \mu$. 则对任何有紧支撑的$\mu$ 连续有界Borel可测函数f, 有$\mu_n(f) \to \mu(f)$ (提示: 利用命题6.5.5及命题6.2.8).

6.5.3 设X为一具有可数基局部紧Hausdorff空间, $\mu, \mu_1, \mu_2, \cdots$ 为$\mathcal{B}(X)$ 上的有限测度(从而为Radon测度), 则下列断言等价:

(1) $\mu_n \xrightarrow{w} \mu$;

(2) $\mu_n \xrightarrow{v} \mu$, 且$\mu_n(X) \to \mu(X)$;

(3) $\mu_n \xrightarrow{v} \mu$, $\inf\{\limsup\limits_{n\to\infty} \mu_n(K^c) \mid K\text{为紧集}\} = 0$.

第 7 章　概率论基础选讲

由于本书不是一部概率论教材, 我们不打算系统介绍概率论的内容.本章着重介绍与测度论有关的一些重要概率论基础问题.

7.1　独立性, 0-1律, Bayes 公式

设$(\Omega, \mathcal{F}, I\!\!P)$为一概率空间. 在概率论中, 我们称$\mathcal{F}$中的元为(**随机**)**事件**, 称$\Omega$为**必然事件**, Ω上的$\mathcal{F}$可测函数称为**随机变量**. 设ξ为一随机变量, 若ξ 关于$I\!\!P$的积分存在, 则称积分$\int_\Omega \xi dI\!\!P$为ξ的**数学期望**, 记为$I\!\!E[\xi]$. 概率为1成立的性质称为**几乎必然**成立, 简称为a.s.成立.

事件的独立性概念是概率论的最重要的概念之一.

定义7.1.1　设A, B为二事件, 如果$I\!\!P(A\cap B) = I\!\!P(A)I\!\!P(B)$, 称$A$与$B$ **独立**. 更一般地, 设$A_1, A_2, \cdots, A_n$为n个事件, 如果对任何$m \leqslant n$及$1 \leqslant k_1 < k_2 < \cdots < k_m \leqslant n$, 有

$$I\!\!P(\bigcap_{j=1}^m A_{k_j}) = \prod_{j=1}^m I\!\!P(A_{k_j}),$$

称$(A_1, A_2, \cdots, A_n)$相互独立. 注意:$(A_1, A_2, \cdots, A_n)$两两独立不一定相互独立.

定义7.1.2　设$\mathcal{D} = \{A_t, t \in T\}$为一族事件.如果对$T$的任何非空有限子集$S$, 有$I\!\!P(\bigcap_{s\in S} A_s) = \prod_{s\in S} I\!\!P(A_s)$, 则称$\mathcal{D}$ 中事件相互独立. 设$\{\mathcal{C}_t, t \in T\}$为一族事件类, 如果从每个事件类$\mathcal{C}_t$中任取一事件$A_t$, $\{A_t, t \in T\}$中事件相互独立, 则称$\{\mathcal{C}_t, t \in T\}$为**独立**(**事件**)**类**. 设$\{\xi_t, t \in T\}$为一族随机变量. 若$\{\sigma(\xi_t), t \in T\}$为独立事件类, 则称$\{\xi_t, t \in T\}$**相互独立**.

定理7.1.3(独立类的扩张)　设$\{\mathcal{C}_t, t \in T\}$为一独立事件类, 如果每个$\mathcal{C}_t$为$\pi$类, 则$\{\sigma(\mathcal{C}_t), t \in T\}$为独立事件类.

证　不妨设Ω属于每个$\mathcal{C}_t$(因为添加必然事件Ω不影响独立性). 设$n \geqslant 2, S = \{s_1, \cdots, s_n\}$为$T$的有限子集, 令

$$\mathcal{D}=\Big\{A \in \mathcal{F} \big| I\!\!P\big(A \cap \bigcap_{j=2}^n C_j\big) = I\!\!P(A) \cdot \prod_{j=2}^n I\!\!P(C_j), C_j \in \mathcal{C}_{s_j}, 2 \leqslant j \leqslant n\Big\},$$

则$\mathcal{D} \supset \mathcal{C}_{s_1}$, $\mathcal{D}$为λ类, 故由单调类定理知$\mathcal{D} \supset \sigma(\mathcal{C}_{s_1})$. 这表明$\{\sigma(\mathcal{C}_{s_1}), \mathcal{C}_{s_2}, \cdots, \mathcal{C}_{s_n}\}$为独立事件类. 依此类推, $\{\sigma(\mathcal{C}_{s_1}), \cdots, \sigma(\mathcal{C}_{s_n})\}$为独立事件类. 由于$S$为$T$的任意非空

有限子集, 故$\{\sigma(\mathcal{C}_t), t\in T\}$为独立事件类. □

下一命题给出了随机变量相互独立性的判别准则.

命题7.1.4 设$\{\xi_t, t\in T\}$为一族随机变量, 则为要它们相互独立, 必须且只需对T的任一有限子集$S=\{s_1,\cdots,s_n\}$, 及$x_1,\cdots,x_n\in\mathbb{R}$, 有

$$I\!P(\xi_{s_1}\leqslant x_1,\cdots,\xi_{s_n}\leqslant x_n)=\prod_{j=1}^{n}I\!P(\xi_{s_j}\leqslant x_j).$$

证 令$\mathcal{C}_t=\{[\xi_t\leqslant x], x\in\mathbb{R}\}, t\in T$, 则$\mathcal{C}_t$为$\pi$类. 于是由定理7.1.3立刻推得命题的结论. □

下一定理称为**Borel-Cantelli引理**, 它在概率论中非常有用. 它的推广形式见定理7.1.8和系8.2.18.

定理7.1.5 设$\{A_n, n\geqslant 1\}$为一列事件.

(1) 若$\sum\limits_{n=1}^{\infty}I\!P(A_n)<\infty$, 则$I\!P(A_n,\ \text{i.o.})=0$;

(2) 若进一步$\{A_n, n\geqslant 1\}$为相互独立, 则$\sum\limits_{n=1}^{\infty}I\!P(A_n)=\infty$ 蕴涵$I\!P(A_n,\ \text{i.o.})=1$.

这里$\{A_n,\ \text{i.o.}\}$表示$\{A_n, n\geqslant 1\}$中有无穷多个事件发生(i.o. 是infinitely often的缩写), 即有$\{A_n,\ \text{i.o.}\}=\bigcap\limits_{k=1}^{\infty}\bigcup\limits_{n=k}^{\infty}A_n$.

证 (1) 设$\sum\limits_{n=1}^{\infty}I\!P(A_n)<\infty$, 由于$\forall k\geqslant 1$, $\{A_n,\ \text{i.o.}\}\subset\bigcup\limits_{n=k}^{\infty}A_n$, 从而

$$I\!P(A_n,\text{i.o.})\leqslant I\!P(\bigcup_{n=k}^{\infty}A_n)\leqslant\sum_{n=k}^{\infty}I\!P(A_n)\to 0,\quad k\to\infty.$$

(2) 设$\{A_n, n\geqslant 1\}$相互独立. 假定$\sum\limits_{n=1}^{\infty}I\!P(A_n)=\infty$, 则对任何$m>k$有(注意: $1-x\leqslant e^{-x}, \forall 0\leqslant x\leqslant 1$)

$$\begin{aligned}1-I\!P(\bigcup_{n=k}^{m}A_n)&=I\!P(\bigcap_{n=k}^{m}A_n^c)=\prod_{n=k}^{m}(1-I\!P(A_n))\\&\leqslant\exp\{-\sum_{n=k}^{m}I\!P(A_n)\}.\end{aligned}$$

因此, 对一切$k\geqslant 1$, 有

$$\begin{aligned}0\leqslant 1-I\!P(\bigcup_{n=k}^{\infty}A_n)&=1-\lim_{m\to\infty}I\!P(\bigcup_{n=k}^{m}A_n)\\&\leqslant\lim_{m\to\infty}\exp\{-\sum_{n=k}^{m}I\!P(A_n)\}=0,\end{aligned}$$

从而有

$$\mathbb{P}(A_n, \text{ i.o.}) = \mathbb{P}(\bigcap_{k=1}^{\infty}\bigcup_{n=k}^{\infty} A_n) = \lim_{k\to\infty} \mathbb{P}(\bigcup_{n=k}^{\infty} A_n) = 1.$$

□

系7.1.6 (Borel 0-1律) 设$\{A_n, n \geqslant 1\}$为相互独立事件, 则依$\sum_n \mathbb{P}(A_n) < \infty$或$= \infty$而有$\mathbb{P}(A_n,\ \text{i.o.})$=0或1.

引理7.1.7 设$\{A_k, 1 \leqslant k \leqslant n\}$为一列事件, 则有

$$\mathbb{P}(\bigcup_{k=1}^{n} A_k) \geqslant \frac{(\sum_{k=1}^{n} \mathbb{P}(A_k))^2}{\sum_{i,k=1}^{n} \mathbb{P}(A_i A_k)}. \tag{7.1.1}$$

(7.1.1)式称为**Chung-Erdös不等式**(见Trans. Amer. Math. Soc. 72(1952), 179-186).

证 令$X_k = I_{A_k}$, 由Schwarz不等式得

$$\Big(\mathbb{E}(\sum_{k=1}^{n} X_k)\Big)^2 \leqslant \mathbb{P}(\sum_{k=1}^{n} X_k > 0)\mathbb{E}[(\sum_{k=1}^{n} X_k)^2].$$

由于$\mathbb{P}(\sum_{k=1}^{n} X_k > 0) = \mathbb{P}(\bigcup_{i=k}^{n} A_k)$, 故(7.1.1)式得证. □

下一定理是Borel-Cantelli引理的一个推广, 由Kochen-Stone 在Illinois Journal of Mathematics 8(1964), 248-251 中给出. 下面的简化证明来自严加安(2006).

定理7.1.8 设$\{A_n, n \geqslant 1\}$为一列事件, 满足$\sum_{n=1}^{\infty} \mathbb{P}(A_n) = \infty$, 则

$$\begin{aligned}\mathbb{P}(A_n, \text{ i.o.}) &\geqslant \limsup_{n\to\infty} \frac{(\sum_{k=1}^{n} \mathbb{P}(A_k))^2}{\sum_{i,k=1}^{n} \mathbb{P}(A_i A_k)} \\ &= \limsup_{n\to\infty} \frac{\sum_{1\leqslant i<k\leqslant n} \mathbb{P}(A_i)\mathbb{P}(A_k)}{\sum_{1\leqslant i<k\leqslant n} \mathbb{P}(A_i A_k)}.\end{aligned} \tag{7.1.2}$$

特别地, 若$\{A_n, n \geqslant 1\}$中事件两两独立或负相关(即$\mathbb{P}(A_i A_k) \leqslant \mathbb{P}(A_i)(\mathbb{P}(A_k), \forall i \neq k)$, 则$\mathbb{P}(A_n,\ \text{i.o.})$=1.

证 令$a_n = (\sum_{k=1}^{n} \mathbb{P}(A_k))^2$, $b_n = \sum_{i,k=1}^{n} \mathbb{P}(A_i A_k)$, 则由$\lim\limits_{n\to\infty} a_n = \infty$及(7.1.1)式知$\lim\limits_{n\to\infty} b_n = \infty$. 于是再由(7.1.1)式及$\sum_{i,k=m+1}^{n} \mathbb{P}(A_i A_k) \leqslant b_n - b_m$ 推得

$$\begin{aligned}\mathbb{P}(\bigcup_{k=m+1}^{\infty} A_k) &= \lim_{n\to\infty} \mathbb{P}(\bigcup_{k=m+1}^{n} A_k) \\ &\geqslant \limsup_{n\to\infty} \frac{(\sqrt{a_n} - \sqrt{a_m})^2}{b_n - b_m} = \limsup_{n\to\infty} \frac{a_n}{b_n}.\end{aligned}$$

在上式中令$m \to \infty$ 即得(7.1.2)中的不等式. 由于$\sum_{k=1}^{\infty} \mathbb{P}(A_k) = \infty$, 且

$$\Big(\sum_{k=1}^{n} \mathbb{P}(A_k)\Big)^2 \leqslant 2\sum_{1\leqslant i<k\leqslant n} \mathbb{P}(A_i)\mathbb{P}(A_k) + \sum_{k=1}^{n} \mathbb{P}(A_k),$$

故有

$$\lim_{n\to\infty}\frac{\sum_{k=1}^{n}\mathbb{P}(A_k)}{\sum_{1\leqslant i<k\leqslant n}\mathbb{P}(A_i)\mathbb{P}(A_k)}=0.$$

由此推知(7.1.2)中的等式成立. □

定义7.1.9 设$\{\xi_n,n\geqslant 1\}$为一列随机变量, 令

$$\mathcal{D}=\bigcap_{n=1}^{\infty}\sigma\{\xi_j,j>n\},$$

称$\mathcal{D}$为$\{\xi_n,n\geqslant 1\}$的**尾σ代数**, $\mathcal{D}$中的元素称为$\{\xi_n,n\geqslant 1\}$的**尾事件**.

下一定理称为**Kolmogrov 0-1律**.

定理7.1.10 独立随机变量序列的尾事件的概率为0或1.

证 设$\{\xi_n,n\geqslant 1\}$为独立随机变量序列. 对任何$n\geqslant 1$, 由定理7.1.3 知: $\sigma(\xi_j,1\leqslant j\leqslant n)$与$\sigma(\xi_j,j>n)$独立. 从而$\sigma(\xi_j,1\leqslant j\leqslant n)$与$\mathcal{D}$独立($\mathcal{D}$是尾$\sigma$代数). 令$\mathcal{A}=\bigcup\limits_{n=1}^{\infty}\sigma(\xi_j,1\leqslant j\leqslant n)$, 则$\mathcal{A}$与$\mathcal{D}$独立. 但$\mathcal{A}$为$\pi$类, 故由定理7.1.3知, $\sigma(\mathcal{A})$与$\mathcal{D}$独立. 显然$\mathcal{D}\subset\sigma(\mathcal{A})=\sigma(\xi_j,j\geqslant 1)$, 故$\mathcal{D}$与$\mathcal{D}$独立. 于是对任何$D\in\mathcal{D}$, 我们有$\mathbb{P}(D)=\mathbb{P}(D\cap D)=\mathbb{P}(D)^2$, 从而$\mathbb{P}(D)=0$或1. □

下面介绍Hewitt-Savage 0-1律. 设$(S,\mathcal{S})$为一可测空间, 令$(S^n,\mathcal{S}^n)$ 和$(S^\infty,\mathcal{S}^\infty)$分别表示$n$次乘积和无穷乘积空间. 令$p:\mathbb{N}\to\mathbb{N}$为一双方单值映射, 如果除有限多个$n$外, 恒有$p(n)=n$, 则称$p$为$\mathbb{N}$的一个**有限置换**. 对任一有限置换$p$, 在$S^\infty$ 上定义一置换T_p如下:

$$T_p(s)=(s_{p(1)},s_{p(2)},\cdots),\quad s=(s_1,s_2,\cdots)\in S^\infty.$$

关于所有有限置换不变的集合称为**对称集**, $\mathcal{S}^\infty$中对称集全体构成$\mathcal{S}^\infty$的一子σ代数, 称为**置换不变σ代数**.

下一定理称为**Hewitt-Savage 0-1律**.

定理7.1.11 设$(\Omega,\mathcal{F},\mathbb{P})$为一概率空间, $\xi=(\xi_1,\xi_2,\cdots)$为定义在$(\Omega,\mathcal{F},\mathbb{P})$ 上, 取值于$(S,\mathcal{S})$的一列独立同分布随机元, $\mathcal{G}$为 S^∞置换不变σ代数, 则$\xi^{-1}(\mathcal{G})$中元素的概率为0或1.

证 令π_n为$(S^\infty,\mathcal{S}^\infty)$到$(S^n,\mathcal{S}^n)$的投影映射, $\mathcal{F}_n=\pi_n^{-1}(\mathcal{S}^n)$, 则$\mathcal{S}^\infty=\sigma(\cup_n\mathcal{F}_n)$. 设$\mu$为$\xi$在$(S^\infty,\mathcal{S}^\infty)$上的分布. 令$A\in\mathcal{G}$, 则由习题1.3.4知, 存在$B_n\in\mathcal{S}^n$使得

$$\lim_{n\to\infty}\mu(A\triangle\pi_n^{-1}(B_n))=0.$$

令$\widetilde{B}_n=S^n\times B_n$, 则存在一有限置换$p_n$, 使得$T_{p_n}\pi_n^{-1}(B_n)=\pi_{2n}^{-1}(\widetilde{B}_n)$. 由于$A$为对称集, 我们有

$$\mu(A\triangle\pi_{2n}^{-1}(\widetilde{B}_n))=\mu(A\triangle\pi_n^{-1}(B_n))\to 0.$$

于是有

$$\mu(A\triangle(\pi_n^{-1}(B_n)\cap\pi_{2n}^{-1}(\widetilde{B}_n))\leqslant\mu(A\triangle\pi_n^{-1}(B_n))+\mu(A\triangle\pi_{2n}^{-1}(\widetilde{B}_n))\to 0,$$

从而

$$\mu(\pi_n^{-1}(B_n)\cap\pi_{2n}^{-1}(\widetilde{B}_n))\to\mu(A).$$

但$\pi_n^{-1}(B_n)$与$\pi_{2n}^{-1}(\widetilde{B}_n)$在$\mu$下独立,

$$\mu(\pi_n^{-1}(B_n)\cap\pi_{2n}^{-1}(\widetilde{B}_n))=\mu(\pi_n^{-1}(B_n))\mu(\pi_{2n}^{-1}(\widetilde{B}_n))\to\mu(A)^2,$$

这表明$\mu(A)=0$或1. 由于$A\in\mathcal{G}$是任意的, $\mu(A)=\mathbb{P}(\xi^{-1}(A))$, 故$\xi^{-1}(\mathcal{G})$中元素的概率为0或1. □

下一定理称为**Neyman-Pearson引理**, 它是统计学中似然比检验的理论基础.

定理7.1.12 设$\mathbb{P}$和$\mathbb{Q}$是可测空间$(\Omega,\mathcal{F})$为上的两个概率测度, $\mathbb{P}(A)=\mathbb{P}(A\cap N)+\int_A gd\mathbb{Q}$为$\mathbb{P}$关于$\mathbb{Q}$的Lebesgue分解, 这里$\mathbb{Q}(N)=0$, 在$N$上约定$g=\infty$. 设$c>0$. 令$A(c)=[g>c]$, 则$\mathcal{F}$中任何满足$\mathbb{Q}(A)\leqslant\mathbb{Q}(A(c))$的$A$, 有$\mathbb{P}(A)\leqslant\mathbb{P}(A(c))$.

证 设$A\in\mathcal{F}$. 令$F=I_{A(c)}-I_A$. 则$F(g-c)\geqslant 0$, 且在N上$F\geqslant 0$. 于是有

$$\begin{aligned}\mathbb{P}(A(c))-\mathbb{P}(A)&=\int Fd\mathbb{P}=\int_N Fd\mathbb{P}+\int Fgd\mathbb{Q}\\&\geqslant c\int Fd\mathbb{Q}=c(\mathbb{Q}(A(c))-\mathbb{Q}(A)).\end{aligned}$$

□

定义7.1.13 设$(\Omega,\mathcal{F},\mathbb{P})$为一概率空间, A和B为两个事件, 且$\mathbb{P}(A)>0$. 在A发生的条件下B发生的概率等于$\mathbb{P}(AB)/\mathbb{P}(A)$, 我们称之为$B$关于$A$的**条件概率**, 记为$\mathbb{P}(B|A)$.

设$\{H_1,\cdots,H_m\}$和$\{A_1,\cdots,A_n\}$是空间Ω的两个有限可测划分, 满足$\mathbb{P}(H_j)>0,\mathbb{P}(A_i)>0,\forall 1\leqslant j\leqslant m,1\leqslant i\leqslant n$. 如果$\{H_1,\cdots,H_m\}$为可能导致$\{A_1,\cdots,A_n\}$中某事件发生的“原因”事件, 则将$\mathbb{P}(H_j)$称为事件$H_j$的**先验概率**, 假定它们是已知的. 另外, 假定在由事件H_j引发事件A_i发生的条件概率$\mathbb{P}(A_i|H_j)$ 也是已知的,则事件A_i的发生是由事件H_j引发的概率$\mathbb{P}(H_j|A_i)$为

$$\mathbb{P}(H_j|A_i)=\frac{\mathbb{P}(H_j\cap A_i)}{\mathbb{P}(A_i)}=\frac{\mathbb{P}(A_i|H_j)\mathbb{P}(H_j)}{\sum_{k=1}^m\mathbb{P}(A_i|H_k)\mathbb{P}(H_k)}.\tag{7.1.3}$$

这就是18世纪中叶英国学者贝叶斯(Bayes)提出的“由结果推测原因”的概率公式，即著名的**Bayes公式**. 这里$\mathbb{P}(H_j|A_i)$称为事件A_i发生条件下H_j的**后验概率**.

自然提出如下问题: 假定条件概率$(\mathbb{P}(A_i|H_j),1\leqslant j\leqslant m,1\leqslant i\leqslant n)$ 和后验概率$(\mathbb{P}(H_j|A_i),1\leqslant j\leqslant m,1\leqslant i\leqslant n)$都已知, 如何确定先验概率$(\mathbb{P}(H_j),1\leqslant j\leqslant$

m)? 为了解决这一问题, 我们引进下列记号: 记$p_i = \mathbb{P}(A_i)$, $q_j = \mathbb{P}(H_j)$. 假定存在某个i^*, 使得对所有$j, 1 \leqslant j \leqslant m$, 有$\mathbb{P}(A_{i^*}H_j) > 0$, 令

$$p_{i^*j} = \mathbb{P}(H_j|A_{i^*}),\ q_{i^*j} = \mathbb{P}(A_{i^*}|H_j),\ r_{i^*j} = \frac{p_{i^*j}}{q_{i^*j}}.$$

由于$p_{i^*}p_{i^*j} = \mathbb{P}(A_{i^*}H_j) = q_j q_{i^*j}$, 我们有$\frac{q_j}{p_{i^*}} = r_{i^*j}$, $1 \leqslant j \leqslant m$, 于是有

$$\frac{q_k}{q_j} = \frac{r_{i^*k}}{r_{i^*j}},\quad 1 \leqslant j, k \leqslant m.$$

因此，

$$\frac{1}{q_j} = \frac{\sum_{k=1}^m r_{i^*k}}{r_{i^*j}},\ 1 \leqslant j \leqslant m,$$

即有

$$q_j = \frac{r_{i^*j}}{\sum_{k=1}^m r_{i^*k}},\ 1 \leqslant j \leqslant m. \tag{7.1.4}$$

这一公式最先由K.W. Ng(1995)给出, 称为**逆Bayes公式**.

习 题

7.1.1 设$(X_n, n \geqslant 1)$为独立随机变量序列, 则

(1) $\limsup\limits_{n\to\infty} X_n$与$\liminf\limits_{n\to\infty} X_n$为退化随机变量(即a.s.等于某一常数);

(2) 为要$\mathbb{P}(\lim\limits_{n\to\infty} X_n = 0) = 1$, 必须且只需对任何$C > 0$, 有 $\sum\limits_n \mathbb{P}(|X_n| > C) < \infty$ (提示: 利用Borel-Cantelli引理).

7.1.2 设$(X_i, 1 \leqslant i \leqslant n)$为独立随机变量序列. 若每个$X_i$非负或可积, 则有$\mathbb{E}[\prod_{i=1}^n X_i] = \prod_{i=1}^n \mathbb{E}[X_i]$ (提示: 从简单随机变量过渡到非负随机变量).

7.1.3 设X及Y为相互独立可积随机变量, 且$\mathbb{E}[X] = 0$, 则$\mathbb{E}[\,|X+Y|\,] \geqslant \mathbb{E}[\,|Y|\,]$ (提示:$|y| = |\mathbb{E}(y+X)| \leqslant \mathbb{E}|y+X|$).

7.1.4 设(ξ_n)为一列非负实值随机变量, 则存在一正实数序列(c_n), 使得$\sum_{n=1}^\infty c_n\xi_n < \infty$ a.s. (提示: 取一正实数列(a_n), 使得$\sum_{n=1}^\infty \mathbb{P}(\xi_n > a_n) < \infty$, 然后利用Borel-Cantelli引理并令$c_n = (2^n a_n)^{-1}$).

7.1.5 设$(\Omega, \mathcal{F}, \mathbb{P})$为概率空间, $\xi_1, \cdots, \xi_n$为非负随机变量, 且$\mathbb{E}[\xi_i] = 1, 1 \leqslant i \leqslant n$. 证明$\prod\limits_{i=1}^n \sum\limits_{j=1}^n \mathbb{E}[\xi_i\xi_j] \geqslant n$ (提示: 令$\xi = \sum\limits_{j=1}^n \xi_j$, 将$\prod\limits_{i=1}^n \sum\limits_{j=1}^n \mathbb{E}[\xi_i\xi_j]$写成$\exp\{\sum\limits_{i=1}^n \log \mathbb{E}[\xi_i\xi]\}$, 然后用Jensen不等式, 最后再用不等式$x\log x \geqslant x - 1, x > 0$).

7.1.6 设$(\Omega, \mathcal{F}, \mathbb{P})$为概率空间, $A_1, \cdots, A_n \in \mathcal{F}$, $\mathbb{P}(A_i) > 0, 1 \leqslant i \leqslant n$. 令$A = \bigcup_{i=1}^n A_i$, 证明$\prod_{i=1}^n \frac{1}{n}\sum_{j=1}^n \frac{\mathbb{P}(A_iA_j)}{\mathbb{P}(A_i)\mathbb{P}(A_j)} \geqslant \left(\frac{1}{\mathbb{P}(A)}\right)^n$ (提示:利用上一题的结果).

7.2 条件数学期望与条件独立性

设$(B_j)_{1\leqslant j\leqslant m}$为$\Omega$的一个有限划分, 且$B_j\in\mathcal{F}$, $I\!P(B_j)>0, 1\leqslant j\leqslant m$.令$\mathcal{G}$为由$(B_j)$生成的$\sigma$代数. 对一可积随机变量$X$, 令

$$I\!E[X|\mathcal{G}]=\sum_{j=1}^m\frac{I\!E[XI_{B_j}]}{I\!P(B_j)}I_{B_j},$$

称$I\!E[X|\mathcal{G}]$为X关于$\mathcal{G}$的**条件(数学)期望**. 如果$(A_i)_{1\leqslant i\leqslant n}$是$\Omega$的一个有限划分, 且$A_i\in\mathcal{F}, 1\leqslant i\leqslant n$, $X=\sum_{i=1}^n a_iI_{A_i}$为一简单随机变量, 则易知

$$I\!E[X|\mathcal{G}]=\sum_{j=1}^m\sum_{i=1}^n a_iI\!P(A_i|B_j)I_{B_j}.$$

$I\!E(X|\mathcal{G})$是一$\mathcal{G}$可测随机变量, 满足:

$$I\!E[I\!E[X|\mathcal{G}]I_B]=I\!E[XI_B],\quad \forall B\in\mathcal{G}. \tag{7.2.1}$$

下面我们将条件期望推广到一般随机变量及σ代数情形. 设 $(\Omega,\mathcal{F},I\!P)$为一概率空间, $\mathcal{G}$为$\mathcal{F}$的一子σ代数. 设X 为数学期望存在的随机变量, 令$\nu=X.I\!P$为X关于$I\!P$的不定积分, 即

$$\nu(A)=\int_A XdI\!P,\quad A\in\mathcal{F},$$

则ν为符号测度, 且ν关于$I\!P$绝对连续. 若将ν及$I\!P$都限于$(\Omega,\mathcal{G})$, 则仍有$\nu\ll I\!P$. 令Y为ν关于$I\!P$在$(\Omega,\mathcal{G})$上的Radon-Nikodym导数(见定理3.3.11), 则Y为$\mathcal{G}$可测随机变量, 且有

$$I\!E[YI_B]=I\!E[XI_B],\quad \forall B\in\mathcal{G},$$

我们称随机变量Y为X关于$\mathcal{G}$的**条件(数学)期望**. 由命题3.1.8知: 在$I\!P$等价意义下, 条件期望Y是唯一确定的, 我们把它记为$I\!E[X|\mathcal{G}]$, 它由(7.2.1)式所刻画.

定理7.2.1 条件期望有如下基本性质:

(1) $I\!E[I\!E[X|\mathcal{G}]]=I\!E[X]$;

(2) 若X为$\mathcal{G}$可测, 则$I\!E[X|\mathcal{G}]=X$, a.s.;

(3) 设$\mathcal{G}=\{\varnothing,\Omega\}$, 则$I\!E[X|\mathcal{G}]=I\!E[X]$, a.s.;

(4) $I\!E[X|\mathcal{G}]=I\!E[X^+|\mathcal{G}]-I\!E[X^-|\mathcal{G}]$, a.s.;

(5) $X\geqslant Y$, a.s. $\Rightarrow I\!E[X|\mathcal{G}]\geqslant I\!E[Y|\mathcal{G}]$, a.s.;

(6) 设c_1,c_2为实数, X,Y,c_1X+c_2Y的期望存在, 则

$$I\!E[c_1X+c_2Y|\mathcal{G}]=c_1I\!E[X|\mathcal{G}]+c_2I\!E[Y|\mathcal{G}], \text{a.s.},$$

如果右边和式有意义;

(7) $|\mathbb{E}[X|\mathcal{G}]| \leqslant \mathbb{E}[|X||\mathcal{G}]$, a.s.;

(8) 设$0 \leqslant X_n \uparrow X$, a.s., 则$\mathbb{E}[X_n|\mathcal{G}] \uparrow \mathbb{E}[X|\mathcal{G}]$, a.s.;

(9) 设X及XY的期望存在, 且Y为$\mathcal{G}$可测, 则

$$\mathbb{E}[XY|\mathcal{G}] = Y\mathbb{E}[X|\mathcal{G}], \text{a.s.}; \tag{7.2.2}$$

(10) (条件期望的平滑性) 设$\mathcal{G}_1, \mathcal{G}_2$为$\mathcal{F}$的子$\sigma$代数, 且$\mathcal{G}_1 \subset \mathcal{G}_2$, 则

$$\mathbb{E}[\mathbb{E}[X|\mathcal{G}_2]|\mathcal{G}_1] = \mathbb{E}[X|\mathcal{G}_1], \text{a.s.}; \tag{7.2.3}$$

(11) 若X与$\mathcal{G}$相互独立(即$\sigma(X)$与$\mathcal{G}$相互独立), 则有$\mathbb{E}[X|\mathcal{G}] = \mathbb{E}[X]$, a.s..

证　(1)-(7)容易由条件期望定义直接看出.

(8) 由(5)知, $\mathbb{E}[X_n|\mathcal{G}] \uparrow Y$, a.s., Y为一$\mathcal{G}$可测随机变量.于是, 对一切$B \in \mathcal{G}$,

$$\int_B Y d\mathbb{P} = \lim_{n\to\infty} \int_B \mathbb{E}[X_n|\mathcal{G}] d\mathbb{P} = \lim_{n\to\infty} \int_B X_n d\mathbb{P},$$

从而$Y = \mathbb{E}[X|\mathcal{G}]$, a.s..

(9) 不妨设X及Y皆为非负随机变量. 首先设$Y = I_A, A \in \mathcal{G}$, 则$\mathbb{E}[X|\mathcal{G}]$ 为$\mathcal{G}$可测, 且对一切$B \in \mathcal{G}$, 有

$$\begin{aligned}\int_B Y\mathbb{E}[X|\mathcal{G}] d\mathbb{P} &= \int_{A\cap B} \mathbb{E}[X|\mathcal{G}] d\mathbb{P} = \int_{A\cap B} X d\mathbb{P} \\ &= \int_B X I_A d\mathbb{P} = \int_B Y X d\mathbb{P},\end{aligned}$$

故(7.2.2)式成立. 然后利用(8)即可由简单随机变量过渡到一般非负随机变量.

(10) 设$B \in \mathcal{G}_1$, 则

$$\int_B \mathbb{E}[\mathbb{E}[X|\mathcal{G}_2]|\mathcal{G}_1] d\mathbb{P} = \int_B \mathbb{E}[X|\mathcal{G}_2] d\mathbb{P} = \int_B X d\mathbb{P},$$

故有(7.2.3)式.

(11) 不妨设X为非负随机变量. 设$A \in \mathcal{G}$, 由于I_A与X相互独立, 故由习题7.1.1知

$$\int_A \mathbb{E}[X] d\mathbb{P} = \mathbb{E}[X]\mathbb{P}(A) = \mathbb{E}[X I_A] = \int_A X d\mathbb{P},$$

故$\mathbb{E}[X] = \mathbb{E}[X|\mathcal{G}]$, a.s..　□

关于条件期望, 我们有相应的单调收敛定理, Fatou引理, 控制收敛定理, Hölder不等式及Minkowski不等式, 它们的证明与第三章关于积分情形相应结果的证明类

似. 因此, 下面我们只叙述结果而略去证明. 注意: 对概率空间情形, a.s.收敛总蕴含依概率收敛.

在下面几个定理中, $(\Omega, \mathcal{F}, I\!P)$为一概率空间, $\mathcal{G}$为$\mathcal{F}$的一子σ代数.

定理7.2.2 (单调收敛定理) 设(X_n)为随机变量序列, 且每个X_n的期望存在.

(1) 设$X_n \uparrow X$, a.s., 且$I\!E[X_1] > -\infty$, 则X的期望存在, 且 $I\!E[X_n|\mathcal{G}] \uparrow I\!E[X|\mathcal{G}]$, a.s.;

(2) 设$X_n \downarrow X$, a.s., 且$I\!E[X_1] < \infty$, 则X的期望存在, 且 $I\!E[X_n|\mathcal{G}] \downarrow I\!E[X|\mathcal{G}]$, a.s..

定理7.2.3 (Fatou引理) 设(X_n)为随机变量序列, 且每个X_n的期望存在.

(1) 若存在随机变量Y, 使$I\!E[Y] > -\infty$, 且$\forall n \geqslant 1$, 有$X_n \geqslant Y$, a.s., 则$\liminf\limits_{n\to\infty} X_n$的期望存在, 且有

$$I\!E[\liminf_{n\to\infty} X_n|\mathcal{G}] \leqslant \liminf_{n\to\infty} I\!E[X_n|\mathcal{G}];$$

(2) 若存在随机变量Y, 使$I\!E[Y] < \infty$, 且$\forall n \geqslant 1$, 有$X_n \leqslant Y$, a.s., 则$\limsup\limits_{n\to\infty} X_n$的期望存在, 且有

$$I\!E[\limsup_{n\to\infty} X_n|\mathcal{G}] \geqslant \limsup_{n\to\infty} I\!E[X_n|\mathcal{G}].$$

定理7.2.4 (控制收敛定理) 设$X_n \xrightarrow{\text{a.s.}} X$(相应地, $X_n \xrightarrow{\text{p}} X$), 若存在非负可积随机变量$Y$, 使$|X_n| \leqslant Y$, a.s., 则$X$可积, 且有$\lim\limits_{n\to\infty} I\!E[X_n|\mathcal{G}] = I\!E[X|\mathcal{G}]$, a.s.(相应地, $I\!E[X_n|\mathcal{G}] \xrightarrow{\text{p}} I\!E[X|\mathcal{G}]$).

下一定理是控制收敛定理的推广形式.

定理7.2.5 设$X_n \xrightarrow{\text{a.s}} X, Y_n \xrightarrow{\text{a.s}} Y$(相应地, $X_n \xrightarrow{\text{p}} X, Y_n \xrightarrow{\text{p}} Y$), 其中$Y$及每个$Y_n$为非负可积随机变量. 如果对$n \geqslant 1$, $|X_n| \leqslant Y_n$, a.s., $I\!E[Y_n|\mathcal{G}] \xrightarrow{\text{a.s}} I\!E[Y|\mathcal{G}]$(相应地, $I\!E[Y_n|\mathcal{G}] \xrightarrow{\text{p}} I\!E[Y|\mathcal{G}]$), 则有$I\!E[|X_n - X||\mathcal{G}] \xrightarrow{\text{a.s}} 0$(相应地, $I\!E[|X_n - X||\mathcal{G}] \xrightarrow{\text{p}} 0$). 特别有$I\!E[X_n|\mathcal{G}] \xrightarrow{\text{a.s.}} I\!E[X|\mathcal{G}]$(相应地, $I\!E[X_n|\mathcal{G}] \xrightarrow{\text{p}} I\!E[X|\mathcal{G}]$) .

证 只需考虑a.s.收敛情形. 令$Z_n = Y_n + Y - |X_n - X|$, 则$Z_n \geqslant 0$, 且$Z_n \xrightarrow{\text{a.s}} 2Y$. 故由Fatou引理得

$$2I\!E[Y|\mathcal{G}] \leqslant \liminf_{n\to\infty} I\!E[Z_n|\mathcal{G}] = 2I\!E[Y|\mathcal{G}] - \limsup_{n\to\infty} I\!E[|X_n - X||\mathcal{G}],$$

于是有$\lim\limits_{n\to\infty} I\!E[|X_n - X||\mathcal{G}] = 0$. □

定理7.2.6 (Hölder不等式) 设$1 < p, q < \infty$, $1/p + 1/q = 1$, 则

$$I\!E[|XY||\mathcal{G}] \leqslant (I\!E[|X|^p|\mathcal{G}])^{1/p}(I\!E[|Y|^q|\mathcal{G}])^{1/q}.$$

定理7.2.7 (Minkowski不等式) 设$p \geqslant 1$, 则

$$(\mathbb{E}[\,|X+Y|^p\,|\,\mathcal{G}])^{1/p} \leqslant (\mathbb{E}[\,|X|^p\,|\,\mathcal{G}])^{1/p} + (\mathbb{E}[\,|Y|^p\,|\,\mathcal{G}])^{1/p}.$$

下面将条件期望概念推广到最一般情形(见严加安(1990)).

定义7.2.8 设$(\Omega, \mathcal{F}, \mathbb{P})$为一概率空间, X为一随机变量, $\mathcal{G}$为$\mathcal{F}$的一子σ代数. 若$\mathbb{E}[X^+\,|\,\mathcal{G}] - \mathbb{E}[X^-\,|\,\mathcal{G}]$ a.s.有定义, 即

$$\mathbb{P}(\mathbb{E}[X^+\,|\,\mathcal{G}] = \infty, \mathbb{E}[X^-\,|\,\mathcal{G}] = \infty) = 0,$$

则称X关于$\mathcal{G}$的**条件期望存在**, 并令(约定$\infty - \infty = 0$)

$$\mathbb{E}[X\,|\,\mathcal{G}] = \mathbb{E}[X^+\,|\,\mathcal{G}] - \mathbb{E}[X^-\,|\,\mathcal{G}].$$

我们称$\mathbb{E}[X\,|\,\mathcal{G}]$为$X$关于$\mathcal{G}$的**条件期望**.

若$\mathcal{G} = \{\varnothing, \Omega\}$, 则$X$关于$\mathcal{G}$的条件期望存在, 当且仅当$X$的期望存在. 此外, 任何$\mathcal{G}$可测的随机变量$X$关于$\mathcal{G}$的条件期望存在, 且$\mathbb{E}[X\,|\,\mathcal{G}] = X$, a.s..

下一定理给出了条件期望存在的随机变量的一个有用刻画.

定理7.2.9 下列二断言等价:

(1) X关于$\mathcal{G}$的条件期望存在;

(2) 存在$\mathcal{G}$可测实值随机变量ξ, $|\xi| > 0$, a.s., 使ξX的期望存在.

证 (1)$\Rightarrow$(2). 设(1)成立. 令

$$A = [\mathbb{E}[X^+\,|\,\mathcal{G}] = \infty], \qquad B = [\mathbb{E}[X^-\,|\,\mathcal{G}] = \infty],$$

则$\mathbb{P}(A \cap B) = 0$. 令$\eta = I_{A^c} - I_A$, 则$|\eta| = 1$, η为$\mathcal{G}$可测, 且有$(\eta X)^+ = \eta^+ X^+ + \eta^- X^-$, 故有

$$\mathbb{E}[(\eta X)^+\,|\,\mathcal{G}] = I_{A^c}\mathbb{E}[X^+\,|\,\mathcal{G}] + I_A \mathbb{E}[X^-\,|\,\mathcal{G}] < \infty, \quad \text{a.s.}.$$

令$\xi = \eta/(1 + \mathbb{E}[(\eta X)^+\,|\,\mathcal{G}])$, 则$\mathbb{E}[(\xi X)^+\,|\,\mathcal{G}] < 1$, a.s.. 特别有 $\mathbb{E}[(\xi X)^+] < 1$, 于是$\xi X$的期望存在.

(2)$\Rightarrow$(1)由下一定理的(1)推得. □

下一定理是定理7.2.1的推广.

定理7.2.10 7.2.8定义的条件期望有下列性质:

(1) 设X关于$\mathcal{G}$的条件期望存在, 则对任何$\mathcal{G}$可测实值随机变量ξ, ξX关于$\mathcal{G}$的条件期望也存在, 且有

$$\mathbb{E}[\xi X\,|\,\mathcal{G}] = \xi \mathbb{E}[X\,|\,\mathcal{G}], \text{a.s.}. \tag{7.2.4}$$

(2) 设X_1, X_2关于$\mathcal{G}$的条件期望存在. 若X_1+X_2及$\mathbb{E}[X_1|\,\mathcal{G}]+\mathbb{E}[X_2|\mathcal{G}]$ a.s.有意义, 则X_1+X_2关于$\mathcal{G}$的条件期望存在, 且有

$$\mathbb{E}[X_1+X_2|\,\mathcal{G}]=\mathbb{E}[X_1|\,\mathcal{G}]+\mathbb{E}[X_2|\,\mathcal{G}], \text{a.s.}. \tag{7.2.5}$$

(3) 设$\mathcal{G}_1$及$\mathcal{G}_2$为$\mathcal{F}$的子σ代数, 且$\mathcal{G}_1\subset\mathcal{G}_2$. 若$X$关于$\mathcal{G}_1$的条件期望存在, 则$X$关于$\mathcal{G}_2$的条件期望存在, $\mathbb{E}[X|\,\mathcal{G}_2]$关于$\mathcal{G}_1$的条件期望存在, 且有

$$\mathbb{E}[\mathbb{E}[X|\,\mathcal{G}_2]|\,\mathcal{G}_1]=\mathbb{E}[X|\,\mathcal{G}_1]. \tag{7.2.6}$$

证 (1) 我们有$(\xi X)^+=\xi^+X^++\xi^-X^-, (\xi X)^-=\xi^+X^-+\xi^-X^+$. 于是有

$$\mathbb{E}[(\xi X)^+|\,\mathcal{G}]=\xi^+\mathbb{E}[X^+|\,\mathcal{G}]+\xi^-\mathbb{E}[X^-|\,\mathcal{G}], \tag{7.2.7}$$

$$\mathbb{E}[(\xi X)^-|\,\mathcal{G}]=\xi^-\mathbb{E}[X^+|\,\mathcal{G}]+\xi^+\mathbb{E}[X^-|\,\mathcal{G}]. \tag{7.2.8}$$

由于假定$\mathbb{E}[X^+|\,\mathcal{G}]-\mathbb{E}[X^-|\,\mathcal{G}]$ a.s.有意义, 故ξX关于$\mathcal{G}$ 的条件期望存在. 由(7.2.7)式及(7.2.8)式推得(7.2.4)式.

(2) 令

$$A=[\mathbb{E}[X_1|\,\mathcal{G}]=-\infty],\quad B=[\mathbb{E}[X_2|\,\mathcal{G}]=-\infty],$$

则依假定, $\mathbb{E}[X_1|\,\mathcal{G}]+\mathbb{E}[X_2|\,\mathcal{G}]$ a.s.有意义, 故在A上a.s.有$\mathbb{E}[X_1|\,\mathcal{G}]<\infty$, 在$B$上a.s.有$\mathbb{E}[X_2|\,\mathcal{G}]<\infty$, 于是有

$$I_A\mathbb{E}[X_1^+|\,\mathcal{G}]<\infty, \text{ a.s.},\quad I_B\mathbb{E}[X_2^+|\,\mathcal{G}]<\infty, \text{ a.s.}. \tag{7.2.9}$$

令$\xi=I_{A\cup B}-I_{A^c\cap B^c}$, 则$|\xi|=1$, ξ为$\mathcal{G}$可测. 记$Y=\xi(X_1+X_2)$, 我们有

$$Y^+\leqslant\xi^+(X_1^++X_2^+)+\xi^-(X_1^-+X_2^-),$$

$$\begin{aligned}\mathbb{E}[Y^+|\,\mathcal{G}]&\leqslant\mathbb{E}[\xi^+(X_1^++X_2^+)+\xi^-(X_1^-+X_2^-)|\,\mathcal{G}]\\&=I_{A\cup B}(\mathbb{E}[X_1^+|\,\mathcal{G}]+\mathbb{E}[X_2^+|\,\mathcal{G}])\\&\quad+I_{A^c\cap B^c}(\mathbb{E}[X_1^-|\,\mathcal{G}]+\mathbb{E}[X_2^-|\,\mathcal{G}])<\infty, \text{ a.s.}.\end{aligned} \tag{7.2.10}$$

特别, Y关于$\mathcal{G}$的条件期望存在. 于是由(1)知, X_1+X_2关于$\mathcal{G}$的条件期望存在. 令

$$Z_1=\xi^+(X_1^++X_2^+)+\xi^-(X_1^-+X_2^-),$$

$$Z_2=\xi^-(X_1^++X_2^+)+\xi^+(X_1^-+X_2^-),$$

则$Y=Z_1-Z_2$, 且由(7.2.10)知, $\mathbb{E}[Z_1|\,\mathcal{G}]<\infty$, a.s.. 令$\eta=\frac{1}{1+\mathbb{E}[Z_1|\,\mathcal{G}]}$, 则$\mathbb{E}[\eta Z_1]=\mathbb{E}[\eta\mathbb{E}[Z_1|\,\mathcal{G}]]\leqslant 1$, 因此$\eta Y$的期望存在. 故由(7.2.4)式及定理7.2.1(6)有

$$\begin{aligned}\mathbb{E}[Y|\mathcal{G}] &= \frac{1}{\eta}\mathbb{E}[\eta Y|\mathcal{G}] = \frac{1}{\eta}(\mathbb{E}[\eta Z_1|\mathcal{G}] - \mathbb{E}[\eta Z_2|\mathcal{G}]) \\ &= \frac{1}{\eta}(\eta\mathbb{E}[Z_1|\mathcal{G}] - \eta\mathbb{E}[Z_2|\mathcal{G}]) = \mathbb{E}[Z_1|\mathcal{G}] - \mathbb{E}[Z_2|\mathcal{G}] \\ &= \xi(\mathbb{E}[X_1|\mathcal{G}] + \mathbb{E}[X_2|\mathcal{G}]),\end{aligned}$$

由此及(7.2.4)式便得(7.2.5)式.

(3) 设X关于$\mathcal{G}_1$的条件期望存在. 由定理7.2.9知, 存在$\mathcal{G}_1$可测实值随机变量ξ, $|\xi| > 0$, a.s., 且ξX的期望存在. 由于ξ为$\mathcal{G}_2$可测, 故仍由定理7.2.9知, X关于$\mathcal{G}_2$的条件期望存在, 且由(7.2.4)式得

$$\mathbb{E}[X|\mathcal{G}_2] = \frac{1}{\xi}\mathbb{E}[\xi X|\mathcal{G}_2].$$

由于$\mathbb{E}[\xi X|\mathcal{G}_2]$的期望存在, 故由(1)及上式知$\mathbb{E}[X|\mathcal{G}_2]$关于$\mathcal{G}_1$ 的条件期望存在, 且有(利用(7.2.3)式)

$$\mathbb{E}[\mathbb{E}[X|\mathcal{G}_2]|\mathcal{G}_1] = \frac{1}{\xi}\mathbb{E}[\mathbb{E}[\xi X|\mathcal{G}_2]|\mathcal{G}_1] = \frac{1}{\xi}\mathbb{E}[\xi X|\mathcal{G}_1] = \mathbb{E}[X|\mathcal{G}_1].$$

(7.2.6)式得证. □

下面讨论一类特殊的关于$\mathcal{G}$条件期望存在的随机变量.

定义7.2.11　设$(\Omega,\mathcal{F},\mathbb{P})$为一概率空间, $\mathcal{G}$为$\mathcal{F}$的一子σ代数.称随机变量X关于$\mathcal{G}$为**σ可积**, 如果存在$\Omega_n \in \mathcal{G}$, $\Omega_n \uparrow \Omega$, 使每个XI_{Ω_n}为可积.

下一定理给出了关于$\mathcal{G}$为σ可积的随机变量的一个刻画.

定理7.2.12　设X为一随机变量, 则下列断言等价:

(1) X关于$\mathcal{G}$为σ可积;

(2) X关于$\mathcal{G}$的条件期望存在, 且$\mathbb{E}[X|\mathcal{G}]$ a.s.有穷;

(3) 存在一$\mathcal{G}$可测实值随机变量ξ, $|\xi| > 0$, a.s., 使ξX为可积随机变量.

证　(1)⇒(3). 设(1)成立. 选取$\Omega_n \in \mathcal{G}$, $\Omega_n \uparrow \Omega$, 使每个XI_{Ω_n}为可积. 令

$$\xi = \sum_{n=1}^{\infty} \frac{1}{2^n(1+\mathbb{E}[|X|I_{\Omega_n}])} I_{\Omega_n},$$

则$\xi > 0$, ξ为$\mathcal{G}$可测实值随机变量, 且ξX为可积.

(3)⇒(2)显然. 往证(2)⇒(1). 设$\mathbb{E}[X|\mathcal{G}]$ a.s.有穷, 由于$\mathbb{E}[X|\mathcal{G}] = \mathbb{E}[X^+|\mathcal{G}] - \mathbb{E}[X^-|\mathcal{G}]$, 故$\mathbb{E}[|X||\mathcal{G}] < \infty$, a.s.. 令$\Omega_n = [\mathbb{E}[|X||\mathcal{G}] \leqslant n]$, 则$\Omega_n \uparrow \Omega$, a.s., $\Omega_n \in \mathcal{G}$, 且XI_{Ω_n}为可积随机变量, 故X关于$\mathcal{G}$为σ可积. □

下一定理给出了条件期望的Jensen不等式的最一般形式.

定理7.2.13 (Jensen不等式) 设$\varphi:\mathbb{R}\to\mathbb{R}$为一连续凸函数, X为一关于$\mathcal{G}$ σ可积的随机变量, 则$\varphi(X)$关于$\mathcal{G}$ 的条件期望存在, 且有

$$\varphi(\mathbb{E}[X\,|\,\mathcal{G}])\leqslant\mathbb{E}[\varphi(X)\,|\,\mathcal{G}],\text{a.s.}. \tag{7.2.11}$$

证 令φ'为φ的右导数, 则对任意实数x,y有

$$\varphi'(x)(y-x)\leqslant\varphi(y)-\varphi(x).$$

以$\mathbb{E}[X\,|\,\mathcal{G}]$及$X$代替上式中的$x$及$y$得

$$\varphi'(\mathbb{E}[X\,|\,\mathcal{G}])(X-\mathbb{E}[X\,|\,\mathcal{G}])+\varphi(\mathbb{E}[X\,|\,\mathcal{G}])\leqslant\varphi(X).$$

记左边的随机变量为Y, 则Y关于$\mathcal{G}$的条件期望存在, 且$\mathbb{E}[Y\,|\,\mathcal{G}]=\varphi(\mathbb{E}[X\,|\,\mathcal{G}])$. 由于$\varphi(X)^-\leqslant Y^-$, 故$\mathbb{E}[\varphi(X)^-\,|\,\mathcal{G}]\leqslant\mathbb{E}[Y^-\,|\,\mathcal{G}]<\infty$, a.s.. 因此, $\varphi(X)$关于$\mathcal{G}$的条件期望存在, 且有(7.2.11)式. □

下面我们推广有关条件期望的单调收敛定理、Fatou引理、控制收敛定理和L^r收敛定理.

定理7.2.14 设$\mathcal{G}$为$\mathcal{F}$的一子σ代数, $(X_n,n\geqslant1)$ 为一列关于$\mathcal{G}$条件期望存在的随机变量.

(1) (**单调收敛定理**) 设$X_n\uparrow X$, a.s., 且$\mathbb{E}[X_1^+\,|\,\mathcal{G}]<\infty$, a.s., 则$X$关于$\mathcal{G}$的条件期望存在(实际有$\mathbb{E}[X^-\,|\,\mathcal{G}]<\infty$, a.s.), 且有$\mathbb{E}[X_n\,|\,\mathcal{G}]\uparrow\mathbb{E}[X\,|\,\mathcal{G}]$, a.s..

(2) (**Fatou引理**) 若存在随机变量Y, 使$\mathbb{E}[Y^-\,|\,\mathcal{G}]<\infty$, a.s., 且对每个$n\geqslant1$, 有$X_n\geqslant Y$, a.s., 则$\liminf\limits_{n\to\infty}X_n$关于$\mathcal{G}$的条件期望存在(实际有$\mathbb{E}[(\liminf\limits_{n\to\infty}X_n)^-\,|\,\mathcal{G}]<\infty$, a.s.), 且有

$$\mathbb{E}[\liminf_{n\to\infty}X_n\,|\,\mathcal{G}]\leqslant\liminf_{n\to\infty}\mathbb{E}[X_n\,|\,\mathcal{G}],\text{a.s.}.$$

(3) (**控制收敛定理**) 设$X_n\xrightarrow{\text{a.s.}}X$, $Y_n\xrightarrow{\text{a.s.}}Y$(相应地, $X_n\xrightarrow{\text{P}}X,Y_n\xrightarrow{\text{P}}Y$), 其中每个$Y_n$为非负随机变量, 且$Y$及每个$Y_n$关于$\mathcal{G}$为 σ可积. 如果对$n\geqslant1,|X_n|\leqslant Y_n$, a.s., 且$\mathbb{E}[Y_n\,|\,\mathcal{G}]\xrightarrow{\text{a.s.}}\mathbb{E}[Y\,|\,\mathcal{G}]$(相应地, $\mathbb{E}[Y_n\,|\,\mathcal{G}]\xrightarrow{\text{P}}\mathbb{E}[Y\,|\,\mathcal{G}]$), 则有$\mathbb{E}[\,|X_n-X|\,|\,\mathcal{G}]\xrightarrow{\text{a.s.}}0$(相应地, $\mathbb{E}[\,|X_n-X|\,|\,\mathcal{G}]\xrightarrow{\text{P}}0$), 特别有$\mathbb{E}[X_n\,|\,\mathcal{G}]\xrightarrow{\text{a.s.}}\mathbb{E}[X\,|\,\mathcal{G}]$(相应地, $\mathbb{E}[X_n\,|\,\mathcal{G}]\xrightarrow{\text{P}}\mathbb{E}[X\,|\,\mathcal{G}]$).

(4) (**L^r收敛定理**) 设$\infty>r\geqslant1$. 若$X_n\xrightarrow{L^r}X$, 则$\mathbb{E}[X_n\,|\,\mathcal{G}]\xrightarrow{L^r}\mathbb{E}[X\,|\,\mathcal{G}]$.

证 (1) 令$\xi>0$为一$\mathcal{G}$可测实值随机变量, 使ξX_1^-为可积, 则ξX_n的期望存在, 且$\xi X_n\uparrow\xi X$, a.s., 故由定理7.2.2得$\mathbb{E}[\xi X_n\,|\,\mathcal{G}]\uparrow\mathbb{E}[\xi X\,|\,\mathcal{G}]$, a.s., 但有$\mathbb{E}[\xi X_n\,|\,\mathcal{G}]=\xi\mathbb{E}[X_n\,|\,\mathcal{G}]$, $\mathbb{E}[\xi X\,|\,\mathcal{G}]=\xi\mathbb{E}[X\,|\,\mathcal{G}]$, 从而有$\mathbb{E}[X_n\,|\,\mathcal{G}]\uparrow\mathbb{E}[X|\mathcal{G}]$, a.s..

(2) 容易由(1)推得.

(3) 只需考虑a.s.收敛情形.令$Z_n = Y_n + Y - |X_n - X|$, 则$Z_n \geqslant 0$, 且$Z_n \xrightarrow{\text{a.s.}} 2Y$, 故由(2)得

$$2\mathbb{E}[Y|\mathcal{G}] \leqslant \liminf_{n\to\infty} \mathbb{E}[Z_n|\mathcal{G}] = 2\mathbb{E}[Y|\mathcal{G}] - \limsup_{n\to\infty} \mathbb{E}[\,|X_n - X|\,|\mathcal{G}].$$

于是有$\lim\limits_{n\to\infty} \mathbb{E}[\,|X_n - X|\,|\mathcal{G}] = 0$.

(4) 令$f(x) = |x|^r$, 则f为$\mathbb{R}$上的连续凸函数. 故由(7.2.11)式得

$$|\mathbb{E}[X_n|\mathcal{G}] - \mathbb{E}[X|\mathcal{G}]|^r \leqslant \mathbb{E}[\,|X_n - X|^r|\mathcal{G}].$$

在不等式两边取期望即得欲证结论. □

下一定理给出了计算一类条件期望的有用公式.

定理7.2.15 设$(\Omega, \mathcal{F}, \mathbb{P})$为一概率空间, $\mathcal{G}$为$\mathcal{F}$的一子σ代数; $(S, \mathcal{S})$和$(E, \mathcal{E})$为可测空间, X为一$\mathcal{G}$可测S值随机元, Y为一E 值随机元. 假定Y和$\mathcal{G}$ 独立(即$Y^{-1}(\mathcal{E})$与$\mathcal{G}$ 独立). 令$g(x, y)$为$S \times E$ 上的$\mathcal{S} \times \mathcal{E}$可测函数, 使得$\mathbb{E}[|g(X, Y)|] < \infty$, 则有

$$\mathbb{E}[g(X, Y) \mid \mathcal{G}] = \mathbb{E}[g(x, Y)]|_{x=X}. \tag{7.2.12}$$

证 不妨假定$g(x, y)$为非负$\mathcal{S} \times \mathcal{E}$可测函数. 令$f(x) = \mathbb{E}[g(x, Y)]$. 为证(7.2.12), 只需证明对任意非负$\mathcal{G}$可测随机变量$Z$, 有$\mathbb{E}[g(X, Y)Z] = \mathbb{E}[f(X)Z]$. 为此令

$$\mu_Y(A) = \mathbb{P}(Y^{-1}(A)), \quad A \in \mathcal{E};$$
$$\mu_{X,Z}(B) = \mathbb{P}((X, Z)^{-1}(B)), \quad B \in \mathcal{S} \times \mathcal{B}(\mathbb{R}).$$

则有

$$f(x) = \int g(x, y)\mu_Y(dy).$$

由于Y和(X, Z)独立, 我们有

$$\begin{aligned}\mathbb{E}[g(X, Y)Z] &= \int zg(x, y)\mu_Y(dy)\mu_{X,Z}(dx, dz) \\ &= \int zf(x)\mu_{X,Z}(dx, dz) = \mathbb{E}[Zf(X)].\end{aligned}$$

□

下一定理是条件期望的**Bayes法则**.

定理7.2.16 设$\mathbb{Q}$为一关于$\mathbb{P}$绝对连续的概率测度, $\mathcal{G}$为$\mathcal{F}$的一子σ代数. 令

$$\xi = \frac{d\mathbb{Q}}{d\mathbb{P}}, \qquad \eta = \mathbb{E}[\xi|\mathcal{G}].$$

则$\eta > 0$ $\mathbb{Q}$-a.s.. 如果X为一$\mathbb{Q}$可积的随机变量, 则有

$$\mathbb{E}_{\mathbb{Q}}[X|\mathcal{G}] = \eta^{-1}\mathbb{E}[X\xi|\mathcal{G}], \quad \mathbb{Q}\text{-a.s..} \tag{7.2.13}$$

证 首先, 由于$[\eta > 0] \in \mathcal{G}$, 我们有

$$\mathbb{Q}([\eta > 0]) = \mathbb{E}[\xi I_{[\eta>0]}] = \mathbb{E}[\eta I_{[\eta>0]}] = \mathbb{E}[\eta] = \mathbb{E}[\xi] = 1.$$

设X为一$\mathbb{Q}$可积的随机变量, 则有

$$\begin{aligned}\mathbb{E}[X\xi I_A] &= \mathbb{E}_{\mathbb{Q}}[XI_A] = E_{\mathbb{Q}}[\mathbb{E}_{\mathbb{Q}}[X|\mathcal{G}]I_A] \\ &= \mathbb{E}[\mathbb{E}_{\mathbb{Q}}[X|\mathcal{G}]\xi I_A] = \mathbb{E}[\mathbb{E}_{\mathbb{Q}}[X|\mathcal{G}]\eta I_A], \quad \forall A \in \mathcal{G}.\end{aligned}$$

这表明

$$\mathbb{E}[X\xi|\mathcal{G}] = \mathbb{E}_{\mathbb{Q}}[X|\mathcal{G}]\eta, \ \mathbb{P}\text{-a.s.},$$

从而上一等式$\mathbb{Q}$-a.s.成立. 由此立刻推得(7.2.13). □

设ξ为一可积随机变量, Y 为由$(\Omega, \mathcal{F})$ 到$(E, \mathcal{E})$ 的一可测映射. 常将$\mathbb{E}[\xi|\sigma(Y)]$记为$\mathbb{E}[\xi|Y]$. 这时令

$$\mu(A) = \mathbb{P}(Y^{-1}(A)), \quad \nu(A) = \mathbb{E}[\xi I_{Y^{-1}(A)}], \quad A \in \mathcal{E}.$$

显然ν关于μ绝对连续. 令$g = \frac{d\nu}{d\mu}$, 则由习题3.1.6知: $\forall A \in \mathcal{E}$, 我们有

$$\mathbb{E}[g(Y)I_{Y^{-1}(A)}] = \int_A g(y)\mu(dy) = \nu(A) = \mathbb{E}[\xi I_{Y^{-1}(A)}].$$

这表明$\mathbb{E}[\xi|Y] = g(Y)$. 我们常用记号$\mathbb{E}[\xi|Y = y]$ 形式上表示$g(y)$, 尽管函数g只是μ-a.e.唯一确定, 且$[Y = y]$的概率可能为零. 作为这一结果的推论, 我们得到如下有用的结果.

定理7.2.17 设$X = (X_1, \cdots, X_m)$和$Y = (Y_1, \cdots, Y_n)$为两个随机向量, h为R^m上的一Borel 函数, 使得$h(X_1, \cdots, X_m)$可积. 令μ为Y在R^n上诱导的测度,

$$\nu(A) = \int_{\mathbb{R}^m \times A} h(x_1, \cdots, x_m)dF(x_1, \cdots, x_m, y_1, \cdots, y_n), \ A \in \mathcal{B}(\mathbb{R}^n),$$

其中$F(x_1, \cdots, x_m, y_1, \cdots, y_n)$为$X$和$Y$的联合分布, 则$\nu$关于$\mu$绝对连续, 且有

$$\mathbb{E}[h(X)|Y_1, \cdots, Y_n] = g(Y_1, \cdots, Y_n), \tag{7.2.14}$$

其中g为ν关于μ的Radon-Nikodym 导数. 如果分布函数F有密度函数 $f(x_1, \cdots, x_m, y_1, \cdots, y_n)$, 则$g$有如下表达式:

$$g(y_1, \cdots, y_n) = \frac{\int_{\mathbb{R}^m} h(x_1, \cdots, x_m)f(x_1, \cdots, x_m, y_1, \cdots, y_n)dx_1 \cdots dx_m}{\int_{\mathbb{R}^m} f(x_1, \cdots, x_m, y_1, \cdots, y_n)dx_1 \cdots dx_m},$$

这里约定$0/0=0$.

定义7.2.18　设$(\Omega,\mathcal{F},I\!P)$为概率空间, $B\in\mathcal{F}$. 令$I\!P[B|\mathcal{G}]=I\!E[I_B|\mathcal{G}]$, 并称之为$B$关于$\mathcal{G}$的**条件概率**. 设$\mathcal{G},\mathcal{G}_1$及$\mathcal{G}_2$为$\mathcal{F}$的子$\sigma$代数. 如果对任意$B_1\in\mathcal{G}_1$及$B_2\in\mathcal{G}_2$, 有

$$I\!P[B_1\cap B_2|\,\mathcal{G}]=I\!P[B_1|\,\mathcal{G}]I\!P[B_2|\,\mathcal{G}],\ \text{a.s.},\tag{7.2.15}$$

则称$\mathcal{G}_1$与$\mathcal{G}_2$关于$\mathcal{G}$**条件独立**.

设$\mathcal{G}_1$与$\mathcal{G}_2$关于$\mathcal{G}$条件独立, 则对任意$\mathcal{G}_1$可测非负随机变量X_1及$\mathcal{G}_2$可测非负随机变量X_2, 有

$$I\!E[X_1X_2|\,\mathcal{G}]=I\!E[X_1|\,\mathcal{G}]I\!E[X_2|\,\mathcal{G}],\ \text{a.s.}.\tag{7.2.16}$$

设X及Y为随机变量. 若$\sigma(X)$与$\sigma(Y)$关于$\mathcal{G}$条件独立, 则称X与Y关于$\mathcal{G}$条件独立. 类似可定义一随机变量与一子σ代数关于$\mathcal{G}$的条件独立性.

下一定理给出了条件独立性的一个判别准则.

定理7.2.19　设$(\Omega,\mathcal{F},I\!P)$为概率空间, $\mathcal{G},\mathcal{G}_1$及$\mathcal{G}_2$为$\mathcal{F}$的子$\sigma$代数. 则为要$\mathcal{G}_1$与$\mathcal{G}_2$关于$\mathcal{G}$条件独立, 必须且只需对任意$B_2\in\mathcal{G}_2$有

$$I\!P[B_2|\,\mathcal{G}_1\vee\mathcal{G}]=I\!P[B_2|\,\mathcal{G}],\ \text{a.s.}.\tag{7.2.17}$$

(或等价地, 对任意$B_1\in\mathcal{G}_1$, 有$I\!P[B_1|\,\mathcal{G}_2\vee\mathcal{G}]=I\!P[B_1|\,\mathcal{G}]$, a.s..)

证　首先(7.2.17)式右边为$\mathcal{G}_1\vee\mathcal{G}$可测且$\{B_1\cap B\,|\,B_1\in\mathcal{G}_1,B\in\mathcal{G}\}$为生成$\mathcal{G}_1\vee\mathcal{G}$的$\pi$类, 由条件期望的定义易知(7.2.17)等价于

$$\int_{B\cap B_1}I\!P[B_2|\,\mathcal{G}]dI\!P=\int_B I_{B_1}I_{B_2}dI\!P,\quad B\in\mathcal{G},\ B_1\in\mathcal{G}_1.\tag{7.2.18}$$

另一方面, (7.2.15)等价于

$$\int_B I\!P[B_1|\,\mathcal{G}]I\!P[B_2|\,\mathcal{G}]dI\!P=\int_B I_{B_1\cap B_2}dI\!P,\quad B\in\mathcal{G}.\tag{7.2.19}$$

但对$B\in\mathcal{G},B_1\in\mathcal{G}_1,B_2\in\mathcal{G}_2$, 我们有

$$\begin{aligned}\int_{B\cap B_1}I\!P[B_2|\,\mathcal{G}]dI\!P&=\int_B I_{B_1}I\!P(B_2|\,\mathcal{G}]dI\!P\\&=\int_B I\!E[I_{B_1}I\!P[B_2|\,\mathcal{G}]|\,\mathcal{G}]dI\!P\\&=\int_B I\!P[B_1|\,\mathcal{G}]I\!P[B_2|\,\mathcal{G}]dI\!P,\end{aligned}$$

即(7.2.18)的左边与(7.2.19)的左边相等, 因此定理得证.　□

习 题

7.2.1 设$X \in L^1(\Omega, \mathcal{F}, \mathbb{P})$, $\mathcal{G}$为$\mathcal{F}$的一子σ 代数, $Y \in L^1(\Omega, \mathcal{G}, \mathbb{P})$.为要$Y = \mathbb{E}[X|\mathcal{G}]$, 必须且只需$EX = EY$且对生成$\mathcal{G}$的某$\pi$类$\mathcal{C}$中的所有集合$A$有$\mathbb{E}[XI_A] = \mathbb{E}[YI_A]$.

7.2.2 设$X, Y \in L^1(\Omega, \mathcal{F}, \mathbb{P})$. 若$E(X|Y) = Y$, a.s., $\mathbb{E}[Y|X] = X$, a.s., 则$X = Y$, a.s..

7.2.3 设$X \in L^2(\Omega, \mathcal{F}, \mathbb{P})$, $\mathcal{G}$为$\mathcal{F}$的一子σ 代数, 则

$$\mathbb{E}(\mathbb{E}[X|\mathcal{G}] - X)^2 = \inf\{\mathbb{E}(Y - X)^2 \,|\, Y \in L^2(\Omega, \mathcal{G}, \mathbb{P})\}.$$

7.2.4 设X及Y为$(\Omega, \mathcal{F}, \mathbb{P})$上的实值随机变量, $f(x, y)$为$\mathbb{R}^2$ 上的非负或有界Borel可测函数. 令$\mathcal{G}_1$及$\mathcal{G}_2$为$\mathcal{F}$的子σ代数, 若X与$\mathcal{G}_1 \vee \mathcal{G}_2$独立, Y关于$\mathcal{G}_1 \cap \mathcal{G}_2$可测, 则有

$$\begin{aligned}\mathbb{E}[f(X, Y)|\,\mathcal{G}_1] &= \mathbb{E}[f(X, Y)|\,\mathcal{G}_2] \\ &= \mathbb{E}[f(X, Y)|\,\mathcal{G}_1 \cap \mathcal{G}_2], \text{a.s..}\end{aligned}$$

(提示: 利用定理2.2.1.)

7.2.5 设X及Y为$(\Omega, \mathcal{F}, \mathbb{P})$上的实值随机变量, $\mathcal{G}_1$及$\mathcal{G}_2$为$\mathcal{F}$的子σ代数, 若X及$\mathcal{G}_1$与Y及$\mathcal{G}_2$独立, 则有

$$\mathbb{E}[XY|\,\mathcal{G}_1 \vee \mathcal{G}_2] = \mathbb{E}[X|\,\mathcal{G}_1]\mathbb{E}[Y|\,\mathcal{G}_2], \text{a.s..}$$

7.2.6 设$(\Omega, \mathcal{F}, \mathbb{P})$为一概率空间, $\mathcal{F}_1 \subset \mathcal{F}_2$ 为$\mathcal{F}$的两个子σ代数. 如果$A \in \mathcal{F}_1$, 满足$A \cap \mathcal{F}_1 = A \cap \mathcal{F}_2$, 则对任何可积随机变量$\xi$, 有$\mathbb{E}[\xi|\mathcal{F}_1]I_A = \mathbb{E}[\xi|\mathcal{F}_2]I_A$.

7.2.7 1) 设X, Y, Z, W为随机变量, (X, Z)与(Y, W)有相同的联合分布, 设f为非负Borel可测函数, 证明$\mathbb{E}[f(X)|Z]$ 与$\mathbb{E}[f(Y)|W]$同分布. 若$Z = W$, 则$\mathbb{E}[f(X)|Z] = \mathbb{E}[f(Y)|W]$, a.s..

2) 设X, Y为独立同分布可积随机变量, 试求$\mathbb{E}[X|X + Y]$.

7.2.8 设(X, Y)服从二维标准正态分布, 试求$\mathbb{E}[X^2|XY]$.

7.2.9 设$(\Omega, \mathcal{F}, \mathbb{P})$为概率空间, $\mathcal{G}, \mathcal{H}, \mathcal{F}_n, n \geqslant 1$为$\mathcal{F}$的子$\sigma$代数. 则为要$\mathcal{H}$与$(\mathcal{F}_n, n \geqslant 1)$关于$\mathcal{G}$ 条件独立, 必须且只需$\mathcal{H}$与$\mathcal{F}_1$关于$\mathcal{G}$ 条件独立, 且对一切$n \geqslant 1$, $\mathcal{H}$与$\mathcal{F}_{n+1}$关于$\mathcal{G}$和$(\mathcal{F}_n, n \geqslant 1)$条件独立.

7.2.10 设$(\Omega, \mathcal{F}, \mathbb{P})$为概率空间, $(\xi_n, n \geqslant 1)$为一列非负可积随机变量, $(\mathcal{F}_n, n \geqslant 1)$为一列$\mathcal{F}$的子$\sigma$代数, 使得$\mathbb{E}[\xi_n|\mathcal{F}_n]$依概率趋于0, 证明$\xi_n$也依概率趋于0 (提示: 利用习题3.1.7).

7.3 正则条件概率

设$(\Omega, \mathcal{F}, \mathbb{P})$为一概率空间, $\mathcal{G}$为$\mathcal{F}$的一子σ代数. 由条件期望的性质知, $\mathbb{P}(A|\,\mathcal{G})$有如下性质:

$$\mathbb{P}[\Omega|\,\mathcal{G}] = 1, \text{ a.s.}, \qquad \mathbb{P}[A|\,\mathcal{G}] \geqslant 0, \text{ a.s.},$$

$$\mathbb{P}\Big[\sum_j A_j|\,\mathcal{G}\Big] = \sum_j \mathbb{P}[A_j|\,\mathcal{G}], \text{ a.s..}$$

这些性质与概率测度的性质很相似, 不同之处在于出现了例外集. 若对每个$A \in \mathcal{F}$, 可选取$\mathbb{P}[A|\mathcal{G}]$的一个版本$P(\omega, A)$, 使得对一切$\omega \in \Omega$, $P(\omega, \cdot)$为$(\Omega, \mathcal{F})$上的概率测度, 这时称$\{P(\omega, A), \omega \in \Omega, A \in \mathcal{F}\}$为$\mathbb{P}$关于$\mathcal{G}$的正则条件概率. 一般说来, 即使$(\Omega, \mathcal{F})$为可分可测空间, 正则条件概率未必存在. 本节将对可分可测空间情形给出使正则条件概率存在的一个充分条件(定理7.3.10)及一个充要条件(定理7.3.15).

定义7.3.1 设$(\Omega, \mathcal{F}, \mathbb{P})$为一概率空间, $\mathcal{G}$为$\mathcal{F}$ 的一子σ代数.令$\{P(\omega, \cdot), \omega \in \Omega\}$为$(\Omega, \mathcal{F})$ 上的一族概率测度, 称它为$\mathbb{P}$关于$\mathcal{G}$的**正则条件概率**, 如果:

(1) $\forall A \in \mathcal{F}, P(\cdot, A)$为$\Omega$上的$\mathcal{G}$可测函数;

(2) $\forall A \in \mathcal{F}, P(\omega, A)$为$\mathbb{P}[A|\mathcal{G}]$的一个版本, 即$\forall B \in \mathcal{G}$有

$$\int_B P(\omega, A)\mathbb{P}(d\omega) = \mathbb{P}(A \cap B).$$

正则条件概率的第一个应用是: 条件期望算子成了关于正则条件概率的积分.

定理7.3.2 设$\{P(\omega, \cdot), \omega \in \Omega\}$为$\mathbb{P}$关于$\mathcal{G}$的正则条件概率. 设 X为一随机变量, 其期望存在, 则对几乎所有ω, X 关于$P(\omega, \cdot)$ 的积分存在, 且有

$$\mathbb{E}[X|\mathcal{G}](\omega) = \int_\Omega X(\omega')P(\omega, d\omega'), \text{ a.s. } \omega. \tag{7.3.1}$$

证 从示性函数过渡到非负可测函数, 证明细节从略. □

在上述定理中, 如有从$(\Omega, \mathcal{F})$到另一可测空间$(E, \mathcal{E})$ 的可测映射ξ, 则可在$(E, \mathcal{E})$上引出一族概率测度$\{Q(\omega, \cdot), \omega \in \Omega\}$:

$$Q(\omega, A) = P(\omega, \xi^{-1}(A)), \tag{7.3.2}$$

这时, 对形如$f(\xi)$的存在期望的随机变量(f为$(E, \mathcal{E})$上的Borel可测函数), 有(见习题3.1.6)

$$\mathbb{E}[f(\xi)|\mathcal{G}](\omega) = \int_E f(x)Q(\omega, dx). \tag{7.3.3}$$

在许多情况下, 正则条件概率并不存在, 但满足(7.3.3)式的概率测度族$\{Q(\omega, \cdot), \omega \in \Omega\}$存在. 我们称$\{Q(\omega, \cdot), \omega \in \Omega\}$为$\xi$关于$\mathcal{G}$的**混合条件分布**.

下面我们给出混合条件分布的确切定义.

定义7.3.3 设$(\Omega, \mathcal{F}, \mathbb{P})$为一概率空间, $\mathcal{G}$为$\mathcal{F}$的一子σ代数. 又设$(E, \mathcal{E})$为一可测空间, ξ为$(\Omega, \mathcal{F})$到$(E, \mathcal{E})$中的可测映射. 令$\{Q(\omega, \cdot), \omega \in \Omega\}$为$(E, \mathcal{E})$上的一族概率测度. 称它为$\xi$ 关于$\mathcal{G}$的**混合条件分布**, 如果:

(1) $\forall A \in \mathcal{E}, Q(\cdot, A)$为$\mathcal{G}$可测;

(2) $\forall A \in \mathcal{E}, Q(\omega, A)$为$\mathbb{P}[\xi^{-1}(A)|\mathcal{G}]$的一个版本, 即$\forall B \in \mathcal{G}$,

$$\int_B Q(\omega, A)\mathbb{P}(d\omega) = \mathbb{P}(B \cap \xi^{-1}(A)),$$

或者等价地, (7.3.3)式对$(E,\mathcal{E})$上非负或有界的Borel可测函数成立.

注7.3.4 若$(E,\mathcal{E})=(\Omega,\mathcal{F})$, ξ为Ω上的恒等映射, 则ξ关于$\mathcal{G}$的混合条件分布就是$I\!P$关于$\mathcal{G}$的正则条件概率. 因此, 正则条件概率存在性的研究可以归结为混合条件分布存在性的研究.

下一定理给出了混合条件分布存在的一个有用的充分条件.

定理7.3.5 设$(\Omega,\mathcal{F},I\!P)$为一概率空间, $(E,\mathcal{E})$为一可分可测空间, ξ为$(\Omega,\mathcal{F})$到$(E,\mathcal{E})$中的一可测映射. 令$\mu=I\!P\xi^{-1}$, 若μ是$\mathcal{E}$上的紧测度(见定义4.5.4), 则对$\mathcal{F}$的任一子σ代数$\mathcal{G}$, 存在ξ关于$\mathcal{G}$的混合条件分布.

证 由第1章知: 存在E上一代数$\mathcal{A}$, 其元素个数至多可数, 使得$\sigma(\mathcal{A})=\mathcal{E}$. 此外, 依假定, 存在$E$上的一紧类$\mathcal{C}\subset\mathcal{E}$, 使得对每个$A\in\mathcal{E}$, 有

$$\mu(A)=\sup\{\mu(C)\mid\ C\subset A, C\in\mathcal{C}\}.$$

因此, 设$\mathcal{A}=\{A_1,A_2,\cdots\}$, 则$\forall i\geqslant 1$, 存在$C_{ik}\in\mathcal{C}, C_{ik}\subset A_i, k\geqslant 1$, 使得

$$\mu(A_i)=\sup_k \mu(C_{ik}),\ i=1,2,\cdots. \tag{7.3.4}$$

对每个$A\in\mathcal{E}$, 令$\widetilde{Q}(\omega,A)$为$I\!E[\xi^{-1}(A)|\,\mathcal{G}]$的一个版本, 则

$$\begin{aligned}\mu(A_i)&=\sup_k \mu(C_{ik})=\sup_k I\!P(\xi^{-1}(C_{ik}))\\&=\sup_k\int\widetilde{Q}(\omega,C_{ik})dI\!P\leqslant\int\sup_k\widetilde{Q}(\omega,C_{ik})dI\!P\\&\leqslant\int\widetilde{Q}(\omega,A_i)dI\!P=I\!P(\xi^{-1}(A_i))=\mu(A_i).\end{aligned}$$

因此有

$$\sup_k\widetilde{Q}(\omega,C_{ik})=\widetilde{Q}(\omega,A_i),\quad \text{a.s.}. \tag{7.3.5}$$

现令$\mathcal{D}=\{C_{ik},i,k=1,2,\cdots\}$, 并令$\mathcal{A}_1$为由$\mathcal{A}$及$\mathcal{D}$ 生成的代数, 则$\mathcal{A}_1$的元素仍为至多可数, 且$\sigma(\mathcal{A}_1)=\mathcal{E}$.令

$$\begin{aligned}&\Omega_1=\{\omega\,|\,\widetilde{Q}(\omega,E)=1,\widetilde{Q}(\omega,A)\geqslant 0,\forall A\in\mathcal{A}_1\},\\&\Omega_2=\{\omega\,|\,\widetilde{Q}(\omega,\cdot)\text{在 }\mathcal{A}_1\text{上有限可加}\},\\&\Omega_3=\{\omega\,|\,\forall i\geqslant 1,\sup_k\widetilde{Q}(\omega,C_{ik})=\widetilde{Q}(\omega,A_i)\},\end{aligned}$$

则Ω_1,Ω_2及Ω_3都为$\mathcal{G}$可测集, 且$I\!P(\Omega_1)=I\!P(\Omega_2)=I\!P(\Omega_3)=1$. 由于$\mathcal{D}$是紧集类, 故由引理4.5.3知, 对$\omega\in\Omega_1\cap\Omega_2\cap\Omega_3\doteq\Omega_0,\widetilde{Q}(\omega,\cdot)$限于$\mathcal{A}$为$\sigma$可加的, 从而可以唯一地扩张成为$\mathcal{E}$上的一概率测度, 我们用$Q(\omega,\cdot)$表示之. 对$\omega\in\Omega\setminus\Omega_0$, 我们令$Q(\omega,\cdot)=\mu$,

则$\{Q(\omega,\cdot),\ \omega\in\Omega\}$为$(E,\mathcal{E})$上的一族概率测度. 下面证明它为$\xi$关于$\mathcal{G}$的混合条件分布. 令

$$\mathcal{H}=\Big\{A\in\mathcal{E}\mid\ Q(\cdot,A)\text{为}\mathcal{G}\text{可测, 且}\forall B\in\mathcal{G}\text{有}\\ \int_B Q(\omega,A)I\!P(d\omega)=I\!P(B\cap\xi^{-1}(A))\Big\}.$$

依$Q(\omega,A)$的定义, 显然有$\mathcal{A}\subset\mathcal{H}$. 此外, 易见$\mathcal{H}$为单调类, 故$\mathcal{H}=\mathcal{E}$(因$\sigma(\mathcal{A})=\mathcal{E}$). 这表明$\{Q(\omega,\cdot),\omega\in\Omega\}$为$\xi$关于$\mathcal{G}$的混合条件分布. □

下一定理是定理7.3.5的直接推论(见注7.3.4), 它给出了正则条件概率存在的一个充分条件.

定理7.3.6　设$(\Omega,\mathcal{F})$为一可分可测空间, $I\!P$为$\mathcal{F}$上的一紧概率测度, 则对$\mathcal{F}$的任一子σ代数$\mathcal{G}$, 存在$I\!P$关于$\mathcal{G}$的正则条件概率.

下面两个定理是定理7.3.5及7.3.6的直接推论.

定理7.3.7　设$(\Omega,\mathcal{F},I\!P)$为一概率空间, $(E,\mathcal{E})$为一Radon可测空间. 则对任何取值于$(E,\mathcal{E})$的随机元ξ及$\mathcal{F}$的任一子σ 代数$\mathcal{G}$, 存在ξ关于$\mathcal{G}$的混合条件分布.

定理7.3.8　设$(\Omega,\mathcal{F})$为一Radon可测空间, $I\!P$为$\mathcal{F}$上的一概率测度, 则对$\mathcal{F}$的任一子σ代数$\mathcal{G}$, 存在$I\!P$关于$\mathcal{G}$ 的正则条件概率.

对可分可测空间情形, 下一定理进一步给出了正则条件概率存在的一个充要条件(见马志明(1985)).

定理7.3.9　设$(\Omega,\mathcal{F})$为一可分可测空间, f 为$(\Omega,\mathcal{F})$上的一实值可测映射, 使得f在不同原子上取不同值, 且使$f^{-1}(\mathcal{B}(f(\Omega)))=\mathcal{F}$. 令$I\!P$为$(\Omega,\mathcal{F})$上的概率测度, $\mathcal{G}$为$\mathcal{F}$的一子σ代数, $\{Q(\omega,\cdot),\omega\in\Omega\}$为$f$关于$\mathcal{G}$混合条件分布. 则为要$I\!P$关于$\mathcal{G}$的正则条件概率存在, 必须且只需存在$\mathcal{G}$可测的概率为1的集合$\Omega_0$, 使得对每个$\omega\in\Omega_0$, $Q^*(\omega,f(\Omega))=1$. 这里$Q^*(\omega,\cdot)$表示$Q(\omega,\cdot)$的外测度.

证　充分性. 设定理中所给条件满足. 对$A\in\mathcal{F}$, 令

$$P(\omega,A)=\begin{cases}Q^*(\omega,f(A)), & \omega\in\Omega_0,\\ I\!P(A), & \omega\notin\Omega_0,\end{cases}$$

往证$\{P(\omega,\cdot),\omega\in\Omega\}$为$I\!P$关于$\mathcal{G}$的正则条件概率. 首先, 对$\omega\in\Omega_0$, 由于$Q^*(\omega,f(\Omega))=1$, 故由习题1.4.1知, $Q^*(\omega,\cdot)$限于$f(\Omega)\cap\mathcal{B}(R)=\mathcal{B}(f(\Omega))$为一概率测度, 从而$P(\omega,\cdot)$为$\mathcal{F}$上的概率测度(由于依假定, $A\cap B=\varnothing\Rightarrow f(A)\cap f(B)=\varnothing$). 此外, 对任何$A\in\mathcal{F}$, 存在$B\in\mathcal{B}(R)$, 使$f(A)=f(\Omega)\cap B$, 故有

$$P(\omega,A)=Q^*(\omega,f(A))=Q^*(\omega,f(\Omega)\cap B)=Q(\omega,B),\quad \omega\in\Omega_0.$$

因此, $P(\cdot,A)$为$\mathcal{G}$可测的, 并且有

$$P(\omega,A)=Q(\omega,B)=I\!P[f^{-1}(B)|\,\mathcal{G}]=I\!P[A|\,\mathcal{G}],\quad \text{a.s.}.$$

这表明$\{P(\omega,\cdot),\omega\in\Omega\}$为$I\!P$关于$\mathcal{G}$的正则条件概率.

必要性. 设存在$I\!P$关于$\mathcal{G}$的正则条件概率$\{P(\omega,\cdot),\omega\in\Omega\}$. 令

$$\widetilde{Q}(\omega,A)=P(\omega,f^{-1}(A)),A\in\mathcal{B}(f(\Omega)),$$

则易见$\{\widetilde{Q}(\omega,\cdot),\omega\in\Omega\}$为$f$关于$\mathcal{G}$的混合条件分布. 对任何满足$G\supset f(\Omega)$的$G\in\mathcal{B}(R)$, 我们有$f^{-1}(G)=\Omega$, 从而$\widetilde{Q}(\omega,G)=1$. 因此, 对一切$\omega\in\Omega$, $\widetilde{Q}^*(\omega,f(\Omega))=1$. 设$\mathcal{A}=\{A_1,A_2,\cdots\}$为生成$\mathcal{F}$ 的可数代数, 令

$$\Omega_0=\{\omega\,|\,Q(\omega,A_n)=\widetilde{Q}(\omega,A_n),\forall n\geqslant 1\},$$

则Ω_0为$\mathcal{G}$可测集, 且$I\!P(\Omega_0)=1$. 此外, 对$\omega\in\Omega_0,Q(\omega,\cdot)$与$\widetilde{Q}(\omega,\cdot)$ 限于$\mathcal{A}$一致, 从而在$\mathcal{F}$ 上一致. 特别, 对$\omega\in\Omega_0$有$Q^*(\omega,f(\Omega))=1$. □

下一结果称为**测度的分拆(desintegration of measures)**, 它部分地推广了定理7.2.15.

定理7.3.10 设$(\Omega,\mathcal{F},I\!P)$为一概率空间, $\mathcal{G}$ 为$\mathcal{F}$的一子σ代数; $(S,\mathcal{S})$和$(E,\mathcal{E})$为可测空间, X为$\mathcal{G}$可测S值随机元, Y为一E值随机元. 假定Y关于$\mathcal{G}$的混合条件分布$Q(\omega,\cdot)$存在(例如, 若$(E,\mathcal{E})$ 为Radon空间, 则该条件成立). 令$g(x,y)$为$S\times E$上的$\mathcal{S}\times\mathcal{E}$可测函数, 使得$I\!E[|g(X,Y)|]<\infty$, 则对几乎所有$\omega\in\Omega$, $g(X(\omega),\cdot)$关于概率测度$Q(\omega,\cdot)$可积, 且有

$$I\!E[g(X,Y)\,|\,\mathcal{G}]=\int_E g(X,y)Q(\cdot,dy),\quad \text{a.s.}. \tag{7.3.6}$$

证 不妨假定$g(x,y)$为非负$\mathcal{S}\times\mathcal{E}$可测函数. 令

$$G(x,\omega)=\int_E g(x,y)Q(\omega,dy),\quad x\in S.$$

则$G(x,\omega)$为$\mathcal{S}\times\mathcal{G}$可测, 并且对一切$x\in E$有

$$G(x,\cdot)=I\!E[g(x,Y)\,|\,\mathcal{G}],\quad \text{a.s.}.$$

在空间$(S\times E,\mathcal{S}\times\mathcal{E})$ 上用函数形式的单调类定理容易证明:对任意非负$\mathcal{G}$可测随机变量Z, 有

$$I\!E[g(X,Y)Z]=I\!E[G(X,\cdot)Z].$$

于是有

$$I\!E[g(X,Y)\,|\,\mathcal{G}]=G(X,\cdot)=\int_E g(X,y)Q(\cdot,dy),\quad \text{a.s.}.$$

□

习 题

7.3.1 补足定理7.3.12的证明.

7.4 随机变量族的一致可积性

定义7.4.1　设$(\Omega, \mathcal{F}, I\!\!P)$为一概率空间, $\mathcal{H}$为一族可积随机变量. 称$\mathcal{H}$为**一致可积族**, 如果当$C \to \infty$时, 积分

$$\int_{[\,|\xi| \geqslant C]} |\xi| dI\!\!P, \quad \xi \in \mathcal{H}$$

一致趋于零.

下一定理给出了一个一致可积性准则.

定理7.4.2　令$\mathcal{H} \subset L^1(\Omega, \mathcal{F}, I\!\!P)$, 则为要$\mathcal{H}$ 为一致可积族, 必须且只需下列条件成立:

(1) $a = \sup\{E|\xi|, \xi \in \mathcal{H}\} < +\infty$;

(2) 对任给$\varepsilon > 0$, 存在$\delta > 0$, 使得对任何满足$I\!\!P(A) \leqslant \delta$的$A \in \mathcal{F}$, 有

$$\sup_{\xi \in \mathcal{H}} \int_A |\xi| dI\!\!P \leqslant \varepsilon. \tag{7.4.1}$$

证　必要性. 设$\mathcal{H}$为一致可积族. 对给定$\varepsilon > 0$, 取C足够大, 使得

$$\sup_{\xi \in \mathcal{H}} \int_{[\,|\xi| \geqslant C]} |\xi| dI\!\!P \leqslant \frac{\varepsilon}{2}.$$

另一方面, 我们有

$$\int_A |\xi| dI\!\!P \leqslant C I\!\!P(A) + \int_{[\,|\xi| \geqslant C]} |\xi| dI\!\!P. \tag{7.4.2}$$

在(7.4.2)式中令$A = \Omega$得到条件(1); 令$\delta = \varepsilon/2C$得到条件(2).

充分性. 设条件(1)及(2)成立. 对任给$\varepsilon > 0$, 选取$\delta > 0$使条件(2)中结论成立.令$C \geqslant a/\delta$, 则

$$I\!\!P([\,|\xi| \geqslant C]) \leqslant \frac{1}{C} I\!\!E[\,|\xi|\,] \leqslant \frac{a}{C} \leqslant \delta, \quad \xi \in \mathcal{H},$$

故由条件(2)知

$$\int_{[\,|\xi| \geqslant C]} |\xi| dI\!\!P \leqslant \varepsilon, \quad \xi \in \mathcal{H}.$$

这表明$\mathcal{H}$是一致可积族. □

定理7.4.3　设$\mathcal{H}$是一致可积族, 则$\mathcal{H}$在$L^1(\Omega, \mathcal{F}, I\!\!P)$中的闭凸包也是一致可积的.

证　由定理7.4.2易知一致可积族在L^1中的闭包是一致可积的, 因此只需证$\mathcal{H}$的凸包$\mathcal{H}_1$是一致可积的. 显然$\mathcal{H}_1$满足定理7.4.2 的条件(1). 往证$\mathcal{H}_1$满足条件(2). 对

给定$\varepsilon > 0$, 选取$\delta > 0$, 使条件(2)中的结论对$\mathcal{H}$成立. 则对任何$n \geqslant 2, \xi_1, \xi_2, \cdots, \xi_n \in \mathcal{H}$及满足$\sum\limits_{i=1}^{n} \alpha_i = 1$的非负实数$\alpha_1, \alpha_2, \cdots, \alpha_n$和对任何满足$\mathbb{P}(A) \leqslant \delta$的$A \in \mathcal{F}$, 有

$$\int_A \Big|\sum_{i=1}^{n} \alpha_i \xi_i\Big| d\mathbb{P} \leqslant \sum_{i=1}^{n} \alpha_i \int_A |\xi_i| d\mathbb{P} \leqslant \varepsilon.$$

这表明$\mathcal{H}_1$满足条件(2), 故$\mathcal{H}_1$为一致可积族. □

下一定理给出了L^1收敛准则.

定理7.4.4 设(ξ_n)为一可积随机变量序列, ξ为一实值随机变量. 则下列条件等价:

(1) $\xi_n \xrightarrow{L^1} \xi$;

(2) $\xi_n \xrightarrow{\mathrm{p}} \xi$, 且$(\xi_n)$为一致可积;

(3) $\xi_n \xrightarrow{\mathrm{p}} \xi$, 且$\mathbb{E}|\xi_n| \to \mathbb{E}|\xi| < \infty$.

证 (1)$\Leftrightarrow$(3)见定理3.2.9. 只需证(1)$\Leftrightarrow$(2).

(1)$\Rightarrow$(2). 设$\xi_n \xrightarrow{L^1} \xi$. 令$A \in \mathcal{F}$, 我们有

$$\int_A |\xi_n| d\mathbb{P} \leqslant \int_A |\xi| d\mathbb{P} + \mathbb{E}[\,|\xi_n - \xi|\,]. \tag{7.4.3}$$

给定$\varepsilon > 0$, 取一正数N, 使得当$n > N$时, 有$\mathbb{E}[\,|\xi_n - \xi|\,] \leqslant \varepsilon/2$. 再选取$\delta > 0$, 使得对任何满足$\mathbb{P}(A) \leqslant \delta$的$A \in \mathcal{F}$, 有

$$\int_A |\xi| d\mathbb{P} \leqslant \frac{\varepsilon}{2}, \quad \int_A |\xi_n| d\mathbb{P} \leqslant \frac{\varepsilon}{2}, \quad n = 1, 2, \cdots, N. \tag{7.4.4}$$

于是由(7.4.3)式及(7.4.4)式知, 对任何满足$\mathbb{P}(A) \leqslant \delta$的$A \in \mathcal{F}$, 有$\sup_n \int_A |\xi_n| d\mathbb{P} \leqslant \varepsilon$. 此外有$\sup_n \mathbb{E}[\,|\xi_n|\,] < \infty$. 故由定理7.4.2 知, (ξ_n)为一致可积族. 最后, 显然有$\xi_n \xrightarrow{\mathrm{p}} \xi$.

(2)$\Rightarrow$(1). 设(ξ_n)一致可积, 且$\xi_n \xrightarrow{\mathrm{p}} \xi$. 由Fatou引理, $\mathbb{E}[\,|\xi|\,] \leqslant \sup\limits_n \mathbb{E}[\,|\xi_n|\,] < +\infty$, 故$\xi$可积. 从而$(\xi_n - \xi)$为一致可积. 对任给$\varepsilon > 0$, 由定理7.4.2知, 存在$\delta > 0$, 使得对任何满足$\mathbb{P}(A) < \delta$的$A \in \mathcal{F}$, 有

$$\sup_n \int_A |\xi_n - \xi| d\mathbb{P} \leqslant \varepsilon.$$

取N充分大, 使得当$n \geqslant N$时, 有$\mathbb{P}([\,|\xi_n - \xi| \geqslant \varepsilon]) < \delta$.于是当$n \geqslant N$时, 我们有

$$\mathbb{E}[\,|\xi_n - \xi|\,] = \int_{[\,|\xi_n - \xi| < \varepsilon]} |\xi_n - \xi| d\mathbb{P} + \int_{[\,|\xi_n - \xi| \geqslant \varepsilon]} |\xi_n - \xi| d\mathbb{P} \leqslant 2\varepsilon,$$

这表明$\xi_n \xrightarrow{L^1} \xi$. □

下一定理给出了一致可积性的又一准则.

定理7.4.5　设$\mathcal{H} \subset L^1(\Omega, \mathcal{F}, I\!P)$, 则下列条件等价:

(1) $\mathcal{H}$是一致可积的;

(2) 存在$\mathbb{R}_+$上满足$\lim\limits_{t\to\infty} \frac{\varphi(t)}{t} = \infty$的非负Borel函数$\varphi$, 使得

$$\sup_{\xi\in\mathcal{H}} I\!E[\varphi \circ |\xi|] < \infty.$$

证　(1)⇒(2). 设$\mathcal{H}$为一致可积族. 由于对任何$a > 0$, 有

$$\int_\Omega (|\xi| - a)^+ dI\!P \leqslant \int_{[\,|\xi|>a]} |\xi| dI\!P,$$

故存在自然数$n_k \uparrow \infty$, 使得

$$\sup_{\xi\in\mathcal{H}} \int_\Omega (|\xi| - n_k)^+ dI\!P < 2^{-k}, \quad k \geqslant 1.$$

令

$$\varphi(t) = \sum_{k\geqslant 1} (n - n_k)^+, \quad n \leqslant t < n+1, \quad n = 0, 1, 2, \cdots$$

则φ非负, 单调非降且右连续. 此外有

$$\lim_{n\to\infty} \frac{\varphi(n)}{n} = \lim_{n\to\infty} \sum_{k\geqslant 1} (1 - \frac{n_k}{n})^+ = \infty,$$

从而$\lim\limits_{t\to\infty} \frac{\varphi(t)}{t} = \infty$. 最后

$$\begin{aligned} I\!E[\varphi \circ |\xi|] &= \sum_{n=0}^\infty \sum_{k=1}^\infty (n - n_k)^+ I\!P([n \leqslant |\xi| < n+1]) \\ &= \sum_{k=1}^\infty \sum_{n=0}^\infty (n - n_k)^+ I\!P([n \leqslant |\xi| < n+1]) \\ &= \sum_{k=1}^\infty \int_\Omega (|\xi| - n_k)^+ dI\!P < 1. \end{aligned}$$

(1)⇒(2)得证.

(2)⇒(1). 设(2)成立. 对给定$\varepsilon > 0$, 令$a = M/\varepsilon$, 其中$M = \sup\limits_{\xi\in\mathcal{H}} I\!E[\varphi \circ |\xi|]$. 选取充分大的$C$, 使得当$t \geqslant C$时, 有$\varphi(t)/t \geqslant a$. 则在$[\,|\xi| \geqslant C]$上, 我们有$|\xi| \leqslant \varphi \circ |\xi|/a$, 故有

$$\int_{[\,|\xi|\geqslant C]} |\xi| dI\!P \leqslant \frac{1}{a} \int_{[\,|\xi|\geqslant C]} \varphi \circ |\xi| dI\!P \leqslant \frac{M}{a} = \varepsilon, \quad \xi \in \mathcal{H}.$$

因此$\mathcal{H}$为一致可积族. □

系7.4.6 设$p>1$, $\mathcal{H}\subset L^p(\Omega,\mathcal{F},I\!P)$. 若$\sup\limits_{\xi\in\mathcal{H}} I\!E[\,|\xi|^p]<\infty$, 则$\mathcal{H}$为一致可积族.

证 令$\varphi(t)=t^p, t\geqslant 0$. 由定理7.4.5立得系的结论. 另一直接证明如下: 令$a=\sup\limits_{\xi\in\mathcal{H}} I\!E[\,|\xi|^p]$, 则$\forall C>0$, 有

$$\int_{[\,|\xi|>C]}|\xi|dI\!P\leqslant\int_{[\,|\xi|>C]}\frac{|\xi|^p}{C^{p-1}}dI\!P\leqslant\frac{1}{C^{p-1}}I\!E[\,|\xi|^p]\leqslant\frac{a}{C^{p-1}},$$

故由定义知, $\mathcal{H}$为一致可积族. □

定理7.4.7 设$(\Omega,\mathcal{F},I\!P)$为概率空间, ξ为一可积随机变量, $(\mathcal{G}_i)_{i\in I}$为一族$\mathcal{F}$的子σ代数. 令$\eta_i=I\!E[\xi|\,\mathcal{G}_i]$, 则$(\eta_i,i\in I)$为一致可积族.

证 对任何$C>0$, 我们有

$$I\!P([\,|\eta_i|\geqslant C])\leqslant\frac{1}{C}I\!E[\,|\eta_i|\,]\leqslant\frac{1}{C}I\!E[\,|\xi|\,],\quad i\in I,$$

于是有(注意$|\eta_i|\geqslant C\in\mathcal{G}_i$)

$$\begin{aligned}\int_{[\,|\eta_i|\geqslant C]}|\eta_i|dI\!P&\leqslant\int_{[\,|\eta_i|\geqslant C]}|\xi|dI\!P\leqslant\delta I\!P([\,|\eta_i|\geqslant C])+\int_{[\,|\xi|\geqslant\delta]}|\xi|dI\!P\\&\leqslant\frac{\delta}{C}I\!E[\,|\xi|\,]+\int_{[\,|\xi|\geqslant\delta]}|\xi|dI\!P.\end{aligned}$$

对$\varepsilon>0$, 取$\delta>0$, 使得$\int_{[\,|\xi|\geqslant\delta]}|\xi|dI\!P\leqslant\varepsilon/2$. 则当$C\geqslant(2\delta/\varepsilon)I\!E[|\xi|]$ 时, 有$\int_{[\,|\eta_i|\geqslant C]}|\eta_i|\,dI\!P\leqslant\varepsilon$, $i\in I$. 这表明$(\eta_i,i\in I)$ 为一致可积族. □

下面进一步研究一致可积随机变量族的性质. 设$\xi_1,\xi_2,\cdots$为可积随机变量. 如果对一切有界随机变量η, 有$\lim\limits_{n\to\infty}I\!E[\xi_n\eta]=I\!E[\xi\eta]$, 则称$\xi_n$ 在L^1中弱收敛于ξ(见定义3.4.16).

引理7.4.8 设(ξ_n)为$(\Omega,\mathcal{F},I\!P)$上一可积随机变量序列, 则为要$\xi_n$在$L^1$中弱收敛于某可积随机变量$\xi$, 必须且只需对每个$A\in\mathcal{F}$, $I\!E[\xi_nI_A]$的极限存在且有穷.

证 必要性显然, 往证充分性. 设引理的条件成立. 令μ_n为ξ_n 关于$I\!P$的不定积分, 由Vitali-Hahn-Saks定理(3.3.15), $\sup\limits_n\|\mu_n\|=\sup\limits_n I\!E[\,|\xi_n|\,]<\infty$. 此外, 存在$\mathcal{F}$上一有限测度$\mu$, 使对一切$A\in\mathcal{F}$, 有$\mu(A)=\lim\limits_{n\to\infty}\mu_n(A)$, 且有$\mu\ll I\!P$. 令$\xi=\frac{d\mu}{dI\!P}$. 则易见$\xi_n$弱收敛于$\xi$.(这里用到习题2.1.3及$\sup\limits_n I\!E[\,|\xi_n|\,]<\infty$这一事实.) □

下一定理是著名的**Dunford-Pettis 弱紧性准则**的一个部分(对概率论最有用的部分).

定理7.4.9 设$\mathcal{H}\subset L^1(\Omega,\mathcal{F},I\!P)$, 则下列条件等价:

(1) $\mathcal{H}$为一致可积族;

(2) 对$\mathcal{H}$中的任一序列(ξ_n), 存在其子列(ξ_{n_k}), 使之在L^1中弱收敛.

证 (1)⇒(2). 设$\mathcal{H}$为一致可积族. 令(ξ_n)为$\mathcal{H}$中的一序列, $\mathcal{G} = \sigma(\xi_1, \xi_2, \cdots)$, 则$\mathcal{G}$为一可分的$\sigma$代数, 故存在一可数代数$\mathcal{A} = \{A_1, A_2, \cdots\}$, 使$\sigma(\mathcal{A}) = \mathcal{G}$. 由对角线法则, 可选$(\xi_n)$的子列$(\xi_{n_k})$使得对一切$j \geqslant 1$, 极限$\lim\limits_{k\to\infty} \mathbb{E}[\xi_{n_k} I_{A_j}]$存在且有穷. 令

$$\mathcal{K} = \{A \in \mathcal{G} \mid \lim_{k\to\infty} \mathbb{E}[\xi_{n_k} I_A]\text{存在且有穷}\}.$$

利用(ξ_{n_k})的一致可积性(见定理7.4.2)不难看出$\mathcal{K}$为一单调类.由于$\mathcal{A} \subset \mathcal{K}$, 故由单调类定理知$\mathcal{K} = \mathcal{G}$. 于是由引理7.4.8知, (ξ_{n_k}) 在$L^1(\Omega, \mathcal{G}, \mathbb{P})$中弱收敛. 因此, 对一切有界$\mathcal{G}$可测随机变量$\eta$, 极限$\lim\limits_{k\to\infty} \mathbb{E}[\xi_{n_k}\eta]$存在且有穷. 现设$A \in \mathcal{F}$, 令$\eta = \mathbb{E}[I_A | \mathcal{G}]$, 则有$\mathbb{E}[\xi_{n_k} I_A] = \mathbb{E}[\mathbb{E}[\xi_{n_k} I_A | \mathcal{G}]] = \mathbb{E}[\xi_{n_k}\eta]$, 从而极限$\lim\limits_{k\to\infty} \mathbb{E}[\xi_{n_k} I_A]$ 存在且有穷. 再由引理7.4.8知, (ξ_{n_k}) 在$L^1(\Omega, \mathcal{F}, \mathbb{P})$中弱收敛.

(2)⇒(1). 我们用反证法. 假定(1)不成立, 则存在$\mathcal{H}$中一序列(ξ_n), 使得: 或者$\lim\limits_{n\to\infty} \mathbb{E}\ [|\xi_n|] = \infty$; 或者存在某$\varepsilon > 0$和$\mathcal{F}$中的一列集合$(A_n, n \geqslant 1)$, 使得

$$\lim_{n\to\infty} \mathbb{P}(A_n) = 0, \quad \inf_n \int_{A_n} |\xi_n| \geqslant \varepsilon.$$

由Vitali-Hahn-Saks定理(定理3.3.15)知, 该序列不可能有弱收敛子列. □

习 题

7.4.1 设(ξ_n)为一致可积随机变量序列, 则有

$$\lim_{n\to\infty} \mathbb{E}[\frac{1}{n} \sup_{1\leqslant k\leqslant n} |\xi_k|] = 0.$$

7.4.2 设$\mathcal{H} \subset L^1(\Omega, \mathcal{F}, \mathbb{P})$, 若$\mathcal{H}$满足如下条件:

$$A_n \in \mathcal{F},\ A_n \downarrow \phi \Rightarrow \lim_{n\to\infty} \sup_{\xi\in\mathcal{H}} \int_{A_n} |\xi| d\mathbb{P} = 0,$$

则对任给$\varepsilon > 0$, 存在$\delta > 0$, 使得

$$A \in \mathcal{F},\ \mathbb{P}(A) < \delta \Rightarrow \sup_{\xi\in\mathcal{H}} \int_A |\xi| d\mathbb{P} \leqslant \varepsilon.$$

7.4.3 设$\mathcal{H}_1$及$\mathcal{H}_2$为一致可积随机变量族. 令

$$\mathcal{H} = \{\xi_1 + \xi_2 \mid \xi_1 \in \mathcal{H}_1, \xi_2 \in \mathcal{H}_2\},$$

则$\mathcal{H}$为一致可积族.

7.4.4 设$p > 0$, (ξ_n)为L^p中的序列, 且$\xi_n \xrightarrow{P} \xi$. 则下列三条件等价:

(1) $\xi_n \xrightarrow{L^p} \xi$;

(2) $\|\xi_n\|_p \to \|\xi\|_p$;

(3) 序列$(|\xi_n|^p)$是一致可积的.

7.5 本性上确界

定义7.5.1 设$(\Omega,\mathcal{F},I\!\!P)$为一概率空间, $\mathcal{H}$为随机变量的非空族. 称随机变量η为$\mathcal{H}$的**本性上确界**, 如果η满足下列条件:

(1) 对一切$\xi\in\mathcal{H}$, 有$\xi\leqslant\eta$, a.s.;

(2) 设η'为任一随机变量, 使得对一切$\xi\in\mathcal{H}$有$\xi\leqslant\eta'$, a.s., 则有$\eta\leqslant\eta'$, a.s..

容易看出: 若$\mathcal{H}$的本性上确界存在, 则必唯一(不计a.s.相等的两个随机变量的差别), 我们用$\operatorname{ess.sup}_{\xi\in\mathcal{H}}\xi$或$\operatorname{ess.sup}\mathcal{H}$表示之.

在上述(1)及(2)中将不等号反向, 就得到本性下确界的定义. $\mathcal{H}$的本性下确界记为$\operatorname{ess.inf}_{\xi\in\mathcal{H}}\xi$或$\operatorname{ess.inf}\ \mathcal{H}$.

下一定理表明, 随机变量的非空族的本性上(下)确界总存在.

定理7.5.2 令$\mathcal{H}$为随机变量的非空族. 则$\mathcal{H}$的本性上(下)确界存在, 且有$\mathcal{H}$中的至多可数个元素(ξ_n), 使得

$$\operatorname{ess.sup}\mathcal{H}=\bigvee_n\xi_n,\ (\operatorname{ess.inf}\mathcal{H}=\bigwedge_n\xi_n).$$

若进一步, $\mathcal{H}$对取有限上(下)端运算封闭(即: $\xi,\eta\in\mathcal{H}\Rightarrow\exists f\in\mathcal{H}$, 使得$f=\xi\vee\eta$ $(f=\xi\wedge\eta)$, a.s., 则(ξ_n)可取为一a.s.单调增(降)序列.

证 只考虑本性上确界情形.第二结论显然. 为证第一结论, 不妨设$\mathcal{H}$ 中的元一致有界, 否则可以考虑随机变量族$\overline{\mathcal{H}}=\{\operatorname{arctg}\xi\,|\,\xi\in\mathcal{H}\}$.此外, 显然可以进一步假定$\mathcal{H}$对取有限上端运算封闭. 这时, 令$(\xi_n)\subset\mathcal{H}$为一单调增序列, 使得

$$\lim_{n\to\infty}I\!\!E[\xi_n]=\sup_{\xi\in\mathcal{H}}I\!\!E[\xi].$$

令$\eta=\bigvee_n\xi_n$, 往证η为$\mathcal{H}$的本性上确界. 为此只需验证定义7.5.1中的两个条件. 条件(2)显然成立, 故只需证条件(1)成立. 设$\xi\in\mathcal{H}$, 令$\xi_n'=\xi_n\vee\xi$, 则$(\xi_n')\subset\mathcal{H}$, (ξ_n')单调增, 且$\lim\limits_{n\to\infty}\xi_n'=\eta\vee\xi$, 我们有

$$I\!\!E[\eta\vee\xi]=\lim_{n\to\infty}I\!\!E[\xi_n']\leqslant\sup_{\xi\in\mathcal{H}}I\!\!E[\xi]=I\!\!E[\eta].$$

由于$\eta\vee\xi\geqslant\eta$, 上式表明$\eta\vee\xi=\eta$, a.s., 此即$\eta\geqslant\xi$, a.s.. 条件(1)得证. □

注7.5.3 令$(\Omega,\mathcal{F},I\!\!P)$为一概率空间. 设$\mathcal{C}\subset\mathcal{F}$, 且$\mathcal{C}$非空. 令

$$\mathcal{H}=\{I_C\,|\,C\in\mathcal{C}\},$$

则由定理知, 存在$(C_n)\subset\mathcal{C}$, 使得

$$I_{\cup_nC_n}=\vee I_{C_n}=\operatorname{ess.sup}\mathcal{H}.$$

我们称$\bigcup_n C_n$为$\mathcal{C}$的**本性上确界**, 并用ess.sup $\mathcal{C}$记之. 类似定义$\mathcal{C}$的本性下确界.

下一定理称为**Halmos-Savage定理**.

定理7.5.4　设$(\Omega, \mathcal{F}, \mathbb{P})$为一概率空间, $\mathcal{M}$为$\mathcal{F}$上的一族关于$\mathbb{P}$绝对连续的概率测度, 且对可列凸组合封闭. 如果对任一$\mathbb{P}(A) > 0$的$A \in \mathcal{F}$, 存在$\mathbb{Q} \in \mathcal{M}$, 使得$\mathbb{Q}(A) > 0$, 则存在$\mathbb{Q}_0 \in \mathcal{M}$, 使得$\mathbb{Q}_0$与$\mathbb{P}$等价.

证　令$\mathcal{S} = \left\{\left[\frac{d\mathbb{Q}}{d\mathbb{P}} > 0\right] \mid \mathbb{Q} \in \mathcal{M}\right\}$. 由于$\mathcal{M}$对可列凸组合封闭, $\mathcal{S}$对集合可列并运算a.s.封闭. 于是存在$\mathbb{Q}_0 \in \mathcal{M}$, 使得$\left[\frac{d\mathbb{Q}_0}{d\mathbb{P}} > 0\right]$ =ess.sup $\mathcal{S}$, 即有

$$\mathbb{P}\left(\left[\frac{d\mathbb{Q}_0}{d\mathbb{P}} > 0\right]\right) = \sup\left\{\mathbb{P}(S) \mid S \in \mathcal{S}\right\}.$$

往证$\mathbb{Q}_0$与$\mathbb{P}$等价. 令$S_0 = \left[\frac{d\mathbb{Q}_0}{d\mathbb{P}} > 0\right]$, 只需证$\mathbb{P}(S_0) = 1$. 如果$\mathbb{P}(S_0) < 1$, 则依假定, 存在$\mathbb{Q}_1 \in \mathcal{M}$, 使得$\mathbb{Q}_1(\Omega \setminus S_0) > 0$. 于是若令$\mathbb{Q} = \frac{\mathbb{Q}_0 + \mathbb{Q}_1}{2}$, 则$\mathbb{Q} \in \mathcal{M}$, 且$\mathbb{P}\left(\left[\frac{d\mathbb{Q}}{d\mathbb{P}} > 0\right]\right) > \mathbb{P}\left(\left[\frac{d\mathbb{Q}_0}{d\mathbb{P}} > 0\right]\right)$, 这导致矛盾. □

下一定理(归于严加安(1980))在鞅论及金融数学中有重要应用.

定理7.5.5　设$(\Omega, \mathcal{F}, \mathbb{P})$为一概率空间, K为L^1中的一凸集, 且$0 \in K$. 则下列三个条件等价:

(1) 对任一$\eta \in (L^1)^+ \setminus \{0\}$, 存在$c > 0$, 使$c\eta \notin \overline{K - (L^\infty)^+}$;

(2) 对任一非不足道$A \in \mathcal{F}$, 存在$c > 0$, 使$cI_A \notin \overline{K - (L^\infty)^+}$;

(3) 存在$\zeta \in L^\infty$使得$\zeta > 0$, a.s., 且$\sup_{\xi \in K} \mathbb{E}[\zeta\xi] < \infty$.

这里$\overline{B}$表示B在L^1中的闭包.

证　(1) ⇒ (2)显然. 往证(2) ⇒ (3). 令$A \in \mathcal{F}$且$\mathbb{P}(A) > 0$.由假设, 存在$c > 0$使$cI_A \notin \overline{K - (L^\infty)^+}$. 由于$K - (L^\infty)^+$是$L^1$中的凸集, L^∞是L^1的对偶空间, 由泛函分析中的Hahn-Banach定理知, 存在$\theta \in L^\infty$使

$$\sup_{\xi \in K, \eta \in (L^\infty)^+} \mathbb{E}[\theta(\xi - \eta)] < c\mathbb{E}[\theta I_A]. \tag{7.5.1}$$

在(7.5.1)式中取$\xi = 0$, $\eta = a\theta^-$, 及$a > 0$得到

$$a\mathbb{E}[(\theta^-)^2] < c\mathbb{E}[\theta I_A]. \tag{7.5.2}$$

由于(7.5.2)式对一切$a > 0$成立, 必有$\theta^- = 0$, a.s., 即$\theta \in (L^\infty)^+$. 此外, 显然有$\mathbb{P}(\theta > 0) > 0$. 若以$\dfrac{\theta}{\mathbb{E}[\theta]}$代替$\theta$, 可假定$\mathbb{E}[\theta] = 1$. 于是由(7.5.1)式得$\sup_{\xi \in K} \mathbb{E}[\theta\xi] < c$. 令

$$H = \{\theta \in (L^\infty)^+ \mid \mathbb{E}[\theta] = 1, \sup_{\xi \in K} \mathbb{E}[\theta\xi] < \infty\}.$$

我们已证H非空. 令$\mathcal{C} = \{[\theta = 0] \mid \theta \in H\}$. 往证$\mathcal{C}$对可列交封闭. 设$(\theta_n) \subset H$, 令

$$c_n = \sup_{\xi \in K} \mathbb{E}[\theta_n\xi], \quad d_n = \|\theta_n\|_{L^\infty}.$$

取严格正实数列(b_n), 满足

$$\sum_n b_n = 1, \quad \sum_n c_n b_n < \infty, \quad \sum_n b_n d_n < \infty.$$

设$\theta = \sum_n b_n \theta_n$. 显然$\theta \in H$且$[\theta = 0] = \bigcap_n [\theta_n = 0]$. 这表明$\mathcal{C}$对可列交封闭. 于是存在$\zeta \in H$, 使

$$\mathbb{P}([\zeta = 0]) = \inf_{\theta \in H} \mathbb{P}([\theta = 0]). \tag{7.5.3}$$

往证$\zeta > 0$, a.s.. 假定$\mathbb{P}([\zeta = 0]) > 0$. 令$A = [\zeta = 0]$, 由上所证, 存在$\theta \in H$使(7.5.1)式成立. 特别有$\mathbb{E}[\theta I_{[\zeta=0]}] > 0$. 这蕴含$\mathbb{P}([\theta > 0] \cap [\zeta = 0]) > 0$. 从而有

$$\mathbb{P}([\theta = 0] \cap [\zeta = 0]) < \mathbb{P}([\zeta = 0]).$$

但$[\theta = 0] \cap [\zeta = 0] \in \mathcal{C}$, 这与(7.5.3)式矛盾. (2) $\Rightarrow$ (3)得证.

(3) $\Rightarrow$ (1). 设(1)不成立. 则存在$\eta \in (L^1)^+ \setminus \{0\}$使对所有$c > 0$都有$c\eta \in \overline{K - (L^\infty)^+}$. 对每个$n$存在$\xi_n \in K, \eta_n \in (L^\infty)^+$及$\delta_n \in L^1$ 使$n\eta = \xi_n - \eta_n - \delta_n$, 且$\|\delta_n\|_{L^1} < \frac{1}{n}$. 我们有$\xi_n \geqslant n\eta + \delta_n$, 且对任一严格正的随机变量$\zeta$, 有

$$\sup_{\xi \in K} \mathbb{E}[\zeta\xi] \geqslant \sup_n \mathbb{E}[\zeta\xi_n] = +\infty,$$

这表明(3)不成立. (3) $\Rightarrow$ (1)得证. □

系7.5.6 设K是L^1中一凸集. 若对K中的任一点列(ξ_n), 有$(1/n)\xi_n^+ \xrightarrow{\mathrm{P}} 0$ (或者等价地, $\forall \varepsilon > 0$, 存在$c > 0$使$\forall \xi \in K$, $\mathbb{P}(\xi > c) < \varepsilon$.), 则存在$\zeta \in L^\infty$, 使$\zeta > 0$, a.s., 且$\sup_{\xi \in K} \mathbb{E}[\zeta\xi] < \infty$.

证 只需证明定理7.5.5的条件(1)成立. 不妨设$0 \in K$, 否则任取$\eta \in K$, 以$\{x - \eta \mid x \in K\}$代替$K$. 从定理7.5.4 (3) $\Rightarrow$ (1) 的证明看出, 若(1)不成立, 则存在$\eta \in (L^1)^+ \setminus \{0\}$, $(\xi_n) \subset K$ 及$(\delta_n) \subset L^1$, 使得对每个n, 有$\|\delta_n\|_{L^1} \leqslant 1/n$ 及$\xi_n/n \geqslant \eta + \delta_n/n$. 这与$(1/n)\xi_n^+ \xrightarrow{\mathrm{P}} 0$矛盾. □

下一定理(归于严加安(1985))给出了本性下确界与条件期望可交换的一个充要条件.

定理7.5.7 设$\mathcal{H} \subset L^1$满足$\inf\{\mathbb{E}[\xi] \mid \xi \in \mathcal{H}\} > -\infty$, 则下列条件等价:

(1) 对任意的$\eta_1, \eta_2 \in \mathcal{H}$及$\varepsilon > 0$, 存在$\eta_3 \in \mathcal{H}$, 使得

$$\mathbb{E}[(\eta_3 - \eta_1 \wedge \eta_2)^+] < \varepsilon;$$

(2) $E[\text{ess.inf } \mathcal{H}] = \inf\{\mathbb{E}[\xi] \mid \xi \in \mathcal{H}\}$;

(3) ess.inf $\mathcal{H}$可积, 且对每个$\mathcal{F}$的子σ代数$\mathcal{G}$, 有

$$\mathbb{E}[\text{ess.inf}\,\mathcal{H} \mid \mathcal{G}] = \text{ess.inf}\,\{\mathbb{E}[\xi \mid \mathcal{G}] \mid \xi \in \mathcal{H}\}. \tag{7.5.4}$$

证　(1) ⇒ (2). 设(1)成立. 取$(\xi_n) \subset \mathcal{H}$, 使$\lim_{n\to\infty} \mathbb{E}[\xi_n] = \inf_{\xi\in\mathcal{H}} \mathbb{E}[\xi] \doteq h$. 对给定$\varepsilon > 0$, 令$\eta_1 = \xi_1$, 并归纳选取$\eta_n \in \mathcal{H}$, 使

$$\mathbb{E}[(\eta_n - \eta_{n-1} \wedge \xi_n)^+] < 1/2^{n-1}, \quad n \geqslant 2.$$

令

$$\delta_n = (\eta_n - \eta_{n-1} \wedge \xi_n)^+, \quad n \geqslant 2, \quad \delta_1 = 0,$$

并令

$$\gamma_n = \sum_{k=n+1}^{\infty} \delta_k, \quad \eta'_n = \eta_n + \gamma_n, \quad n \geqslant 1.$$

则有

$$\eta'_{n+1} = \eta_{n+1} + \gamma_{n+1} \leqslant (\eta_n + \delta_{n+1}) + \gamma_{n+1} = \eta'_n, \quad n \geqslant 1.$$

于是η'_n单调下降趋于一极限η'. 由于

$$h \leqslant \mathbb{E}[\eta_n] \leqslant \mathbb{E}[\xi_n] + \mathbb{E}[\delta_n], \ \mathbb{E}[\eta'_n] = \mathbb{E}[\eta_n] + \mathbb{E}[\gamma_n],$$

且$\lim_{n\to\infty} \mathbb{E}[\delta_n] = \lim_{n\to\infty} \mathbb{E}[\gamma_n] = 0$, 我们有

$$\mathbb{E}[\eta'] = \lim_{n\to\infty} \mathbb{E}[\eta'_n] = \lim_{n\to\infty} \mathbb{E}[\xi_n] = h.$$

现令$\xi^* = \bigwedge_{n=1}^{\infty} \xi_n$, 往证$\mathbb{E}[\xi^*] = h$及$\xi^* =$ess.inf $\mathcal{H}$, 由此推得(2). 我们有(注意$\delta_1 = 0$)

$$\eta'_n = \eta_n + \gamma_n \leqslant \xi_n + \delta_n + \gamma_n \leqslant \xi_n + \gamma_1, \quad n \geqslant 1,$$

从而

$$\eta' = \bigwedge_n \eta'_n \leqslant \bigwedge_n (\xi_n + \gamma_1) = \xi^* + \gamma_1.$$

因此有

$$\mathbb{E}[\xi^*] \geqslant \mathbb{E}[\eta'] - \mathbb{E}[\gamma_1] \geqslant h - \varepsilon.$$

由于$\varepsilon > 0$是任意的, 且$\mathbb{E}[\xi^*] \leqslant \inf_n \mathbb{E}[\xi_n] = h$, 故有$\mathbb{E}[\xi^*] = h$. 另一方面, 对任一$\xi_0 \in \mathcal{H}$, 考虑序列$(\xi_n, n \geqslant 0)$. 由已证结果得

$$\mathbb{E}[\xi_0 \wedge \xi^*] = \mathbb{E}[\bigwedge_{k=0}^{\infty} \xi_k] = h = \mathbb{E}[\xi^*],$$

由此知$\xi_0 \geqslant \xi^*$, a.s.. 于是最终有$\xi^* =$ess.inf $\mathcal{H}$. (1) ⇒ (2)得证.

(2) ⇒ (1). 设(2)成立. 令$\xi^* =$ ess.inf $\mathcal{H}$. 依假定有$\mathbb{E}[\xi^*] = \inf_{\xi\in\mathcal{H}} \mathbb{E}[\xi] \doteq h$. 于是对任给$\varepsilon > 0$, 存在$\xi \in \mathcal{H}$使$\mathbb{E}[\xi] \leqslant h + \varepsilon$, 即$\mathbb{E}[\xi - \xi^*] \leqslant \varepsilon$, 这蕴含(1).

(1) $\Rightarrow$ (3). 设(1)成立. 令$\mathcal{H}' = \{\mathbb{E}[\xi|\mathcal{G}] \mid \xi \in \mathcal{H}\}$. 对任给$\eta_1, \eta_2, \eta_3 \in \mathcal{H}$, 由Jensen不等式,

$$\begin{aligned}(\mathbb{E}[\eta_3|\mathcal{G}] - \mathbb{E}[\eta_1|\mathcal{G}] \wedge \mathbb{E}[\eta_2|\mathcal{G}])^+ &\leqslant (\mathbb{E}[\eta_3 - \eta_1 \wedge \eta_2|\mathcal{G}])^+ \\ &\leqslant \mathbb{E}[(\eta_3 - \eta_1 \wedge \eta_2)^+|\mathcal{G}],\end{aligned}$$

从而$\mathcal{H}'$满足条件(1). 对任给$A \in \mathcal{G}$, 令

$$\mathcal{H}_A = \{I_A\xi \mid \xi \in \mathcal{H}\}, \quad \mathcal{H}'_A = \{I_A\xi \mid \xi \in \mathcal{H}'\}.$$

显然$\mathcal{H}_A$及$\mathcal{H}'_A$满足(1). 因此由(1) $\Rightarrow$ (2)有

$$\begin{aligned}\mathbb{E}[I_A \text{ess.inf}\,\mathcal{H}] &= \mathbb{E}[\text{ess.inf}\,\mathcal{H}_A] \\ &= \inf_{\xi \in \mathcal{H}} \mathbb{E}[\xi I_A] \\ &= \inf_{\xi \in \mathcal{H}} \mathbb{E}[\mathbb{E}[\xi|\mathcal{G}] I_A] \\ &= \inf_{\eta \in \mathcal{H}'_A} \mathbb{E}[\eta] \\ &= \mathbb{E}[\text{ess.inf}\,\mathcal{H}'_A] \\ &= \mathbb{E}[I_A \text{ess.inf}\,\mathcal{H}'],\end{aligned}$$

由此推得(7.5.4)式.

(3) $\Rightarrow$ (2). 在(7.5.4)式中令$\mathcal{G} = \{\varnothing, \Omega\}$即得(2). □

习 题

7.5.1 设$(\Omega, \mathcal{F}, \mathbb{P})$为一概率空间, $\mathcal{G}$为$\mathcal{F}$的一子σ代数, $A \in \mathcal{F}$, 则

$$[\mathbb{E}[I_A|\mathcal{G}] > 0] = \text{ess.inf}\,\{B \in \mathcal{G} \mid B \supset A\},$$

$$[\mathbb{E}[I_A|\mathcal{G}] = 1] = \text{ess.sup}\,\{B \in \mathcal{G} \mid B \subset A\}.$$

7.5.2 设$(\xi, \xi_n, n \geqslant 1)$为一列实值随机变量, 令

$$s\text{-}\limsup_n \xi_n = \text{ess.inf}\,\{\eta \mid \lim_n \mathbb{P}(\xi_n > \eta) = 0\},$$

$$s\text{-}\liminf_n \xi_n = \text{ess.sup}\,\{\eta \mid \lim_n \mathbb{P}(\xi_n < \eta) = 0\},$$

则有

$$\liminf_n \xi_n \leqslant s\text{-}\liminf_n \xi_n \leqslant s\text{-}\limsup_n \xi_n \leqslant \limsup_n \xi_n,$$

$$\xi_n \xrightarrow{\text{P}} \xi \Leftrightarrow s\text{-}\limsup_n \xi_n = s\text{-}\liminf_n \xi_n.$$

7.5.3 设定理7.5.6中的三个等价条件之一成立. 令$\mathcal{K} \subset \mathcal{H}$, 使得$\inf_{\xi\in\mathcal{K}} \mathbb{E}[\xi] = \inf_{\xi\in\mathcal{H}} \mathbb{E}[\xi]$, 则ess.inf $\mathcal{K}$= ess.inf $\mathcal{H}$, 且有

$$\mathbb{E}[\text{ess.inf}\,\mathcal{H}|\,\mathcal{G}] = \text{ess.inf}\{\mathbb{E}[\xi|\,\mathcal{G}]\,|\,\xi \in \mathcal{K}\}.$$

7.6 平稳序列和遍历定理

定义7.6.1 设$(\Omega, \mathcal{F}, \mathbb{P})$是一概率空间, T 是由$(\Omega, \mathcal{F})$到自身的可测映射, 称T是**保测变换**, 如果$\mathbb{P} \circ T^{-1} = \mathbb{P}$, 即对每个$A \in \mathcal{F}$, $\mathbb{P}(T^{-1}(A)) = \mathbb{P}(A)$.

定理7.6.2 设$(\Omega, \mathcal{F}, \mathbb{P})$是一概率空间, T是一保测变换, ξ 为一可积随机变量. 则有$\mathbb{E}[\xi] = \mathbb{E}[\xi(T)]$.

证 设$A \in \mathcal{F}$, 令$\eta(\omega) = I_A(\omega)$, 则$\eta(T(\omega)) = I_A(T(\omega)) = I_{T^{-1}(A)}(\omega)$. 由于$T$是保测变换, 我们有$\mathbb{E}[\eta] = \mathbb{P}(A) = \mathbb{P}(T^{-1}(A)) = \mathbb{E}[\eta(T)]$. 这表明定理对简单随机变量成立, 从而对可积随机变量成立. □

定义7.6.3 设$(\Omega, \mathcal{F}, \mathbb{P})$是一概率空间, T 是一保测变换. 称一集合$A \in \mathcal{F}$为T**不变的**, 如果$\mathbb{P}(A \triangle T^{-1}(A)) = 0$. 称一随机变量$\xi$ 为T**不变的**, 如果对几乎所有$\omega \in \Omega$, $\xi(T(\omega)) = \xi(\omega)$.

容易验证: T不变集合全体构成一σ代数, 称为T**不变σ代数**, 记为$\mathcal{T}$. 随机变量ξ为T不变的, 当且仅当它是$\mathcal{T}$ 可测.

定义7.6.4 设$(\Omega, \mathcal{F}, \mathbb{P})$是一概率空间, T 是一保测变换. 称T 是**遍历的**, 如果任何T不变集合具有概率测度0或1. 称T是**混合的**, 如果对所有$A, B \in \mathcal{F}$,

$$\lim_{n\to\infty} \mathbb{P}(A \cap T^{-n}(B)) = \mathbb{P}(A)\mathbb{P}(B). \tag{7.6.1}$$

定理7.6.5 每个混合保测变换都是遍历的.

证 设$B \in \mathcal{T}$. 由(7.6.1)和B的T不变性(即$T^{-n}(B) = B$, a.s.),

$$\mathbb{P}(B)^2 = \lim_{n\to\infty} \mathbb{P}(B \cap T^{-n}(B)) = \lim_{n\to\infty} \mathbb{P}(B \cap B) = \mathbb{P}(B),$$

从而$\mathbb{P}(B) = 0$或1. □

定义7.6.6 设$(\Omega, \mathcal{F}, \mathbb{P})$是一概率空间, $(\xi_1, \xi_2, \cdots)$为一随机变量序列. 称其为**平稳的**, 如果对每个$k \geqslant 1, m \geqslant 1$,

$$\mathbb{P}((\xi_1, \cdots, \xi_m) \in B) = \mathbb{P}((\xi_{k+1}, \cdots, \xi_{k+m}) \in B), \quad B \in \mathcal{B}(\mathbb{R}^m). \tag{7.6.2}$$

由单调类定理容易推知, 随机序列是平稳的, 当且仅当对每个$k \geqslant 1$,

$$\mathbb{P}((\xi_1, \xi_2, \cdots) \in B) = \mathbb{P}((\xi_{k+1}, \xi_{k+2}, \cdots) \in B), \quad B \in \mathcal{B}(\mathbb{R}^\infty). \tag{7.6.3}$$

设$(\Omega,\mathcal{F},I\!P)$是一概率空间, T是一保测变换, T^k 表示T的k次迭代. 设ξ_1为一随机变量, 令$\xi_n(\omega)=\xi_1(T^{n-1}(\omega))$, 则对任何$k\geqslant 1,m\geqslant 1$, $\mathbb{R}^m$ 中的任何可测矩形$B=\prod_{i=1}^m B_i$, (7.6.2)成立. 由单调类定理推知, 对每个$B\in\mathcal{B}(\mathbb{R}^m)$, (7.6.2)成立. 因此, 由保测变换迭代产生的随机变量序列是平稳序列.

下一定理是著名的**von Neumann-Birkhoff遍历定理**.

定理7.6.7 设$(\Omega,\mathcal{F},I\!P)$是一概率空间, T是一保测变换, $\xi_1\in L^p(\Omega,\mathcal{F},I\!P)$, $p\geqslant 1$. 令$\xi_n(\omega)=\xi_1(T^{n-1}(\omega))$, $S_n=\sum_{k=1}^n\xi_k$, 则当$n\to\infty$, S_n/n a.s.和L^p收敛于$I\!E[\xi_1|\mathcal{T}]$, 这里$\mathcal{T}$是T不变σ代数.

为了证明定理, 我们首先证明如下的**Hopf最大遍历定理**.

定理7.6.8 沿用定理7.6.7记号, 令$M_n=\max\{0,S_1,\cdots,S_n\}$, 则对$n\geqslant 1$,

$$I\!E[\xi_1 I_{[M_n>0]}]\geqslant 0. \tag{7.6.4}$$

证 对$k\leqslant n$, 有$M_n(T(\omega))\geqslant S_k(T(\omega))$, 故有$\xi_1(\omega)+M_n(T(\omega))\geqslant\xi_1(\omega)+S_k(T(\omega))=S_{k+1}(\omega)$. 另一方面, 恒有$\xi_1(\omega)=S_1(\omega)\geqslant S_1(\omega)-M_n(T(\omega))$, 从而有

$$\xi_1(\omega)\geqslant\max\{S_1(\omega),\cdots,S_n(\omega)\}-M_n(T(\omega)).$$

但是, 恒有$M_n(T)\geqslant 0$, 且在集合$[M_n>0]$上, $\max\{S_1,\cdots,S_n\}=M_n$, 故有

$$\begin{aligned}I\!E[\xi_1 I_{[M_n>0]}&\geqslant I\!E[(M_n-M_n(T)I_{[M_n>0]}]\\&\geqslant I\!E[(M_n-M_n(T)]=0.\end{aligned}$$

(7.6.4)式得证. □

证 (定理7.6.7的证明) 不妨假定$I\!E[\xi_1|\mathcal{T}]=0$, 否则用$\xi_1-I\!E[\xi_1|\mathcal{T}]$ 代替ξ_1. 令$\eta=\limsup\limits_{n\to\infty}S_n/n$, 则$\eta$是$T$不变随机变量, 从而对任给$\varepsilon>0$和$k\geqslant 1$, $A_\varepsilon=[\eta>\varepsilon]$是$T$不变集合. 令

$$\xi_1^*(\omega)=(\xi_1(\omega)-\varepsilon)I_{A_\varepsilon}(\omega),$$

对$k\geqslant 1$, 相应地定义ξ_k^*, S_k^*和M_k^*, 我们有

$$\xi_k^*(\omega)=(\xi_1(T^{k-1}(\omega))-\varepsilon)I_{A_\varepsilon}(T^{k-1}(\omega))=(\xi_k(\omega)-\varepsilon)I_{A_\varepsilon}(\omega).$$

$$S_k^*I_{A_\varepsilon}=(S_k-\varepsilon)I_{A_\varepsilon},\ M_n^*I_{A_\varepsilon}=(M_n-\varepsilon)I_{A_\varepsilon}.$$

从而有

$$\lim_{n\to\infty}[M_n^*>0]=[\sup_{k\geqslant 1}S_k^*>0]=\left[\sup_{k\geqslant 1}\frac{S_k^*}{k}>0\right]$$

$$= \left[\sup_{k\geqslant 1}\frac{S_k}{k} > \varepsilon\right] \cap A_\varepsilon = A_\varepsilon.$$

由定理7.6.9, $\mathbb{E}[\xi_1^* I_{[M_n^*>0]}] \geqslant 0$. 因此,

$$\begin{aligned} 0 &\leqslant \lim_{n\to\infty} \mathbb{E}[\xi_1^* I_{[M_n^*>0]}] = \mathbb{E}[\xi_1^* I_{A_\varepsilon}] = \mathbb{E}[(\xi_1-\varepsilon)I_{A_\varepsilon}] \\ &= \mathbb{E}[\xi_1 I_{A_\varepsilon}] - \varepsilon\mathbb{P}(A_\varepsilon) = \mathbb{E}[\mathbb{E}[\xi_1|\mathcal{T}]I_{A_\varepsilon}] - \varepsilon\mathbb{P}(A_\varepsilon) = -\varepsilon\mathbb{P}(A_\varepsilon). \end{aligned}$$

于是有$\mathbb{P}(A_\varepsilon)=0$. 由于$\varepsilon>0$是任意的, 故有$\mathbb{P}(\eta\leqslant 0)=1$.

现令$\zeta=\liminf\limits_{n\to\infty} S_n/n$, 则$-\zeta=\limsup\limits_{n\to\infty}(-S_n)/n$. 对$-\xi_1$应用已证结果可得$\mathbb{P}(\zeta\geqslant 0)=1$, 最终有$S_n/n$ a.s. 收敛于0. 在不假定$\mathbb{E}[\xi_1|\mathcal{T}]=0$的情形下, 我们有$S_n/n$ a.s. 收敛于$\mathbb{E}[\xi_1|\mathcal{T}]$.

往证S_n/n L^p收敛于$\mathbb{E}[\xi_1|\mathcal{T}]$. 为此令$\eta_1$为一有界随机变量, 使得$\|\xi_1-\eta_1\|_p\leqslant\varepsilon$. 则有

$$\begin{aligned} \Big\|\frac{1}{n}\sum_{k=1}^n \xi_1(T^{k-1}) - \mathbb{E}[\xi_1|\mathcal{T}]\Big\|_p &\leqslant \Big\|\frac{1}{n}\sum_{k=1}^n [\xi_1(T^{k-1}) - \eta_1(T^{k-1})]\Big\|_p \\ &+ \Big\|\frac{1}{n}\sum_{k=1}^n \eta_1(T^{k-1}) - \mathbb{E}[\eta_1|\mathcal{T}]\Big\|_p + \big\|\mathbb{E}[\eta_1|\mathcal{T}] - \mathbb{E}[\xi_1|\mathcal{T}]\big\|_p. \end{aligned}$$

上式右端第一、三两项都不超过ε, 第二项当$n\to\infty$时趋于0(由控制收敛定理). 由于$\varepsilon>0$是任意的, 于是S_n/n L^p收敛于$\mathbb{E}[\xi_1|\mathcal{T}]$. □

下面研究遍历定理是否对一般的平稳随机序列成立? 答案是肯定的. 因为对给定一概率空间$(\Omega,\mathcal{F},\mathbb{P})$上任一平稳随机序列$\xi=(\xi_1,\xi_2,\cdots)$, 我们可以构造另一概率空间$(\tilde\Omega,\tilde{\mathcal{F}},\tilde{\mathbb{P}})$ 和其上的随机序列$\tilde\xi=(\tilde\xi_1,\tilde\xi_2,\cdots)$, 以及一保测变换$T$, 使得$\tilde\xi_n(\tilde\omega)=\tilde\xi_1(T^{n-1}(\tilde\omega))$, 并且$\xi$与$\tilde\xi$同分布. 事实上, 令$\tilde\Omega$为坐标空间$R^\infty$, $\tilde{\mathcal{F}}=\mathcal{B}(R^\infty)$, $\tilde{\mathbb{P}}(B)=\mathbb{P}(\xi\in B)$, $B\in\mathcal{B}(R^\infty)$. 设$\tilde\omega=(x_1,x_2,\cdots)$, 令

$$T(x_1,x_2,\cdots)=(x_2,x_3,\cdots),$$

$$\tilde\xi_1(\tilde\omega)=x_1, \tilde\xi_n(\tilde\omega)=\xi_1(T^{n-1}\tilde\omega), \quad n\geqslant 2.$$

由于ξ是平稳序列, 易知T是$(\mathbb{R}^\infty,\mathcal{B}(\mathbb{R}^\infty),\tilde{\mathbb{P}})$ 上的保测变换, 且ξ与$\tilde\xi$同分布. 此外有$\mathcal{T}=\{B: B\in\mathcal{B}(\mathbb{R}), \tilde{\mathbb{P}}(T^{-n}(B)\triangle B)=0\}$.

因此, 我们证明了如下的定理.

定理7.6.9 (遍历定理) 设$(\Omega,\mathcal{F},\mathbb{P})$为概率空间, $\xi=(\xi_1,\xi_2,\cdots)$ 为$L^p(\Omega,\mathcal{F},\mathbb{P})$中的一平稳随机变量序列. 则当$n\to\infty$, S_n/n a.s. 和L^p 收敛于$\mathbb{E}[\xi_1|\xi^{-1}(\mathcal{T})]$.

下面我们将遍历定理推广到连续时间情形.

定理7.6.10 设$(\Omega,\mathcal{F},I\!\!P)$是一概率空间, $\{T_t,t\geqslant 0\}$是一族保测变换, 构成一个半群(即满足: $T_tT_s=T_{t+s},\forall t,s\geqslant 0$, T_0是恒等映射). 如果$(\omega,t)\mapsto T_t(\omega)$ 是$(\Omega\times\mathbb{R}_+)$上的$\mathcal{F}\times\mathcal{B}(\mathbb{R}_+)$可测映射, 则对任一$\xi\in L^p(\Omega,\mathcal{F},I\!\!P)$, $p\geqslant 1$, 当$n\to\infty$, $t^{-1}\int_0^t\xi(T_s)ds$ a.s. 和L^p收敛于$I\!\!E[\xi|\mathcal{G}]$, 其中$\mathcal{G}=\cap_{t\in\mathbb{R}_+}\mathcal{T}_t$.

证 不妨设ξ为非负随机变量, 则由Jensen不等式和Fubini 定理,

$$\begin{aligned}I\!\!E\Big|t^{-1}\int_0^t\xi(T_s)ds\Big|^p&\leqslant t^{-1}I\!\!E\int_0^t\xi^p(T_s)\\&=t^{-1}\int_0^t I\!\!E[\xi^p(T_s)]=I\!\!E[\xi^P]<\infty.\end{aligned}$$

令$\xi_1=\int_0^1\xi(T_s)ds$, $T=T_1$, 则由定理7.6.7, $n^{-1}\int_0^n\xi(T_s)ds$ a.s.和L^p收敛于$I\!\!E[\xi_1|\mathcal{T}]$. 由于$\xi$非负, 这蕴含$t^{-1}\int_0^t\xi(T_s)ds$ a.s.和L^p收敛于$I\!\!E[\xi_1|\mathcal{T}]$.

下面证明$I\!\!E[\xi_1|\mathcal{T}]=I\!\!E[\xi|\mathcal{G}]$. 令$\eta=I\!\!E[\xi_1|\mathcal{T}]$, 则

$$\eta=\lim_{r\to\infty}\limsup_{n\to\infty}n^{-1}\int_r^{r+n}\xi(T_s)ds,\quad \text{a.s.},$$

从而η是$\mathcal{G}$可测的. 由于对所有$s\geqslant 0$, $\xi(T_s)$ 与ξ 同分布, 我们有$I\!\!E[\xi|\mathcal{G}]=I\!\!E[\xi(T_s)|\mathcal{G}]$, a.s., 于是由Fubini定理,

$$I\!\!E[\xi|\mathcal{G}]=I\!\!E\Big[t^{-1}\int_0^t\xi(T_s)ds|\mathcal{G}\Big]\xrightarrow{\text{P}}I\!\!E[\eta|\mathcal{G}]=\eta,\quad \text{a.s.}.$$

□

7.7 解析集与Choquet 容度

设$(\Omega,\mathcal{F})$为一可测空间. 本节主要介绍$\mathcal{F}$解析集的概念和基本性质, 并借助于Choquet容度证明$\mathcal{F}$解析集是普遍可测集.

定义7.7.1 设F为一抽象集合, $\mathcal{F}$为F上一集类, 且$\varnothing\in\mathcal{F}$. 令$A$为$F$的一子集, 如果存在一可距离化紧拓扑空间$E$及$E\times F$的一子集$B\in(\mathcal{K}(E)\otimes\mathcal{F})_{\sigma\delta}$, 使得$A$为$B$在$F$上的投影, 则称$A$为***$\mathcal{F}$解析集***. 这里$\mathcal{K}(E)$表示$E$中紧子集全体, $\mathcal{K}(E)\otimes\mathcal{F}=\{K\times G\,|\,K\in\mathcal{K}(E),G\in\mathcal{F}\}$.

今后用$\mathcal{A}(\mathcal{F})$表示$\mathcal{F}$解析集全体, 由定义立刻推知如下

引理7.7.2 设$\mathcal{F}$为F上一集类, 且$\varnothing\in\mathcal{F}$.则

(1) $\mathcal{F}\subset\mathcal{A}(\mathcal{F})$;

(2) $A\in\mathcal{A}(\mathcal{F})\Rightarrow$ 存在$B\in\mathcal{F}_\sigma$, 使$B\supset A$;

(3) $F\in\mathcal{A}(\mathcal{F})\Leftrightarrow F\in\mathcal{F}_\sigma$;

(4) 若$\mathcal{G}$为F上一集类, 且$\mathcal{G}\supset\mathcal{F}$, 则$\mathcal{A}(\mathcal{G})\supset\mathcal{A}(\mathcal{F})$.

定理7.7.3　设$\mathcal{F}$为F上一集类, 且$\varnothing \in \mathcal{F}$, 则$\mathcal{A}(\mathcal{F})$对可列并及可列交运算封闭.

证　设$A_n \in \mathcal{A}(\mathcal{F}), n \geqslant 1$. 依定义, 对每个$n$, 存在一可距离化紧空间$E_n$及$E_n \times F$的一子集$B_n \in (\mathcal{K}(E_n) \otimes \mathcal{F})_{\sigma\delta}$, 使得$A_n$为$B_n$在$F$上的投影. 令$E$为乘积拓扑空间$\prod\limits_n E_n$, 则易知$E$是可距离化的紧空间. 令$C_n = E_1 \times \cdots \times E_{n-1} \times B_n \times E_{n+1} \cdots$(下面简记为$\prod\limits_{m\neq n} E_m \times B_n$), 则有

$$\bigcap_n A_n = \bigcap_n \pi(C_n) = \pi(\bigcap_n C_n), \tag{7.7.1}$$

这里π表示$E \times F$到F上的投影, 并将C_n视为$E \times F$的子集. 设$B_n = \bigcap\limits_k B_{n,k}$, 其中$B_{n,k} \in (K(E_n) \otimes \mathcal{F})_\sigma, k \geqslant 1$.由于$\prod\limits_{m\neq n} E_m \times B_{n,m} \in (\mathcal{K}(E) \otimes \mathcal{F})_\sigma$, 故$C_n \in (\mathcal{K}(E) \times \mathcal{F})_{\sigma\delta}$, 从而$\bigcap\limits_n C_n \in (\mathcal{K}(E) \otimes \mathcal{F})_{\sigma\delta}$.由(7.7.1)式知$\bigcap\limits_n A_n \in \mathcal{A}(\mathcal{F})$, 这表明$\mathcal{A}(\mathcal{F})$对可列交运算封闭.

现令E为(E_n)的拓扑和$\sum\limits_n E_n$的单点紧化, 则E为可距离化紧空间. 将$\sum\limits_n (E_n \times F)$与$(\sum_n E_n) \times F$视为同一, 并用$\pi$ 表示$E \times F$到F上的投影, 则有

$$\pi(\sum_n B_n) = \bigcup_n A_n. \tag{7.7.2}$$

由于$\sum\limits_n B_{n,k} \in (\mathcal{K}(E) \otimes \mathcal{F})_\sigma$, 且$\forall n \neq m, \quad B_{n,k} \cap B_{m,j} = \varnothing$, 故有

$$\sum_n B_n = \sum_n \bigcap_k B_{n,k} = \bigcap_k \sum_n B_{n,k} \in (\mathcal{K}(E) \otimes \mathcal{F})_{\sigma\delta}.$$

于是由(7.7.2)式知, $\bigcup\limits_n A_n \in \mathcal{A}(\mathcal{F})$.这表明$\mathcal{A}(\mathcal{F})$ 对可列并运算封闭. □

引理7.7.4　设$\mathcal{F}$为F上一集类, 且$\varnothing \in \mathcal{F}$, 令$E$为一可距离化紧空间. 则$\forall A \in \mathcal{A}(\mathcal{K}(E) \otimes \mathcal{F})$, A到F上投影为$\mathcal{F}$解析集.

证　依定义, 存在一可距离化紧空间G及$(\mathcal{K}(G) \otimes \mathcal{K}(E) \otimes \mathcal{F})_{\sigma\delta}$的一元素$A_1$, 使得$A$为$A_1$在$E \times F$上的投影.但$G \times E$为可距离化紧空间, $\mathcal{K}(G) \otimes \mathcal{K}(E) \subset \mathcal{K}(G \times E)$, 且$A_1$在$F$上的投影与$A$在$F$上的投影一致, 故$\pi(A)$为$\mathcal{F}$ 解析集(因为依定义$\pi(A_1)$为$\mathcal{F}$解析集). □

定理7.7.5　设$\mathcal{F}$为F上一集类, 且$\varnothing \in \mathcal{F}$, 则有

(1) $\mathcal{A}(\mathcal{A}(\mathcal{F})) = \mathcal{A}(\mathcal{F})$;

(2) 为要$\sigma(\mathcal{F}) \subset \mathcal{A}(\mathcal{F})$, 必须且只需: $A \in \mathcal{F} \Rightarrow A^c \in \mathcal{A}(\mathcal{F})$.

证　(1) 设$A \in \mathcal{A}(\mathcal{A}(\mathcal{F}))$, 则存在一可距离化紧空间$E$ 及一$A' \in \big(\mathcal{K}(E) \otimes \mathcal{A}(\mathcal{A}(\mathcal{F}))\big)_{\sigma\delta}$, 使得$A$ 为A'在F上的投影. 但显然有

$$\mathcal{K}(E) \otimes \mathcal{A}(\mathcal{F}) \subset \mathcal{A}(\mathcal{K}(E) \otimes \mathcal{F}),$$

故由定理7.7.3知$A' \in \mathcal{A}(\mathcal{K}(E)\otimes\mathcal{F})$. 因此, 由引理7.7.4知$A\in\mathcal{A}(\mathcal{F})$. (1)得证.

(2) 只需证充分性. 设(2)中条件成立, 令

$$\mathcal{G}=\{A\in\mathcal{A}(\mathcal{F})\,|\,A^c\in\mathcal{A}(\mathcal{F})\},$$

则$\mathcal{F}\subset\mathcal{G}$, 并由定理7.7.3知, $\mathcal{G}$为σ代数, 故$\sigma(\mathcal{F})\subset\mathcal{G}\subset\mathcal{A}(\mathcal{F})$. □

定理7.7.6 设$(\Omega,\mathcal{F})$为一可测空间, X为一具可数基的局部紧Hausdorff空间. 则有

(1) $\mathcal{B}(X)\subset\mathcal{A}(\mathcal{K}(X)),\mathcal{A}(\mathcal{B}(X))=\mathcal{A}(\mathcal{K}(X))$;

(2) $\mathcal{A}(\mathcal{K}(X)\otimes\mathcal{F})=\mathcal{A}(\mathcal{B}(X)\times\mathcal{F})$;

(3) $\forall A\in\mathcal{A}(\mathcal{K}(X)\otimes\mathcal{F}), A$ 在Ω上的投影为$\mathcal{F}$解析集.

证 (1)设$K\in\mathcal{K}(X)$, 则K^c为开集. 令$\mathcal{U}$为X的可数基, 则对每个$x\in K^c$, 存在开集U, 其闭包为紧集, 使得$x\in U\subset\overline{U}\subset K^c$. 于是存在$V\in\mathcal{U}$, 使得$\overline{V}$为紧集, 且$x\in V\subset\overline{V}\subset K^c$. 令$\mathcal{V}=\{V\in\mathcal{U}\,|\,\overline{V}$为紧集, 且$\overline{V}\subset K^c\}$, 则$\mathcal{V}$为可数类, 且$K^c=\bigcup\limits_{V\in\mathcal{V}}\overline{V}$, 故$K^c\in\mathcal{K}(X)_\sigma$, 从而$K^c\in\mathcal{A}(\mathcal{K}(X))$. 由于$\sigma(\mathcal{K}(X))=\mathcal{B}(X)$. 故由定理7.7.5知, $\mathcal{K}(X)\subset\mathcal{B}(X)\subset\mathcal{A}(\mathcal{K}(X))$, 从而有$\mathcal{A}(\mathcal{B}(X))=\mathcal{A}(\mathcal{K}(X))$.

(2) $B\in\mathcal{K}(X)\otimes\mathcal{F}$, 则$B^c\in(\mathcal{K}(X)\otimes\mathcal{F})_\sigma\subset\mathcal{A}(\mathcal{K}(X)\otimes\mathcal{F})$. 又由于$\sigma(\mathcal{K}(X)\otimes\mathcal{F})=\mathcal{B}(X)\times\mathcal{F}$, 故$\mathcal{K}(X)\otimes\mathcal{F}\subset\mathcal{B}(X)\times\mathcal{F}\subset\mathcal{A}(\mathcal{K}(X)\otimes\mathcal{F})$(定理7.7.5(2)). 因此由定理7.7.5(1)知, $\mathcal{A}(\mathcal{K}(X)\otimes\mathcal{F})=\mathcal{A}(\mathcal{B}(X)\times\mathcal{F})$.

(3) 由于X是σ紧的(习题5.1.8), 存在$K_n\in\mathcal{K}(X),n\geqslant 1$, 使$X=\bigcup\limits_n K_n$. 对每个$n$, 我们有(见习题7.7.1)

$$\begin{aligned}&(K_n\times\Omega)\cap\mathcal{A}(\mathcal{K}(X)\otimes\mathcal{F})\\=&\mathcal{A}((K_n\times\Omega)\cap(\mathcal{K}(X)\otimes\mathcal{F}))\\=&\mathcal{A}((K_n\cap\mathcal{K}(X))\otimes\mathcal{F}).\end{aligned}$$

由于K_n为可距离化紧空间, 且$\mathcal{K}(K_n)=K_n\cap\mathcal{K}(X)$, 故对任何$A\in\mathcal{A}(\mathcal{K}(X)\otimes\mathcal{F}),(K_n\times\Omega)\cap A$在$\Omega$上的投影为$\mathcal{F}$解析集(引理7.7.4). 但$A=\bigcup\limits_n[(K_n\times\Omega)\cap A]$, 故$A$ 在Ω上的投影也是$\mathcal{F}$解析集. □

下面我们定义Choquet容度.

定义7.7.7 设$\mathcal{F}$为F上一集类, 对有限并及有限交运算封闭, 且$\varnothing\in\mathcal{F}$. 令$\mathcal{A}(F)$表示$F$的所有子集全体, I为$\mathcal{A}(F)$上的一非负集函数. 称I为F上的**Choquet$\mathcal{F}$容度**, 如果I具有下列性质:

(1) I单调非降: $A\subset B\Rightarrow I(A)\leqslant I(B)$;

(2) I从下连续: $A_n\uparrow A\Rightarrow I(A_n)\uparrow I(A)$;

(3) I沿$\mathcal{F}$从上连续: $A_n \in \mathcal{F}, A_n \downarrow A \Rightarrow I(A_n) \downarrow I(A)$.

F的子集A称为I**可容的**, 如果

$$I(A) = \sup\{I(B) \mid B \subset A, B \in \mathcal{F}_\delta\}. \tag{7.7.3}$$

引理7.7.8 设I为F上的Choquet $\mathcal{F}$容度, 则$\mathcal{F}_{\sigma\delta}$中每个元素都是$I$可容的.

证 设$A \in \mathcal{F}_{\sigma\delta}$, 若$I(A) = -\infty$, 则$I(\varnothing) = -\infty$.故(7.7.3)式成立. 现设$I(A) > -\infty$, 令$A_{n,m} \in \mathcal{F}$, 使得$A = \bigcap_n \bigcup_m A_{n,m}$. 由于$\mathcal{F}$对有限并运算封闭, 故不妨设对固定$n$, $(A_{n,m}, m \geqslant 1)$为非降序列. 令$A_n = \bigcup_{m=1}^{\infty} A_{n,m}, n \geqslant 1$. 为证(7.7.3)式, 只需证明: 对任何$a < I(A)$, 存在$B \in \mathcal{F}_\delta, B \subset A$, 使$I(B) \geqslant a$.

现设$a < I(A)$, 由I的从下连续性, 我们有

$$I(A) = I(A \cap A_1) = \lim_{m \to \infty} I(A \cap A_{1,m}).$$

故存在m_1, 使$I(A \cap A_{1,m_1}) > a$. 这时有

$$I(A \cap A_{1,m_1}) = I(A \cap A_{1,m_1} \cap A_2) = \lim_{m \to \infty} I(A \cap A_{1,m_1} \cap A_{2,m}),$$

于是存在m_2, 使$I(A \cap A_{1,m_1} \cap A_{2,m_2}) > a$. 依此类推, 我们得到一自然数列$(m_k)_{k\geqslant 1}$, 使得对一切$k \geqslant 1$, 有

$$I(A \cap A_{1,m_1} \cap \cdots \cap A_{k,m_k}) > a.$$

令$B_n = \bigcup_{k=1}^{n} A_{k,m_k}, B = \bigcap_{n=1}^{\infty} B_n$, 则$B_n \in \mathcal{F}$, $B_n \downarrow B \in \mathcal{F}_\delta$.由于$I(B_n) > a$, 故由$I$沿$\mathcal{F}$的从上连续性知, $I(B) = \lim_{n \to \infty} I(B_n) \geqslant a$. 由于$B_n \subset A_n$, 故$B \subset A$. □

下一定理称为**Choquet定理**.

定理7.7.9 设I为F上的Choquet $\mathcal{F}$容度, 则一切$\mathcal{F}$解析集都是I可容的.

证 设$A \in \mathcal{A}(\mathcal{F})$, 则存在一可距离化紧空间$E$及一$B \in (\mathcal{K}(E) \otimes \mathcal{F})_{\sigma\delta}$, 使得$A = \pi(B)$. 这里$\pi$为$E \times F$ 到F上的投影. 令$\mathcal{H} = (\mathcal{H}(E) \otimes \mathcal{F})_{\cup f}$($\mathcal{C}_{\cup f}$表示用有限并运算封闭$\mathcal{C}$所得集类), 由于$\mathcal{K}(E) \otimes \mathcal{F}$对有限交运算封闭, 故$\mathcal{H}$亦然. 此外有$\mathcal{H}_{\sigma\delta} = (\mathcal{K}(E) \otimes \mathcal{F})_{\sigma\delta}$. 令

$$J(H) = I(\pi(H)), \quad H \subset E \times F,$$

往证J为$E \times F$上的Choquet $\mathcal{H}$容度. 显然J满足定义7.7.7中的性质(1) 及(2). 剩下只需验证性质(3).

设$H \in \mathcal{H}, H = \bigcup_{k=1}^{m} (C_k \times D_k)$, 其中$C_k \in \mathcal{K}(E)$, $D_k \in \mathcal{F}$, 则对$x \in \pi(H)$, 我们有$(E \times \{x\}) \cap H = C \times \{x\}$, 其中$C \neq \varnothing$, 且

$$C = \bigcup_{\{k \mid x \in D_k\}} C_k \in \mathcal{K}(E).$$

现设$B_n \in \mathcal{H}, B_n \downarrow$. 令$x \in \bigcap_{n=1}^{\infty} \pi(B_n)$, 则对每个$n$, 存在$C_n \in \mathcal{K}(E)$, 使得

$$(E \times \{x\}) \cap B_n = C_n \times \{x\}.$$

由于$B_n \downarrow$, 故$C_n \downarrow$. 又因C_n为E的非空紧子集, 故$\bigcap_n C_n \neq \varnothing$, 于是

$$(E \times \{x\}) \cap \bigcap_n B_n = \bigcap_n C_n \times \{x\} \neq \varnothing,$$

即有$x \in \pi(\bigcap_n B_n)$. 这表明$\bigcap_n \pi(B_n) \subset \pi(\bigcap_n B_n)$. 但相反的包含关系恒成立, 故有

$$\bigcap_n \pi(B_n) = \pi(\bigcap_n B_n). \tag{7.7.4}$$

由于$\pi(B_n) \in \mathcal{F}, \pi(B_n) \downarrow$, 故由$I$沿$\mathcal{F}$的从上连续性得

$$\begin{aligned} J(\bigcap_n B_n) &= I\big(\pi(\bigcap_n B_n)\big) = I(\bigcap_n \pi(B_n)) \\ &= \lim_{n\to\infty} I(\pi(B_n)) = \lim_{n\to\infty} J(B_n), \end{aligned}$$

这表明J沿$\mathcal{H}$从上连续. 因此J为$E \times F$上的Choquet $\mathcal{H}$容度.

下面借助于容度J证明A是I可容的. 由于$B \in \mathcal{H}_{\sigma\delta}$, 故由引理7.7.8, B为J可容的. 但由(7.7.4)式看出: $C \in \mathcal{H}_\delta \Rightarrow \pi(C) \in \mathcal{F}_\delta$, 于是有

$$\begin{aligned} I(A) &= I(\pi(B)) = J(B) = \sup(J(C) \mid C \subset B, C \in \mathcal{H}_\delta\} \\ &= \sup\{I(\pi(C)) \mid \ C \subset B, C \in \mathcal{H}_\delta\} \\ &\leqslant \sup\{I(D) \mid D \subset A, D \in \mathcal{F}_\delta\}. \end{aligned}$$

但恒有$I(A) \geqslant \sup\{I(D) \mid D \subset A, D \in \mathcal{F}_\delta\}$, 故该式实际上等号成立. 这表明$A$是$I$可容的. □

作为Choquet定理的一个重要应用, 我们证明可测空间$(\Omega, \mathcal{F})$ 中一切$\mathcal{F}$解析集都是普遍可测的.

定理7.7.10 设$(\Omega, \mathcal{F})$为一可测空间, 令$\widehat{\mathcal{F}}$ 表示$\mathcal{F}$的普遍完备化(即$\widehat{\mathcal{F}} = \bigcap_{\mathbb{P} \in \mathcal{P}} \overline{\mathcal{F}^{\mathbb{P}}}$, 其中$\mathcal{P}$为$(\Omega, \mathcal{F})$上概率测度全体), 则有$\mathcal{A}(\mathcal{F}) \subset \widehat{\mathcal{F}} = \mathcal{A}(\widehat{\mathcal{F}})$.

证 设$\mathbb{P}$为$(\Omega, \mathcal{F})$上一概率测度, 令

$$I(A) = \inf\{\mathbb{P}(B) \mid \ B \supset A, B \in \mathcal{F}\}, \ A \subset \Omega, \tag{7.7.5}$$

易证I是Ω上的Choquet $\mathcal{F}$容度. 由定理7.7.9知, $\forall A \in \mathcal{A}(\mathcal{F})$, 有(注意: $\mathcal{F} = \mathcal{F}_\delta$)

$$I(A) = \sup\{\mathbb{P}(B) \mid \ B \subset A, B \in \mathcal{F}\}. \tag{7.7.6}$$

由(7.7.5)式及(7.7.6)式知$A \in \overline{\mathcal{F}^P}$, 但概率测度$I\!P$是任意的, 故$A \in \widehat{\mathcal{F}}$. 这表明$\mathcal{A}(\mathcal{F}) \subset \widehat{\mathcal{F}}$, 进一步有

$$\widehat{\mathcal{F}} \subset \mathcal{A}(\widehat{\mathcal{F}}) \subset (\widehat{\mathcal{F}})\widehat{\ } = \widehat{\mathcal{F}},$$

从而$\mathcal{A}(\widehat{\mathcal{F}}) = \widehat{\mathcal{F}}$. □

注7.7.11　设$(\Omega, \mathcal{F})$为一可分且可离的可测空间. 若存在$A \in \mathcal{A}(\mathcal{B}(R))$使$(\Omega, \mathcal{F})$与$(A, \mathcal{B}(A))$同构, 则称$(\Omega, \mathcal{F})$为**Souslin可测空间**. 由定理7.7.10知Souslin可测空间为Radon可测空间.

习　题

7.7.1　设$\mathcal{F}$为F上一集类, 且$\varnothing \in \mathcal{F}$, 设$A$为$F$的一子集, 令$A \cap \mathcal{F} = \{A \cap B \mid B \in \mathcal{F}\}$, 则有$\mathcal{A}(A \cap \mathcal{F}) = A \cap \mathcal{A}(\mathcal{F})$. 这里$A \cap \mathcal{F}$考虑为$A$上的集类.

7.7.2　设I为F上的Choquet $\mathcal{F}$容度, 则I为F上的Choquet $\mathcal{F}_\delta$容度.

第8章　离散时间鞅

鞅(martingale)这一概念是J. Ville于1939年首先引进概率论的, 他借用了法文martingale有“倍赌策略”(即赌输后加倍赔注)这一含义. 中译名“鞅”(马颔缰)则是该法文词的另一含义. Lévy最早研究了鞅序列. 1953年Doob在*Stochastic Processes* 这部历史性专著中首次系统总结了Lévy和他自己有关鞅的理论及应用成果, 使鞅论成了随机过程理论的一个独立分支.

本章介绍有关离散时间鞅的主要结果, 如鞅不等式、Snell包络、鞅的Doob停止定理、Doob收敛定理、鞅极限定理和局部鞅等.

8.1　鞅不等式

设$(\Omega, \mathcal{F}, I\!\!P)$为一概率空间, $(\mathcal{F}_n, n \geqslant 0)$为$\mathcal{F}$子$\sigma$代数单调增列. 令$\mathcal{F}_\infty \hat{=} \sigma(\cup_n \mathcal{F}_n)$. 随机变量序列$(X_n, n \geqslant 0)$称为关于$(\mathcal{F}_n)$适应的, 如果每个$X_n$为$\mathcal{F}_n$可测的.

定义8.1.1　设$(X_n, n \geqslant 0)$为一关于$(\mathcal{F}_n)$适应的随机变量序列, 称$(X_n, n \geqslant 0)$为**鞅(上鞅,下鞅)**, 如果每个X_n为可积, 且

$$I\!\!E[X_{n+1} \mid \mathcal{F}_n] = X_n (\leqslant X_n, \ \geqslant X_n), \quad \text{a.s.} .$$

如果进一步每个X_n为平方可积, 称$(X_n, n \geqslant 0)$为**平方可积鞅(上鞅,下鞅)**.

定理8.1.2　(1) 设(X_n),(Y_n)为鞅(上鞅), 则$(X_n + Y_n)$为鞅(上鞅), $(X_n \wedge Y_n)$为上鞅.

(2) 设(X_n)为鞅(下鞅). f为$\mathbb{R}$上一连续(连续非降)凸函数. 如果每个$f(X_n)$ 可积, 则$\big(f(X_n)\big)$为下鞅.

证　(1)显然. (2)由Jensen不等式推得. □

定义8.1.3　令$\mathbb{N}_0 = \{0, 1, 2, \cdots\}$, $\overline{\mathbb{N}}_0 = \{0, 1, 2, \cdots, \infty\}$. 设$T$为$\overline{\mathbb{N}}_0$值随机变量. 如果对每个$n \in \mathbb{N}_0$, $[T = n] \in \mathcal{F}_n$, 则称$T$为关于$(\mathcal{F}_n)$的**停时**. 对停时$T$, 令

$$\mathcal{F}_T = \{A \in \mathcal{F}_\infty \ \mid \ A \cap [T = n] \in \mathcal{F}_n\,, \ \forall n \geqslant 0\}\,,$$

称$\mathcal{F}_T$为T前事件σ代数.

下一定理列出了有关停时的一些基本结果, 其证明都是不足道的, 故从略.

定理8.1.4　设S, T为停时, (S_n)为停时列.

(1) $\wedge_n S_n$ 和$\vee_n S_n$为停时;

(2) $A\in\mathcal{F}_S\Rightarrow A\cap[S\leqslant T]\in\mathcal{F}_T$, $A\cap[S=T]\in\mathcal{F}_T$;

(3) $S\leqslant T\Rightarrow\mathcal{F}_S\subset\mathcal{F}_T$;

(4) 设$A\in\mathcal{F}_S$, 令$S_A=SI_A+\infty I_{A^c}$, 则S_A为停时, 且$\mathcal{F}_{S_A}\cap A=\mathcal{F}_S\cap A$. 我们称$S_A$为$S$到$A$上的局限.

定理8.1.5　设(X_n)为一适应随机序列, T为停时, 则$X_TI_{[T<\infty]}$ 为$\mathcal{F}_T$可测.

证　设B为一Borel集, $n\geqslant 0$, 则

$$[X_TI_{[T<\infty]}\in B]\cap[T=\infty]=\varnothing\ ,$$

$$[X_TI_{[T<\infty]}\in B]\cap[T=n]=[X_n\in B]\cap[T=n]\in\mathcal{F}_n\ ,$$

这表明$[X_TI_{[T<\infty]}\in B]\in\mathcal{F}_T$, 即$X_TI_{[T<\infty]}$为$\mathcal{F}_T$可测. □

下一定理是有界停时的Doob停止定理. 它是证明下面的鞅不等式的基础.

定理8.1.6　设(X_n)为鞅(上鞅), S,T为有界停时, 且$S\leqslant T$, 则有

$$\mathbb{E}[X_T\mid\mathcal{F}_S]=X_S(\leqslant X_S),\quad \text{a.s.}. \tag{8.1.1}$$

证　只需证上鞅情形. 设$T\leqslant n$, 由于$|X_T|\leqslant\sum_{j=1}^n|X_j|$, $|X_S|\leqslant\sum_{j=1}^n|X_j|$, 故$X_S$, X_T可积. 令$A\in\mathcal{F}_S,j\geqslant 0$, 则

$$A_j\hat{=}A\cap[S=j]\cap[T>j]\in\mathcal{F}_j\ .$$

首先假定$T-S\leqslant 1$. 这时由上鞅性质

$$\int_A(X_S-X_T)d\mathbb{P}=\sum_{j=0}^n\int_{A_j}(X_j-X_{j+1})d\mathbb{P}\geqslant 0\ .$$

对一般情形, 令$R_j=T\wedge(S+j),1\leqslant j\leqslant n$. 则每个$R_j$为停时, 且$S\leqslant R_1\leqslant\cdots\leqslant R_n$, $R_1-S\leqslant 1$, $R_{j+1}-R_j\leqslant 1(1\leqslant j\leqslant n-1)$. 令$A\in\mathcal{F}_S$. 由定理8.1.4(3)知$A\in\mathcal{F}_{R_j}$,$1\leqslant j\leqslant n$. 故由前面已证结果得

$$\int_A X_Sd\mathbb{P}\geqslant\int_A X_{R_1}d\mathbb{P}\geqslant\cdots\geqslant\int_A X_Td\mathbb{P}\ . \tag{8.1.2}$$

由于X_S为$\mathcal{F}_S$可测(定理8.1.5), 故由(8.1.2)式推得(8.1.1)式. □

定理8.1.7　设$k\geqslant 1,(X_n)_{n\leqslant k}$为一上鞅. 则对$\lambda>0$有

$$\lambda\mathbb{P}\Big(\sup_{n\leqslant k}X_n\geqslant\lambda\Big)\leqslant\mathbb{E}[X_0]-\int_{[\sup_{n\leqslant k}X_n<\lambda]}X_kd\mathbb{P}\ , \tag{8.1.3}$$

$$\lambda\mathbb{P}\Big(\inf_{n\leqslant k}X_n\leqslant-\lambda\Big)\leqslant\int_{[\inf_{n\leqslant k}X_n\leqslant-\lambda]}(-X_k)d\mathbb{P}\ , \tag{8.1.4}$$

$$\lambda I\!P\Big(\sup_{n\leqslant k} \mid X_n \mid \geqslant \lambda\Big) \leqslant I\!E[X_0] + 2I\!E[X_k^-] \,. \tag{8.1.5}$$

证 令$T = \inf\{n \geqslant 0 \mid X_n \geqslant \lambda\} \wedge k$, 则$T$为有界停时, 且在$[\sup_{n\leqslant k} X_n \geqslant \lambda]$上有$X_T \geqslant \lambda$, 在$[\sup_{n\leqslant k} X_n < \lambda]$上有$T = k$. 于是由定理8.1.6得

$$\begin{aligned} I\!E[X_0] \geqslant I\!E[X_T] &= \int_{[\sup_{n\leqslant k} X_n \geqslant \lambda]} X_T dI\!P + \int_{[\sup_{n\leqslant k} X_n < \lambda]} X_T dI\!P \\ &\geqslant \lambda I\!P(\sup_{n\leqslant k} X_n \geqslant \lambda) + \int_{[\sup_{n\leqslant k} X_n < \lambda]} X_k dI\!P, \end{aligned}$$

此即(8.1.3). 同理可证(8.1.4). 由(8.1.3)及(8.1.4)立得(8.1.5). □

定理8.1.8 设$k \geqslant 1, (X_n)_{n\leqslant k}$为一鞅或非负下鞅, 令$X_k^* = \sup_{n\leqslant k} |X_n|$.

(1) 对任何$\lambda > 0$及$p \geqslant 1$有

$$I\!P(X_k^* \geqslant \lambda) \leqslant \lambda^{-p} I\!E[\mid X_k \mid^p] \,. \tag{8.1.6}$$

(2) 对任何$p > 1$有

$$\|X_k^*\|_p \leqslant \frac{p}{p-1} \|X_k\|_p \,. \tag{8.1.7}$$

其中$\|\cdot\|_p$为L^p范数.

不等式(8.1.6)及(8.1.7)分别称为**极大值不等式**及**Doob 不等式**. 对$p = 2$情形, 不等式(8.1.6)称为**Kolmogorov不等式**.

证 不妨设$I\!E[|X_k|^p] < \infty$. 由Jensen不等式易知$I\!E[|X_n|^p] < \infty, 0 \leqslant n \leqslant k-1$. 故由定理8.1.2(2), $(|X_n|^p, n \leqslant k)$为下鞅. 对上鞅$(-|X_n|^p, 0 \leqslant n \leqslant k)$及$\lambda^p$应用不等式(8.1.4)即得(8.1.6)式.

往证(8.1.7)式. 设Φ为$\mathbb{R}_+$上一右连续增函数且$\Phi(0) = 0$. 由 Fubini定理及(8.1.4)式得

$$\begin{aligned} I\!E[\Phi(X_k^*)] &= \int_\Omega \int_{[0,X_k^*]} d\Phi(\lambda) dI\!P = \int_{[0,\infty]} I\!P(X_k^* \geqslant \lambda) d\Phi(\lambda) \\ &\leqslant \int_0^\infty (\lambda^{-1} \int_{[X_k^* \geqslant \lambda]} |X_k| dI\!P) d\Phi(\lambda) \\ &= I\!E\Big[|X_k| (\int_0^{X_k^*} \lambda^{-1} d\Phi(\lambda))\Big] \,. \end{aligned} \tag{8.1.8}$$

在(8.1.8)式中令$\Phi(\lambda) = \lambda^p$, $p > 1$, 则由(8.1.8)式及Hölder不等式得

$$\begin{aligned} I\!E[(X_k^*)^p] &\leqslant \frac{p}{p-1} I\!E[|X_k| (X_k^*)^{p-1}] \\ &\leqslant \frac{p}{p-1} \big(I\!E[|X_k|^p]\big)^{\frac{1}{p}} \big(I\!E[(X_k^*)^p]\big)^{\frac{p-1}{p}} \,. \end{aligned} \tag{8.1.9}$$

由于$(|X_n|^p, n \leqslant k)$为一下鞅, 有

$$\|X_k^*\|_p \leqslant \|\sum_{n=0}^{k} |X_n|\|_p \leqslant (k+1)\|X_k\|_p < \infty .$$

在(8.1.9)式两边同乘$\left(\mathbb{E}[(X_k^*)^p]\right)^{\frac{1-p}{p}}$即得(8.1.7)式. □

下面我们将证明上鞅的**上穿不等式**. 为此, 先交代一些记号.

设(X_n)为一$(\mathcal{F}_n)$适应随机序列, $[a,b]$为一闭区间. 令

$$T_0 = \inf\{n \geqslant 0 \mid X_n \leqslant a\} , \qquad T_1 = \inf\{n > T_0 \mid X_n \geqslant b\} ,$$
$$T_{2j} = \inf\{n > T_{2j-1} \mid X_n \leqslant a\} , \quad T_{2j+1} = \inf\{n > T_{2j} \mid X_n \geqslant b\} ,$$

则(T_k)为一停时上升列.我们用$U_a^b[X,k]$表示序列$(X_0,\cdots,X_k)$ 上穿$[a,b]$的次数, 则显然有

$$\left[U_a^b[X,k] = j\right] = [T_{2j-1} \leqslant k < T_{2j+1}] \in \mathcal{F}_k ,$$

从而$U_a^b[X,k]$为$\mathcal{F}_k$可测随机变量.

定理8.1.9　设$N \geqslant 1, (X_n)_{n \leqslant N}$为一上鞅, 则

$$\mathbb{E}[U_a^b[X,N]] \leqslant \frac{1}{b-a}\mathbb{E}[(X_N-a)^-] . \tag{8.1.10}$$

证　由定理8.1.6, 对$k \geqslant 0$有

$$\begin{aligned} 0 &\geqslant \mathbb{E}[X_{T_{2k+1}\wedge N} - X_{T_{2k}\wedge N}] \\ &= \mathbb{E}[(X_{T_{2k+1}\wedge N} - X_{T_{2k}\wedge N})(I_{[T_{2k}\leqslant N<T_{2k+1}]} + I_{[N\geqslant T_{2k+1}]})] \\ &\geqslant \mathbb{E}[(X_N-a)I_{[T_{2k}\leqslant N<T_{2k+1}]} + (b-a)I_{[N\geqslant T_{2k+1}]}] . \end{aligned}$$

由于

$$\left[U_a^b[X,N] \geqslant k+1\right] \subset [N \geqslant T_{2k+1}], \quad [T_{2k} \leqslant N < T_{2k+1}] \subset \left[U_a^b[X,N] = k\right],$$

故有

$$\mathbb{P}(U_a^b[X,N] \geqslant k+1) \leqslant \frac{1}{b-a}\mathbb{E}[(X_N-a)^- I_{[U_a^b[X,N]=k]}] . \tag{8.1.11}$$

在(8.1.11)式两边对k求和得(8.1.10). □

定理8.1.10　设$(Z_n, 0 \leqslant n \leqslant N)$ 为一可积随机变量的适应序列, 我们倒向归纳定义序列(U_n)如下: 令$U_N = Z_N$,

$$U_n = \max(Z_n, \mathbb{E}[U_{n+1}|\mathcal{F}_n]), \quad n \leqslant N-1.$$

则有如下结论:

(1) (U_n) 为一上鞅, 且它是控制(Z_n) (即$U_n \geqslant Z_n, \forall n \geqslant 0$)的最小上鞅. 称$(U_n)$为$(Z_n)$的**Snell包络**.

(2) 令$\mathcal{T}_{j,N}$ 表示在$\{j, \cdots, N\}$中取值的停时全体,并令$T_j = \inf\{l \geqslant j \,|\, U_l = Z_l\}$, 这里约定$\inf \varnothing := N$, 则每个$T_j$为停时, $(U_n^{T_j})$为鞅, 且对一切$j \leqslant N$,

$$U_j = \mathbb{E}[Z_{T_j} \mid \mathcal{F}_j] = \operatorname{ess\,sup}\{\mathbb{E}[Z_T \mid \mathcal{F}_j] \,|\, T \in \mathcal{T}_{j,N}\}.$$

特别, $\mathbb{E}[Z_T]$在$\mathcal{T}_{j,N}$上的最大值在T_j达到, 且等于$\mathbb{E}[U_j]$, 即有

$$\mathbb{E}[U_j] = \mathbb{E}[Z_{T_j}] = \sup\{\mathbb{E}[Z_T] \,|\, T \in \mathcal{T}_{j,N}\}.$$

证 (1) 由于$U_n \geqslant \mathbb{E}[U_{n+1} \mid \mathcal{F}_n]$, 且$U_n \geqslant Z_n$, (U_n)为一控制(Z_n)的上鞅. 令(V_n)为一控制(Z_n)的上鞅. 由倒向归纳易知(V_n)控制(U_n). 于是(U_n)控制(Z_n)的最小上鞅.

(2) 易知T_n为停时. 由于$U_n^{T_j} = U_{n \wedge T_j}$, 对$n \leqslant N-1$有

$$U_{n+1}^{T_j} - U_n^{T_j} = I_{[T_j \geqslant n+1]}(U_{n+1} - U_n).$$

另一方面, 由T_j 和U_n的定义知,在$[T_j \geqslant n+1]$上有

$$U_n = \mathbb{E}[U_{n+1} \mid \mathcal{F}_n].$$

于是有

$$U_{n+1}^{T_j} - U_n^{T_j} = I_{[T_j \geqslant n+1]}(U_{n+1} - \mathbb{E}[U_{n+1} \mid \mathcal{F}_n]).$$

注意到$[T_j \geqslant n+1] = [T_j \leqslant n]^c \in \mathcal{F}_n$,上一等式蕴涵

$$\mathbb{E}[U_{n+1}^{T_j} - U_n^{T_j} \mid \mathcal{F}_n] = 0.$$

因此对每个j, $(U_n^{T_j})$为鞅. 由于$U_{T_j} = Z_{T_j}$, 我们有

$$U_j = U_j^{T_j} = \mathbb{E}[U_N^{T_j} \mid \mathcal{F}_j] = \mathbb{E}[Z_{T_j} \mid \mathcal{F}_j].$$

现在对每个$T \in \mathcal{T}_{j,N}$, 由于$U_T \geqslant Z_T$且(U_n)为上鞅, 我们有

$$\mathbb{E}[Z_T \mid \mathcal{F}_j] \leqslant \mathbb{E}[U_T \mid \mathcal{F}_j] \leqslant U_j.$$

(2)得证. □

习 题

8.1.1 设(ξ_n)为一独立随机变量序列, $\mathbb{E}[\xi_1]=0$, 且$\sum_{i=1}^{\infty}\mathbb{E}[\xi_i^2]<\infty$. 试证: $\sum_{i=1}^{\infty}\xi_i$ a.s.收敛(提示: 考虑鞅$(X_n=\sum_{i=1}^{n}\xi_i, n\geqslant 1)$, 利用Kolmogorov 不等式及定理2.3.4 证明(X_n) a.s.收敛).

8.1.2 设(X_n)为一鞅,T为一有穷停时, 使得$\mathbb{E}|X_T|<\infty$. 试证: $\mathbb{E}[X_T]=\mathbb{E}[X_1]$, 当且仅当$\lim\limits_{n\to\infty}\mathbb{E}[X_n I_{[T>n]}]=0$.

8.2 鞅收敛定理及其应用

下一定理是鞅的**Doob收敛定理**.

定理8.2.1 设(X_n)为一上鞅. 如果$\sup_n \mathbb{E}[X_n^-]<\infty$(或者等价地, $\sup_n \mathbb{E}[|X_n|]<\infty$, 因为$\mathbb{E}[|X_n|]=\mathbb{E}[X_n]+2\mathbb{E}[X_n^-]$), 则当$n\to\infty$时, X_n a.s.收敛于一可积随机变量X_∞. 若(X_n)为非负上鞅, 则对一切$n\geqslant 0$有

$$\mathbb{E}[X_\infty \mid \mathcal{F}_n]\leqslant X_n,\ \text{a.s.}. \tag{8.2.1}$$

证 令$\mathbb{Q}$表示有理数全体. 设$a,b\in\mathbb{Q}, a<b$. 令$U_a^b(X)$为序列$(X_n)_{n\geqslant 0}$上穿区间$[a,b]$的次数, 即$U_a^b(X)=\lim\limits_{N\to\infty}U_a^b(X,N)$, 由(8.1.10)我们有

$$\begin{aligned}\mathbb{E}[U_a^b(X)]&\leqslant\frac{1}{b-a}\sup_N\mathbb{E}[(X_N-a)^-]\\&\leqslant\frac{1}{b-a}(a^++\sup_N\mathbb{E}[X_N^-])<\infty.\end{aligned}$$

于是$U_a^b(X)<\infty$, a.s.. 令

$$\begin{aligned}W_{a,b}&=[\liminf_{n\to\infty}X_n<a,\ \limsup_{n\to\infty}X_n>b],\\W&=\bigcup_{a,b\in Q,a<b}W_{a,b}\ .\end{aligned}$$

由于$W_{a,b}\subset[U_a^b(X)=+\infty]$, 故$\mathbb{P}(W_{a,b})=0$, 从而$\mathbb{P}(W)=0$. 若$\omega\notin W$, 则$\lim\limits_{n\to\infty}X_n(\omega)$存在, 记为$X_\infty(\omega)$; 若$\omega\in W$, 令$X_\infty(\omega)=0$. 于是$X_n\longrightarrow X_\infty$, a.s., 且由Fatou引理,

$$\mathbb{E}[|X_\infty|]\leqslant\sup_n\mathbb{E}[|X_n|]<\infty\ .$$

另一结论由条件期望的Fatou引理推得. □

系8.2.2 设(X_n)为一鞅(上鞅). 如果(X_n)一致可积, 则X_n a.s.且L^1 收敛于X_∞. 此外, $\forall n\geqslant 0$

$$\mathbb{E}[X_\infty\mid\mathcal{F}_n]=X_n(\leqslant X_n),\quad\text{a.s.}. \tag{8.2.2}$$

系8.2.3 设ξ为一可积随机变量, 令$\xi_n = \mathbb{E}[\xi \mid \mathcal{F}_n]$, $\eta = \mathbb{E}[\xi \mid \mathcal{F}_\infty]$, 则$\xi_n$ a.s. 且L^1 收敛于η.

证 由于(ξ_n)一致可积(定理7.4.7), 故由定理8.2.1知, ξ_n a.s. 且L^1 收敛于某ζ. 设$A \in \bigcup_n \mathcal{F}_n$,则存在某$n$, 使$A \in \mathcal{F}_n$, 于是有

$$\mathbb{E}[\zeta I_A] = \mathbb{E}[\xi_n I_A] = \mathbb{E}[\xi I_A] = \mathbb{E}[\eta I_A].$$

由于ζ和η均为$\mathcal{F}_\infty$可测, 故由习题7.2.1知, $\zeta = \eta$, a.s.. □

系8.2.4 设$1 < p < \infty$. 如果(X_n)为一鞅, 且$\sup_n \mathbb{E}|X_n|^p < \infty$, 则$X_n$ a.s. 且L^p 收敛于X_∞.

证 由Doob不等式及已知条件知$\mathbb{E}[\sup_n |X_n|^p] < \infty$, 这蕴涵$(|X_n|^p, n \geqslant 1)$为一致可积. 于是$X_n$ a.s. 且L^p 收敛于X_∞. □

现在我们研究“反向上鞅”(即以$-\mathbb{N}_0 = \{\cdots, -2, -1, 0\}$为参数集的上鞅)的收敛性.

设$(\mathcal{F}_n)_{n\in-\mathbb{N}_0}$为一列$\mathcal{F}$的子$\sigma$域, 对一切$n \in -\mathbb{N}_0$, $\mathcal{F}_{n-1} \subset \mathcal{F}_n$, 关于$(\mathcal{F}_n)_{n\in-\mathbb{N}_0}$适应的随机序列$(X_n)_{n\in-\mathbb{N}_0}$称为**鞅**(**上鞅**), 如果对每个$n \in -\mathbb{N}_0$, X_n可积, 且有

$$\mathbb{E}[X_n \mid \mathcal{F}_{n-1}] = X_{n-1} (\leqslant X_{n-1}), \quad \text{a.s.} .$$

定理8.2.5 设$(X_n)_{n\in-\mathbb{N}_0}$为上鞅, 则极限$\lim\limits_{n\to-\infty} X_n$ a.s.存在. 如果$\lim\limits_{n\to-\infty} \mathbb{E}[X_n] < +\infty$, 则$(X_n)$一致可积, X_n a.s.且L^1收敛于$X_{-\infty}$.

证 我们用$U_a^b[X, -N]$表示序列$(X_{-N}, X_{-N+1}, \cdots, X_0)$上穿区间$[a, b]$的次数, 则由(8.1.10)式得

$$\mathbb{E}[U_a^b[X, -N]] \leqslant \frac{1}{b-a} \mathbb{E}[(X_0 - a)^-] .$$

令$U_a^b(X) = \lim\limits_{N\to+\infty} U_a^b[X, -N]$, 我们有

$$\mathbb{E} U_a^b(X) \leqslant \frac{1}{b-a} \mathbb{E}[(X_0 - a)^-] < +\infty .$$

由于$U_a^b(X)$为序列$(-X_0, -X_{-1}, -X_{-2}, \cdots)$上穿区间$[-b, -a]$的次数, 故由定理8.2.1的证明知$X_n \to X_{-\infty}$, a.s., 但不必有$|X_{-\infty}| < \infty$, a.s..

当$n \to -\infty$时, $\mathbb{E}[X_n] \uparrow A > -\infty$. 假定$A < +\infty$. 往证$(X_n)_{n\in-\mathbb{N}_0}$一致可积. 由于$(\mathbb{E}[X_0|\mathcal{F}_n])_{n\in-\mathbb{N}_0}$一致可积, 只需证 $(X_n - \mathbb{E}[X_0|\mathcal{F}_n])$一致可积. 于是, 不妨假定$(X_n)$为非负上鞅. 给定$\varepsilon > 0$, 取自然数$k$足够大, 使得$A - \mathbb{E}[X_{-k}] < \varepsilon/2$. 对$c > 0$及$n < -k$, 由上鞅性, 我们有

$$\int_{[X_n > c]} X_n d\mathbb{P} = \mathbb{E}[X_n] - \int_{[X_n \leqslant c]} X_n d\mathbb{P}$$

$$\leqslant \mathbb{E}[X_n] - \int_{[X_n \leqslant c]} X_{-k} d\mathbb{P}$$
$$= \mathbb{E}[X_n] - \mathbb{E}[X_{-k}] + \int_{[X_n > c]} X_{-k} d\mathbb{P}\,.$$

由于$A \geqslant \mathbb{E}[X_n] \geqslant \mathbb{E}[X_{-k}]$, 故对$n < -k$, $\mathbb{E}[X_n] - \mathbb{E}[X_{-k}] < \frac{\varepsilon}{2}$. 另一方面, 由于$\mathbb{P}(X_n > c) \leqslant \frac{1}{c}\mathbb{E}[X_n] \leqslant \frac{A}{c}$. 故当$c$足够大时, 对一切$n \in -\mathbb{N}_0$有

$$\int_{[X_n > c]} X_{-k} d\mathbb{P} < \frac{\varepsilon}{2}$$

及

$$\int_{[X_j > \varepsilon]} X_j d\mathbb{P} < \varepsilon, \quad j = 0, -1, \cdots, -k\,.$$

于是当c足够大时, 有

$$\sup_n \int_{[X_n > c]} X_n d\mathbb{P} < \varepsilon\,,$$

这表明(X_n)一致可积. 既然$X_n \to X_{-\infty}$, a.s., 故(X_n) L^1 收敛于$X_{-\infty}$. □

系8.2.6 设ξ为一可积随机变量, $(\mathcal{G}_n)_{n\in\mathbb{N}_0}$为一列单调下降的$\mathcal{F}$的子$\sigma$域. 令$\xi_n = \mathbb{E}[\xi \mid \mathcal{G}_n]$, 则$\xi_n$ a.s.且L^1收敛于$\mathbb{E}[\xi \mid \bigcap_n \mathcal{G}_n]$.

证 对一切$n \in -\mathbb{N}_0$, 令$\mathcal{F}_n = \mathcal{G}_{-n}$, $\eta_n = \xi_{-n}$, 则$(\eta_n)_{n\in-\mathbb{N}_0}$关于$(\mathcal{F}_n)$为一致可积鞅. 故由定理8.2.5推得结论. □

作为鞅收敛定理的一个应用, 我们介绍Lévy给出的Kolmogorov强大数定律的一个简单证明.

定理8.2.7 (Kolmogorov强大数定律) 设$\xi = (\xi_1, \xi_2, \cdots)$为一独立同分布随机变量序列, 且$\mathbb{E}[|\xi_1|] < \infty$. 令$X_n = \sum_{i=1}^n \xi_i$, 则$\frac{X_n}{n} \to \mathbb{E}[\xi_1]$, a.s..

证 由假定,$\forall 1 \leqslant i \leqslant n, \mathbb{E}[\xi_i \mid X_n] = \mathbb{E}[\xi_1 \mid X_n]$, 故有

$$\frac{X_n}{n} = \frac{1}{n}\sum_{i=1}^n \mathbb{E}[\xi_i \mid X_n] = \mathbb{E}[\xi_1 \mid X_n]$$
$$= \mathbb{E}[\xi_1 \mid X_n, \xi_{n+1}, \xi_{n+2}, \cdots] = \mathbb{E}[\xi_1 \mid X_n, X_{n+1}, \cdots].$$

令$\mathcal{G}_n = \sigma(X_n, X_{n+1}, \cdots), Z = \mathbb{E}[\xi_1 \mid \cap_n \mathcal{G}_n]$, 则由系8.2.6知$\frac{X_n}{n}$ a.s.且L^1收敛于Z. Z作为极限, 显然有$Z \in \cap_n \sigma(\xi_n, \xi_{n+1}, \cdots)$, 故由Kolmogorov 0-1律知$Z$ a.s.等于一常数. 由于$\mathbb{E}[\frac{X_n}{n}] = \mathbb{E}[\xi_1]$, 从而有$Z = \mathbb{E}[\xi_1]$. □

定义8.2.8 一鞅(上鞅)$(X_n, n \in \mathbb{N}_0)$称为**可右闭的**, 如果存在一可积随机变量$X_\infty \in \mathcal{F}_\infty$, 使得对一切$n \in \mathbb{N}_0$, $\mathbb{E}[X_\infty|\mathcal{F}_n] = X_n(\leqslant X_n)$, a.s.. 这时$(X_n, n \in \overline{\mathbb{N}}_0)$称为**右闭鞅**(**上鞅**), X_∞称为$(X_n, n \in \mathbb{N}_0)$的**右闭元**.

下一定理是右闭鞅及右闭上鞅的**Doob停止定理**.

定理8.2.9 设$(X_n, n\in\overline{\mathbb{N}}_0)$为一鞅(上鞅), S,T为两个停时, 且$S\leqslant T$. 则X_S和X_T可积, 并且有

$$\mathbb{E}[X_T \mid \mathcal{F}_S]=X_S(\leqslant X_S), \text{ a.s.}. \tag{8.2.3}$$

证 设$(X_n, n\in\overline{\mathbb{N}}_0)$为鞅. 令$S_n=SI_{[S\leqslant n]}+\infty I_{[S>n]}$, 由于集合$\{0,1,\cdots,n,\infty\}$与集合$\{0,1,\cdots,n,n+1\}$保序同构, 故由定理8.1.6,

$$X_{S_n}=\mathbb{E}[X_\infty \mid \mathcal{F}_{S_n}], \text{ a.s.}.$$

令$n\to\infty$得

$$\mathbb{E}[X_\infty \mid \mathcal{F}_S]=X_S\,, \text{ a.s.}.$$

特别, 这表明X_S可积, 对停时T也有同样等式, 故有

$$\mathbb{E}[X_T \mid \mathcal{F}_S]=\mathbb{E}[\mathbb{E}[X_\infty \mid \mathcal{F}_T] \mid \mathcal{F}_S]=X_S, \text{ a.s.}.$$

现在设$(X_n, n\in\overline{\mathbb{N}}_0)$为上鞅, 令$Y_n=\mathbb{E}[X_\infty|\mathcal{F}_n]$, $Z_n=X_n-Y_n$, $Y_\infty=X_\infty$及$Z_\infty=0$, 则$(Z_n,\, n\in\overline{\mathbb{N}}_0)$ 为非负上鞅, 由于$\mathbb{E}[Z_{S_n}]\leqslant\mathbb{E}[Z_0]$(定理8.1.6), 故由Fatou引理, Z_S可积, 从而$X_S=Y_S+Z_S$ 可积. 令$T_n=TI_{[T\leqslant n]}+\infty I_{[T>n]}$, 则由定理8.1.6,

$$Z_{S_n}\geqslant\mathbb{E}[Z_{T_n} \mid \mathcal{F}_{S_n}], \text{ a.s.}.$$

但由于$\mathcal{F}_{S_n}\cap[S\leqslant n]=\mathcal{F}_S\cap[S\leqslant n]$, 由习题7.2.6有

$$\mathbb{E}[Z_{T_n} \mid \mathcal{F}_{S_n}]I_{[S\leqslant n]}=\mathbb{E}[Z_{T_n} \mid \mathcal{F}_S]I_{[S\leqslant n]}.$$

从而有

$$Z_SI_{[S\leqslant n]}=Z_{S_n}I_{[S\leqslant n]}\geqslant\mathbb{E}[Z_{T_n} \mid \mathcal{F}_S]I_{[S\leqslant n]}. \tag{8.2.4}$$

由于$Z_{T_n}\uparrow Z_T$, 在(8.2.4)中令$n\to\infty$得

$$Z_SI_{[S<\infty]}\geqslant\mathbb{E}[Z_T \mid \mathcal{F}_S]I_{[S<\infty]}, \text{ a.s.}.$$

由于$Z_\infty=0$, 故有$Z_S\geqslant\mathbb{E}[Z_T \mid \mathcal{F}_S]$, a.s.. 但由已证结果, $Y_S=\mathbb{E}[Y_T|\mathcal{F}_S]$, a.s., 所以最终有

$$X_S\geqslant\mathbb{E}[X_T \mid \mathcal{F}_S], \text{ a.s.}.$$

□

定理8.2.10 设$(X_n, n\in\overline{\mathbb{N}}_0)$为一鞅(上鞅), S,T为两个停时, 则

$$\mathbb{E}[X_T \mid \mathcal{F}_S]=X_{T\wedge S}\,(\leqslant X_{T\wedge S}), \text{ a.s.}. \tag{8.2.5}$$

证　由于$X_T I_{[T\leqslant S]}$为$\mathcal{F}_S$可测, 故由(8.2.3)式得

$$\begin{aligned}\mathbb{E}[X_T \mid \mathcal{F}_S] &= \mathbb{E}[X_T I_{[T\leqslant S]} + X_{S\vee T} I_{[T>S]} \mid \mathcal{F}_S] \\ &= X_T I_{[T\leqslant S]} + X_S I_{[T>S]}\ (\leqslant X_T I_{[T\leqslant S]} + X_S I_{[T>S]}) \\ &= X_{T\wedge S}\ (\leqslant X_{T\wedge S}),\ \text{a.s..}\end{aligned}$$

□

系8.2.11　设ξ为一可积随机变量, S,T为两个有穷停时, 则

$$\mathbb{E}[\mathbb{E}[\xi \mid \mathcal{F}_S] \mid \mathcal{F}_T] = \mathbb{E}[\xi \mid \mathcal{F}_{S\wedge T}],\ \text{a.s..}$$

下一定理是一般鞅及上鞅关于有穷停时的Doob 停止定理.

定理8.2.12　(1) 设$(X_n, n\geqslant 0)$为一鞅, S,T为两个有穷停时. 如果X_T 可积, 则

$$\mathbb{E}[X_T \mid \mathcal{F}_S] = X_{T\wedge S},\ \text{a.s.,}$$

当且仅当

$$\lim_{n\to\infty} \mathbb{E}[X_n I_{[T>n]} \mid \mathcal{F}_S] = 0,\ \text{a.s..}$$

(2) 设$(X_n, n\geqslant 0)$为一上鞅, S,T为两个有穷停时, 如果X_T可积且

$$\limsup_{n\to\infty} \mathbb{E}[X_n I_{[T>n]} \mid \mathcal{F}_S] \geqslant 0,\ \text{a.s.,}$$

则

$$\mathbb{E}[X_T \mid \mathcal{F}_S] \leqslant X_{T\wedge S}\ ,\ \text{a.s..}$$

证　我们只证(1), (2)的证明类似. 设$(X_n, n\geqslant 0)$为一鞅, 由系8.2.11和定理8.1.6知,

$$\begin{aligned}\mathbb{E}[X_T \mid \mathcal{F}_S] &= \lim_{n\to\infty} \mathbb{E}[X_T I_{[T<n]} \mid \mathcal{F}_S] \\ &= \lim_{n\to\infty} \mathbb{E}[X_{T\wedge n} - X_n I_{[T\geqslant n]} \mid \mathcal{F}_S] \\ &= \lim_{n\to\infty} (X_{T\wedge S\wedge n} - \mathbb{E}[X_n I_{[T\geqslant n]} \mid \mathcal{F}_S]) \\ &= X_{T\wedge S} - \lim_{n\to\infty} \mathbb{E}[X_n I_{[T\geqslant n]} \mid \mathcal{F}_S]\,.\end{aligned}$$

□

下一定理称为上鞅的**Doob 分解定理**.

定理8.2.13　设$X=(X_n)$为一上鞅, 则X可唯一地分解为

$$X_n = M_n - A_n, \tag{8.2.6}$$

其中(M_n)为一鞅, (A_n)为一增过程, 满足$A_0 = 0, A_n$为$\mathcal{F}_{n-1}$可测, $n \geqslant 1$.

证 设有满足定理要求的分解(8.2.5), 则

$$\begin{aligned} A_{n+1} - A_n &= \mathbb{E}[A_{n+1} - A_n \mid \mathcal{F}_n] = \mathbb{E}[X_n - X_{n+1} \mid \mathcal{F}_n] \\ &= X_n - \mathbb{E}[X_{n+1} \mid \mathcal{F}_n]. \end{aligned}$$

从而有

$$A_n = \sum_{j=0}^{n-1} (X_j - \mathbb{E}[X_{j+1} \mid \mathcal{F}_j]), \quad n \geqslant 1. \tag{8.2.7}$$

这表明: 满足要求的分解如果存在, 则它是唯一的. 另一方面, 由(8.2.6)定义(A_n), 再令$M_n = X_n + A_n$,则易知(M_n)为鞅, 从而$X_n = M_n - A_n$为满足要求的分解. □

系8.2.14 设$X = (X_n, n \geqslant 1)$为一平方可积鞅, 令

$$[X]_n = \sum_{i=1}^{n} \Delta X_i^2; \quad \langle X \rangle_n = \sum_{i=1}^{n} \mathbb{E}[\Delta X_i^2 \mid \mathcal{F}_{i-1}], \quad n \geqslant 1, \tag{8.2.8}$$

其中$X_0 = 0$, $\Delta X_i^2 = (X_i - X_{i-1})^2$, 则$(X_n^2 - \langle X \rangle_n, n \geqslant 1)$和$(X_n^2 - [X]_n, n \geqslant 1)$为鞅.

证 由上鞅$(-X_n^2)$的Doob分解定理的证明推知$(X_n^2 - \langle X \rangle_n)$为鞅. 由于$([X]_n - \langle X \rangle_n)$ 为鞅, 故$(X_n^2 - [X]_n)$为鞅. □

定理8.2.15 设$X = (X_n, n \geqslant 1)$为一平方可积鞅, 则序列(X_n)在$[\langle X \rangle_\infty < \infty]$上a.s.收敛.

证 对任意$a > 0$, 令$T_a = \inf\{n \mid \langle X \rangle_n > a\}$, 则$(X_{T_a \wedge n}, n \geqslant 1)$为一鞅, 且由系8.2.14知$\mathbb{E}[X_{T_a \wedge n}^2] = \mathbb{E}[\langle X \rangle_{T_a \wedge n}] \leqslant a$. 故由鞅收敛定理知: 当$n \to \infty$时, $X_{T_a \wedge n}$ a.s.收敛. 特别, 在$[T_a = \infty]$上, X_n a.s.收敛. 由于a是任意的, 且$[\langle X \rangle_\infty < \infty] = \cup_{k=1}^{\infty} [\langle X \rangle_\infty \leqslant k]$,故$(X_n, n \geqslant 1)$在$[\langle X \rangle_\infty < \infty]$上a.s.收敛. □

定理8.2.16 设$(X_n, n \geqslant 1)$为一零均值鞅, 且$\mathbb{E}[\sup_n |X_n - X_{n-1}|] < \infty$. 令$\Omega_0 = [\sup_n X_n < \infty] \cup [\inf_n X_n > -\infty]$, 则$(X_n, n \geqslant 1)$在$\Omega_0$上a.s.收敛.

证 令$\xi_n = X_n - X_{n-1}$. 对任意$a > 0$, 令$T_a = \inf\{n \mid X_n > a\}$, 则$(X_{T_a \wedge n}, n \geqslant 1)$为一零均值鞅, 且有

$$X_{T_a \wedge n}^+ \leqslant X_{T_a \wedge (n-1)}^+ + \xi_{T_a \wedge n}^+ \leqslant a + \sup_n (\xi_n^+).$$

由于$\mathbb{E}[|X_{T_a \wedge n}|] = 2\mathbb{E}[X_{T_a \wedge n}^+]$且$\mathbb{E}[\sup_n |\xi_n|] < \infty$, 故$\mathbb{E}[|X_{T_a \wedge n}|]$ 关于n一致有界, 从而当$n \to \infty$, $X_{T_a \wedge n}$ a.s.收敛. 特别, 在$[\sup_n X_n \leqslant a]$上, X_n a.s.收敛. 由于a是任意的, 故$(X_n, n \geqslant 1)$在$[\sup_n X_n < \infty]$上a.s.收敛. 对$(-X_n)$应用已证结果知$(X_n, n \geqslant 1)$在$[\inf_n X_n > -\infty]$上也a.s.收敛. □

定理8.2.17 设$(Z_n, n \geqslant 1)$为一关于$(\mathcal{F}_n)$适应的随机变量序列, 且$0 \leqslant Z_n \leqslant 1$. 令$\mathcal{F}_0 = \{\varnothing, \Omega\}$, 则$[\sum_{n=1}^{\infty} Z_n < \infty] = [\sum_{n=1}^{\infty} \mathbb{E}[Z_n | \mathcal{F}_{n-1}] < \infty]$, a.s..

证 令

$$\xi_n = Z_n - \mathbb{E}[Z_n \mid \mathcal{F}_{n-1}]; \quad X_n = \sum_{i=1}^{n} \xi_i, \quad n \geqslant 1,$$

则$(X_n, n \geqslant 1)$为一零均值鞅, 且$\sup_n |X_n - X_{n-1}| \leqslant 2$. 由于

$$\Big[\sum_{n=1}^{\infty} Z_n < \infty\Big] \subset \big[\sup_n X_n < \infty\big],$$

故由定理8.2.16知, $(X_n, n \geqslant 1)$在$[\sum_{n=1}^{\infty} Z_n < \infty]$上a.s.收敛. 因此由

$$\sum_{n=1}^{\infty} \mathbb{E}[Z_n|\mathcal{F}_{n-1}] = \sum_{n=1}^{\infty} Z_n - \lim_{n\to\infty} X_n$$

推知$[\sum_{n=1}^{\infty} Z_n < \infty] \subset [\sum_{n=1}^{\infty} \mathbb{E}[Z_n|\mathcal{F}_{n-1}] < \infty]$, a.s.. 对$(-X_n)$ 应用上述推理可证相反的包含关系. □

作为定理的一个推论, 我们得到Borel-Cantelli引理的如下推广.

系8.2.18 设$A_n \in \mathcal{F}_n, n \geqslant 1$, 则

$$\limsup_{n\to\infty} A_n = \Big[\sum_{n=1}^{\infty} \mathbb{P}[A_{n+1}|\mathcal{F}_n] < \infty\Big], \text{ a.s.}.$$

证 在定理中令$Z_n = I_{A_n}$, 由$\limsup\limits_{n\to\infty} A_n = [\sum_{n=1}^{\infty} I_{A_n} < \infty]$ 推得欲证结论. □

利用推广了的Borel-Cantelli引理和定理8.2.16, 我们得到如下**Kolmogorov三级数定理**的条件形式(见Hall-Heyde (1980)).

定理8.2.19 设$(X_n, n \geqslant 1)$为一关于$(\mathcal{F}_n)$适应的随机变量序列, $S_n = \sum_{i=1}^{n} X_i$, $n \geqslant 1$, $c > 0$为一常数, 则S_n在满足如下三个条件的集合上a.s.收敛:

(1) $\sum_{i=1}^{\infty} \mathbb{P}(|X_i| \leqslant c \mid \mathcal{F}_{i-1}) < \infty$;

(2) $\sum_{i=1}^{\infty} \mathbb{E}[X_i I_{[|X_i| \leqslant c]} \mid \mathcal{F}_{i-1}]$收敛;

(3) $\sum_{i=1}^{\infty} \{\mathbb{E}[X_i^2 I_{[|X_i| \leqslant c]} \mid \mathcal{F}_{i-1}] - (\mathbb{E}[X_i I_{[|X_i| \leqslant c]} \mid \mathcal{F}_{i-1})])^2\} < \infty$.

证 令A表示使(1)、(2)和(3)成立的集合, 由(1)和推广了的 Borel-Cantelli引理得

$$[S_n\text{收敛}] = \Big[\sum_{i=1}^{\infty} \mathbb{E}[X_i I_{[|X_i| \leqslant c]} \text{ 收敛}\Big] = \Big[\sum_{i=1}^{\infty} Y_i\text{收敛}\Big],$$

其中

$$Y_i = X_i I_{[|X_i| \leqslant c]} - \mathbb{E}[X_i I_{[|X_i| \leqslant c]} \mid \mathcal{F}_{i-1}], \quad i \geqslant 1.$$

由于$(\sum_{i=1}^{n} Y_i, n \geqslant 1)$为一零均值鞅, 且

$$\mathbb{E}[Y_i^2 \mid \mathcal{F}_{i-1}] = \mathbb{E}[X_i^2 I_{[|X_i| \leqslant c]} \mid \mathcal{F}_{i-1}] - (\mathbb{E}[X_i I_{[|X_i| \leqslant c]} \mid \mathcal{F}_{i-1})])^2,$$

故由定理8.2.16知$\sum_{i=1}^{\infty} Y_i$在A上a.s.收敛. □

定理8.2.20 设$(X_n, n \geqslant 1)$为一关于$(\mathcal{F}_n)$适应的随机变量序列, $(S_n = \sum_{i=1}^n X_i, n \geqslant 1)$为鞅, $(U_n, n \geqslant 1)$为一非降严格正随机变量序列, 每个U_n关于$\mathcal{F}_{n-1}$可测, 且U_1^{-1}有界. 若$1 \leqslant p \leqslant 2$, 令

$$\Omega_1 = \Big[\sum_{i=1}^{\infty} U_i^{-p} \mathbb{E}[|X_i|^p \mid \mathcal{F}_{i-1}] < \infty\Big],$$

$$\Omega_2 = \Big[\lim_{n\to\infty} U_n = \infty,\ \sum_{i=1}^{\infty} U_i^{-p} \mathbb{E}[|X_i|^p \mid \mathcal{F}_{i-1}] < \infty\Big],$$

则在Ω_1上有$\sum_{i=1}^n U_I^{-1} X_i$ a.s.收敛, 在Ω_2上有$\lim_{n\to\infty} U_n^{-1} S_n = 0$, a.s.. 若$2 < p < \infty$, 令

$$\Omega_3 = \Big[\sum_{i=1}^{\infty} U_n^{-1} < \infty,\ \sum_{i=1}^{\infty} U_i^{-1-p/2} \mathbb{E}[|X_i|^p \mid \mathcal{F}_{i-1}] < \infty\Big],$$

则在Ω_3上有$\sum_{i=1}^n U_I^{-1} X_i$ a.s.收敛和$\lim_{n\to\infty} U_n^{-1} S_n = 0$, a.s..

为了证明这一定理, 我们先证明如下的**Kronecker**引理.

引理8.2.21 设$(x_i, i \geqslant 1)$为实数列, $(b_n, n \geqslant 1)$为非降正数列, 且$\lim\limits_{n\to\infty} b_n = \infty$. 令$s_n = \sum\limits_{i=1}^n x_i$, $r_n = \sum\limits_{i=1}^n b_i x_i$. 如果极限$\lim\limits_{n\to\infty} s_n = s$存在且有穷, 则$\lim\limits_{n\to\infty} r_n/b_n = 0$.

证 令$s_0 = 0$. 由于$b_i x_i = b_i(s_i - s_{i-1})$, 我们有

$$r_n = b_n s_n - \sum_{i=1}^{n-1} (b_{i+1} - b_i) s_i, \quad n \geqslant 2,$$

$$\limsup_{n\to\infty} \left|\frac{r_n}{b_n}\right| \leqslant \lim_{n\to\infty} |s_n - s| + \limsup_{n\to\infty} \left|\frac{1}{b_n} \sum_{i=1}^{n-1} (b_{i+1} - b_i) s_i - s\right|.$$

对给定$\varepsilon > 0$, 存在$n_0 \geqslant 1$, 使得对$n \geqslant n_0$, 有$|s_n - s| < \varepsilon$. 故有

$$\begin{aligned}\left|\frac{1}{b_n} \sum_{i=1}^{n-1} (b_{i+1} - b_i) s_i - s\right| &= \left|\frac{1}{b_n} \sum_{i=1}^{n-1} (b_{i+1} - b_i)(s_i - s) + \frac{b_1}{b_n} s\right| \\ &\leqslant \varepsilon + \frac{1}{b_n} \sum_{i=1}^{n_0-1} (b_{i+1} - b_i)|s_i - s| + \frac{b_1}{b_n}|s|.\end{aligned}$$

因此有$\lim_{n\to\infty} r_n/b_n = 0$. □

证 (定理8.2.20之证) 令$Y_n = U_n^{-1} X_n, n \geqslant 1$, 则易知$(\sum_{i=1}^n Y_i, n \geqslant 1)$为鞅. 当$1 \leqslant p \leqslant 2$, 由习题8.2.4推知, 在$\Omega_1$上$\sum_{i=1}^n U_i^{-1} X_i$ a.s.收敛, 从而又由Kronecker 引理推知, 在Ω_2上, $\lim_{n\to\infty} U_n^{-1} S_n = 0$, a.s..

下面考虑$2 < p < \infty$情形. 由于当$[\mathbb{E}[|X_n|^p \mid \mathcal{F}_{n-1}]^{2/p} > U_n$时, 有

$$[\mathbb{E}[|X_n|^p \mid \mathcal{F}_{n-1}]^{2/p} < U_n^{1-p/2}\mathbb{E}[|X_n|^p \mid \mathcal{F}_{n-1}],$$

故有

$$\begin{aligned}\mathbb{E}[Y_n^2 \mid \mathcal{F}_{n-1}] = U_n^{-2}\mathbb{E}[X_n^2 \mid \mathcal{F}_{n-1}] &\leqslant [U_n^{-p}\mathbb{E}(|X_n|^p \mid \mathcal{F}_{n-1})]^{2/p} \\ &\leqslant \max\{U_n^{-1}, U_n^{-1-p/2}\mathbb{E}[|X_n|^p \mid \mathcal{F}_{n-1}]\}.\end{aligned}$$

余下证明与上面相同. □

习 题

8.2.1 设$(\xi, \xi_n, n \geqslant 1) \subset L^1(\Omega, \mathcal{F}, \mathbb{P})$, $\xi_n \to \xi_\infty$, a.s., 且$|\xi_n| \leqslant |\xi|$, $\forall n \geqslant 1$, 则$\mathbb{E}[\xi_n \mid \mathcal{F}_n]$ a.s.且L^1收敛于$\mathbb{E}[\xi_\infty \mid \mathcal{F}_\infty]$.

8.2.2 设$(X_n, n \geqslant 0)$为一鞅(上鞅), T为一有穷停时, 且$\mathbb{E}[T] < \infty$. 如果存在常数$C > 0$, 使得对一切$n \geqslant 1$, 在$[T \geqslant n+1]$上a.s.有$\mathbb{E}[|X_{n+1} - X_n| \mid \mathcal{F}_n] \leqslant C$, 则$\mathbb{E}[X_T] = \mathbb{E}[X_0]$($\leqslant \mathbb{E}[X_0]$). (提示: 利用定理8.2.12.)

8.2.3 设 $\xi = (\xi_1, \xi_2, \cdots)$ 为一独立同分布随机变量序列, 且 $\mathbb{E}[|\xi_1|] < \infty$. 令$\mathcal{F}_n = \sigma(\xi_1, \cdots, \xi_n)$, $T \geqslant 1$为关于$(\mathcal{F}_n)$的有穷停时, 且$\mathbb{E}[T] < \infty$. 证明如下的**Wald 等式**:

$$\mathbb{E}[\sum_{i=1}^{T} \xi_i] = \mathbb{E}[\xi_1]\mathbb{E}[T].$$

如果进一步假定$\mathbb{E}[\xi_1^2] < \infty$, 证明另一**Wald 等式**:

$$\mathbb{E}[(\sum_{i=1}^{T} \xi_i - T\mathbb{E}[\xi_1])^2] = \mathbb{E}[(\xi_1 - \mathbb{E}[\xi_1])^2]\mathbb{E}[T].$$

(提示: 利用习题8.2.2.)

8.2.4 利用Kolmogorov三级数定理证明如下结果(见Chow, Ann. Math. Statist. 36, 552-558): 设$1 \leqslant p \leqslant 2$, (X_n)为一关于$(\mathcal{F}_n)$适应的随机变量序列, $(S_n = \sum_{i=1}^n X_i, n \geqslant 1)$为鞅, 则$S_n$在$[\sum_{i=1}^\infty \mathbb{E}[|X_i|^p \mid \mathcal{F}_{i-1}] < \infty]$上a.s.收敛.

8.2.5 设$X = (X_n, n \geqslant 1)$为一平方可积鞅, 证明在$[\langle X \rangle_\infty = \infty]$上有$\lim\limits_{n\to\infty} \langle X \rangle_n^{-1} X_n = 0$, a.s..

8.2.6 设$X = (X_n, n \geqslant 1)$为一上鞅, $X_n = M_n - A_n$为其Doob分解. 证明在$[A_\infty < \infty]$上X_n a.s.收敛.

8.2.7 设$X = (X_n, n \geqslant 1)$为一平方可积鞅, 证明在$[\langle X \rangle_\infty < \infty]$上$X_n$ a.s.收敛. (提示: 考虑下鞅(X_n^2)和$((X_n+1)^2)$并利用习题8.2.6.)

8.2.8 设$\xi = (\xi_1, \xi_2, \cdots)$为一独立随机变量序列, 且$\mathbb{E}[\xi_n^2] < \infty$, $\forall n \geqslant 1$. 令$X_n = \sum_{i=1}^n \xi_i$. 如果$b_n \uparrow \infty$使得$\sum_{n=1}^\infty \frac{\mathbb{E}[(\xi_n - \mathbb{E}[\xi_n])^2]}{b_n^2} < \infty$, 证明$\frac{X_n - \mathbb{E}[X_n]}{b_n} \to 0$, a.s..(提示: 利用习题8.1.1和Kronecker 引理.)

8.3 局部鞅

下面我们对鞅的概念作三种推广, 并将证明这三种推广的等价性.

定义8.3.1 设$X=(X_n,n\geqslant 0)$为$(\mathcal{F}_n)$适应的随机变量序列, 称X为**局部鞅**, 如果存在一列停时$T_k\uparrow\infty$, 使得对每个$k\geqslant 1$ $(X_{n\wedge T_k}I_{[T_k>0]},n\geqslant 0)$为一鞅; 称$X$为**广义鞅**, 如果对每个$n$, X_{n+1}关于$\mathcal{F}_n$为σ可积, 且有$\mathbb{E}[X_{n+1}\mid\mathcal{F}_n]=X_n$, a.s..

定义8.3.2 设$(M_n,n\geqslant 0)$为一适应序列, (H_n)为一可料序列(即每个(H_n)为$\mathcal{F}_{n-1}$可测, $n\geqslant 0$, $\mathcal{F}_{-1}\hat{=}\mathcal{F}_0$). 令$\Delta M_n=M_n-M_{n-1}$, 并令

$$X_0=H_0M_0,\ X_n=H_0M_0+\sum_{i=1}^{n}H_i\Delta M_i,\ n\geqslant 1, \tag{8.3.1}$$

记为$H.M$. 如果$(M_n,n\geqslant 0)$为一鞅, 称$H.M$为M关于H的**鞅变换**.

下一定理归于Meyer (1972).

定理8.3.3 设$X=(X_n,n\geqslant 0)$为一适应序列,则下列断言等价:

(1) X为局部鞅; (2) X为广义鞅; (3) X为鞅变换.

证 (1)⇒(2). 设X为局部鞅. 令$T_k\uparrow\infty$为一列停时, 使得对每个$k\geqslant 1$, $(X_{n\wedge T_k}I_{[T_k>0]},n\geqslant 0)$为一鞅. 故有

$$\mathbb{E}[X_{(n+1)\wedge T_k}I_{[T_k>0]}\mid\mathcal{F}_n]=X_{n\wedge T_k}I_{[T_k>0]},\quad n\geqslant 0,$$

从而有

$$\mathbb{E}[X_{n+1}I_{[T_k>n]}\mid\mathcal{F}_n]=X_nI_{[T_k>n]},\quad n\geqslant 0.$$

由于当$k\to\infty$时$[T_k>n]\uparrow\Omega$,我们推得X为广义鞅.

(2)⇒(3). 设X为广义鞅. 令

$$H_0=|X_0|,H_n=\mathbb{E}[|X_n-X_{n-1}|\mid\mathcal{F}_{n-1}],\ \ n\geqslant 1,$$

$$V_n=\frac{1}{H_n}I_{[H_n>0]},\ \ n\geqslant 0,$$

则(V_n)为一可料序列. 令$M=V.X$, 则M为鞅, 且有$X=H.M$. 这表明X为鞅变换.

(3)⇒(1). 设$X=H.M$为一鞅变换, 其中M为一鞅, (H_n)为一可料序列. 令

$$T_k=\inf\{n\mid |H_{n+1}|\geqslant k\},\quad k\geqslant 1,$$

则每个T_k为停时, $T_k\uparrow\infty$, 且H^{T_k}在$[T_k>0]$上被k界住. 于是每个$X_{n\wedge T_k}I_{[T_k>0]}$为可积, 且有

$$\mathbb{E}[(X_{(n+1)\wedge T_k}-X_{n\wedge T_k})I_{[T_k>0]}\mid\mathcal{F}_n]$$

$$= H_n I_{[T_k>0]} \mathbb{E}[(M_{n+1\wedge T_k} - M_{n\wedge T_k}) \mid \mathcal{F}_n] = 0.$$

这表明$(X_{n\wedge T_k} I_{[T_k>0]}, n \geqslant 0)$ 为鞅. 于是X为局部鞅. □

系8.3.4 设M为局部鞅. 如果每个M_n可积, 则M为鞅. 特别, 如果M为非负局部鞅, 且M_0可积, 则M 为鞅.

系8.3.5 设X为局部鞅, (K_n) 为一可料序列. 则$K.X$为鞅变换.

证 由定理8.3.3, $X = H.M$ 为一鞅变换, 其中M为鞅, (H_n) 为一可料序列. 令$W = HK$, 则W为一可料序列, 且容易验证$K.X = W.M$, 故$K.X$为鞅变换. □

定理8.3.6 如果$(M_n, 0 \leqslant n \leqslant N)$ 为一可积随机变量的适应序列, 使得对任一有界可料序列$(H_n, 0 \leqslant n \leqslant N)$, 有$\mathbb{E}[\sum_{j=1}^N H_j \Delta M_j] = 0$, 则$(M_n, 0 \leqslant n \leqslant N)$ 为一鞅.

证 对$1 \leqslant j \leqslant N$, $A \in \mathcal{F}_{j-1}$, 令$H_n = 0, n \neq j, H_j = I_A$. 则$(H_n)$为一有界可料序列, 且依假定$\mathbb{E}[I_A(M_j - M_{j-1})] = 0$. 这表明$\mathbb{E}[M_j|\mathcal{F}_{j-1}] = M_{j-1}$. 于是$(M_n)$ 为一鞅. □

习 题

8.3.1 设M为一局部鞅. 令$X_0 = 1$, $X_n = \prod_{k=1}^n (1 + \Delta M_k), n \geqslant 1$. 则$X$为一鞅变换. 特别, 若对每个$k \geqslant 1$, $\Delta M_k \geqslant -1$, 则X为一鞅.

第 9 章　Hilbert空间和Banach空间上的测度

本章首先介绍欧氏空间上有限Borel 测度的Fourier 变换和 Bochner 定理, 然后介绍Hilbert空间上有限Borel测度Fourier变换的刻画(Minlos-Sazanov定理)和它的一个更加常用的形式——Minlos 定理, 给出Hilbert空间上Gauss测度Fourier变换的刻画, 最后介绍Hilbert空间上Gauss测度到Banach空间上的提升(Gross定理) 和一个有关Banach空间上对称Gauss测度的Fernique定理. 本章的9.2至9.5节内容取材于黄志远、严加安(1997) 第1章的部分内容.

9.1　$\mathbb{R}^m$上Borel测度的Fourier变换和Bochner定理

定义9.1.1　设μ为$\mathbb{R}^m$上的一有限Borel测度. 令

$$\widehat{\mu}(t)=\int_{\mathbb{R}^m}e^{it\cdot x}\mu(dx),\quad t\in\mathbb{R}^m, \tag{9.1.1}$$

称$\widehat{\mu}$为μ的**Fourier变换**.

显然, $\widehat{\mu}$具有如下几条性质:

(1) $\widehat{\mu}(0)=\mu(\mathbb{R}^m)$;

(2) $\widehat{\mu}$在$\mathbb{R}^m$上连续;

(3) $\widehat{\mu}$是**非负定的**, 即对任意自然数$n\geqslant 2$ 及$t_1,\cdots,t_n\in\mathbb{R}^m$ 和复数$\alpha_1,\cdots,\alpha_n$, 有

$$\sum_{l,k=1}^{n}\widehat{\mu}(t_l-t_k)\alpha_l\bar{\alpha}_k\geqslant 0. \tag{9.1.2}$$

事实上, (9.1.2)式可由下式推得

$$\sum_{l,k=1}^{n}\widehat{\mu}(t_l-t_k)\alpha_l\bar{\alpha}_k=\int_{\mathbb{R}^m}\left|\sum_{k=1}^{n}\alpha_k e^{it_k\cdot x}\right|^2\mu(dx).$$

定义9.1.2　设F是$\mathbb{R}^m$上的一非负右连续增函数, 且$F(-\infty):=\lim\limits_{x\to-\infty}F(x)\geqslant 0, F(\infty)<\infty$. 假定$\mu_F$为与$F$联系的Lebesgue-Stieltjes测度(见定理1.5.4). 令

$$f(t)=\widehat{\mu}_F=\int_{\mathbb{R}^m}e^{it\cdot x}dF(x),\quad t\in\mathbb{R}^m,$$

也称f为F的Fourier变换.

定义9.1.3　设$(\Omega, \mathcal{F}, I\!P)$为一概率空间, $\xi = \{\xi_i, 1 \leqslant i \leqslant m\}$为$m$维实值随机变量, $F(x_1, \cdots, x_m) = I\!P(\xi_1 \leqslant x_1, \cdots, \xi_m \leqslant x_m), x = (x_1, \cdots, x_m) \in \mathbb{R}^n$为其分布函数, 令

$$f(t) = \widehat{\mu}_F = I\!E[e^{it\cdot\xi}] = \int_{\mathbb{R}^m} e^{it\cdot x} dF(x), \ \ t = (t_1, \cdots, t_m) \in \mathbb{R}^m,$$

称f为随机变量ξ(或分布函数F)的**特征函数**.

下一定理是Lévy关于增函数的Fourier变换的反演公式. 特别地, 由该定理知特征函数唯一决定其相应的分布函数.

定理9.1.4　设F是$\mathbb{R}^m$上的一非负右连续增函数, 且$F(-\infty) = 0, F(\infty) < \infty$, f为F的Fourier变换, 则对任意满足$a < b$的F的连续点a, b有

$$\Delta_{b,a} F = \left(\frac{1}{2\pi}\right)^m \lim_{T\to\infty} \int_{[-T,T]^m} \prod_{j=1}^m \left(\frac{e^{-it_j b_j} - e^{-it_j a_j}}{-it_j}\right) \times f(t_1, \cdots, t_m) dt_1 \cdots dt_m,$$

其中记号$\Delta_{b,a}F$见定义1.5.3.

证　考虑积分

$$\begin{aligned} I_T &= \int_{[-T,T]^m} \prod_{j=1}^m \left(\frac{e^{-it_j b_j} - e^{-it_j a_j}}{-it_j}\right) f(t_1, \cdots, t_m) dt_1 \cdots dt_m \\ &= \int_{[-T,T]^m} \prod_{j=1}^m \left(\frac{e^{-it_j b_j} - e^{-it_j a_j}}{-it_j}\right) \\ &\qquad \int_{\mathbb{R}^m} e^{i\sum_{j=1}^m t_j x_j} dF(x_1, \cdots, x_m) dt_1 \cdots dt_m \\ &= \int_{\mathbb{R}^m} \int_{[-T,T]^m} \prod_{j=1}^m \left(\frac{e^{-it_j(b_j - x_j)} - e^{-it_j(a_j - x_j)}}{-it_j}\right) \\ &\qquad dt_1 \cdots dt_m dF(x_1, \cdots, x_m) \\ &= \int_{\mathbb{R}^m} \int_{[-T,T]^m} \prod_{j=1}^m \left(\frac{\sin t_j(b_j - x_j)}{t_j} - \frac{\sin t_j(a_j - x_j)}{t_j}\right) \\ &\qquad dt_1 \cdots dt_m dF(x_1, \cdots, x_m). \end{aligned}$$

于是我们有

$$\begin{aligned} \lim_{T\to\infty} I_T &= \int_{\mathbb{R}^m} \prod_{j=1}^m (\pi \mathrm{sgn}(b_j - x_j) - \pi \mathrm{sgn}(a_j - x_j)) \, dF(x_1, \cdots, x_m) \\ &= (2\pi)^m \Delta_{b,a} F. \end{aligned}$$

□

下一定理是Lévy关于特征函数的**连续性定理**.

定理9.1.5 设(F_n)为$\mathbb{R}^m$上的一列分布函数, (f_n)为相应的特征函数列. 则为要F_n 全收敛于$\mathbb{R}^m$上的一分布函数F(即测度序列(μ_{F_n})弱收敛于μ_F), 必须且只需(f_n)在$\mathbb{R}^m$ 上处处收敛于一在0处连续的函数f. 这时f必为F的特征函数. 特别, 若特征函数列(f_n) 在$\mathbb{R}^m$上处处收敛于一在0处连续的函数f, 则f必为特征函数.

证 必要性显然, 因为若(F_n)全收敛于一分布函数F, 则由定理6.1.3知, 其特征函数(f_n)在$\mathbb{R}^m$上处处收敛于f. 往证充分性. 设(F_n)为一列分布函数, (f_n)为相应的特征函数列. 设(f_n)在$\mathbb{R}^m$上处处收敛于一在0处连续的函数f. 我们只需证(F_n)全收敛于一分布函数F. 由Helly定理(定理6.1.4)知, 存在(F_n)的一子序列(F_{n_k}) 弱收敛于一非负右连续增函数F(即测度$(\mu_{F_{n_k}})$淡收敛于μ_F). 下面我们证明F是一分布函数,且序列(F_n)本身全收敛于分布函数F.

首先考虑$m=1$情形. 假定F不是分布函数, 即$F(\infty)-F(-\infty)=\delta<1$.令$\varepsilon>0$使得$\delta<1-\varepsilon$. 由于$f(0)=\lim_{n\to\infty}f_n(0)=1$, 且$f$在0处连续, 可取$\tau>0$足够小, 使得

$$\left|\frac{1}{2\tau}\int_{-\tau}^{\tau}f(t)dt\right|>\delta+\frac{\varepsilon}{2}.$$

现取$x>2/(\tau\varepsilon)$, 使得x和$-x$都是F的连续点, 则

$$\begin{aligned}\left|\frac{1}{2\tau}\int_{-\tau}^{\tau}f_{n_k}(t)dt\right| &\leqslant \left|\frac{1}{2\tau}\int_{|y|<x}dF_{n_k}(y)\int_{-\tau}^{\tau}e^{ity}dt\right|\\ &\quad+\left|\frac{1}{2\tau}\int_{|y|\geqslant x}dF_{n_k}(y)\int_{-\tau}^{\tau}e^{ity}dt\right|\\ &\leqslant F_{n_k}(x)-F_{n_k}(-x)+\frac{1}{\tau}\left|\int_{|y|\geqslant x}\frac{\sin\tau y}{y}dF_{n_k}(y)\right|\\ &< F_{n_k}(x)-F_{n_k}(-x)+\frac{\varepsilon}{2}.\end{aligned}$$

在上式中令$k\to\infty$得

$$\left|\frac{1}{2\tau}\int_{-\tau}^{\tau}f(t)dt\right|<F(x)-F(-x)+\frac{\varepsilon}{2}<\delta+\frac{\varepsilon}{2},$$

这导致矛盾. 因此F必须是一分布函数. 于是(F_{n_k})全收敛于分布函数F,且f为F的特征函数. 由于特征函数唯一决定分布函数, 故(F_n)的任一弱收敛子序列都全收敛于同一分布函数F. 再由Helly定理推知, 序列(F_n)本身全收敛于分布函数F.

现在考虑$m>1$情形. 任取$t_j\in\mathbb{R},t_j\neq 0,1\leqslant j\leqslant m$. 令$t=(t_1,\cdots,t_m),S_x=\{y\in\mathbb{R}^m\,|\,t\cdot y\leqslant x\},x\in\mathbb{R}$. 又令$G_n(x)=\mu_{F_n}(S_x)$. 如果$F_n$是$m$维随机变量$\xi(n)=(\xi_1(n),\cdots,\xi_m(n))$的分布函数, 令$X_n=t\cdot\xi(n)$, 则$\mathbb{P}(X_n\leqslant x)=\mathbb{P}(\xi(n)\in S_x)=\mu_{F_n}(S_x)$, 从而$G_n$是$X_n$的分布函数, 其特征函数$\phi_n(u)=\mathbb{E}[e^{iuX_n}]=\mathbb{E}[e^{iu(t\cdot\xi(n))}]=$

$f_n(ut), u \in \mathbb{R}$. 令$\phi(u) = f(ut)$, 依假定, ϕ_n处处收敛于在0处连续的函数ϕ, 于是由上面已证结果, G_n全收敛于一分布函数G. 另一方面, 设(F_{n_k})弱收敛于一非负右连续增函数F, 即$(\mu_{F_{n_k}})$ 淡收敛于μ_F, 则对F的连续点x, 有

$$\lim_{k\to\infty} G_{n_k}(x) = \lim_{k\to\infty} \mu_{F_{n_k}}(S_x) = \mu_F(S_x).$$

于是对F的连续点x有$G(x) = \mu_F(S_x)$. 最终有

$$\mu_F(\mathbb{R}^m) = \lim_{x\to\infty} \mu_F(S_x) = \lim_{x\to\infty} G(x) = 1.$$

因此F是一分布函数, 且(F_{n_k})全收敛于分布函数F. 再由Helly定理推知,序列(F_n)本身全收敛于分布函数F. □

引理9.1.6 设$m \geqslant 1, 0 < T < \infty, \phi_T$为$\mathbb{R}^m$上的一复值连续函数, 满足

$$\phi_T(0) = 1,\ \phi_T(t) = 0,\ \forall t \in \mathbb{R}^m \setminus [-T, T]^m.$$

如果对一切$x \in \mathbb{R}^m$,

$$P_T(x) = \left(\frac{1}{2\pi}\right)^m \int_{\mathbb{R}^m} e^{-it\cdot x}\phi_T(t)dt \geqslant 0$$

则$\int_{\mathbb{R}^m} P_T(x)dx = 1, \phi_T(t) = \int_{\mathbb{R}^m} e^{it\cdot x}P_T(x)dx$为一特征函数.

证 对$N > 0$, 令$\psi_N(x) = \prod_{j=1}^m [1 - (|x_j|/N)]I_{[-N,N]}(x_j), x \in \mathbb{R}^m$, 则

$$\begin{aligned}
\int_{\mathbb{R}^m} P_T(x)dx &= \lim_{N\to\infty} \int_{\mathbb{R}^m} \psi_N(x)P_T(x)dx \\
&= \lim_{N\to\infty} \left(\frac{1}{2\pi}\right)^m \int_{\mathbb{R}^m} \phi_T(t) \int_{\mathbb{R}^m} e^{-it\cdot x}\psi_N(x)dxdt \\
&= \lim_{N\to\infty} \left(\frac{1}{2\pi}\right)^m \int_{\mathbb{R}^m} \phi_T(t) \prod_{j=1}^m \frac{(\sin(t_jN/2))^2}{t_j^2N^2/4} dt_1\cdots dt_m \\
&= \lim_{N\to\infty} \left(\frac{1}{\pi}\right)^m \int_{\mathbb{R}^m} \phi_T(\frac{2v}{N}) \prod_{j=1}^m \frac{\sin^2 v_j}{v_j^2} dv_1\cdots dv_m \\
&= \left(\frac{1}{\pi}\right)^m \int_{\mathbb{R}^m} \phi_T(0) \prod_{j=1}^m \frac{\sin^2 v_j}{v_j^2} dv_1\cdots dv_m = \phi_T(0) = 1.
\end{aligned}$$

在上述推导中我们用了单调收敛定理和控制收敛定理. 这表明$P_T(x)$为$\mathbb{R}^m$上一分布函数的密度函数. 类似可证

$$\int_{\mathbb{R}^m} e^{it\cdot x}P_T(x)dx = \left(\frac{1}{\pi}\right)^m \int_{\mathbb{R}^m} \phi_T\left(t - \frac{2v}{N}\right) \prod_{j=1}^m \frac{\sin^2 v_j}{v_j^2} dv_1\cdots dv_m = \phi_T(t).$$

从而$\phi_T(t)$为一特征函数. □

下一定理是著名的**Bochner定理**,它给出了$\mathbb{R}^m$上有限Borel 测度Fourier变换的一个刻画.

定理9.1.7 设f为$\mathbb{R}^m$上的有界复值连续函数, 则f为有限Borel测度的Fourier变换, 当且仅当f是非负定的.

证 只需证充分性. 不妨假定$f(0)=1$, 这时只需证f为特征函数. 令

$$P_T(x)=\left(\frac{1}{2\pi T}\right)^m\int_{[0,T]^{2m}}f(u-v)e^{-iu\cdot x}e^{iv\cdot x}dudv,\quad x\in\mathbb{R}^m.$$

将$P_T(x)$视为Riemann和的极限, 由f的非负定性知$P_T(x)\geqslant 0$. 在上述多重积分中做如下变量代换: $u=u, v=u-t$, 则变换Jacobi 行列式为$J=(a_{i,j})$, 其中

$$a_{i,j}=a_{i,\,j+m}=\delta_{i,j},\ a_{i+m,j}=0,\ a_{i+m,j+m}=-\delta_{i,j},\ 1\leqslant i,j\leqslant m.$$

于是有

$$\begin{aligned}P_T(x)&=\left(-\frac{1}{2\pi T}\right)^m\int_0^T\cdots\int_0^T du\int_{u_m}^{u_m-T}\cdots\int_{u_1}^{u_1-T}f(t)e^{-it\cdot x}dt\\&=\left(\frac{1}{2\pi T}\right)^m\int_0^T\cdots\int_0^T dt\int_{t_m}^{T}\cdots\int_{t_1}^{T}f(t)e^{-it\cdot x}du\\&\quad+\left(\frac{1}{2\pi T}\right)^m\int_{-T}^0\cdots\int_{-T}^0 dt\int_0^{T-|t_m|}\cdots\int_0^{T-|t_1|}f(t)e^{-it\cdot x}du\\&=\left(\frac{1}{2\pi}\right)^m\int_{-T}^T\cdots\int_{-T}^T e^{-it\cdot x}\prod_{j=1}^m\left(1-\frac{|t_j|}{T}\right)f(t)dt\geqslant 0.\end{aligned}$$

由引理9.1.6知, $\phi_T(t)=\prod_{j=1}^m\left(1-\frac{|t_j|}{T}\right)I_{[-T,T]^m}f(t)$为特征函数. 由于$\lim\limits_{T\to\infty}\phi_T(t)=f(t), t\in\mathbb{R}^m$, 且$f$为一$\mathbb{R}^m$上的复值连续函数, 故由特征函数的连续性定理知$f$为特征函数. □

系9.1.8 设f为$\mathbb{R}^m$上的一复值连续函数, 且$f(0)=1$, 则f为特征函数, 当且仅当f是非负定的.

由定理9.1.7的证明我们得到$\mathbb{R}^m$上有限Borel测度Fourier变换的另一个刻画(属于Cramér).

定理9.1.9 设f为$\mathbb{R}^m$上的有界复值连续函数, 则f为有限Borel测度的Fourier变换, 当且仅当对一切$T>0$,

$$P_T(x)=\int_{[0,T]^{2m}}f(u-v)e^{i(u-v)\cdot x}dudv\geqslant 0,\quad x\in\mathbb{R}^m.$$

9.2 测度的Fourier变换和Minlos-Sazanov定理

设H为一实可分Hilbert空间, $\mathcal{B}(H)$为它的Borel σ代数. 易知$\mathcal{B}(H)$为可分σ代数(即$\mathcal{B}(H)$是可数生成的). 可测空间$(H,\mathcal{B}(H))$ 上的测度称为H上的Borel测度. 下面我们只讨论H上的有限Borel 测度.

定义9.2.1 设μ为H上的一有限Borel测度. 令

$$\widehat{\mu}(x)=\int_H e^{i(x,y)}\mu(dy)\,,\ x\in H,$$

称$\widehat{\mu}$为μ的**Fourier变换**.

显然, $\widehat{\mu}$具有如下几条性质:

(1) $\widehat{\mu}(0)=\mu(H)$;

(2) $\widehat{\mu}$在H上连续(甚至关于H的弱拓扑连续);

(3) $\widehat{\mu}$是非负定的.

自然要问: 是否与有穷维欧氏空间情形类似, 无穷维Hilbert 空间上的任何非负定连续泛函都是某一有限Borel测度的Fourier变换? 答案是否定的.下面我们将致力于给出Hilbert空间上有限Borel测度的Fourier变换的一个刻画(Minlos-Sazanov定理). 为此先证明若干引理.

引理9.2.2 设φ为H上一非负定泛函. 则

(1) $|\varphi(x)|\leqslant\varphi(0),\overline{\varphi(x)}=\varphi(-x)\,,\quad\forall x\in H\,;$

(2) $|\varphi(x)-\varphi(y)|\leqslant 2\sqrt{\varphi(0)}\sqrt{|\varphi(0)-\varphi(x-y)|}\,,\quad\forall x,y\in H;$

(3) $|\varphi(0)-\varphi(x)|\leqslant\sqrt{2\varphi(0)(\varphi(0)-\mathrm{Re}\,\varphi(x))}\,,\quad\forall x\in H.$

证 设$x,y\in H$. 令

$$A=\begin{pmatrix}\varphi(0) & \varphi(x)\\ \varphi(-x) & \varphi(0)\end{pmatrix},\quad B=\begin{pmatrix}\varphi(0) & \varphi(x) & \varphi(y)\\ \varphi(-x) & \varphi(0) & \varphi(y-x)\\ \varphi(-y) & \varphi(x-y) & \varphi(0)\end{pmatrix}.$$

由φ的非负定性推知A和B为非负定矩阵. 特别有$\overline{A^\tau}=A$, 这里A^τ 表示A的转置. 故有$\overline{\varphi(x)}=\varphi(-x)$. 此外由$\det\ A\geqslant 0$推知$|\varphi(x)|\leqslant\varphi(0)$. (1)得证. 由(1)知, 矩阵$B$中的元素$\varphi(-x)$, $\varphi(-y)$ 及$\varphi(y-x)$可用$\overline{\varphi(x)}$,$\overline{\varphi(y)}$ 及$\overline{\varphi(x-y)}$替换. 计算B的行列式可得

$$\begin{aligned}\det\ B&=\varphi(0)^3-\varphi(0)|\varphi(x-y)|^2-\varphi(x)[\varphi(0)\overline{\varphi(x)}-\overline{\varphi(x-y)\varphi(y)}]\\&\quad+\varphi(y)[\overline{\varphi(x)}\varphi(x-y)-\varphi(0)\overline{\varphi(y)}]\\&=\varphi(0)^3-\varphi(0)|\varphi(x-y)|^2-\varphi(0)|\varphi(x)-\varphi(y)|^2\\&\quad+2\mathrm{Re}[\varphi(y)\overline{\varphi(x)}(\varphi(x-y)-\varphi(0))].\end{aligned}$$

因为

$$\varphi(0)^3-\varphi(0)|\varphi(x-y)|^2\leqslant 2\varphi(0)^2|\varphi(0)-\varphi(x-y)|,$$

所以

$$0\leqslant \det B\leqslant 4\varphi(0)^2|\varphi(0)-\varphi(x-y)|-\varphi(0)|\varphi(x)-\varphi(y)|^2,$$

由此推得(2). (3)式可由如下不等式推出

$$\begin{aligned}|\varphi(0)-\varphi(x)|^2&=(\varphi(0)-\varphi(x))(\varphi(0)-\overline{\varphi(x)})\\&=\varphi(0)^2-2\varphi(0)\mathrm{Re}\,\varphi(x)+|\varphi(x)|^2\\&\leqslant 2\varphi(0)^2-2\varphi(0)\mathrm{Re}\,\varphi(x).\end{aligned}$$

□

设A为H上线性算子, 若$(Ax,x)\geqslant 0,(Ax,y)=(x,Ay),\forall x,y\in H$, 则称$A$为非负对称算子. 若进一步有$(Ax,x)>0,\forall x\neq 0$, 则称$A$为**正对称算子**. 设$A$为$H$上的一非负对称算子, 令$\{e_n\}$为$H$的一组标准正交基, 则$\mathrm{Tr}\ A:=\sum_n(Ae_n,e_n)$不依赖标准正交基的选取. 若$\mathrm{Tr}\ A<\infty$, 则称$A$为对称**迹算子**, 并称$\mathrm{Tr}A$为$A$的**迹**.

设A为H上的非负对称迹算子, 则存在H中的一个标准正交系$\{e_n\}$及一列非负实数$\{\lambda_n\}$, 满足$\sum_{n=1}^\infty\lambda_n<\infty$, 使得$Ae_n=\lambda_n e_n$, 且有

$$Ax=\sum_n\lambda_n(x,e_n)e_n\ ,\quad \forall x\in H\ . \tag{9.2.1}$$

称(9.2.1)式为对称迹算子A的**谱分解**. 这时有$\mathrm{Tr}A=\sum_{n=1}^\infty\lambda_n$.

引理9.2.3 设μ为H上的有限Borel测度, 则下列断言等价:

(1) $\int_H\|x\|^2\mu(dx)<\infty$;

(2) 存在一正对称迹算子S, 使得$\forall x,y\in H$有

$$(Sx,y)=\int_H(x,z)(y,z)\mu(dz). \tag{9.2.2}$$

如果(2)成立, 则

$$\mathrm{Tr}\,S=\int_H\|x\|^2\mu(dx). \tag{9.2.3}$$

证 设(2)成立. 令$\{e_n\}$为H的一组标准正交基, 则有

$$\int_H\|x\|^2\mu(dx)=\sum_{j=1}^\infty\int_H(x,e_j)^2\mu(dx)=\sum_{j=1}^\infty(Se_j,e_j)=\mathrm{Tr}\,S. \tag{9.2.4}$$

这表明(1)成立, 并有(9.2.3)式. 反之, 设(1)成立, 则

$$\int_H|(x,z)(y,z)|\mu(dz)\leqslant\|x\|\,\|y\|\int_H\|z\|^2\mu(dz).$$

于是存在H上一有界线性算子S, 使得(9.2.2)式成立. 显然S是正的和对称的. 此外, 由(9.2.4)式知

$$\operatorname{Tr} S = \int_H \|x\|^2 \mu(dx) < \infty.$$

从而S是迹算子. □

下一定理是**Minlos-Sazanov定理**,它给出了有限Borel测度的Fourier变换的一个刻画.

定理9.2.4 设φ是H上的一正定泛函, 则下列断言等价:

(1) φ为H上某一有限Borel测度μ的Fourier变换;

(2) $\forall \varepsilon > 0$, 存在对称迹算子S_ε, 使得

$$(S_\varepsilon x, x) < 1 \Longrightarrow \operatorname{Re}(\varphi(0) - \varphi(x)) < \varepsilon; \tag{9.2.5}$$

(3) 存在H上对称迹算子S, 使得φ关于H的如下范数$\|\cdot\|_*$连续(或只在$x = 0$处连续):

$$\|x\|_* = (Sx, x)^{1/2} = \|S^{1/2}x\|. \tag{9.2.6}$$

证 (1) $\Longrightarrow$ (2). 设$\varphi = \widehat{\mu}$. 对一切$\gamma > 0$, 我们有

$$\begin{aligned}\operatorname{Re}(\varphi(0) - \varphi(x)) &= \int_H (1 - \cos(x, z))\mu(dz) \\ &\leqslant \frac{1}{2}\int_{\|z\| \leqslant \gamma} (x, z)^2 \mu(dz) + 2\mu(\{z \mid \|z\| > \gamma\}).\end{aligned}$$

令$\mu_1(A) = \mu(A \cap [\|z\| \leqslant \gamma])$. 对$\mu_1$应用引理9.2.3知, 存在一正的对称迹算子$B_\gamma$使得

$$(B_\gamma z_1, z_2) = \int_{\|z\| \leqslant \gamma} (z, z_1)(z, z_2)\mu(dz).$$

对给定$\varepsilon > 0$, 先选取$\gamma > 0$使得$\mu([\|z\| > \gamma]) < \varepsilon/4$, 再令$S_\varepsilon = \varepsilon^{-1} B_\gamma$, 则有

$$\operatorname{Re}(\varphi(0) - \varphi(x)) < \frac{\varepsilon}{2}(S_\varepsilon x, x) + \frac{\varepsilon}{2}.$$

(2) $\Longrightarrow$ (1). 设(2)成立, 则$\operatorname{Re}\varphi(x)$在$x = 0$处连续. 故由引理9.2.2知$\varphi$在$H$上连续. 现在任意取定$H$上的一组标准正交基$\{e_n\}$, 并对每个自然数$n \geqslant 1$, 令

$$f_{i_1,\cdots,i_n}(\omega_1, \cdots, \omega_n) = \varphi(\omega_1 e_{i_1} + \cdots + \omega_n e_{i_n}), \quad \omega_j \in \mathbb{R}, \quad 1 \leqslant j \leqslant n, \tag{9.2.7}$$

则$f_{i_1,\cdots,i_n}$为$\mathbb{R}^n$上的一正定函数. 由Bochner定理知, $f_{i_1,\cdots,i_n}$为$\mathbb{R}^n$ 上一有限Borel测度$\mu_{i_1,\cdots,i_n}$的Fourier变换. 测度族$\{\mu_{i_1,\cdots,i_n}\}$满足 Kolmogorov测度扩张定理的相容性条件. 于是存在$(\mathbb{R}^\infty, \mathcal{B}(\mathbb{R}^\infty))$ 上唯一的有限测度ν使得

$$\mu_{i_1,\cdots,i_n} = \nu \circ (X_{i_1}, \cdots, X_{i_n})^{-1}, \tag{9.2.8}$$

其中$X_j(\omega)=\omega_j$, $\omega=(\omega_1,\omega_2,\cdots)\in\mathbb{R}^\infty$.

下面我们要证明$\sum_{k=1}^\infty X_k^2<\infty$, ν-a.e.. 为此, 令$I\!P_n$为$\mathbb{R}^n$ 上标准Gauss测度. 则

$$\int_{\mathbb{R}^n} e^{i(a_1y_1+\cdots+a_ny_n)}P_n(dy)=\exp\Big\{-\frac{1}{2}\sum_{j=1}^n a_j^2\Big\}. \tag{9.2.9}$$

任给$\varepsilon>0$, 依据假定, 存在正的对称迹算子S_ε使(9.2.5)式成立. 于是有

$$\varphi(0)-\operatorname{Re}\varphi(x)\leqslant\varepsilon+2\varphi(0)(S_\varepsilon x,x)\ ,\quad \forall x\in H. \tag{9.2.10}$$

由Fubini定理得

$$\begin{aligned}&\varphi(0)-\int_{\mathbb{R}^\infty}\exp\Big\{-\frac{1}{2}\sum_{j=1}^n X_{k+j}^2\Big\}d\nu\\&=\varphi(0)-\int_{\mathbb{R}^\infty}d\nu\int_{\mathbb{R}^n}\exp\Big\{i\sum_{j=1}^n y_jX_{k+j}\Big\}I\!P_n(dy)\\&=\varphi(0)-\int_{\mathbb{R}^n}\varphi\Big(\sum_{j=1}^n y_je_{k+j}\Big)I\!P_n(dy)\\&=\int_{\mathbb{R}^n}\Big[\varphi(0)-\operatorname{Re}\varphi\Big(\sum_{j=1}^n y_je_{k+j}\Big)\Big]I\!P_n(dy),\end{aligned}$$

由(9.2.10)式, 上式不超过

$$\begin{aligned}&\varepsilon+2\varphi(0)\int_{\mathbb{R}^n}\Big(S_\varepsilon\sum_{j=1}^n y_je_{k+j},\sum_{j=1}^n y_je_{k+j}\Big)I\!P_n(dy)\\&=\varepsilon+2\varphi(0)\sum_{j=1}^n(S_\varepsilon e_{k+j},e_{k+j}).\end{aligned}$$

由于$n\geqslant 1$是任意的, 故由上式推知

$$\varphi(0)-\int_{\mathbb{R}^\infty}\exp\Big\{-\frac{1}{2}\sum_{j=k+1}^\infty X_j^2\Big\}d\nu\leqslant\varepsilon+2\varphi(0)\sum_{j=k+1}^\infty(S_\varepsilon e_j,e_j). \tag{9.2.11}$$

在(9.2.11)中先令$k\to\infty$再令$\varepsilon\downarrow 0$即得(注意$\varphi(0)=\nu(\mathbb{R}^\infty)$)

$$\varphi(0)-\lim_{k\to\infty}\int_{\mathbb{R}^\infty}\exp\Big\{-\frac{1}{2}\sum_{j=k+1}^\infty X_j^2\Big\}d\nu=0,$$

这表明$\sum_{j=1}^\infty X_j^2<\infty,\nu$-a.e..

最后, 令$X(\omega)=\sum_{j=1}^{\infty}X_j(\omega)e_j$, 则$X$在$\mathbb{R}^\infty$ 上ν-a.e.有定义, 且X为H-值可测函数. 令$\mu=\nu\circ X^{-1}$, 则μ为H上的有限Borel测度, 且由(9.2.8)式知

$$\begin{aligned}\widehat{\mu}\Big(\sum_{j=1}^{n}(x,e_j)e_j\Big)&=f_{1,\cdots,n}((x,e_1),\cdots,(x,e_n))\\&=\varphi\Big(\sum_{j=1}^{n}(x,e_j)e_j\Big).\end{aligned}$$

令$n\to\infty$即得$\widehat{\mu}=\varphi$. (2) $\Longrightarrow$ (1)证毕.

(2) $\Longleftrightarrow$ (3). 设(2)成立. 令$S_{1/k}$为与$\varepsilon=1/k$ 相应的正的对称迹算子, 选取$\lambda_k>0$, 使得$\sum_k\lambda_k\mathrm{Tr}S_{1/k}<\infty$. 令$S=\sum_k\lambda_kS_{1/k}$, 则$S$为正的对称迹算子. 显然有

$$\begin{aligned}(Sx,x)<\lambda_k&\Longrightarrow(S_{1/k}x,x)<1\\&\Longrightarrow\mathrm{Re}(\varphi(0)-\varphi(x))<\frac{1}{k}.\end{aligned}$$

于是$\mathrm{Re}\,\varphi(x)$在$x=0$处关于范数$\|\cdot\|_*$连续, 从而由引理9.2.2 知, φ 在H上关于范数$\|\cdot\|_*$连续. 这表明(2) $\Longrightarrow$ (3). 反之, 设(3) 成立. 对给定$\varepsilon>0$, 存在$\delta>0$, 使得$\|x\|_*<\delta\Longrightarrow\mathrm{Re}(\varphi(0)-\varphi(x))<\varepsilon$. 令$S_\varepsilon=\delta^{-1}S$, 则(9.2.5)式成立. 从而(3) $\Longrightarrow$ (2)得证. □

9.3　Minlos 定理

下面我们将给出Minlos-Sazanov定理的一个更加常用形式——Minlos定理. 为此, 先引进若干记号和准备一些引理.

设B为H上一正对称可逆迹算子. 在H上引进新的内积$(\cdot,\cdot)_-$ 及范数$\|\cdot\|_-$如下:

$$(x,y)_-=(Bx,y),\qquad\|x\|_-=(Bx,x)^{1/2}=\|B^{1/2}x\|.$$

我们用H_-表示H关于$\|\cdot\|_-$的完备化, 则内积$(\cdot,\cdot)_-$可以连续扩张到H_-, 且H_-关于$(\cdot,\cdot)_-$为一可分Hilbert空间. 另一方面, 令H_+表示$B^{-1/2}$的定义域, 则H_+为$B^{1/2}$的值域(即$H_+=B^{1/2}(H)$). 在H_+上引进内积$(\cdot,\cdot)_+$ 及范数$\|\cdot\|_+$如下:

$$(x,y)_+=(B^{-1/2}x,B^{-1/2}y),\quad\|x\|_+=\|B^{-1/2}x\|,\quad x,y\in H_+,\tag{9.3.1}$$

则显然有

$$\|Bx\|_+=\|x\|_-\,,\quad x\in H,\tag{9.3.2}$$

$$\|B^{-1}x\|_-=\|x\|_+\,,\quad x\in B(H),\tag{9.3.3}$$

$$\|x\| \leqslant \|B\|^{1/2}\|x\|_+ \ , \quad x \in H_+ . \tag{9.3.4}$$

关于空间H_-及H_+,我们有如下结果:

引理9.3.1 在上述假定及记号下, 我们有

(1) H_+按内积$(\cdot,\cdot)_+$为一可分Hilbert空间;

(2) B可延拓成为H_-到H_+上的保范算子, B^{-1}可延拓成为 H_+到H_-上的保范算子;

(3) 作为H_-中的线性算子, B是正的对称迹算子, 并且有$\mathrm{Tr}_B = \mathrm{Tr}_- B$. 这里$\mathrm{Tr}_- B$表示在$H_-$中计算$B$的迹;

(4) H_+与H_-互为对偶, $H_+ \times H_-$上的**典则双线性型** $\langle\cdot,\cdot\rangle$为

$$\langle x, y\rangle = (B^{-1}x, y)_- \ , \quad x \in H_+ \ , \ y \in H_- \ . \tag{9.3.5}$$

证 设$\{x_n\}$为H_+中按范数$\|\cdot\|_+$的基本列. 由(9.3.4)式知, $\{x_n\}$亦为H中的基本列, 记其极限为x. 令$y_n = B^{-1/2}x_n$, 则$\{y_n\}$为H中的基本列, 其极限为y. 于是有

$$x = \lim_{n\to\infty} x_n = \lim_{n\to\infty} B^{1/2}y_n = B^{1/2}y.$$

这表明$x \in H_+$, 且有

$$\|x_n - x\|_+ = \|B^{-1/2}(x_n - x)\| = \|y_n - y\| \to 0.$$

于是, H_+按范数$\|\cdot\|_+$是完备的, 即H_+按内积$(\cdot,\cdot)_+$为Hilbert 空间. (1)得证.

(2)直接由(9.3.2)式及(9.3.3)式推得.

下面证(3). 作为H_-上的线性算子, B的正性及对称性容易验证. 往证B是H_-上的迹算子. 设B在H上的谱分解为

$$Bx = \sum_n \lambda_n(x, e_n)e_n \ , \quad x \in H.$$

由于假定B可逆, $\{e_n\}$构成H的一组基. 令$f_n = e_n/\sqrt{\lambda_n}$, 则

$$(Bf_n, f_m) = (\lambda_n\lambda_m)^{-1/2}(Be_n, e_m) = \delta_{n,m}.$$

故$\{f_n\}$为H_-的一组基. 我们有

$$\mathrm{Tr}_- B = \sum_{n=1}^{\infty}(Bf_n, f_n)_- = \sum_{n=1}^{\infty}\|Bf_n\|^2 = \sum_{n=1}^{\infty}\lambda_n = \mathrm{Tr}\, B\, .$$

往证(4). 由(2)知(9.3.5)式定义的双线性型$\langle\cdot,\cdot\rangle$有意义, 此外有

$$|\langle x, y\rangle| \leqslant \|B^{-1}x\|_-\|y\|_- = \|x\|_+\|y\|_- \ .$$

这表明$\langle\cdot,\cdot\rangle$为使$H_+$和$H_-$相互对偶的典则双线性型. □

有了上面的准备以后, 我们可以证明如下的**Minlos定理**.

定理9.3.2 设φ为H上一连续正定泛函, B为H上一正对称可逆迹算子, H_-如前面所定义. 则存在H_-上唯一的有限Borel测度μ, 使得

$$\int_{H_-} e^{i\langle x,z\rangle}\mu(dz) = \varphi(x)\ , \quad \forall x\in H_+\ . \tag{9.3.6}$$

证 对$x\in H_-$, 令$\psi(x)=\varphi(Bx)$. 则显然ψ为H_-上的正定泛函. 由引理9.2.1知, B为H_-上的正的对称可逆迹算子. 在H_-上定义新范数$\|\cdot\|_*$如下:

$$\|x\|_* = \|B^{1/2}x\|_- = \|Bx\|\ .$$

由φ在H上连续性推知ψ在H_-上关于范数$\|\cdot\|_*$的连续性. 故由定理9.2.4知ψ为H_-上某一有限Borel测度μ的Fourier变换, 即有

$$\int_{H_-} e^{i(y,z)_-}\mu(dz) = \psi(y)\ , \quad \forall y\in H_-\ . \tag{9.3.7}$$

在(9.3.7)式中令$y=B^{-1}x$, $x\in H_+$, 则由(9.3.5)式推得(9.3.6)式. □

9.4　Hilbert空间上的Gauss测度

下面我们研究H上的一类特殊的Borel概率测度——Gauss测度. 首先, 我们对H上一般的Borel概率测度引进均值向量和协方差算子概念.

定义9.4.1 设μ为H上的一Borel概率测度. 如果对一切$x\in H$, 函数$z\mapsto(x,z)$关于μ可积, 且存在H的一元素m, 使得

$$(m,x) = \int_H (x,z)\mu(dz)\ , \quad x\in H, \tag{9.4.1}$$

则称m为μ的**均值向量**. 如果进一步存在H上的一正的对称线性算子B, 使得

$$(Bx,y) = \int_H (z-m,x)(z-m,y)\mu(dz)\ , \quad \forall x,y\in H, \tag{9.4.2}$$

则称B为μ的**协方差算子**.

均值向量和协方差算子一般未必存在. 但若$\int_H\|x\|\mu(dx)<\infty$, 则由Riesz表示定理知均值向量$m$存在, 且$\|m\|\leqslant\int_H\|x\|\mu(dx)$. 如果进一步有$\int_H\|x\|^2\mu(dx)<\infty$, 则由引理9.2.3知, 存在一正的对称迹算子$S$, 使得

$$(Sx,y) = \int_H (x,z)(y,z)\mu(dz)\ , \quad \forall x,y\in H. \tag{9.4.3}$$

令

$$Bx = Sx - (m, x)m\ . \tag{9.4.4}$$

容易验证B满足(9.4.2)式, 即B为μ的协方差算子. 这时B亦为正对称迹算子.

定义9.4.2 设μ为H上的一Borel概率测度. 如果对每个$x \in H$, 随机变量$(x, \cdot)$服从Gauss分布, 则称μ为**Gauss测度**.

下面我们将通过Fourier变换来刻画Gauss测度. 为此, 我们需要一个分析引理.

引理9.4.3 设$\{\alpha_j\}$为一列实数, 满足$\sum_{j=1}^{\infty} \alpha_j^2 = \infty$. 则存在一列实数$\{\beta_j\}$, 使得$\alpha_j\beta_j \geqslant 0$, $\forall j \geqslant 1$, $\sum_{j=1}^{\infty} \beta_j^2 < \infty$ 且$\sum_{j=1}^{\infty} \alpha_j\beta_j = \infty$.

证明 令$n_0 = 0$, 并归纳定义n_k如下:

$$n_k = \inf\left\{l \mid \sum_{j=n_{k-1}+1}^{l} \alpha_j^2 \geqslant 1\right\}, \quad k \geqslant 1\,.$$

显然有$n_k \uparrow \infty$. 令

$$\beta_j = \frac{\alpha_j}{k+1}\left(\sum_{j=n_k+1}^{n_{k+1}} \alpha_j^2\right)^{-1/2}, \ n_k + 1 \leqslant j \leqslant n_{k+1}\,, \quad k = 0, 1, 2, \cdots$$

则$\alpha_j\beta_j \geqslant 0$, $\forall j \geqslant 1$, 且有

$$\begin{aligned}
\sum_{j=1}^{\infty} \beta_j^2 &= \sum_{k=0}^{\infty} \sum_{j=n_k+1}^{n_{k+1}} \beta_j^2 = \sum_{k=0}^{\infty} \frac{1}{(k+1)^2} < \infty\,, \\
\sum_{j=1}^{\infty} \alpha_j\beta_j &= \sum_{k=0}^{\infty} \sum_{j=n_k+1}^{n_{k+1}} \alpha_j\beta_j = \sum_{k=0}^{\infty} \frac{1}{k+1}\left(\sum_{j=n_k+1}^{n_{k+1}} \alpha_j^2\right)^{1/2} \\
&\geqslant \sum_{k=0}^{\infty} \frac{1}{k+1} = \infty.
\end{aligned}$$

□

下一定理给出了Gauss测度的一个刻画.

定理9.4.4 H上的Borel概率测度μ是Gauss测度的必要充分条件, 是其Fourier变换$\widehat{\mu}$有如下表达式:

$$\widehat{\mu}(x) = \exp\{i(m, x) - \frac{1}{2}(Bx, x)\}\,, \tag{9.4.5}$$

其中$m \in H$, B为H上的一正的对称迹算子. 这时, m为μ的均值向量, B为μ的协方差算子. 此外还有

$$\int_H \|x\|^2 \mu(dx) = \mathrm{Tr}\, B + \|m\|^2. \tag{9.4.6}$$

证　必要性. 设μ为一Gauss测度. 先证$\int_H \|x\|^2\mu(dx) < \infty$. 依假定, 对每个$x$, $(x,\cdot)$ 服从Gauss分布, 于是存在实数m_x及正数σ_x, 使得

$$\widehat{\mu}(x) = \int_H e^{i(x,z)}\mu(dz) = \exp\{im_x - \frac{1}{2}\sigma_x^2\}\,. \tag{9.4.7}$$

令$\{e_j\}$为H的标准正交基, 则

$$\int_H \|x\|^2\mu(dx) = \sum_{j=1}^{\infty}\int_H (e_j,x)^2\mu(dx) = \sum_{j=1}^{\infty}(\sigma_{e_j}^2 + m_{e_j}^2)\,. \tag{9.4.8}$$

设$\{\beta_j\}$为一列实数, 使得

$$\forall j \geqslant 1,\ \beta_j m_{e_j} \geqslant 0,\ \ \sum_{j=1}^{\infty}\beta_j^2 < \infty.$$

定义

$$\xi(x) = \sum_{j=1}^{\infty}\beta_j(e_j,x)\,, \tag{9.4.9}$$

则ξ为一Gauss随机变量(因由Schwarz不等式, 上述级数绝对收敛), 其均值必有限, 即$\sum_{j=1}^{\infty}\beta_j m_{e_j} < \infty$. 于是由引理9.4.3知, 必有$\sum_{j=1}^{\infty} m_{e_j}^2 < \infty$. 为证$\int_H \|x\|^2\mu(dx) < \infty$, 只需证$\sum_{j=1}^{\infty}\sigma_{e_j}^2 < \infty$. 由定理9.2.4知, 存在正的对称迹算子$S$, 使得$(Sx,x) < 1 \Longrightarrow 1 - \operatorname{Re}\widehat{\mu}(x) < 1/3$. 于是我们有

$$1 - \exp\{-\frac{1}{2}\sigma_x^2\} \leqslant 1 - \operatorname{Re}\widehat{\mu}(x) \leqslant (Sx,x) + \frac{1}{3},\ \ \forall x \in H. \tag{9.4.10}$$

不妨设S的零空间为$\{0\}$. 对$x \in H, x \neq 0$, 令$y = [3(Sx,x)]^{-1/2}x$, 则$\sigma_y^2 = [3(Sx,x)]^{-1}\sigma_x^2$, $(Sy,y) = 1/3$. 用y代替(9.4.10)中的x,得到

$$1 - \exp\left\{-\frac{\sigma_x^2}{6(Sx,x)}\right\} \leqslant \frac{2}{3}\,,$$

即有$\sigma_x^2 \leqslant (6\log 3)(Sx,x)$, $\forall x \in H$. 由此推知

$$\sum_{j=1}^{\infty}\sigma_{e_j}^2 \leqslant (6\log 3)\operatorname{Tr} S < \infty\,.$$

因此, 最终证明了$\int_H \|x\|^2\mu(dx) < \infty$. 由定义9.4.1下面的说明知, μ 的均值向量m及协方差算子B存在. 采用前面的记号, 我们有

$$m_x = \int_H (x,z)\mu(dz) = (m,x),$$

$$\begin{aligned}\sigma_x^2 &= \int_H (x,z)^2\mu(dz) - m_x^2 = \int_H [(x,z)^2 - (m,x)^2]\mu(dz) \\ &= \int_H (x,z-m)^2\mu(dz) = (Bx,x).\end{aligned}$$

故由(9.4.7)式推得(9.4.5)式, 由(9.4.8)式推得(9.4.6)式.

充分性. 设$m \in H$, B为H上的一正的对称迹算子,

$$\varphi(x) = \exp\{i(m,x) - \frac{1}{2}(Bx,x)\},$$

则容易验证φ是H上的正定泛函. 令

$$Sx = Bx + (m,x)m,$$

则S为H上正对称迹算子. 在H上定义范数$\|\cdot\|_*$如下:

$$\|x\|_* = \|S^{1/2}x\| = ((Bx,x) + (m,x)^2)^{1/2}.$$

显然$\varphi(x)$在$x = 0$处关于范数$\|\cdot\|_*$连续, 故由定理9.2.4知φ为H上某一Borel概率测度μ的Fourier变换. 显然在测度μ下, 对一切$x \in H$, $(x,\cdot)$服从均值为(m,x)、方差为(Bx,x)的Gauss分布. 于是, 依定义μ为Gauss 测度. □

9.5 Banach空间上的Gauss测度

现在我们转向研究Banach空间上的Gauss测度. 首先引进柱集及柱测度等基本概念.

设X为一实可分Banach空间, X^*为其对偶空间. 令$\|\cdot\|$和$\|\cdot\|_{X^*}$分别表示X和X^*上的范数, 并用$\langle\cdot,\cdot\rangle$表示$X \times X^*$上的典则双线性型. 令$\mathcal{F}(X^*)$表示$X^*$的有限维线性子空间的全体. 令$K \in \mathcal{F}(X^*)$, E为$\mathbb{R}^n$的Borel子集, 我们称形如

$$C = \{x \in X \mid (\langle x,y_1\rangle, \cdots, \langle x,y_n\rangle) \in E\} \tag{9.5.1}$$

的集为**以K为底的柱集**, 这里$n \geqslant 1$, $y_1, \cdots, y_n \in K$. 我们用$\mathcal{C}(K)$ 表示由以K为底的柱集在X上生成的σ代数. 令

$$\mathcal{R}(X) = \bigcup_{K \in \mathcal{F}(X^*)} \mathcal{C}(K), \tag{9.5.2}$$

则$\mathcal{R}(X)$为代数.

引理9.5.1 设X为一实可分Banach空间, 则$\sigma(\mathcal{R}(X)) = \mathcal{B}(X)$. 这里$\mathcal{B}(X)$为$X$的Borel σ代数.

证 首先, 显然有$\sigma(\mathcal{R}(X)) \subset \mathcal{B}(X)$. 由于$X$为可分距离空间. 每个开集可表示为可数个闭球的并. 因此, 为证$\sigma(\mathcal{R}(X)) = \mathcal{B}(X)$, 只需证每个闭球属于$\sigma(\mathcal{R}(X))$. 设$S = \{x \mid \|x - x_0\| \leqslant r\}$, 其中$x_0 \in X$, $r > 0$. 令$\{a_n\}$为X的可数稠子集. 由Hahn-Banach定理, 对每个$n \geqslant 1$, 存在$z_n \in X^*$, 使得$\|z_n\|_{X^*} = 1$, $\langle a_n, z_n\rangle = \|a_n\|$. 令

$$T = \bigcap_{n=1}^{\infty} \{x \in X \mid |\langle x - x_0, z_n\rangle| \leqslant r\} .$$

显然$S \subset T$, $T \in \sigma(\mathcal{R}(X))$. 往证$S = T$. 如果$x \notin S$, 即$\|x - x_0\| = r_1 > r$, 则存在某个$n$, 使得$\|x - x_0 - a_n\| < (r_1 - r)/2$. 这时必有$\|a_n\| > (r_1 + r)/2$, 且有

$$\begin{aligned}|\langle x - x_0, z_n\rangle| &\geqslant |\langle a_n, z_n\rangle| - |\langle x - x_0 - a_n, z_n\rangle| \\ &\geqslant \|a_n\| - \|x - x_0 - a_n\| > r .\end{aligned}$$

这表明$x \notin T$. 于是$T \subset S$. 最终有$S = T \in \sigma(\mathcal{R}(X))$. □

定义9.5.2 设μ为$\mathcal{R}(X)$上的非负集函数. 如果$\mu(X) = 1$, 且对一切$K \in \mathcal{F}(X^*)$, μ限于σ-代数$\mathcal{C}(K)$为一测度, 则称μ为X上的**柱(概率)测度**. X上的复值函数f, 如果存在某个$K \in \mathcal{F}(X^*)$, 使得f关于$\mathcal{C}(K)$为可测, 则f称为**柱函数**.

有界柱函数f关于柱测度μ的积分是有意义的, 只要把柱测度看成使f可测的σ-代数$\mathcal{C}(K)$上的测度. 我们用$\int_X f(x)\mu(dx)$表示这一积分. 特别, 对柱测度μ, 令

$$\widehat{\mu}(z) = \int_X e^{i\langle x,z\rangle}\mu(dx) , \quad z \in X^* , \tag{9.5.3}$$

称$\widehat{\mu}$为μ的**特征泛函**.

显然, 柱测度的特征泛函是X^*上的连续正定泛函. 反之, 设φ为X^*上的连续正定泛函, 且$\varphi(0) = 1$, 则存在唯一的柱测度μ, 使得φ为μ的特征泛函.

一个自然的问题是: 什么样的柱测度可以扩张成为X上的一Borel测度? 下面我们将对一种特殊情形回答这一问题. 这一特殊情形是: Banach空间X是某个实可分Hilbert空间H关于某个较弱范数的完备化, 而X上的柱测度是由H上的某个柱测度"提升" 得到的.

设H为一实可分Hilbert空间. 我们用$(\cdot,\cdot)$及$|\cdot|$分别表示H中的内积及范数. 设$\|\cdot\|$为H上的另一范数, 满足如下条件: 存在一常数$c > 0$, 使得$\|x\| \leqslant c|x|$. 这时称范数$\|\cdot\|$比范数$|\cdot|$弱. 令X为H 关于范数$\|\cdot\|$的完备化, 则X为一可分Banach空间, H可视为X的一线性子空间. 如果将H的对偶H^*与H等同, 则X的对偶空间X^*可以视为H的如下子集:

$$X^* = \left\{y \in H \mid \sup_{x \in H, \|x\|=1} |(x, y)| < \infty\right\} . \tag{9.5.4}$$

我们用$\langle\cdot,\cdot\rangle$ 表示$X \times X^*$上的典则双线性型, 则 $\langle\cdot,\cdot\rangle$ 在$H \times X^*$上与内积$(\cdot,\cdot)$ 吻合, 即有

$$\langle x,y\rangle = (x,y), \quad \forall x \in H,\ y \in X^*. \tag{9.5.5}$$

我们用$\mathcal{F}(X^*)$及$\mathcal{F}(H)$分别表示X^*及H的有限维子空间全体. 由于$\mathcal{F}(X^*) \subset \mathcal{F}(H)$, 且对每个$K \in \mathcal{F}(X^*)$, 若以$\mathcal{C}_X(K)$ 及$\mathcal{C}_H(K)$分别表示以K为底的柱集在X及H上生成的σ代数, 则$\mathcal{C}_X(K) \cap H \subset \mathcal{C}_H(K)$. 因此, 我们有$\mathcal{R}(X) \cap H \subset \mathcal{R}(H)$. 这样一来, 对$H$上的每个柱测度$\mu$, 我们可以定义$X$上的一柱测度$\mu^*$如下:

$$\mu^*(C) = \mu(C \cap H)\ , \quad C \in \mathcal{R}(X)\ , \tag{9.5.6}$$

我们称μ^*为μ到X上的**提升**. 显然, 对$x \in X^*$, 我们有$\widehat{\mu^*}(x) = \widehat{\mu}(x)$. 这表明$\mu^*$的特征泛函是$\mu$的特征泛函在$X^*$上的限制. 今后我们用$(H,X,\mu)$表示上面引进的Hilbert空间、Banach空间及H上的柱测度, 并称它为**基本三元组**. 在回答前面提出的问题之前, 我们还需要引进可测范数概念, 它是Gross (1965) 最早提出的.

下面我们用$\mathcal{P}$表示H中有限维(正交)投影算子全体. 对$I\!\!P \in \mathcal{P}$, 令$f(x) = \|I\!\!Px\|$, $x \in H$, 则f是H上的柱函数.

定义9.5.3 设$(H,|\cdot|)$为一Hilbert 空间, μ为H上的柱测度, $\|\cdot\|$为H上的另一范数,且比范数$|\cdot|$弱. 如果对于每个$\varepsilon > 0$, 存在$I\!\!P_\varepsilon \in \mathcal{P}$, 使得对任何与$I\!\!P_\varepsilon$正交的$I\!\!P \in \mathcal{P}$有

$$\mu\{x \in H \mid \|I\!\!Px\| > \varepsilon\} < \varepsilon\,,$$

则称$\|\cdot\|$ **关于μ可测**.

定义9.5.4 设μ为H上的柱测度. 如果$\widehat{\mu}(x) = \exp\{-\frac{1}{2}|x|^2\}$, 则称$\mu$为$H$上的**(标准)Gauss柱测度**.

显然, μ为Gauss柱测度, 当且仅当$\forall I\!\!P \in \mathcal{P}$, $\mu \circ I\!\!P^{-1}$为 $I\!\!P(H)$上的Gauss测度.

下一定理是著名的**Gross定理**(见Gross (1965)). 下面的简化证明是Kallianpur (1971) 中给出的.

定理9.5.5 设(H,X,μ)为基本三元组. 如果μ是Gauss柱测度, 且范数$\|\cdot\|$ 为μ可测, 则μ到X上的提升μ^*可以扩张成为X 上的Borel测度, 称它为X上的Gauss 测度.

证 令$\{\xi_n\}$为某个概率空间$(\Omega,\mathcal{F},\lambda)$上的一列相互独立的标准正态随机变量. 由范数$\|\cdot\|$的$\mu$可测性, 存在$H$的一列有限维正交投影$\{I\!\!P_n\}$, 使得$I\!\!P_n \uparrow I$($I$为恒等算子)且对任何与$I\!\!P_n$正交的$I\!\!P \in \mathcal{P}$有

$$\mu\{x \in H \mid \|I\!\!Px\| > 2^{-n}\} < 2^{-n}\ .$$

我们可以选H的一组标准正交基$\{e_n\}$, 使得$\{e_1,\cdots,e_{n_k}\}$为$I\!\!P_k(H)$ 的标准正交基. 令

$$\eta_k(\omega) = \sum_{j=1}^{n_k} \xi_j(\omega)e_j\ ,$$

则我们有

$$\eta_{k+1}-\eta_k=\sum_{j=n_k+1}^{n_{k+1}}\xi_j(\omega)e_j\ .$$

由于$\mathbb{P}_{k+1}x-\mathbb{P}_kx=\sum_{j=n_k+1}^{n_{k+1}}(x,e_j)e_j$, 且$\forall E\in\mathcal{B}(\mathbb{R}^{n_{k+1}-n_k})$,

$$\begin{aligned}&\lambda\{\omega\,|\,(\xi_{n_k+1}(\omega),\cdots,\xi_{n_{k+1}}(\omega))\in E\}\\&=\mu\{x\in H\,|\,\big((e_{n_k+1},x),\cdots,(e_{n_{k+1}},x)\big)\in E\},\end{aligned}$$

于是有

$$\lambda(\|\eta_{k+1}-\eta_k\|>2^{-k})=\mu\{x\in H\mid\|\mathbb{P}_{k+1}x-\mathbb{P}_kx\|>2^{-k}\}<2^{-k}\ .$$

因此, $\{\eta_k\}$依概率收敛于一X值随机元η. 令ν为η的分布, 即$\nu=\lambda\circ\eta^{-1}$, 则对每个$z\in X^*$,

$$\begin{aligned}\widehat{\nu}(z)&=\int_X e^{i\langle x,z\rangle}\nu(dx)=\int_\Omega e^{i\langle\eta(\omega),z\rangle}\lambda(d\omega)\\&=\lim_{k\to\infty}\int_\Omega\exp\Big\{i\langle\sum_{j=1}^{n_k}\xi_j(\omega)e_j,z\rangle\Big\}\lambda(d\omega)\\&=\lim_{k\to\infty}\prod_{j=1}^{n_k}e^{-\langle e_j,z\rangle^2/2}=e^{-|z|^2/2}=\widehat{\mu}^*(z)\ .\end{aligned}$$

这表明μ^*与ν在$\mathcal{R}(X)$上一致, 即ν为μ^*的扩张. □

定义9.5.6 设X为一实可分Banach空间, μ为X上的Borel概率测度, 如果对一切$z\in X^*$, $\langle\cdot,z\rangle$为X上的零均值正态随机变量, 则称μ为X上的**对称Gauss测度**. 这时称$(X,\mathcal{B}(X),\mu)$为**Gauss测度空间**.

设$(X,\mathcal{B}(X),\mu)$为一Gauss测度空间. H为一Hilbert 空间, 它在X中稠, X的范数$\|\cdot\|$限于H比H的Hilbert范数$|\cdot|$弱, 这时将H的对偶空间与H等同, 则X的对偶空间X^*可视为H的子集. 若μ的特征泛函$\widehat{\mu}(z)=\exp\{-\dfrac{1}{2}|z|^2\}$, $z\in X^*$, 则称三元组(H,X,μ)为**抽象Wiener空间**.

最后, 我们以有关Banach空间上对称Gauss测度的**Fernique定理**结束这一节.

定理9.5.7 设E为一实可分Banach空间, μ为$(E,\mathcal{B}(E))$上的对称Gauss测度. 则存在$\lambda>0$, 使得

$$\int_E e^{\lambda\|x\|^2}\mu(dx)<\infty\ . \tag{9.5.7}$$

证 设X,Y为某个概率空间$(\Omega,\mathcal{F},\mathbb{P})$上的两个独立$E$值随机元, 其分布都是$\mu$. 令

$$\widetilde{X}=\frac{1}{\sqrt{2}}(X+Y),\quad \widetilde{Y}=\frac{1}{\sqrt{2}}(X-Y).$$

容易看出, $\widetilde{X}$与$\widetilde{Y}$相互独立, 且其分布仍为μ. 设$t \geqslant s \geqslant 0$, 则有

$$\begin{aligned}
&\mathbb{P}(\|X\| \leqslant s)\mathbb{P}(\|X\| > t) \\
&= \mathbb{P}(\|\widetilde{Y}\| \leqslant s)\mathbb{P}(\|\widetilde{X}\| > t) \\
&= \mathbb{P}\left(\frac{\|X-Y\|}{\sqrt{2}} \leqslant s\right)\mathbb{P}\left(\frac{\|X+Y\|}{\sqrt{2}} > t\right) \\
&= \mathbb{P}\left(\frac{\|X-Y\|}{\sqrt{2}} \leqslant s,\ \frac{\|X+Y\|}{\sqrt{2}} > t\right) \\
&\leqslant \mathbb{P}(|\ \|X\| - \|Y\|\ | \leqslant \sqrt{2}s,\ \|X\| + \|Y\| > \sqrt{2}t) \\
&\leqslant \mathbb{P}\left(\|X\| > \frac{t-s}{\sqrt{2}},\ \|Y\| > \frac{t-s}{\sqrt{2}}\right) \\
&= \left[\mathbb{P}\left(\|X\| > \frac{t-s}{\sqrt{2}}\right)\right]^2 .
\end{aligned} \tag{9.5.8}$$

固定$r > 0$. 令$t_0 = r,\ t_{n+1} = r + \sqrt{2}t_n, n \geqslant 1$, 定义

$$\alpha_n(r) = \frac{\mathbb{P}(\|X\| > t_n)}{\mathbb{P}(\|X\| \leqslant r)}\ , \quad n = 0, 1, 2, \cdots ,$$

则由(9.5.8)式得到

$$\begin{aligned}
\alpha_{n+1}(r) &= \frac{\mathbb{P}(\|X\| > r + \sqrt{2}t_n)}{\mathbb{P}(\|X\| \leqslant r)} \\
&\leqslant \left[\frac{\mathbb{P}(\|X\| > t_n)}{\mathbb{P}(\|X\| \leqslant r)}\right]^2 = \alpha_n(r)^2\ , \quad n = 0, 1, 2, \cdots .
\end{aligned}$$

于是有

$$\alpha_n(r) \leqslant \exp\{2n \log \alpha_0(r)\}, \quad n = 0, 1, \cdots .$$

此外, 由于$(\sqrt{2})^{n+4}r > t_n$, 故有

$$\begin{aligned}
\mathbb{P}(\|X\| > (\sqrt{2})^{n+4}r) &\leqslant \mathbb{P}(\|X\| > t_n) \\
&= \alpha_n(r)\mathbb{P}(\|X\| \leqslant r) \\
&\leqslant \exp\{2n \log \alpha_0(r)\}\ , \quad n = 0, 1, 2, \cdots .
\end{aligned}$$

因此, 对$\lambda > 0$, 令

$$\Sigma_n = \{x \in E \mid (\sqrt{2})^{n+4}r < \|x\| \leqslant (\sqrt{2})^{n+5}r\}\ ,$$

我们有

$$\begin{aligned}\int_{\|x\|>4r} e^{\lambda\|x\|^2}\mu(dx) &= \sum_{n=0}^{\infty}\int_{\Sigma_n} e^{\lambda\|x\|^2}\mu(dx)\\ &\leqslant \sum_{n=0}^{\infty} \mathbb{P}(\|X\|>(\sqrt{2})^{n+4}r)\exp\{\lambda r^2 2^{n+5}\}\\ &\leqslant \sum_{n=0}^{\infty}\exp\{2n(\log\alpha_0(r)+32\lambda r^2)\}\ .\end{aligned}$$

先取r充分大, 使$\mathbb{P}(\|X\|>r)<e^{-1}\mathbb{P}(\|X\|\leqslant r)$, 再取$\lambda$充分小, 使得

$$\log\frac{\mathbb{P}(\|X\|>r)}{\mathbb{P}(\|X\|\leqslant r)}+32\lambda r^2\leqslant -1,$$

由于$2n\leqslant 2^n$, 故有

$$\int_E e^{\lambda\|x\|^2}\mu(dx)\leqslant e^{16\lambda r^2}+\frac{e^2}{e^2-1}\,.$$

□

第10章 Choquet积分与离散集函数

容度和Choquet积分是由Choquet(1953)引入的, 最初用于统计力学和位势理论. 离散容度是许多应用领域的基础, 例如Dempster-Shafter的证据推理理论、合作博弈理论和多标准决策理论等. 在证据推理理论中, 容度被解释为信任函数和似真函数; 在合作博弈理论中, 容度被解释为子联盟的贡献; 而在多标准决策理论中, 容度被解释为对联合标准的重视程度.

本章前4节基于Yan (2010)介绍Choquet积分理论, 内容来自Denneberg(1994); 第5节介绍离散集函数的Möbius反转和Shapley值, 以及证据推理中的信任函数和质量函数; 第6节介绍Shannon熵.

10.1 单调函数的积分

假设I为$\overline{\mathbb{R}}$的(开,闭或半闭)区间. 令$f: I \to \overline{\mathbb{R}}$是$I$上的递减函数. 令$a = \inf\{x : x \in I\}$, $J = [\inf_{x\in I} f(x), \sup_{x\in I} f(x)]$. 则存在一个递减函数$g: J \to \overline{\mathbb{R}}$, 使得

$$a \vee \sup\{x|f(x) > y\} \leqslant g(y) \leqslant a \vee \sup\{x|f(x) \geqslant y\}.$$

称这样的g为f的**伪逆**, 记为$\check{f}$. 注意: 除去一个至多可数集(简记为e.c.), $\check{f}$是唯一的. 我们有$(\check{f})^{\check{}} = f$, e.c., 并且$f \leqslant g$等价于$\check{f} \leqslant \check{g}$. 如果$f(x)$是$\check{f}$的一个连续点, 则$\check{f}(f(x)) = x$.

命题10.1.1 对于满足$\lim_{x\to\infty} f(x) = 0$的递减函数$f: \overline{\mathbb{R}}_+ \to \overline{\mathbb{R}}_+$和$f$的任何伪逆$\check{f}$, 我们有

$$\int_0^\infty \check{f}(y)dy = \int_0^\infty f(x)dx,$$

这里通过对$x > f(0)$令$\check{f}(x) = 0$, 将$\check{f}$从$[0, f(0)]$扩展到了$\mathbb{R}_+$. 对于递减函数$f: [0,b] \to \overline{\mathbb{R}}$, 其中$0 < b < \infty$, 并对$f$的任何伪逆$\check{f}$, 我们有

$$\int_0^b f(x)dx = \int_0^\infty \check{f}(y)dy + \int_{-\infty}^0 (\check{f}(y) - b)dy,$$

其中把$\check{f}$从$[f(b), f(0)]$扩展到了$\mathbb{R}$, 方法是对$x > f(0)$, 令$\check{f}(x) = 0$, 对$x < f(b)$, 令$\check{f}(x) = f(b)$.

证 为证第一个结论, 令

$$S_f = \{(x,y) \in \mathbb{R}_+^2 : 0 \leqslant y \leqslant f(x), x \in \mathbb{R}_+\},$$

$$S_{\check{f}} = \{(x,y) \in \mathbb{R}_+^2 : 0 \leqslant x \leqslant \check{f}(y), y \in \mathbb{R}_+\}.$$

则S_f和$S_{\check{f}}$在$\mathbb{R}^2$中的闭包$\overline{S}_f$和$\overline{S}_{\check{f}}$是相同的. 但f和$\check{f}$的积分分别是$\overline{S}_f$和$\overline{S}_{\check{f}}$的面积, 因此它们相等.

现在假设$f:[0,b] \to \overline{\mathbb{R}}$是一递减函数, 其中$0 < b < \infty$. 存在一个点$a \in [0,b]$, 使得对$x < a$, $f(x) \geqslant 0$, 对$x > a$, $f(x) \leqslant 0$. 定义

$$g(x) = f(x)I_{[0,a)}(x), \quad h(x) = -f(bx)I_{(0,ba)}(x), \quad x \in [0,\infty].$$

则在$\mathbb{R}_+$上, $\check{f} = \check{g}, \check{h}(x) = b - \check{f}(-x)$, e.c.. 由上述已证结论得:

$$\int_0^a f(x)dx = \int_0^\infty g(x)dx = \int_0^\infty \check{g}(y)dy = \int_0^\infty \check{f}(y)dy,$$

$$\begin{aligned}\int_a^b f(x)dx &= -\int_0^\infty h(x)dx = -\int_0^\infty \check{h}(x)dx \\ &= -\int_0^\infty (b - \check{f}(-x))dx = \int_{-\infty}^0 (\check{f}(y) - b)dy.\end{aligned}$$

将两个等式相加就得到所需的结果. □

10.2 单调集函数, 共单调函数

令Ω为非空集, 我们用2^Ω表示Ω的所有子集构成的集类. 令 $\mathcal{S}$ 包含$\varnothing$和Ω的集类. 称函数$\mu : \mathcal{S} \to \overline{\mathbb{R}}_+ = [0,\infty]$为$\mathcal{S}$上的集函数, 如果它满足$\mu(\varnothing) = 0$.

定义10.2.1 $\mathcal{S}$上的集函数μ称为**单调的**, 如果每当$A \subset B$, $A, B \in \mathcal{S}$ 时, 有$\mu(A) \leqslant \mu(B)$. μ称为**次模**(相应地, **超模**, **模**), 如果$A, B \in \mathcal{S}$且$A \cup B, A \cap B \in \mathcal{S}$ 蕴含$\mu(A \cup B) + \mu(A \cap B) \leqslant$(相应地, $\geqslant$, $=$)$\mu(A) + \mu(B)$. μ称为**次可加**(相应地, **超可加**),如果$A, B \in \mathcal{S}$且$A \cup B \in \mathcal{S}, A \cap B = \varnothing$蕴含$\mu(A \cup B) \leqslant$ (相应地, $\geqslant$)$\mu(A) + \mu(B)$.

如果$\mathcal{S}$是代数, 则μ是模, 当且仅当μ是可加的. 如果$\mathcal{S}$是σ-代数, 则μ是σ-可加的, 当且仅当它是可加和从下连续的.

以下我们恒假定$\mathcal{S}$是σ-代数, μ为$\mathcal{S}$上的单调集函数.

定义10.2.2 设$(\Omega, \mathcal{S})$为一可测空间, X是Ω上的一可测函数. 令

$$G_{\mu,X}(x) = \mu(X > x).$$

称$G_{\mu,X}$为X关于μ 的(**递减**)**分布函数**, 称其伪逆函数$\check{G}_{\mu,X}$为X关于μ的**分位数函数**.

由于$0 \leqslant G_{\mu,X} \leqslant \mu(\Omega)$, $\check{G}_{\mu,X}$是在$[0,\mu(\Omega)]$上定义的.

命题10.2.3 设μ是$\mathcal{S}$上的单调集函数, X是$\mathcal{S}$可测函数. 如果u是一个递增函数, 且u和$G_{\mu,X}$ 没有共同的不连续点, 则

$$\check{G}_{\mu,u(X)} = u \circ \check{G}_{\mu,X}\ ,\ \text{e.c.}.$$

证 令$u^{-1}(y) = \inf\{x \mid u(x) > y\}$. 则

$$\{x \mid u(x) > y\} \subset \{x \mid x \geqslant u^{-1}(y)\}.$$

因此, 如果$[X = u^{-1}(y), u(X) > y] = \varnothing$, 则有$[u(X) > y] = [X > u^{-1}(y)]$; 否则$u^{-1}(y)$是$u$的不连续点, 从而$G_{\mu,X}$在$u^{-1}(y)$处连续. 在这种情况下, 我们有$\mu([X > u^{-1}(y)]) = \mu([X \geqslant u^{-1}(y)])$, 这意味着$\mu([u(X) > y]) = \mu([X > u^{-1}(y)])$, 即有

$$G_{\mu,u(X)} = G_{\mu,X} \circ u^{-1}.$$

因此, 为证命题, 只需证

$$\sup\Big\{x \,|\, G_{\mu,X} \circ u^{-1}(x) > y\Big\} \leqslant u \circ \check{G}_{\mu,X}(y)$$
$$\leqslant \sup\Big\{x \mid G_{\mu,X} \circ u^{-1}(x) \geqslant y\Big\}.$$

先证第一个不等式. 假设$G_{\mu,X} \circ u^{-1}(x) > y$, 则$u^{-1}(x) \leqslant \check{G}_{\mu,X}(y)$. 我们分别考虑两种情况: 当$u^{-1}(x) < \check{G}_{\mu,X}(y)$时, $x < u \circ \check{G}_{\mu,X}(y)$; 当$u^{-1}(x) = \check{G}_{\mu,X}(y)$, 则$G_{\mu,X}$在$\check{G}_{\mu,X}(y)$处是不连续的. 因此, u在$\check{G}_{\mu,X}(y)$处连续. 在后一情况下, 有$x = u(u^{-1}(x)) = u \circ \check{G}_{\mu,X}(y)$. 这证明了第一个不等式.

现证第二个不等式. 如果$x < u \circ \check{G}_{\mu,X}(y)$, 则$u^{-1}(x) \leqslant \check{G}_{\mu,X}(y)$. 我们考虑两种情况: 当$u^{-1}(x) < \check{G}_{\mu,X}(y)$时, $G_{\mu,X} \circ u^{-1}(x) > y$; 当$u^{-1}(x) = \check{G}_{\mu,X}(y)$时, u在$\check{G}_{\mu,X}(y)$处不连续. 因此, $G_{\mu,X}$在$\check{G}_{\mu,X}(y)$ 处连续. 在后一种情况下, 有$G_{\mu,X} \circ u^{-1}(x) = G_{\mu,X} \circ \check{G}_{\mu,X}(y) = y$. 这证明了第二个不等式. □

定义10.2.4 两个函数$X, Y : \Omega \to \mathbb{R}$称为**共单调的**, 是指不存在$\omega_1, \omega_2 \in \Omega$ 使得$X(\omega_1) < X(\omega_2)$ 且$Y(\omega_1) > Y(\omega_2)$.

命题10.2.5 设$X, Y : \Omega \to \mathbb{R}$, 以下两条件是等价的:

(1) X和Y是共单调的;

(2) 存在$\mathbb{R}$上的连续非降函数u和v, 使得$u(z) + v(z) = z$, $z \in \mathbb{R}$, 且$X = u(X + Y)$, $Y = v(X + Y)$.

证 只需证(1)⇒(2). 设X, Y 共单调. 令$Z = X + Y$. 易知任一$z \in Z(\Omega)$ 有唯一分解: 存在某个$\omega \in \Omega$, 使得$z = Z(\omega), x = X(\omega), y = Y(\omega), z = x + y$. 我们用$u(z)$和$v(z)$分别记$x$和$y$. 则由$X$和$Y$ 的共单调性易知u 和v 为$Z(\Omega)$上的非降函数.

往证u, v 在$Z(\Omega)$上连续. 首先注意对$h > 0$和$z, z+h \in Z(\Omega)$, 我们有

$$z+h = u(z+h)+v(z+h) \geqslant u(z+h)+v(z) = u(z+h)+z-u(z).$$

于是有

$$u(z) \leqslant u(z+h) \leqslant u(z)+h.$$

类似地, 对$h>0$和$z, z-h \in Z(\Omega)$, 我们有

$$u(z)-h \leqslant u(z-h) \leqslant u(z).$$

这两个不等式蕴含u的连续性, 从而v也连续.

下面只需证明u和v可以延拓成为$\mathbb{R}$上的连续非降函数. 先将它们延拓到$Z(\Omega)$的闭包$\overline{Z(\Omega)}$上. 如果z是$Z(\Omega)$的单向边界点, 由于u和v是非降函数, 则可通过取极限来连续延拓. 如果z是$Z(\Omega)$的双向极限点, 则上面两个不等式蕴含双向极限吻合, 从而可以连续延拓. 最后, 通过在开集$\mathbb{R} \setminus \overline{Z(\Omega)}$ 的每个联通区间上进行线性延拓, 可以将u和v从$\overline{Z(\Omega)}$延拓到$\mathbb{R}$, 而且保持$u(z)+v(z)=z$成立. □

系10.2.6 令μ是$\mathcal{S}$上的单调集函数. 如果X, Y是Ω上的实值共单调函数, 则

$$\check{G}_{\mu,X+Y} = \check{G}_{\mu,X} + \check{G}_{\mu,Y}, \text{ e.c.}.$$

证 使用命题10.2.5 (2)中的记号, 我们有$X = u(X+Y), Y = v(X+Y)$. 由命题10.2.3我们得到

$$\begin{aligned}\check{G}_{\mu,X+Y} &= (u+v)\circ\check{G}_{\mu,X+Y} = u\circ\check{G}_{\mu,X+Y} + v\circ\check{G}_{\mu,X+Y}\\ &= \check{G}_{\mu,X} + \check{G}_{\mu,Y}, \text{ e.c.}.\end{aligned}$$

□

10.3 Choquet 积分

在本节中, 令Ω为非空集, $\mathcal{S}$ 是Ω上的σ代数, $\mathcal{S}$ 上的单调集函数μ称为**容度**或**模糊测度**. 我们将定义$\mathcal{S}$可测函数关于μ的Choquet 积分, 并研究其基本性质. 作为模糊测度的例子, 我们介绍扭曲概率和λ-模糊测度.

10.3.1 Choquet积分的定义和基本性质

令X是$\mathcal{S}$可测函数. 如果下面的勒贝格积分

$$\int_0^{\mu(\Omega)} \check{G}_{\mu,X}(t)dt$$

存在, 其中$\check{G}_{\mu,X}$是X的分位数函数, 则我们说X关于μ是可积的, 并将其定义为X关于μ的**Choquet积分**. 我们用$\int Xd\mu$或$\mu(X)$表示之.

如果$\mu(\Omega)<\infty$, 由命题10.1.1 并利用$(\check{f})\check{}=f$, e.c., 我们有

$$\mu(X)=\int_0^\infty G_{\mu,X}(x)dx+\int_{-\infty}^0(G_{\mu,X}(x)-\mu(\Omega))dx.$$

回想一下, 如果μ是概率测度, 而X是随机变量, 则X关于μ的期望可以如下表示:

$$\mu(X)=\int_0^\infty \mu(X\geqslant t)dt+\int_{-\infty}^0(\mu(X\geqslant t)-1)dt.$$

因此, X关于概率测度μ的Choquet积分与它的期望值相符.

如果X是形如$X=\sum_{i=1}^n x_iI_{A_i}$的简单函数, 其中$A_1,\cdots,A_n$互不相交, 并且$(x_i)$按降序排列,即$x_1\geqslant\cdots\geqslant x_n$, 则

$$\mu(X)=\sum_{i=1}^n(x_i-x_{i+1})\mu(S_i)=\sum_{i=1}^n x_i(\mu(S_i)-\mu(S_{i-1})),$$

其中$S_i=A_1\cup\cdots\cup A_i, i=1,\cdots,n, S_0=\varnothing,\ x_{n+1}=0$.

现在我们研究Choquet积分的基本性质.

命题10.3.1 令μ是代数$\mathcal{S}$上的单调集函数, $X,Y:\Omega\to\overline{\mathbb{R}}$ 是$\mathcal{S}$可测函数, 则

(1) $\int I_Ad\mu=\mu(A),\quad A\in\mathcal{S}$.

(2) (**正齐次性**) 对$c>0$, 有$\int cXd\mu=c\int Xd\mu$.

(3) (**不对称性**) 如果$\mu(\Omega)<\infty$, 则

$$\int Xd\mu=-\int(-X)d\bar{\mu},$$

其中$\bar{\mu}(A)=\mu(\Omega)-\mu(A)$.

(4) (**单调性**) 如果$X\leqslant Y$, 则$\int Xd\mu\leqslant\int Yd\mu$.

(5) 如果$\mu(\Omega)<\infty$, 则

$$\int(X+c)d\mu=\int Xd\mu+c\mu(\Omega),\quad c\in\mathbb{R}.$$

(6) (**共单调可加性**) 如果X,Y是共单调和实值的, 则

$$\int(X+Y)d\mu=\int Xd\mu+\int Yd\mu.$$

(7) (**转换规则**) 对于$T:\Omega\to\Omega'$, 满足$T^{-1}(\mathcal{S}')\subset\mathcal{S}$, 令$\mu^T(A)=\mu(T^{-1}(A)), A\in\mathcal{S}'$. 则对上$\mu^T$-可测函数$Z:\Omega'\to\mathbb{R}$, 我们有$G_{\mu,Z\circ T}=G_{\mu^T,Z}$ 和

$$\int Zd\mu^T=\int Z\circ Td\mu.$$

证 (1)是不足道的. 对$c>0$, 有$\check{G}_{\mu,cX}=c\check{G}_{\mu,X}$(命题10.2.5). 由此推得(2). (3)是由于如下事实: $G_{\bar{\mu},X}(x)=\mu(\Omega)-G_{\mu,-X}(-x)$. (4)由系10.2.6 推出. 其他性质容易验证. □

命题10.3.2 令$X:\Omega\to\overline{\mathbb{R}}$为$\mathcal{S}$可测函数, μ和ν是$\mathcal{S}$上的单调集函数. 则

(1) 对$c>0$, $G_{c\mu,X}=cG_{\mu,X}$, $\int Xd(c\mu)=c\int Xd\mu$.

(2) 如果μ和ν是有限的, 则

$$G_{\mu+\nu,X}=G_{\mu,X}+G_{\nu,X},\ \text{e.c.},\quad \int Xd(\mu+\nu)=\int Xd\mu+\int Xd\nu.$$

(3) 如果$\mu(\Omega)=\nu(\Omega)$ 或$X\geqslant 0$, 则$\mu\leqslant\nu$ 蕴含

$$G_{\mu,X}\leqslant G_{\nu,X},\ \text{e.c.},\quad \int Xd\mu\leqslant\int Xd\nu.$$

(4) 如果(μ_n)是$\mathcal{S}$上的单调集函数的增序列, 且

$$\lim_{n\to\infty}\mu_n(A)=\mu(A),\quad A\in\mathcal{S},$$

则对下有界的可测函数X,

$$\lim_{n\to\infty}\int Xd\mu_n=\int Xd\mu.$$

证 (1)–(3)显然. 往证(4). 如果$X\geqslant 0$, 则$\int Xd\mu_n=\int G_{\mu_n,X}(x)dx$, 从而单调收敛定理给出所要的断言. 减去一常数表明该断言对于下有界函数X成立. □

注10.3.3 由于X^+ 和$-X^-$是共单调的, 如果X是实值的, 则

$$\int Xd\mu=\int X^+d\mu+\int(-X^-)d\mu.$$

如果进一步$\mu(\Omega)<\infty$, 则

$$\int Xd\mu=\int X^+d\mu-\int X^-d\bar{\mu}.$$

命题10.3.4 令μ是$\mathcal{S}$上的单调集函数. 对于任何q, $0<q<\mu(\Omega)$, 定义

$$\mu_q(A)=q\wedge\mu(A),\ A\in\mathcal{S}.$$

则(μ_q)是单调增的, 并对任意μ可积的$\mathcal{S}$可测函数X,

$$\lim_{q\to\mu(\Omega)}\int Xd\mu_q=\int Xd\mu.$$

证 由于

$$G_{\mu_q,X}(x)=\mu_q(X>x)=q\wedge\mu(X>x)=q\wedge G_{\mu,X},$$

$\check{G}_{\mu,X}$和$\check{G}_{\mu_q,X}$在$[0,q)$上重合. 因此,我们有

$$\begin{aligned}\int Xd\mu_q&=\int_0^q\check{G}_{\mu_q,X}(t)dt=\int_0^q\check{G}_{\mu,X}(t)dt\\&\to\int_0^{\mu(\Omega)}\check{G}_{\mu,X}(t)dt=\int Xd\mu.\end{aligned}$$

□

10.3.2 扭曲概率

定义10.3.5 设$I\!P$是可测空间$(\Omega,\mathcal{S})$上的概率测度, $\gamma:[0,1]\to[0,1]$是增函数, 且$\gamma(0)=0,\gamma(1)=1$. 则$\mu=\gamma\circ I\!P$是单调集函数. 称μ为**扭曲概率**, 称γ为相应的**扭曲函数**.

如果γ是凹(凸)函数, 则$\gamma\circ I\!P$是次模(超模). 我们只考虑凹函数情形, 凸函数情形类似. 令$A,B\in\mathcal{S}$. 设$a:=I\!P(A)\leqslant I\!P(B)=:b$. 记$c=I\!P(A\cap B),d=I\!P(A\cup B)$. 则$c\leqslant a\leqslant b\leqslant d$. 由于$I\!P$是模, 我们有$c+d=a+b$. 因此, γ的凹性蕴含$\gamma(c)+\gamma(d)\leqslant\gamma(a)+\gamma(b)$. 这证明了$\gamma\circ I\!P$是次模.

X关于$g\circ I\!P$的Choquet积分$(g\circ I\!P)(X)$可以如下表示:

$$(g\circ I\!P)(X)=\int_0^1 q_X(1-x)dg(x)=\int_0^1 q_X(t)d\gamma(t),$$

其中$q_X(t)$是X的分布函数F_X右连续逆, $\gamma(t)=1-g(1-t)$.

10.3.3 λ-模糊测度

本节结果可参见Berres (1988).

定义10.3.6 设$\lambda\in(-1,\infty)$. 在$\mathcal{S}$上定义的归一化单调集函数μ_λ称为**λ-模糊测度**, 如果对于$\mathcal{S}$中每对不相交集A和B, 有

$$\mu_\lambda(A\cup B)=\mu_\lambda(A)+\mu_\lambda(B)+\lambda\mu_\lambda(A)\mu_\lambda(B).$$

如果$\lambda=0$,则μ_0是可加的. 对$\lambda\in(-1,\infty)$和$\lambda\neq 0$, 我们定义

$$\psi_\lambda(r)=\log_{(1+\lambda)}(1+\lambda r).$$

ψ_λ的逆是

$$\psi_\lambda^{-1}(r)=\frac{1}{\lambda}[(1+\lambda)^r-1].$$

容易验证$\psi_\lambda \circ \mu_\lambda$是可加的. 由于当$\lambda > 0$(相应地, $\lambda \in (-1, 0)$)时, ψ_λ^{-1}是凹(相应地, 凸)函数, 所以μ_λ是次模(相应地, 超模).

对Ω中互不相交的子集的有限序列$A_1, A_2, \cdots, A_n$, 有

$$\mu_\lambda\left(\bigcup_{i=1}^{n} A_i\right) = \psi_\lambda^{-1}\left[\sum_{i=1}^{n} \psi_\lambda(\mu_\lambda(A_i))\right].$$

从而,

$$\begin{aligned}\mu_\lambda\left(\bigcup_{i=1}^{n} A_i\right) &= \psi_\lambda^{-1}\left[\sum_{i=1}^{n} \log_{(1+\lambda)}(1+\lambda\mu_\lambda(A_i))\right] \\ &= \frac{1}{\lambda}\left(\prod_{i=1}^{n}[1+\lambda\mu_\lambda(A_i)] - 1\right).\end{aligned}$$

设$I\!P$是可测空间$(\Omega, \mathcal{S})$上的概率测度, 则集函数$\psi_\lambda^{-1} \circ I\!P$是一$\lambda$-模糊测度. 对$\Omega$上的$\mathcal{S}$可测函数$X$, 把它关于该$\lambda$-模糊测度的Choquet积分定义为它的**$\lambda$-期望** $I\!E_\lambda(X)$:

$$I\!E_\lambda[X] = \int X d(\psi_\lambda^{-1} \circ I\!P).$$

λ-期望有下列性质:

(1) 如果$\lambda \leqslant \lambda'$, 则$I\!E_\lambda[X] \geqslant E_{\lambda'}[X]$.

(2) $\lim_{\lambda \to -1} I\!E_\lambda[X] = \mathrm{esssup}_{\omega \in \Omega} X(\omega)$.

(3) $\lim_{\lambda \to \infty} I\!E_\lambda[X] = \mathrm{essinf}_{\omega \in \Omega} X(\omega)$.

对决策问题, λ表示风险追求的区域是$(-1, 0)$, 表示风险厌恶的区域是$(0, \infty)$. 当$\lambda = 0$, 决策者是风险中性的.

对$\lambda \in (-1, \infty)$, 令$\bar{\lambda} = -\lambda/(1+\lambda)$, 则两个$\lambda$-模糊测度$\psi_\lambda^{-1} \circ I\!P$ 和$\psi_{\bar{\lambda}}^{-1} \circ I\!P$ 是互为共轭的, 即有

$$\psi_{\bar{\lambda}}^{-1} \circ I\!P(A) = 1 - \psi_\lambda^{-1} \circ I\!P(A^c),$$

以及

$$I\!E_\lambda(X) = -I\!E_{\bar{\lambda}}(-X).$$

10.4 Choquet积分的次可加性定理

设μ是$\mathcal{S}$上的单调集函数. 关于μ的Choquet积分称为**次可加的**, 如果对任意μ可积可测函数X和Y, 有

$$\int (X+Y) d\mu \leqslant \int X d\mu + \int Y d\mu.$$

关于μ的Choquet积分具有次可加性的必要条件是μ为次模, 因为 $I_{A\cup B}$和$I_{A\cap B}$是共单调的, 我们有

$$\int(I_A+I_B)d\mu=\int(I_{A\cup B}+I_{A\cap B})d\mu=\int I_{A\cup B}d\mu+\int I_{A\cap B}d\mu$$
$$=\mu(A\cup B)+\mu(A\cap B),\quad A,B\subset\Omega.$$

我们将证明集函数的次模性也是使Choquet积分具有次可加性的充分条件.

以下引理包含证明的核心.

引理10.4.1 令$\{A_1,\cdots,A_n\}$是Ω的划分, $\mathcal{A}$是$\{A_1,\cdots,A_n\}$生成的代数, $\mu:\mathcal{A}\to[0,1]$是单调集函数, 且$\mu(\Omega)=1$. 对于$\{1,\cdots,n\}$ 的任何置换π, 定义

$$S_i^\pi=\bigcup_{j=1}^i A_{\pi_j},\quad i=1,\cdots,n,\quad S_0^\pi=\varnothing.$$

我们通过

$$I\!P^\pi(A_{\pi_i}):=\mu(S_i^\pi)-\mu(S_{i-1}^\pi),\quad i=1,\cdots,n,$$

定义$\mathcal{A}$上的概率测度$I\!P^\pi$. 现令$X:\Omega\to\mathbb{R}$为$\mathcal{A}$可测的, 即在每个A_i上为常数. 假设μ是次模, 则

$$\int Xd\mu\geqslant\int XdP^\pi,$$

等式成立, 如果

$$X(A_{\pi_1})\geqslant X(A_{\pi_2})\geqslant\cdots\geqslant X(A_{\pi_n}).$$

证 只需对恒等置换$\pi=id$情形证明. 我们把S_i^{id}记为S_i, 把$I\!P^{id}$记为$I\!P$, 并令$x_i=X(A_i)$. 我们首先证明关于等式的断言. 假设$x_1\geqslant x_2\geqslant\cdots\geqslant x_n$. 由于$S_1\subset S_2\subset\cdots\subset S_n$, 类$\{I_{S_1},\cdots I_{S_n}\}$是共单调的. 因此, 我们有(令$x_{i+1}=0,S_0=\varnothing$)

$$\int Xd\mu=\int\sum_{i=1}^n x_iI_{A_i}d\mu=\int\sum_{i=1}^n(x_i-x_{i+1})I_{S_i}$$
$$=\sum_{i=1}^n(x_i-x_{i+1})\mu(S_i)=\sum_{i=1}^n x_i(\mu(S_i)-\mu(S_{i-1}))$$
$$=\int XdI\!P.$$

现在假设对于某个$i<n$有$x_i<x_{i+1}$. 令φ是只将i和$i+1$对调的置换. 则$S_{i-1}^\varphi=S_{i-1}=S_i^\varphi\cap S_i,S_{i+1}^\varphi=S_{i+1}=S_i^\varphi\cup S_i$. μ的次模性蕴含

$$I\!P(A_{i+1})=\mu(S_{i+1})-\mu(S_i)\leqslant\mu(S_i^\varphi)-\mu(S_{i-1}^\varphi)$$

$$= \mathbb{P}^{\varphi}(A_{\varphi_i}) = \mathbb{P}^{\varphi}(A_{i+1}).$$

在等式两端同乘以$x_{i+1} - x_i > 0$ 给出

$$(x_{i+1} - x_i)\mathbb{P}(A_{i+1}) \leqslant (x_{i+1} - x_i)\mathbb{P}^{\varphi}(A_{i+1}).$$

另一方面, 我们有

$$\begin{aligned}\mathbb{P}(A_i) + \mathbb{P}(A_{i+1}) &= \mu(S_{i+1}) - \mu(S_{i-1}) = \mu(S^{\varphi}_{i+1}) - \mu(S^{\varphi}_{i-1}) \\ &= \mathbb{P}^{\varphi}(A_{i+1}) + \mathbb{P}^{\varphi}(A_i).\end{aligned}$$

乘以x_i与上面的不等式相加给出

$$x_i\mathbb{P}^{\varphi}(A_i) + x_{i+1}\mathbb{P}^{\varphi}(A_{i+1}) \geqslant x_i\mathbb{P}(A_i) + x_{i+1}\mathbb{P}(A_{i+1}),$$

这蕴含

$$\int X d\mathbb{P}^{\varphi} \geqslant \int X d\mathbb{P}.$$

通过归纳,我们可以从有限的多个φ型的置换构造出一个置换θ, 使得

$$X(A_{\theta_1}) \geqslant X(A_{\theta_2}) \geqslant \cdots \geqslant X(A_{\theta_n})$$

和

$$\int X d\mathbb{P}^{\theta} \geqslant \int X d\mathbb{P}.$$

由于我们已经证明左边的积分即为$\int X d\mu$, 我们完成了所要结果的证明. □

为了方便起见, 我们说可测函数X的一个属性μ-**本质上**成立, 是指其分位数函数$\check{G}_{\mu,X}$ e.c.具有相同的属性. 例如, 我们说X是μ-本质上$> -\infty$, 是指对所有$t \in [0, \mu(\Omega)]$, 有$G_{\mu,X}(t) > -\infty$, e.c..

以下是**次可加性定理**.

定理10.4.2 令μ为$\mathcal{S}$上的单调次模集函数, X, Y为Ω上的$\mathcal{S}$可测函数. 如果X, Y是μ-本质上$> -\infty$, 并且

$$\lim_{x\to-\infty} G_{\mu,X}(x) = \mu(\Omega), \quad \lim_{x\to-\infty} G_{\mu,Y}(x) = \mu(\Omega),$$

则

$$\int (X+Y)d\mu \leqslant \int X d\mu + \int Y d\mu.$$

如果μ是从下连续的, 有关X和Y的μ-本质上$> -\infty$假设可以取消.

证 首先, 我们假设$\mu(\Omega) = 1$. 如果X, Y 是简单函数, 则$Z := X + Y$ 也是简单函数. 令$A_1, A_2, \cdots, A_n$是Ω的划分, 使得X和Y在每个A_i上为常数, 且有$Z(A_1) \geqslant$